微 積 分 | 斎藤 毅

Calculus
SAITO Takeshi

東京大学出版会

Calculus
Takeshi SAITO
University of Tokyo Press, 2013
ISBN978-4-13-062918-8

はじめに

　微積分は，1変数や多変数の実数値関数を調べる方法とその成果の集積であり，数学全体の基盤である．歴史の中で膨大な蓄積が築かれ，現代の数学の概念や方法もそのかなりの部分は起源をそこにさかのぼる．

　微分と積分はたがいに逆の操作である，という発見が微積分を確立へ導き，数学の発展と近代科学の成立につながった．数学そのものでも応用にしても，微積分を学ばずにその先の世界を理解することはできない．

　そこで終わりまで読みとおしやすくなるように，とりあげる項目をしぼりできる限りコンパクトにまとめた．全体の構成と定理や命題の定式化と証明については，見とおしのよさと現代的な視点を重視して，微積分の教科書の伝統にあえてしたがわなかったところも多い．

　高校以来なじみ深い導関数の正負による関数の増減判定法を基礎におき，最大値の定理や数列の収束判定法と上限の存在などの，比較的高度な内容をあとまわしにしたことはその1つである．現代の解析学では，不等式による評価が中心的な役割をはたしているからである．

　不定積分の存在にひきつづいて，微分方程式の解の存在定理を証明したのもそうである．微分方程式が理論的にも応用上も重要なことに加え，微分の逆と面積という積分に備わる二面性が，微積分の根幹にあることを明示するためである．ここでは，最大値の定理とその帰結が証明の要になる．

　数学の本なので，論理的な順序にそって構成し，定理と命題は厳密に証明する．連続関数の定義をはじめ，微積分を支える論理には難解という定評もある．そこで微積分を基礎から理解する手がかりとして，高校の微積分との視点の違いや数学特有の論理的な表現についても解説する．

　東京大学の理系学生むけの科目としては，1年生の通年の微積分の講義と2年生前半1学期分のあわせて3学期分にあたる内容を扱う．並行して学ぶ物理学からは，その数学的な部分を簡単に紹介する．

　中央大学経済学部の鍬田政人先生にはスケッチ程度の図を正確なものにするため多大な努力を払っていただいた．企画から校正までいろいろな相談に的確に応じていただいた東京大学出版会編集部の丹内利香さんに感謝する．

2013年5月7日　斎藤　毅

目次

はじめに ………………………………………………………………… iii
この本の内容 …………………………………………………………… vi

第 1 章　連続関数と微分 ……………………………………………… 1
1.1　実数の連続性 ……………………………………………………… 2
1.2　連続関数 …………………………………………………………… 13
1.3　極限と微分 ………………………………………………………… 24
1.4　導関数と不等式 …………………………………………………… 31
1.5　逆関数 ……………………………………………………………… 40
　　　第 1 章の問題の略解 …………………………………………… 48

第 2 章　三角関数と指数関数 ………………………………………… 53
2.1　逆三角関数と三角関数 …………………………………………… 54
2.2　指数関数，対数関数 ……………………………………………… 67
　　　第 2 章の問題の略解 …………………………………………… 74

第 3 章　2 変数関数とその微分 ……………………………………… 78
3.1　2 変数関数と連続性 ……………………………………………… 79
3.2　2 変数関数の微分 ………………………………………………… 89
3.3　偏導関数と関数の極値 …………………………………………… 100
3.4　陰関数定理 ………………………………………………………… 111
3.5　平面の写像 ………………………………………………………… 123
　　　第 3 章の問題の略解 …………………………………………… 133

第 4 章　不定積分と微分方程式 143
- 4.1　最大値の定理 144
- 4.2　実数の完備性 155
- 4.3　不定積分と定積分 158
- 4.4　広義積分と級数 169
- 4.5　微分方程式 179
- 　　第 4 章の問題の略解 191

第 5 章　関数の近似とその極限 199
- 5.1　テイラーの定理 199
- 5.2　巾級数 207
- 5.3　一様収束 215
- 　　第 5 章の問題の略解 219

第 6 章　積分と面積 223
- 6.1　面積 224
- 6.2　リーマン和と積分 234
- 6.3　変数変換公式 248
- 6.4　広義積分 260
- 　　第 6 章の問題の略解 265

第 7 章　曲線と線積分 271
- 7.1　曲線と曲面 271
- 7.2　線積分とグリーンの定理 279
- 7.3　応用：代数学の基本定理 291
- 7.4　ベクトル場と微分形式 294
- 　　第 7 章の問題の略解 302

参考書 307
記号一覧・索引・人名表 308
おわりに 318

この本の内容

予備知識など

　高校で学ぶ微積分の内容をひととおりは理解していることを前提とする．微積分の基礎から再構成するので，論理的にいえばその必要はないとしても，計算などで養われる感覚は理論の理解を確実にするために欠かせない．

　ベクトルや行列など線形代数の基本や複素数の幾何的扱いなどは，必要になるごとに簡単に解説する．集合と論理や位相と極限などの微積分の基礎についても，読みすすむにつれなじめるようにするため，必要に応じて順次解説する．

本文について

　各章の内容の要約が章ごとのはじめにあり，各節の内容のまとめが節ごとのおわりにある．それと重複するが，特色のあるところを以下，紹介する．

　はじめの2章では，高校で学んだ関数や微分についての内容を厳密に基礎づけることを目標にする．1.2節で解説する関数の連続性の定義は，イプシロン・デルタ論法とよばれる微積分の難所の1つである．1.1節のおわりに微積分の基礎の論理的な構造についてのまとめをおき，イプシロン・デルタ論法が何に使われるのか明示した．微積分の主役である関数の連続性を中心にすえ，関数や数列の極限は脇役にとどめる．

　第1章の内容は，微積分の基礎以外は高校の復習が多いが，現代の解析学で不等式が中心的な役割をはたしていることを重視し，導関数の近似によって関数の値を評価する基本不等式（系1.4.5）を理論の基礎においた．逆三角関数以外の第2章の内容は，高校で学んだ三角関数や指数関数，対数関数の定義や性質の証明を厳密にすることである．

　2変数関数になるべく早くなじめるよう，積分を扱う前に第3章に2変数関数をおいた．これは，1変数の連続関数の積分の存在を証明するための理論的な基礎となる一様連続性（命題4.1.10）は，2変数関数の性質と考えた方がとらえやすいためでもある．多変数関数特有の現象は2変数関数ですでに現れるので，記号が複雑になりすぎないよう，おもに2変数関数を解説する．

積分が微分の逆としての側面と面積としての側面の 2 つを備えていることは，微積分の基本定理とよばれる微積分の根幹をなす重要な事実である．第 4 章と第 6 章でこの 2 つをそれぞれ扱う．

不定積分を扱う 4.3 節では，その存在の証明以外は高校の復習となる部分が大きい．一般の連続関数の不定積分という大域的な対象の存在を証明するには，局所的に定義される導関数とは異なり，最大値の定理や実数の完備性などの基礎づけが欠かせない．この微積分のもう 1 つの難所を第 4 章の前半で扱う．一様連続性などの，コンパクト性と関わる性質は，中間値の定理の精密化（定理 1.2.5.2）をのぞいてすべて最大値の定理から導く．連続関数の不定積分の存在証明にひきつづいて，4.5 節では微分方程式の解の存在定理を証明し，積分に備わる微分の逆としての側面を明示する．

第 6 章では，現代的な積分の理論にならい面積の定義と積分の定義を分離した．さらに進んだルベーグ積分の理論があるので，積分する 2 変数関数は面積確定な有界閉集合で定義された連続関数に限定し，それ以外は広義積分として扱うにとどめる．連続関数の積分の存在は，実数の完備性から導く．6.3 節では，面積の拡大率がヤコビアンの絶対値であるという考えにもとづいて変数変換公式を証明する．

線積分に関するグリーンの定理の応用として，複素数係数の多項式は必ず 1 次式の積に分解できるという，代数学の基本定理を 7.3 節で証明する．

物理学と関係する内容としては，解析力学からは例 4.5.9，問題 4.5.7，例 6.2.13 と例 7.4.4，熱力学からは例 3.4.3 と例 7.4.5，流体力学からは例 7.4.8，電磁気学からは例 7.4.9 でとりあげる．熱方程式と波動方程式は 3.3 節末の問題で紹介する．

各章のつながり

第 2 章から第 5 章までの各章の内容は，論理的には以下の点をのぞけばたがいにほとんど無関係であり，興味や必要に応じて第 1 章のあとどの章からでも読みすすめられる．

第 2 章では三角関数と指数関数の定義や性質を厳密に基礎づけるが，第 3 章以降のためには高校で学んだ知識で十分である．逆三角関数は例として重要だが，理論を理解するだけならとばしてしまうこともできる．

多変数関数の微分を扱う第 3 章と 1 変数関数の積分を扱う第 4 章は，微分

方程式を扱う 4.5 節をのぞけばどちらから先に読むこともできる．4.5 節の内容は，微分方程式の解の一意性の例 4.5.4.2 を例 5.2.8.3 で使う以外ほかでは使わない．

第 3 章の後半の 3.4 節と 3.5 節の内容は多少高度なので，理解の程度に応じてはあとまわしにしてもよい．第 6 章の後半では 2 変数関数についてのくわしい内容を使うので，第 3 章の後半を理解していることが必要になる．

第 5 章では，多変数関数のテイラーの定理の部分をのぞき第 3 章は必要ない．テイラーの定理の 2 つめの証明では部分積分を使う．5.2 節では第 4 章で扱った数列の収束判定法を使う．5.3 節の内容はそれ以降では使わない．

証明について

定理や命題の証明は原則として省略しないが，多変数関数については 2 変数の場合に証明し，3 変数以上の場合については省略した．1 変数関数の証明を形式的に修正すればよいものについても多変数の場合の証明は省略した．7.4 節では，用語や記号を定義し公式を記述するだけでその証明は省略した．

証明はなるべくくわしく書いたが，読むだけですらすらわかるとは考えにくい．納得できるまで何度でも読み直しじっくり考えることをすすめる．

定義や命題の意味を精密に理解するには，条件をゆるめると現れる反例を調べるのが有効である．この本では読み通しやすさを優先したためあえてほとんどとりあげなかったが，理解を深めたい読者は自ら試みることをすすめる．

問題について

本文では定義や命題の定式化と証明という理論的な面の解説に重点をおいた．しかし，具体的な計算を通して養われる感覚は理論の理解に欠かせない．本文を通読できる分量にとどめるため，計算例などは各節末の問題にまわし，各章の最後にその略解をおいた．

問題はだいたい本文にそった順に並べた．定義や命題の意味を理解するための基礎的な問題や計算練習の A 問題と，もうすこし難しい問題や進んだ内容を問題の形にした B 問題がある．

問題の答がわかったと思ったらそれを細部まできちんと書いてみることをすすめる．思わぬ間違いを防ぐためでもあるし，理解を深めることもできる．書くことで考えを整理するためにはそれなりの訓練が必要である．

第1章 連続関数と微分

　高校で学んだとおり，$\sqrt{2}$ は有理数でない（問題 1.1.1.4）．$\sqrt{2}$ が実数としては存在することを証明するには，中間値の定理を連続関数 x^2 に適用すればよい（例 1.5.3.1）．しかし高校では，中間値の定理を証明するための準備ができていなかった．この章では実数の性質や連続関数の定義を解説し，中間値の定理を証明する．もっと準備が必要な e や π の定義は，第 2 章で扱う．

　導関数の正負による関数の増減の判定法の証明も，大学数学の立場から厳密に基礎づける．イプシロン・デルタ論法をはじめとする，数学的な内容の正確な記述に必須の論理的な構文についても解説する．

　関数の増減の判定法を含めた微積分の基礎となる実数の性質は，閉区間のコンパクト性である．1.1 節ではこれを 2 進小数展開の収束として定式化し，実数の連続性とよばれる性質を証明する．関数の連続性を 1.2 節で定義し，実数の連続性を使って中間値の定理とその精密化を証明する．

　実数の連続性は，実数をすきまのないように小さい方と大きい方にわけると，その境い目として実数が定まるという性質である．1.1 節の後半では，その位置づけを中心に，微積分の基礎の論理的な構造を概観する．

　関数を微分するとは，関数を 1 次式で近似することである．関数の極限を定義したあと，1.3 節では近似する 1 次式の係数として微分係数を定義し，その基本的な性質を証明する．導関数による関数の増減の判定法や，理論上も応用上も重要な 1 次近似の誤差の評価を，中間値の定理の精密化を使って 1.4 節で証明する．1.5 節では，中間値の定理を使って単調連続関数には逆関数があることを示し，その性質を調べる．

　数学の理論は，実数や連続関数のような基礎的な概念の定義からはじまる．論理的に確実な基礎を誰もが自分で確認できるようにするためである．

1.1　実数の連続性

　この節では，中間値の定理の証明をはじめとする微積分の基礎づけに必要な，実数の連続性とよばれる性質を定式化し証明する．つづいて次節では難解と定評のあるイプシロン・デルタ論法を紹介し，連続関数を定義し中間値の定理を証明する．

　この本では微積分の基礎づけに必要な実数の性質の解説からはじめる．その前提となる数学的帰納法などの自然数の性質と整数や有理数の基本的な性質については，高校で学ぶものを理解していれば十分である．実数論をすべて厳密に構築していると本論の微積分をなかなかはじめられなくなるので，実数の加減乗除の代数的な性質や不等式に関する部分については省略する．

　実数がみたす性質として，次の公理がなりたつものとする．

公理 1.1.1　　1.（**アルキメデスの公理** (axiom of Archimedes)）　a が**実数** (real number) ならば，$n \leqq a \leqq n+1$ をみたす**整数** (integer) n が存在する．

　2. (a_n) を数列とし，どの番号 $n = 1, 2, 3, \ldots$ についても，$a_n = 0$ か $a_n = 1$ のどちらかであるとする．このとき，実数 b で，すべての**自然数** (natural number) $m \geqq 0$ に対し

$$\sum_{n=1}^{m} \frac{a_n}{2^n} \leqq b \leqq \sum_{n=1}^{m} \frac{a_n}{2^n} + \frac{1}{2^m} \tag{1.1}$$

をみたすものが存在する．　　　　　　　　　　　　　　　　　　　　　　■

　$m = 0$ のときは，$\sum_{n=1}^{m} \frac{a_n}{2^n} = 0$ であり (1.1) は $0 \leqq b \leqq 1$ を表わしている．不等号は大学では $\leq$ のように書くことが多いが，この本では $\leqq$ と表記する．

　公理 (axiom) とは，理論の出発点において正しいと前提する命題である．数学では，何が正しいのかという事実だけでなくどうして正しいといえるのかという論理の連鎖がだいじである．これは理論的にだけではなく，仮定がみたされていない定理は適用できないのだから，応用上もそうである．

　そこで数学の理論は，はじめに設定した公理と形式論理の推論規則だけにもとづいて構築される．実数論よりももっと基礎的な理論からはじめれば，公理 1.1.1 を証明し**定理** (theorem) と考えることもできるが，この本ではそこまでさかのぼらない．

実数には数直線上の点としての幾何的な表象があるが，それだけにもとづいて数学的に厳密な証明をすることはできない．公理 1.1.1 は，整数だけを使って実数をデジタルに表わす方法を与えているので，これにもとづいて実数を厳密に扱うことができる．アルキメデスの公理によれば，数直線は，0 以上 1 以下の実数全体からなる区間 $[0,1]$ を整数で左右にずらしたものですべて覆うことができる．さらに公理 1.1.1 にもとづけば，区間 $[0,1]$ に属する実数は，0 と 1 だけからなる数列で定まる 2 進小数を使って，すべて表わすことができる．これについては，定理 1.1.1.4 の証明のあとであらためて説明する．

アルキメデスの公理より，a が実数ならば $m \leqq a < m+1$ をみたす整数 m がただ 1 つあることがしたがう．m を a の**整数部分** (integer part) とよび $[a]$ で表わす．$n = [a] + 1$ は $a < n$ をみたす最小の整数である．$[a]$ を a の**切り下げ** (floor) といい $\lfloor a \rfloor$ で表わすことも最近は多い．同様に，$n - 1 < a \leqq n$ をみたすただ 1 つの整数 n を a の**切り上げ** (ceiling) といい $\lceil a \rceil$ で表わす．

公理 1.1.1.2 は，閉区間のコンパクト性とよばれる重要な性質の根拠となっている．実数の加減乗除以外による構成法はすべて，つきつめれば公理 1.1.1.2 にもとづくものである．

公理 1.1.1.1 の文の構文は，「a が実数ならば，××をみたす整数 n が**存在** (exist) する」となっている．「**ならば** (if)」ということばは，前半の a が実数という仮定の部分と，後半の結論部分の境い目を表わしている．結論部分の n は a ごとに変わってもよく，実際 a によって違うものである．

「実数 a に対し整数 n が存在し××をみたす」と書かれることも多いが，この構文では「存在する」と「××をみたす」が並列されている．論理としては，「n が存在する」ということばはそれだけでは意味をなさず，「××をみたす n が存在する」という文の形ではじめて意味をもつものなので，この 2 つを並列させることは適切な表現とはいえない．集合のことばを使うと，「存在する」ということばが表わしている内容は，「××をみたす整数 n 全体のなす集合が空集合でない」ことであり，階層の違いがはっきりする．

公理 1.1.1.2 では，「このとき」ということばが仮定と結論の境い目を表わし，「ならば」ということばの代わりをしている．公理 1.1.1.2 の結論では，「実数 b で，すべての自然数 $m \geqq 0$ に対し××をみたすものが存在する」となっている．ここでは，b が先に定まってその b がすべての m に対し条件をみたさなくてはいけない．「すべての m に対し××をみたす実数 b が存在する」

という文は，m ごとに b があるともとれるあいまいさがあるので，このような文は避けなければならない．公理 1.1.1.2 の文に不自然な響きがあるのは，このような論理的な制約のためである．

実数を有理数でいくらでも近似できることが，アルキメデスの公理からわかる．

命題 1.1.2 a,b を実数とする．

1. (**有理数** (rational number) **の稠密性** (density)) $a<b$ ならば，$a<r<b$ をみたす有理数 r が存在する．

2. (**はさみうちの原理** (squeeze theorem)) すべての自然数 $n \geqq 1$ に対し $|a-b|<\dfrac{1}{n}$ ならば，$a=b$ である． ∎

命題 1.1.2.1 は，実数全体のなかで有理数がどこにでもあるということを表わしている．$0.99999\cdots = 1$ であることは，どんな自然数 $n \geqq 1$ に対しても $|1-0.99999\cdots| \leqq \dfrac{1}{10^n} < \dfrac{1}{n}$ であることとはさみうちの原理からしたがう．
命題 1.1.2.1 の構文では，「$a<b$」が仮定であり，「$a<r<b$ をみたす有理数の存在」が結論である．読点を省略すると，「$a<b$ ならば $a<r<b$」という条件をみたす有理数 r が存在するという意味にも解釈できるあいまいな文になってしまう．命題 1.1.2.2 では，「すべての自然数 $n \geqq 1$ に対し $|a-b| \leqq \dfrac{1}{n}$」が仮定であり，「$a=b$」が結論である．これも読点がなければあいまいな文になる．数学的な内容を記述する文では，このように構文上の些細にみえる差が意味に大きな違いをもたらすことがあるので気をつけないといけない．

証明 1. $n = \left[\dfrac{1}{b-a}\right] + 1$ とおく．n は $n > \dfrac{1}{b-a} > 0$ をみたす最小の自然数である．さらに $m = [na]+1$ とおく．$na < m \leqq na+1 < nb$ だから，有理数 $r = \dfrac{m}{n}$ は $a<r<b$ をみたす．

2. $|a-b|>0$ だったとすると，アルキメデスの公理より $\dfrac{1}{|a-b|} \leqq n$ をみたす自然数 $n \geqq 1$ が存在し，$\dfrac{1}{n} \leqq |a-b| < \dfrac{1}{n}$ となり矛盾である．よって $|a-b|=0$ であり，$a=b$ である． □

系 1.1.3 (a_n) を公理 1.1.1.2 の仮定をみたす数列とする．このとき，公理 1.1.1.2 の結論をみたす実数 b はただ 1 つである． ∎

証明 b と c が公理 1.1.1.2 の結論をみたすとすると，すべての自然数 $m \geqq 1$

に対し $|b-c| \leqq \dfrac{1}{2^m} < \dfrac{1}{m}$ である．よって，はさみうちの原理（命題 1.1.2.2）より $b = c$ である． □

公理 1.1.1.2 の b を $\displaystyle\sum_{n=1}^{\infty} \dfrac{a_n}{2^n}$ で表す．$0.a_1 a_2 a_3 a_4 \cdots$ のように表わし，b の **2 進小数表示** (binary decimal representation) ということもある．

系 (corollary) とは，このように直前の定理や**命題** (proposition) から簡単に証明できる命題のことである．ほかの定理や命題の証明の準備となる命題のことを**補題** (lemma) とよぶ．このようなよび方の違いは数学的な価値判断にもとづくもので，論理的な意味での差はない．

公理 1.1.1.2 は 2 進小数の収束という素朴なものでその意味はわかりやすいが，関数の性質などを証明するにはそのままでは使いにくい．そこで，実数の連続性とよばれる重要な性質を定式化して証明し，それを使っていく．これは，実数をすきまのないように小さい方と大きい方の 2 つにわけると，その 2 つの境い目となる実数がただ 1 つ存在するという性質である．実数を 2 つにわけるということは**集合** (set) のことばを使うと正確に記述できるので，その用語と記号を簡単に復習する．

実数 x についての**条件** (condition) $P(x)$ を考え，それをみたす実数をすべて集めたものを実数の集合という．この本の水準では，実数の集合を考えることと，実数についての条件を考えることに実質的な差はあまりないが，もっと抽象的な構成や扱いのためには集合の考え方が欠かせなくなってくる．

実数の集合の基本的な例として，区間についての記号と用語をまとめておく．実数全体のなす集合を記号 **R** で表わす．**R** を**数直線** (numerical line) とよび，実数を数直線の**点** (point) と考えて点とよぶことも多い．

実数 a, b に対し，不等式 $a < x < b$ で定まる **R** の部分集合を**開区間** (open interval) とよび記号 (a, b) で表わす．$a \leqq x \leqq b$ で定まる部分を**閉区間** (closed interval) とよび記号 $[a, b]$ で表わす．不等式 $a < x \leqq b$ あるいは $a \leqq x < b$ で定まる部分を**半開** (half-open) **区間**といい，それぞれ $(a, b]$ と $[a, b)$ で表わす．不等式 $x > a, x \geqq a, x < a, x \leqq a$ で定まる部分 $(a, \infty), [a, \infty), (-\infty, a), (-\infty, a]$ を**無限** (infinite) **区間**という．実数全体 **R** を $(-\infty, \infty)$ で表わすこともある．

A が実数の集合であるとき，A に属する実数を A の**元** (element) という．実数 x が A の元であることを，記号 $x \in A$ で表わす．A の元でないことは，

記号 $x \notin A$ で表わす.

　数学では, x は実数であるといえばすむことをわざわざ $x \in \mathbf{R}$ と書くことが多い. これはそのほうが書きやすいせいでもあるが, 集合が数学の基礎となっていることの現れでもある. 記号 $\in$ はギリシャ語の be 動詞にあたる $\epsilon\sigma\tau\iota$ からきているそうで, 集合を考えているという重要な点をのぞけば, $x \in \mathbf{R}$ という記号は x は実数であるという文の略記であると考えることもできる.

　元が 1 つもない集合も実数の集合と考える. これを**空集合** (empty set) とよび記号 $\varnothing$ で表わす. A が空集合でないことを A は空でないというように, 空ということばは形容詞的にも使う. 0 を自然数と考えるかどうかは趣味の問題ともいえるが, 自然数とは有限集合の元の個数であるという定義にもとづけば, 空集合は有限集合だから 0 は自然数であるという結論に導かれる.

　A が条件 $P(x)$ をみたす実数 x 全体の集合であるとき, A を $\{x \in \mathbf{R} \mid P(x)\}$ で表わす. たとえば $\mathbf{R} = \{x \in \mathbf{R} \mid x = x\}$ であり, $\varnothing = \{x \in \mathbf{R} \mid x \neq x\}$ である. $\mathbf{R}$ の部分集合 A と B の**共通部分** (intersection) $\{x \in \mathbf{R} \mid x \in A$ かつ $x \in B\}$ を $A \overset{\text{キャップ}}{\cap} B$ で表わす.

　$A = \{x \in \mathbf{R} \mid P(x)\}$ のとき, 実数 x が A の元であるということは, $P(x)$ がなりたつことと同値である. 2 つの条件が**同値** (equivalent) であるとは, それらがたがいに必要十分条件であるということである. $A = \{x \in \mathbf{R} \mid P(x)\}$ で $B = \{x \in \mathbf{R} \mid Q(x)\}$ のとき, A が B の部分集合であるとは,「すべての実数 x に対し, $P(x)$ ならば $Q(x)$ がなりたつ」ということである.

定理 1.1.4 （**実数の連続性** (continuity of real numbers)） $a \leqq b$ を実数とし, 閉区間 $[a,b]$ の部分集合 A が次の条件 (D) をみたすとする.

　　(D)　x が A の元ならば, 閉区間 $[a,x]$ は A に含まれる.
このとき, $a \leqq c \leqq b$ をみたす実数 c で, A が閉区間 $[a,c]$ か半開区間 $[a,c)$ のどちらかであるものが存在する. ∎

　定理 1.1.4 の条件 (D) は,「$a \leqq s \leqq x$ かつ x が A の元ならば, s は A の元である」ということである. ここでも読点を省略するとあいまいな文になってしまう. 条件 (D) は, A を小さい方としたときに, A の**補集合** (complement) $B = [a,b] \overset{\text{マイナス}}{-} A = \{x \in \mathbf{R} \mid a \leqq x \leqq b, x \notin A\}$ を大きい方と考えられるための条件である. 名前がないと不便なので, $A = [a,c)$ か $A = [a,c]$ をみたす実数 $a \leqq c \leqq b$ を A の**終点** (end point) とよぶ. 定理で不等式の向きを逆にし

たものも同様になりたつが，その定式化と証明は省略する．

証明　はじめに，$a=0, b=1$ の場合に示す．条件 (D) より，0 が A の元でなければ A は $[0,0]=\emptyset$ であり，1 が A の元ならば A は $[0,1]$ である．よって，0 が A の元であり 1 が A の元ではないとして証明する．

数列 (a_n) を次のように帰納的に定める．自然数 $m \geqq 0$ に対し，$a_1, \ldots, a_m$ まで定まっているとき，$s_m = \sum_{n=1}^{m} \dfrac{a_n}{2^n}$ とおく．$s_0 = 0$ である．$s_m + \dfrac{1}{2^{m+1}}$ が A の元ならば $a_{m+1}=1$ とおき，そうでなければ $a_{m+1}=0$ とする．どの番号 $n=1,2,3,\ldots$ についても，$a_n=0$ か $a_n=1$ のどちらかである．(a_n) の定義と m に関する帰納法により，すべての自然数 $m \geqq 0$ に対し，s_m は A の元であり，$s_m + \dfrac{1}{2^m}$ は A の元でない．

公理 1.1.1.2 より $c = \sum_{n=1}^{\infty} \dfrac{a_n}{2^n}$ が定義される．c が A の終点であることを証明する．A が $[0,c]$ を部分集合として含み，$(c,1]$ との共通部分が空であることを示せばよい．(1.1) より，すべての自然数 $m \geqq 0$ に対し

$$s_m \leqq c \leqq s_m + \frac{1}{2^m} \tag{1.2}$$

である．

$0 \leqq x < c$ とする．命題 1.1.2.1 より，$c - x \geqq \dfrac{1}{m}$ をみたす自然数 $m \geqq 1$ が存在する．(1.2) より $x \leqq c - \dfrac{1}{m} \leqq c - \dfrac{1}{2^m} \leqq s_m$ であり，s_m は A の元だから，(D) より x も A の元である．よって $[0,c]$ は A の部分集合である．

$c < x \leqq 1$ とする．命題 1.1.2.1 より，$x - c \geqq \dfrac{1}{m}$ をみたす自然数 $m \geqq 1$ が存在する．(1.2) より $x \geqq c + \dfrac{1}{m} \geqq s_m + \dfrac{1}{2^m}$ であり，$s_m + \dfrac{1}{2^m}$ は A の元ではないから，(D) より x も A の元でない．よって $(c,1]$ と A の共通部分は空集合である．したがって，c が A の終点であることが示された．

$a \leqq b$ が一般の場合を $a=0, b=1$ の場合に帰着させて証明する．$a=b$ なら $c=a=b$ とすればよい．$a < b$ とする．$A' = \left\{ \dfrac{x-a}{b-a} \middle| x \in A \right\}$ とおけば，$[0,1]$ の部分集合 A' も定理の条件 (D) をみたす．$a=0, b=1$ の場合はすでに示されているから，A' の終点となる実数 c' が存在する．$c = a + (b-a)c'$ は A の終点である．　□

実数 $0 \leqq c < 1$ に対し $A = [0,c]$ とおくと証明の第 2 段落は c の 2 進小数表

示の求め方を与えている（問題 1.1.2）．証明の前半で使った論法は，閉区間 $[0,1]$ を次々に半分にしていくものなので，**2 分法** (bisection method) という．

定理 1.1.4 の証明では，まず終点の候補 c を構成し次に c が終点であることを確かめている．条件をみたすものの存在を証明するにはこのように，まず条件をみたしそうなものをつくり，それが実際に条件をみたすことを確認するというのがよくある方法である．次の定理 1.1.5 のように条件をみたすものが**ただ 1 つ** (unique) であることを示すには，条件をみたすものが 2 つあったとしてそれが実は同じであることを示すことがさらに必要になる．

定理 1.1.4 は実数の連続性の定式化の 1 つである．もう 1 つの定式化を証明する．

定理 1.1.5 A と B を実数の集合で，次の条件 (D1) と (D2) をみたすものとする．

(D1) x が A の元で y が B の元ならば，$x \leqq y$ である．

(D2) **任意の** (arbitrary) 実数 $q > 0$ に対し，$y - x \leqq q$ をみたす $x \in A$, $y \in B$ が存在する．

このとき，実数 c で任意の $x \in A$, $y \in B$ に対し $x \leqq c \leqq y$ をみたすものがただ 1 つ存在する． ■

定理 1.1.5 の条件 (D1) は，A が小さい方，B が大きい方の実数の集合であることを表わしている．条件 (D2) は，A と B の間にすきまがないということである．定理 1.1.5 の結論の実数 c についての条件は，A が $(-\infty, c]$ に含まれ B が $[c, \infty)$ に含まれるということである．この条件をみたすただ 1 つの実数 c を，A と B の**境い目** (border) とよぶ．

条件 (D2) の文の構文は「任意の実数 $q > 0$ に対し，××をみたす $x \in A$, $y \in B$ が存在する」となっている．「任意の $q > 0$ に対し××である」という文は，「どんな $q > 0$ をとっても××がなりたつ」という意味だが，これではことばをいいかえただけである．

論理としては，$q > 0$ を仮定に追加すると××がなりたつということである．その意味で，「ならば」ということばは，仮定の部分のなかに「任意の」という意味を暗黙のうちに含む働きをしていることが多い．

「任意の」ということばは，仮定に追加する条件は $q > 0$ だけでありそれ以外の条件は追加しないことを表わしている．「任意の」ということばは「適当

な」ということばと語感が似ているが,「適当な」にはこちらの都合のよいようにという意味があり,「任意の」にはそういう趣旨はない.

「任意の」ということばは通常の文法では形容詞的だが,論理としては任意の $q > 0$ というものがあるわけではなく,「$q > 0$ ならば××である」という条件を文にするという副詞的な働きをしている.「存在する」ということばも通常の文法では動詞だが,これについても同様である.

「任意の $q > 0$ に対し××である」という文の否定は,$q > 0$ を仮定に追加しても××がなりたつとは言えないということであり,「$q > 0$ であり××の否定をみたすものが存在する」という文と同じ意味である.逆に,「××をみたす実数 $q > 0$ が存在する」という文の否定は,「任意の実数 $q > 0$ に対し××の否定がなりたつ」という文と同じ意味になる.

定理の結論の構文は「任意の $x \in A, y \in B$ に対し $x \leqq c \leqq y$」という条件をみたす実数 c がただ1つ存在することを表わしている.「任意の $x \in A, y \in B$ に対し $x \leqq c \leqq y$ をみたす実数 c がただ1つ存在する」という文の方が自然だが,これも意味があいまいな文になってしまう.

証明 条件 (D2) で $q = 1 > 0$ とすれば,$b - a \leqq 1$ をみたす $a \in A, b \in B$ が存在する.条件 (D1) より $a \leqq b$ である.この a, b に対し,閉区間 $[a, b]$ の部分集合 C を

$$C = \{x \in \mathbf{R} \mid a \leqq x \leqq b \text{ であり, } B \text{ のすべての元 } t \text{ に対し } x \leqq t \text{ である }\}$$

で定める.C は定理 1.1.4 の条件 (D) をみたす.よって定理 1.1.4 より,C の終点となる実数 c が存在する.条件 (D1) より A は $(-\infty, b]$ に含まれ,さらに A と $[a, b]$ の共通部分は C に含まれるから,A のすべての元 x に対し $x \leqq c$ である.

B の任意の元 y に対し $c \leqq y$ であることを,背理法で (D1) から導く.B の元 t で $t < c$ をみたすものがあったとする.a は A の元だから,(D1) より $a \leqq t < c$ である.$s = \dfrac{t + c}{2}$ とおくと,$a < s < c$ だから s は C の元である.一方 $t < s$ で t は B の元だから s は C の元でない.これは矛盾だから,B のすべての元 y に対し $c \leqq y$ である.したがって c は A と B の境い目である.

A と B の境い目となる実数は1つだけであることを,背理法で (D2) から導く.$c_1 < c_2$ がどちらも A と B の境い目とする.$q = \dfrac{c_2 - c_1}{2} > 0$ とする

と (D2) より，A の元 x と B の元 y で $y - x \leqq q$ をみたすものが存在する．$x \leqq c_1 < c_2 \leqq y$ だから $q < c_2 - c_1 \leqq y - x \leqq q$ となり矛盾である．したがって，A と B の境い目となる実数は c だけである． □

実数の集合 A と B が (D1) をみたすが (D2) をみたさないとすると，次のように A と B の間にはすきまがある．

命題 1.1.6 A と B を実数の空でない集合で，定理 1.1.5 の条件 (D1) をみたすが (D2) をみたさないものとする．このとき，実数 $a < b$ で A は $(-\infty, a]$ に含まれ B は $[b, \infty)$ に含まれるものが存在する． ■

証明 s を A の元，t を B の元とする．A と B が (D2) をみたさないから，$t > s$ であり，実数 $q > 0$ で A の任意の元 x と B の任意の元 y に対し $y - x > q$ となるものが存在する．この $q > 0$ に対し $n = \left\lceil \dfrac{t-s}{q} \right\rceil$ とおくと，(D1) より A の任意の元 x に対し $x \leqq t \leqq s + nq$ である．よって，自然数 m で A の任意の元 x に対し $x \leqq s + mq$ となるもののうち最小のものがある．

この m に対し $a = s + mq$ とおく．m の性質より，A の任意の元 x に対し $x \leqq a$ である．よって A は $(-\infty, a]$ に含まれる．さらに m の性質より，A の元 x で $a - q < x$ をみたすものがある．この x に対し $b = x + q > a$ とおく．q の性質より，B の任意の元 y に対し $y > x + q = b$ である．よって B は $[b, \infty)$ に含まれる． □

定理 1.1.4 と定理 1.1.5 で証明した実数の連続性は，実数は大小 2 つの部分の境い目として定まるという性質である．これらを含めこの本で紹介する微積分の基礎となる実数の性質とその論理的な関係は次の図のとおりである．

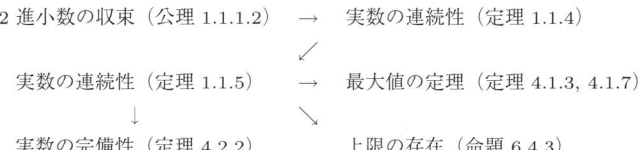

実数の連続性には，上限の存在という定式化（命題 6.4.3）もある．実数の完備性（定理 4.2.2）は数列が収束するための条件である．実数はいくらでも精密に近似することで定まるという性質を表わしている．

閉区間上の連続関数には最大値があるという最大値の定理（定理 4.1.7）も実

数の重要な性質である．ボルツァーノ・ワイエルシュトラスの定理（問題 6.4.3）とも関連が深い．閉区間上の連続関数の積分の存在の基礎となる一様連続性（命題 4.1.10）は，2 変数関数の最大値の定理（定理 4.1.3）の帰結である．

2 進小数の収束（公理 1.1.1.2）は，アルキメデスの公理（公理 1.1.1.1）のもとでは，実数の完備性（定理 4.2.2）の系 4.2.3 と上限の存在（命題 6.4.3）のどちらからでも導ける．また最大値の定理（定理 4.1.7）からも導くことができるので，左ページの図の定理は，アルキメデスの公理（公理 1.1.1.1）のもとではどれもたがいに同値である．

実数の連続性（定理 1.1.4 と定理 1.1.5）では，なるべくその意味をわかりやすくし，そして適用しやすくするために，ほかの本でよくみるものと少し定式化を変えてある．ほかの本を読むときに不便にならないよう，よくみるものは命題 6.4.3 と問題 1.1.5 でとりあげる．また，本文では扱わなかった数列の収束に関係するくわしい性質は，問題 4.2.3 と問題 6.4.2 で紹介する．

これらの基礎となる命題から導かれるおもな定理は次の表のとおりである．

実数の連続性（定理 1.1.4）
中間値の定理（定理 1.2.5），導関数による関数の増減判定法（定理 1.4.2）
実数の連続性（定理 1.1.5）
弧の長さの定義（命題 2.1.3），指数関数の定義（命題 2.2.2）とその微分（命題 2.2.5），面積の定義（命題 6.1.5）
最大値の定理（定理 4.1.3）
閉区間で定義された連続関数の一様連続性（命題 4.1.10）
実数の完備性（定理 4.2.2）と連続関数の一様連続性（命題 4.1.10, 命題 4.1.13）
不定積分の存在（定理 4.3.1），微分方程式の解の存在定理（定理 4.5.5），重積分の定義（定理 6.2.4）
実数の完備性（系 4.2.3）
広義積分についての優関数の方法（命題 4.4.4, 命題 6.4.1），優級数の方法（命題 4.4.10），交代級数の収束（命題 5.3.5）
実数の連続性（定理 1.1.4）と優級数の方法
巾級数の収束半径（定理 5.2.3）
上限の存在（命題 6.4.3）
重積分の広義積分の定義（命題 6.4.6）

それぞれ上段が基礎となる命題であり，下段がその帰結である．上の表では省略したが，微分方程式の解の存在定理（定理 4.5.5）の一意性の部分の証明

では実数の連続性（定理 1.1.4）もあわせて使う．

これらはどれも次節で紹介するイプシロン・デルタ論法によって定式化されるか証明される．その中には，離れた点での関数の値の不等式や，最大値や積分などの関数の定義域全体に関わるものがある．このようなものを関数の**大域的** (global) 性質という．

微分を扱う第 3 章まででは実数の連続性だけを基礎として使う．積分を扱う第 4 章以降では大域的な性質を考えるためにもっと理論的な準備が必要で，最大値の定理やその帰結と実数の完備性もあわせて使うことになる．

2 進小数の収束（公理 1.1.1.2）は，優級数の方法（命題 4.4.10）の特別の場合であり，交代級数の収束（命題 5.3.5）からもしたがう．したがって，これらもアルキメデスの公理（公理 1.1.1.1）のもとではすべてたがいに同値である．また 2 進小数の収束は，上限の存在（命題 6.4.3）から導かれる有界な単調増加数列の収束（問題 6.4.2）の特別な場合でもある．これらは，実数の連続性のさまざまな表現であり，どれも同値な定式化である．

位相空間のことばでいうと，実数の連続性は閉区間の連結性に，実数の完備性は閉区間のコンパクト性にそれぞれ関係が深い．連結性は中間値の定理と，コンパクト性は最大値の定理とそれぞれ密接に結びついている．一般の位相空間では連結性とコンパクト性の間に関係はないので，実数の連続性と完備性の結びつきは閉区間に特有の現象である．

> **まとめ**
> ・アルキメデスの公理と 2 進小数の収束を定式化した．
> ・実数の連続性を定式化し証明した．

問題

A 1.1.1 $a > b \geqq 0$ を実数とする．数列 (a_n) を次のように帰納的に定義する．$a_0 = a, a_1 = b$ とおく．$n \geqq 1$ とし，a_n まで定まっているとする．$a_n > 0$ のときは，$q_n = \left[\dfrac{a_{n-1}}{a_n}\right]$ とおいて $a_{n+1} = a_{n-1} - q_n a_n \geqq 0$ と定める．$a_n = 0$ のときは，$q_n = a_{n+1} = 0$ とする．

1. $a = \sqrt{2}, b = 1$ のとき，数列 (a_n) を求めよ．
2. 次の条件 (1) と (2) は同値であることを示せ．

(1) $a_n = 0$ となる自然数 $n \geqq 1$ がある．

(2) $\dfrac{b}{a}$ は有理数である．

3. a, b を自然数とし，m を $a_m \neq 0$ となる最大の自然数とする．a_m は a, b の最大公約数であることを示せ．

4. $\sqrt{2}$ は有理数でないことを示せ．

最大公約数を求める問題 1.1.1.3 の方法を，**ユークリッドの互除法** (Euclidean algorithm) という．

A 1.1.2 A を閉区間 $\left[0, \dfrac{2}{3}\right]$ とする．定理 1.1.4 の $a = 0, b = 1$ の場合の証明で定めた数列 (a_n) を求めよ．$c = \dfrac{2}{3}$ が不等式 (1.2) をみたすことも確かめよ．

A 1.1.3 閉区間 $[1, 2]$ の部分集合 A を $A = \{x \in \mathbf{R} \mid 1 \leqq x \leqq 2,\ x^2 < 2\}$ で定める．

1. A は定理 1.1.4 の条件 (D) をみたすことを示せ．

2. c を A の終点とする．閉区間 $[1, 4]$ の部分集合 $B = \{x^2 \mid 1 \leqq x < c\}$, $C = \{x^2 \mid c < x \leqq 2\}$ は定理 1.1.5 の条件 (D1) と (D2) をみたすことを示せ．

3. A の終点 c は $c^2 = 2$ をみたすことを示せ．

A 1.1.4 高校の微積分の教科書から，大学の微積分からみると不十分と考えられる内容を，中間値の定理の証明のほかに 3 つ以上あげよ．

B 1.1.5 A, B を実数の空でない集合で，次の条件 (C1) と (C2) をみたすものとする．

(C1) x が A の元で y が B の元ならば，$x < y$ である．

(C2) A と B の合併 $A \cup B$ は $\mathbf{R}$ である．

このとき実数 c で，$A = (-\infty, c), B = [c, \infty)$ か $A = (-\infty, c], B = (c, \infty)$ のどちらかとなるものが存在することを示せ．

問題 1.1.5 の条件 (C1) と (C2) をみたす集合 A, B をデデキントの**切断** (cut) という．問題 1.1.5 は切断は実数を定めることを表わしている．

1.2 連続関数

高校の微積分では，実数 x に対し実数 $y = f(x)$ が定まるとき，$f(x)$ を x の関数というと定義した．関数ということばの定義をもう少し正確に考える．

関数を考えるときは，まずその定義域を指定する必要がある．関数 $\dfrac{1}{x}$ の定義域は $x \neq 0$, $\log x$ の定義域は $x > 0$ というように，関数 $f(x)$ にはその自然な定義域があるような気がする．しかし，関数を考えるときには，その定義域を先に指定するのが，現代の数学での考え方である．**定義域** (domain) として開区間 (a, b) を例にとって話をすすめる．それ以外の場合も同様である．

定義 1.2.1 $a < b$ を実数とする．$f(x)$ が開区間 (a,b) で定義された**関数** (function) であるとは，$a < x < b$ をみたす任意の実数 x に対し，$y = f(x)$ をみたす実数 y がただ1つ存在するということである．∎

　関数 $f(x)$ の $x = c$ での**値** (value) $f(c)$ を $f(x)|_{x=c}$ で表わすこともある．閉区間 $[a,b]$ で定義された関数を考えるときには，不等式 $a < x < b$ を $a \leqq x \leqq b$ でおきかえればよい．同様に，$[a, \infty)$ で定義された関数や，$(-\infty, \infty)$ で定義された関数なども考える．定義 1.2.1 の文のように，$a < x < b$ をみたす実数 x と書くのが正確な表現だが，これでは長いので実数 $a < x < b$ と略記するのがふつうである．

　開区間 (a,b) で定義された関数 $f(x)$ とは，このように $a < x < b$ をみたす x に対し実数 $f(x)$ を対応させる規則のことである．規則といっても，規則正しく式で定義されている必要はないというのが，現代的な関数の定義である．$a < x < b$ をみたさない x については，$y = f(x)$ をみたす y があるかどうかは考えない．

　(a,b) で定義された関数 $f(x)$ と $g(x)$ が等しいとは，$a < x < b$ をみたすすべての実数 x に対して $f(x) = g(x)$ がなりたつということである．このとき，(a,b) で $f(x) = g(x)$ であるという．このように，関数 $f(x)$ がその定義域 (a,b) のすべての実数 x で性質 P をみたすとき，$f(x)$ は (a,b) で P をみたすという．

　たとえば，すべての実数 $a < x < b$ に対し $f(x) \geqq 0$ であるとき，(a,b) で $f(x) \geqq 0$ であるという．(a,b) で $f(x) \geqq 0$ とは，関数として $f(x) \geqq 0$ ということである．ただし否定の場合には，(a,b) で $f(x) \neq 0$ とは関数として $f(x) \neq 0$ ということではないので注意する必要がある．

　関数 $f(x)$ の定義域の元である実数を文字 x で表わしているとき，x を**変数** (variable) とよび $f(x)$ を x の関数とよぶむかしながらの用語もすたれていない．現代的な解釈では，定義 1.2.1 で**独立変数** (independent variable) を表わす文字 x は，関数の定義域の実数を表わす記号であり，それ以上の意味はない．**従属変数** (dependent variable) を表わす文字 y についても同様である．

　変数を表わす文字を変えて「$a < s < b$ をみたすどんな実数 s に対しても $t = f(s)$ をみたす実数 t がただ1つ存在する」としても，定義 1.2.1 の文の意味は変わらない．x は「どんな」，y は「存在する」ということばと結びつけ

られた，形式論理のことばでいう**束縛変数** (bound variable) だからである．

そのような意味で，関数を表わすときに $f(x)$ と書くよりも f と書くのが正確な表現だが，この本では慣用にしたがい $f(x)$ で関数を表わす．記号 $f(x)$ には，これが関数を表わしているのか，関数の値である実数を表わしているのかあいまいなところがあり，これがたとえば定義 5.3.1 で定義する関数の一様収束を考えるときに混乱のもとになりうることに注意しておく．

このように，数学では x に対し $f(x)$ が定まるという面に着目して関数の用語や記号を使う．しかし応用上は，$f(x)$ が表わす量自体に関心があるのがふつうであり，それをどのように数学的な意味での関数と考えるかは必ずしも明確でない．このずれも別の混乱のもとになりうる．

関数 $f(x)$ が (a,b) で定義されているという文には，2 とおりの解釈がありうる．1 つは，関数 $f(x)$ の定義域がちょうど開区間 (a,b) であるというものであり，もう 1 つは，開区間 (a,b) は関数 $f(x)$ の定義域に含まれるというものである．微積分では，考えている特定の範囲での関数の性質に着目し，それ以外でのようすは気にしないことが多いので，このようにあいまいな表現をしても実際上とくに問題は生じない．

関数のグラフを定義するため，平面とは何かを定義する．平面の点はその座標とよばれる実数の対で表わせることを中学で学んだ．しかし，平面やその点の定義は習わなかった．平面やその点とは何かを直接定義することもできなくはないが，視点を逆転して平面の点とは実数の対のことであると定義するほうが簡明であり，高次元への一般化も容易である．平面よりも，実数を基本的な対象と考えるということである．

実数を 2 つ (a,b) のように順にならべたものを実数の**対**(つい) (pair) とよぶ．実数の対 (a,b) と (c,d) が等しいとは，$a=c$ かつ $b=d$ ということである．実数の対を平面の**点**とよぶ．この定義では，平面の点 P は実数の対 (a,b) と同じものだが，(a,b) を点 P の**座標** (coordinates) ともよぶ．対の記号は開区間の記号と同じなのでまぎらわしいが，どちらも慣用の記号である．実数の対 (a,b) は平面の点であり開区間 (a,b) は数直線の一部なので，たいていは文脈から判別できる．

実数の対全体からなる集合 $\{(a,b) \mid a,b \text{ は実数}\}$ を**平面** (plane) とよび，記号 $\mathbf{R}^2$（アールトゥー）で表わす．開区間 (a,b) で定義された関数 $f(x)$ に対し，平面の点の集

合 $\{(x,y) \in \mathbf{R}^2 \mid a < x < b,\ y = f(x)\}$ を $f(x)$ の**グラフ** (graph) という.

実数 a を含む開区間で定義された関数が,$x = a$ で連続であるということを定義する.

定義 1.2.2　$f(x)$ を開区間 (u,v) で定義された関数とし,$u < a < v$ とする.$f(x)$ が $x = a$ で**連続** (continuous) であるとは,任意の実数 $q > 0$ に対し,実数 $r > 0$ で開区間 $(a-r, a+r)$ が (u,v) に含まれ $(a-r, a+r)$ で $|f(x) - f(a)| < q$ となるものが存在することをいう.　■

例題 1.2.3　a と c を実数とする.

1. $c \neq 0$ とする.$(-\infty, \infty)$ で定義された関数 cx は $x = a$ で連続であることを示せ.

2. $(-\infty, \infty)$ で定義された**定数** (constant) **関数** c は $x = a$ で連続であることを示せ.　■

解　1. $q > 0$ を実数とする.$r = \dfrac{q}{|c|} > 0$ とすると,$(a-r, a+r)$ は $(-\infty, \infty)$ に含まれ $(a-r, a+r)$ で $|cx - ca| < |c|r = q$ である.

2. $q > 0$ を実数とする.$r = 1 > 0$ とすると,$(a-1, a+1)$ は $(-\infty, \infty)$ に含まれ $(a-1, a+1)$ で $|c - c| = 0 < q$ である.　□

数学でいう**定義** (definition) には,指数関数の定義のように対象を特定する定義と,連続関数の定義 1.2.4 のような対象の性質についての定義がある.関数の定義 1.2.1 のように一般的な対象についての用語を定めるものもある.

定義 1.2.2 は,関数の連続性を**イプシロン・デルタ論法** (epsilon-delta argument) で定式化したものである.定義 1.2.2 の q と r を,ふつうギリシャ文字の $\underset{\text{イプシロン}}{\varepsilon}$ と $\underset{\text{デルタ}}{\delta}$ で書くので,そうよばれる.文字イプシロンとデルタは,それぞれ誤差 (error) と距離 (distance) を表わす頭文字からとられたらしい.この本では δ と ε のかわりに半径 (radius) の頭文字の r とその前の文字の q を使うことにする.イプシロン・デルタ論法は難しいという定評がある.その原因には,数学的な要素と論理的な要素が考えられる.

関数の値の誤差の範囲 q を指定するごとに定義域で許容される変動の限界 r を与えるという一見逆転した記述となっていることが,難しさの数学的な要因の 1 つと考えられる.

定義 1.2.2 は，x が a に近づくときに $f(x)$ が $f(a)$ に近づくということを不等式で表わしたものである．x が開区間 $(a-r, a+r)$ に属するとは，$|x-a|<r$ ということであり x が a に近いことを表わしている．そのときに $|f(x)-f(a)|<q$ がなりたつということは，

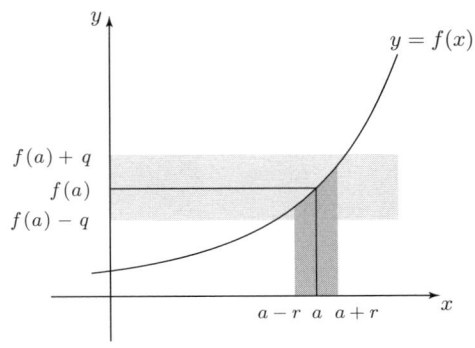

$f(x)$ が $f(a)$ に近いことを表わしている．

　定義 1.2.2 の条件は，「任意の実数 $q>0$ に対し，××」となっている．××の部分が $q>0$ についてなりたてば，××のなかの q を $p>q$ をみたす実数 p でおきかえたものもなりたつので，実際には $q>0$ としていくらでも小さいものを考えていることになる．$r>0$ は $q>0$ に応じてとりかえることができるので，文全体として，x のとりうる値の範囲を a のまわりに小さくすれば値の差の絶対値をいくらでも小さくできることを表わしている．

　定義 1.2.2 の文の構文は，「任意の実数 $q>0$ に対し，実数 $r>0$ で××をみたすものが存在する」となっている．さらに××の部分は，「$a-r<x<a+r$ をみたす任意の x」についての条件である．イプシロン・デルタ論法では，このように「任意の」と「存在」を含む構文が入れ子になっている．難しさの原因には，そのような論理的な要素も大きい．

　もう 1 つの論理的な難しさとしては，「x が a に近づく」ということばがそれだけでは意味をなさず，「x が a に近づくときに $f(x)$ が $f(a)$ に近づく」のような文としてはじめて意味があるということがある．これは「任意の x」ということばが単独では意味をなさず，「任意の x について××である」のような文としてはじめて意味があることと関係している．

　イプシロン・デルタ論法を理解しても，微積分の計算が上達するわけではない．定義や定理の意味を理解し，証明を自分で確認できるようになることが，イプシロン・デルタ論法を理解することの意味である．理論を精密に理解してはじめて，なりたつはずのない定理を証明したり，仮定をみたさない関数に公式を適用して間違った等式を導いたりという誤りを避けることがで

きる．これは消極的な意味のように聞こえるかもしれないが，数学の確実性の基盤は，感覚に頼らず論理を支えとすることで保証されている．

たとえば，中間値の定理の説明には，グラフをみれば明らかと書いてある本もある．$[0,1]$ で定義された関数 $f(x), g(x)$ を $f(x) = x^n$, $g(1) = 1$ と $[0,1)$ で $g(x) = 0$ で定めると，n が非常に大きい自然数なら，連続関数 $y = f(x)$ のグラフとそうでない $y = g(x)$ のグラフをみわけることは難しい．

複素数係数の 1 変数多項式は 1 次式の積に分解できるという代数学の基本定理（定理 7.3.1）を第 7 章で証明するが，その最後の段階では中間値の定理を適用する．このような数学の理論的な基礎を，みればわかるというような議論の上に構築することはできない．

イプシロン・デルタ論法は数の近似計算の方法を抽象化したものである．近似値を求めるときには，その誤差の大きさの程度がわからなければ意味がない．イプシロン・デルタ論法のもとにある考えは，許容できる誤差の大きさを指定したときにどの程度の精密さで計算すればその精度の近似値が求められるかというものである．これについては 1.5 節で逆関数の値の近似計算についてのニュートン法（命題 1.5.9）のところであらためてふれる．

定義域の各点で連続な関数を**連続関数**という．

定義 1.2.4 開区間 (u,v) で定義された関数 $f(x)$ が (u,v) で**連続**であるとは，$u < a < v$ をみたすすべての実数 a に対し，$f(x)$ が $x = a$ で連続であることをいう．

$(-\infty, \infty)$ で定義された関数 $f(x)$ がすべての実数 a に対し $x = a$ で連続であるとき，$f(x)$ は**いたるところ** (everywhere) **連続**であるという． ∎

$f(x)$ が $[a,v)$ で定義されているとする．任意の実数 $q > 0$ に対し，実数 $r > 0$ で $[a, a+r]$ が $[a,v)$ に含まれ $[a, a+r]$ で $|f(x) - f(a)| < q$ となるものが存在するとき，$f(x)$ は $x = a$ で**右** (right) **連続**であるという．$(u,a]$ で定義された関数 $f(x)$ が $x = a$ で**左** (left) **連続**であることも同様に定義する．$f(x)$ が a で連続とは，$f(x)$ が a で右にも左にも連続ということである．$f(x)$ が閉区間 $[a,b]$ で**連続**とは，開区間 (a,b) で連続で $x = a$ で右連続で $x = b$ で左連続であることと定義する．

実数の連続性（定理 1.1.4）から中間値の定理を導く．

定理 1.2.5　$f(x)$ を閉区間 $[a,b]$ で定義された連続関数とし, p を $f(a) \leqq p \leqq f(b)$ をみたす実数とする.

1. (**中間値の定理** (intermediate value theorem)) 実数 $a \leqq c \leqq b$ で, $f(c) = p$ であるものが存在する.

2. 実数 $a \leqq c \leqq b$ で, $f(c) = p$ であり $[a,c)$ で $f(x) < p$ であるものがただ 1 つ存在する. ∎

定理 1.2.5 の 1. がふつうにいう中間値の定理であり, 2. はその精密化である. 定理 1.2.5.1 の結論は, $f(c) = p$ をみたす実数 $a \leqq c \leqq b$ が存在すると略記するのがふつうである. $f(a) \geqq f(b)$ のときは, 不等号 $f(a) \leqq p \leqq f(b)$ の向きを逆にしたものが同様になりたつ. ここからは, このようなことはいちいち注意しない.

証明　1. 閉区間 $[a,b]$ の部分集合 A を
$$A = \{s \mid a \leqq s \leqq b \text{ であり, } [a,s] \text{ で } f(x) < p\}$$
で定める. A が定理 1.1.4 の条件 (D) をみたすことを示す. $s \in A$ とすると, A の定義より $[a,s]$ で $f(x) < p$ だから $[a,s]$ は A に含まれる. よって条件 (D) がみたされるから, 定理 1.1.4 より A の終点となる実数 c が存在する.

下の補題 1.2.6 を使って $f(c) \leqq p$ と $p \leqq f(c)$ をそれぞれ示すことで $f(c) = p$ を証明する. まず $f(c) \leqq p$ を示す. $c = a$ ならば $f(c) = f(a) \leqq p$ である. $c > a$ とする. $a \leqq s < c$ ならば, $s \in A$ だから $f(s) < p$ である. よって, $[a,c)$ で $f(x) < p$ である. $q > 0$ を実数とする. $f(x)$ は連続だから, 実数 $r > 0$ で, $(c-r,c]$ が $[a,c]$ に含まれ $(c-r,c]$ で $|f(x) - f(c)| < q$ となるものがある. この r に対し, $c - \dfrac{r}{2} \in A$ であり $f(c) - q < f\left(c - \dfrac{r}{2}\right) < p$ となるから, $f(c) < p + q$ である. 下の補題 1.2.6 より $f(c) \leqq p$ である.

$f(c) = p$ を示す. $c = b$ なら $f(c) \leqq p \leqq f(b) = f(c)$ だから $f(c) = p$ である. $c < b$ とする. $q > 0$ を実数とする. $f(x)$ は連続だから, 実数 $r > 0$ で, $[c, c+r)$ が $[c,b]$ に含まれ $[c, c+r)$ で $|f(x) - f(c)| < q$ となるものがある. この r に対し, $c < c + \dfrac{r}{2} \leqq b$ であり $c + \dfrac{r}{2} \notin A$ だから, $\left[a, c + \dfrac{r}{2}\right]$ で $f(x) < p$ ではない. $[a,c)$ では $f(x) < p$ だから, $p \leqq f(t)$ をみたす実数 $c \leqq t \leqq c + \dfrac{r}{2}$ が存在する. この t に対し, $f(c) \leqq p \leqq f(t) < f(c) + q$ である. 下の補題 1.2.6 より $p \leqq f(c)$ であり, したがって $f(c) = p$ である.

2. 1. の証明で構成した c に対し，$f(c) = p$ であり $[a, c)$ で $f(x) < p$ である．c' も $f(c') = p$ であり $[a, c')$ で $f(x) < p$ であるとすると，$c \leqq c'$ かつ $c' \leqq c$ となり $c = c'$ である．よって，2. の条件をみたす c はただ1つである． □

定理 1.2.5.1 の証明で，c をみつける部分では実数の連続性を使い，$f(c) = p$ を示す部分では関数の連続性の定義を使っている．中間値の定理を，定理 1.1.4 の証明のように2分法で公理 1.1.1.2 から導く方法（問題 1.2.2）は，$f(x) = p$ の解の近似計算に使われる．

次の補題を使うと，イプシロン・デルタ論法から不等式や等式を導ける．

補題 1.2.6 実数 a, b について，次の条件 (1) と (2) は同値である．
(1) $a \leqq b$ である．
(2) 任意の実数 $q > 0$ に対し $a < b + q$ である． ■

証明 (1)⇒(2)：$a \leqq b$ とする．$q > 0$ ならば，$a \leqq b < b + q$ である．

(2)⇒(1)：(2)⇒(1) の対偶を示す．(2) の否定は「$a \geqq b + q$ をみたす実数 $q > 0$ が存在する」だから，対偶は「$a > b$ ならば，$a \geqq b + q$ をみたす実数 $q > 0$ が存在する」である．$a > b$ とすると，$q = a - b > 0$ とおけば $a \geqq a = b + (a - b) = b + q$ である． □

連続関数の和と積は連続なことを示す．

命題 1.2.7 $f(x)$ と $g(x)$ を開区間 (u, v) で定義された関数とし，$u < a < v$ とする．$f(x)$ と $g(x)$ が $x = a$ で連続ならば，和 $f(x) + g(x)$ と積 $f(x) \cdot g(x)$ も $x = a$ で連続である． ■

証明 $q > 0$ を実数とする．実数 $r > 0$ で開区間 $(a - r, a + r)$ が (u, v) に含まれ $(a - r, a + r)$ で $|f(x) - f(a)| < q, |g(x) - g(a)| < q$ となるものがある．この $r > 0$ に対し，$(a - r, a + r)$ で $|(f(x) + g(x)) - (f(a) + g(a))| \leqq |f(x) - f(a)| + |g(x) - g(a)| < 2q$ である．例題 1.2.3 より $[0, \infty)$ で $k(t) = 2t \geqq 0$ は連続で $k(0) = 0$ だから，下の補題 1.2.8 より和 $f(x) + g(x)$ は $x = a$ で連続である．

$0 < q < 1$ を実数とする．実数 $r > 0$ で開区間 $(a - r, a + r)$ は (u, v) に含まれ $(a - r, a + r)$ で $|f(x) - f(a)| < q, |g(x) - g(a)| < q$ となるものがある．この $r > 0$ に対し，$(a - r, a + r)$ で

$$|f(x) \cdot g(x) - f(a) \cdot g(a)| \tag{1.3}$$
$$\leqq |f(x) - f(a)| \cdot |g(a)| + |f(a)| \cdot |g(x) - g(a)| + |f(x) - f(a)| \cdot |g(x) - g(a)|$$
$$< (|f(a)| + |g(a)|)q + q^2 \leqq (|f(a)| + |g(a)| + 1)q$$

である．例題 1.2.3 より $[0, \infty)$ で $k(t) = (|f(a)| + |g(a)| + 1)t \geqq 0$ は連続で $k(0) = 0$ だから，下の補題 1.2.8 より積 $f(x) \cdot g(x)$ も $x = a$ で連続である． □

補題 1.2.8 $f(x)$ を開区間 (u, v) で定義された関数とし，$u < a < v$ とする．次の条件 (k) をみたす実数 $s > 0$ と $[0, s)$ で定義された関数 $k(t) \geqq 0$ があれば，$f(x)$ は $x = a$ で連続である．

(k) $k(t)$ は $t = 0$ で右連続であり，$k(0) = 0$ である．任意の実数 $0 < q < s$ に対し，実数 $r > 0$ で開区間 $(a-r, a+r)$ が (u, v) に含まれ $(a-r, a+r)$ で $|f(x) - f(a)| < k(q)$ となるものが存在する． ∎

補題 1.2.8 は，$f(x)$ が $x = a$ で連続であることを確かめるには，定義 1.2.2 の中の不等式 $|f(x) - f(a)| < q$ の右辺の q を，条件 (k) の最初の文の条件をみたす関数 $k(q)$ でおきかえたものを示せば十分だということである．この補題の方法はこのあとでもくりかえし使う．

補題 1.2.8 と同様に，補題 1.2.6 の (2) の不等式 $a < b+q$ の右辺の q を $k(q)$ でおきかえたものがなりたてば，$a \leqq b$ である．定理 1.1.5 でも条件 (D2) の中の $y - x \leqq q$ の右辺の q を $k(q)$ でおきかえたものがなりたてば，もとの (D2) がなりたつ．

証明 $q > 0$ を実数とする．$k(t) \geqq 0$ は $t = 0$ で右連続で $k(0) = 0$ だから，実数 $0 < p < s$ で $[0, p)$ で $k(t) < q$ となるものがある．この p に対し条件 (k) より，実数 $r > 0$ で開区間 $(a-r, a+r)$ が (u, v) に含まれ $(a-r, a+r)$ で $|f(x) - f(a)| < k\left(\dfrac{p}{2}\right)$ となるものが存在する．この r に対し，$(a-r, a+r)$ で $|f(x) - f(a)| < k\left(\dfrac{p}{2}\right) < q$ である．よって $f(x)$ は $x = a$ で連続である． □

命題 1.2.7 より，連続関数の和や積も連続である．例題 1.2.3 より関数 x と定数関数は連続だから，自然数 n に関する帰納法により，x^n とその定数倍も連続関数である．したがって，多項式が定める関数 $f(x) = a_n x^n + \cdots + a_1 x + a_0$ も連続である．このように，すでに連続であることがわかっている関数をく

みあわせて，連続関数を構成することができる．

連続関数の構成法としては，合成関数が重要である．$f(x)$ を開区間 (u,v) で定義された関数とし，$g(x)$ を開区間 (w,z) で定義された関数とする．開区間 (w,z) で $u < g(x) < v$ であるとき，**合成関数** (composite function) $f(g(x))$ が開区間 (w,z) で定義される．

命題 1.2.9 $f(x)$ を開区間 (u,v) で定義された関数とし，$g(x)$ を開区間 (w,z) で定義された関数とする．開区間 (w,z) で $u < g(x) < v$ であるとする．$w < b < z$ とし，$a = g(b)$ とおく．$f(x)$ が $x = a$ で連続で $g(x)$ が $x = b$ で連続ならば，合成関数 $f(g(x))$ は $x = b$ で連続である． ∎

証明 $q > 0$ を実数とする．$f(x)$ は $x = a$ で連続だから，実数 $p > 0$ で開区間 $(a-p, a+p)$ は (u,v) に含まれ $(a-p, a+p)$ で $|f(x) - f(a)| < q$ となるものがある．$g(x)$ は $x = b$ で連続だから，この $p > 0$ に対し，実数 $r > 0$ で開区間 $(b-r, b+r)$ は (w,z) に含まれ $(b-r, b+r)$ で $|g(x) - g(b)| < p$ となるものがある．この r に対し，開区間 $(b-r, b+r)$ で $g(x)$ は開区間 $(a-p, a+p)$ に含まれるから $|f(g(x)) - f(a)| < q$ である．$f(a) = f(g(b))$ だから，$f(g(x))$ は $x = b$ で連続である． □

x が b に近づくなら $g(x)$ は $g(b) = a$ に近づき，$g(x)$ が a に近づくなら $f(g(x))$ は $f(a)$ に近づくから，x が b に近づくなら $f(g(x))$ は $f(g(b))$ に近づく，という三段論法では命題 1.2.9 の証明にならない．x が b に近づくということばが単独では意味をなさないからである．

連続関数 $f(x)$ と $g(x)$ の合成関数が定義されるなら，合成関数 $f(g(x))$ も連続である．関数の不等式と連続性についての次の性質は基本的である．

命題 1.2.10 1. (**はさみうちの原理**) $f(x), g(x), h(x)$ を開区間 (u,v) で定義された関数とし，(u,v) で $f(x) \leqq g(x) \leqq h(x)$ であるとする．$u < a < v$ とし，$f(x)$ と $h(x)$ が $x = a$ で連続とする．$f(a) = h(a)$ ならば，$g(x)$ も $x = a$ で連続である．

2. $f(x), g(x)$ を開区間 (u,v) で定義された関数とし，$u < a < v$ とする．開区間 (u,v) で $|f(x) - f(a)| \leqq |g(x) - g(a)|$ であるとする．$g(x)$ が $x = a$ で連続ならば，$f(x)$ も $x = a$ で連続である． ∎

実数 s, t に対し $\min(s,t)$ で s, t の小さい方を表わし，$\max(s,t)$ で大きい方を表わす．$s \leqq t$ なら $\min(s,t) = s$, $\max(s,t) = t$ である．

証明 1. $q > 0$ を実数とする．実数 $r > 0$ で開区間 $(a-r, a+r)$ は (u,v) に含まれ $(a-r, a+r)$ で $|f(x) - f(a)| < q, |h(x) - h(a)| < q$ となるものがある．$f(a) = g(a) = h(a)$ だから，この r に対し，$(a-r, a+r)$ で $|g(x) - g(a)| = \max(g(x) - g(a), g(a) - g(x)) \leqq \max(h(x) - h(a), f(a) - f(x)) < q$ である．よって $g(x)$ は $x = a$ で連続である．

2. $q > 0$ を実数とする．実数 $r > 0$ で開区間 $(a-r, a+r)$ は (u,v) に含まれ $(a-r, a+r)$ で $|g(x) - g(a)| < q$ となるものがある．この r に対し $(a-r, a+r)$ で $|f(x) - f(a)| \leqq |g(x) - g(a)| < q$ となる．よって $f(x)$ も $x = a$ で連続である． □

系 1.2.11 1. 関数 $\dfrac{1}{x}$ は $x \neq 0$ で連続である．

2. $g(x)$ と $h(x)$ を開区間 (u,v) で定義された関数とし，$u < a < v$ とする．(u,v) で $g(x) \neq 0$ とする．$g(x), h(x)$ が $x = a$ で連続ならば，$\dfrac{h(x)}{g(x)}$ も $x = a$ で連続である． ■

証明 1. $a \neq 0$ とする．開区間 $\left(a - \dfrac{|a|}{2}, a + \dfrac{|a|}{2}\right)$ で $\left|\dfrac{1}{x} - \dfrac{1}{a}\right| = \left|\dfrac{x-a}{xa}\right| < \dfrac{2|x-a|}{a^2}$ である．よって命題 1.2.10.2 を $f(x) = \dfrac{1}{x}$ と連続関数 $g(x) = \dfrac{2x}{a^2}$ に適用して，$\dfrac{1}{x}$ は $x = a$ で連続である．

2. 命題 1.2.9 を $f(x) = \dfrac{1}{x}$ に適用すれば，1. より $\dfrac{1}{g(x)}$ も $x = a$ で連続である．さらに命題 1.2.7 を適用すればよい． □

> **まとめ**
> ・関数についての用語を整理し，関数の連続性を定義した．連続関数の和と積や合成関数は連続である．はさみうちの原理や連続なことがすでにわかっている関数との比較により関数の連続性が示せる．
> ・実数の対を平面の点とよぶ．
> ・実数の連続性を使って中間値の定理を証明した．

問題

A 1.2.1 $f(x)$ を開区間 (u,v) で定義された関数とし，$u < a < v$ とする．

1. 定義 1.2.2 の中の開区間 $(a-r, a+r)$ を閉区間 $[a-r, a+r]$ でおきかえても定義の意味は変わらないことを示せ.

2. 同様に不等式 $|f(x)-f(a)|<q$ を $|f(x)-f(a)|\leqq q$ でおきかえても定義の意味は変わらないことを示せ.

A 1.2.2 $f(x)$ を $[0,1]$ で定義された連続関数とし,$f(0)\leqq p\leqq f(1)$ とする.数列 (a_n) を次のように帰納的に定める.$a_1,\ldots,a_m$ まで定まっているとき,$s_m=\sum_{n=1}^{m}\dfrac{a_n}{2^n}$ とおいて,$f\left(s_m+\dfrac{1}{2^{m+1}}\right)\leqq p$ なら $a_{m+1}=1$ とし,$f\left(s_m+\dfrac{1}{2^{m+1}}\right)>p$ なら $a_{m+1}=0$ とする.$c=\sum_{n=1}^{\infty}\dfrac{a_n}{2^n}$ とすると,$f(c)=p$ であることを示せ.

A 1.2.3 1. $f(x)=g(x)=x, a=1$ とおき (1.3) を使って,実数 $q>0$ に対し $r=\min(\frac{q}{3},1)$ とすると開区間 $(1-r,1+r)$ で $|x^2-1|<q$ であることを示せ.

2. 関数 $f(x)=g(x)=x^2$ と $a=1$ に命題 1.2.9 の証明をあてはめて,実数 $q>0$ に対し $r=\min(\frac{q}{9},\frac{1}{3})$ とすると開区間 $(1-r,1+r)$ で $|x^4-1|<q$ であることを示せ.

A 1.2.4 $f(x)$ と $g(x)$ を開区間 (u,v) で定義された関数とし,$u<a<v$ とする.$f(x)$ と $g(x)$ が a で連続ならば,$\max(f(x),g(x))$ と $\min(f(x),g(x))$ も a で連続なことを示せ.

1.3 極限と微分

関数の極限をイプシロン・デルタ論法で定義する.$u<a<v$ であり,$f(x)$ が開区間 (u,a) と (a,v) で定義された関数であるとき,$f(x)$ は $x=a$ をのぞき開区間 (u,v) で定義された関数であるという.

定義 1.3.1 $u<a<v$ とする.$f(x)$ を,$x=a$ をのぞき開区間 (u,v) で定義された関数とする.b を実数とする.任意の実数 $q>0$ に対し,実数 $r>0$ で開区間 $(a-r,a+r)$ が (u,v) に含まれ $x=a$ をのぞき $(a-r,a+r)$ で $|f(x)-b|<q$ となるものが存在するとき,極限 $\lim_{x\to a}f(x)$ は b に**収束** (converge) するという.b を x が a に近づくときの $f(x)$ の**極限** (limit) とよび,$\lim_{x\to a}f(x)$ で表わす. ∎

$\lim_{x\to a}f(x)=b$ であることを,$x\to a$ のとき $f(x)\to b$ であるともいう.極限 $\lim_{x\to a}f(x)$ が収束することを,極限 $\lim_{x\to a}f(x)$ が**存在**するともいう.極限 $\lim_{x\to a}f(x)$ が収束すれば,その値はただ 1 つである.極限が存在しないときは,$\lim_{x\to a}f(x)$

は**発散** (diverge) するという．$\lim_{x\to a} f(x) = b$ とは，関数 $f(x)$ を $x = a$ に対しては $f(a) = b$ で定義すると，$f(x)$ が $x = a$ で連続であるということである．$f(x)$ が $x = a$ で連続なときは $\lim_{x\to a} f(x) = f(a)$ だから，連続関数については極限といってもそこでの値を考えるのと同じことである．

関数 $f(x)$ が (a, v) だけで定義されているとき，定義 1.3.1 の $r > 0$ についての条件を $(a, a+r)$ で $|f(x) - b| < q$ という条件でおきかえて，**右極限** (limit from above) $\lim_{x\to a+0} f(x)$ を定義する．同様に**左極限** (limit from below) $\lim_{x\to a-0} f(x)$ も定義する．右極限を $\lim_{x\downarrow a} f(x)$，左極限を $\lim_{x\uparrow a} f(x)$ とも書く．$\lim_{x\to a+0} f(x) = b$ とは，$f(a) = b$ とおくと $f(x)$ が a で右連続ということである．左極限についても同様である．極限 $\lim_{x\to a} f(x)$ が存在するとは，右極限 $\lim_{x\to a+0} f(x)$ と左極限 $\lim_{x\to a-0} f(x)$ が存在しこの 2 つが一致することである．

関数の極限と不等式についての次の性質は基本的である．

命題 1.3.2 $u < a < v$ とする．$f(x)$ と $g(x)$ を $x = a$ をのぞき開区間 (u, v) で定義された関数とし，$x = a$ をのぞき (u, v) で $f(x) \leqq g(x)$ であるとする．

1. 極限 $\lim_{x\to a} f(x), \lim_{x\to a} g(x)$ が収束するならば，$\lim_{x\to a} f(x) \leqq \lim_{x\to a} g(x)$ である．
2. (**はさみうちの原理**) $h(x)$ も $x = a$ をのぞき開区間 (u, v) で定義された関数とし，$x = a$ をのぞき (u, v) で $f(x) \leqq g(x) \leqq h(x)$ であるとする．極限 $\lim_{x\to a} f(x), \lim_{x\to a} h(x)$ が同じ値に収束するならば，$\lim_{x\to a} g(x)$ も収束し $\lim_{x\to a} f(x) = \lim_{x\to a} g(x) = \lim_{x\to a} h(x)$ である． ∎

極限について定式化したが，右極限，左極限についても同様になりたつ．

証明 1. $b = \lim_{x\to a} f(x), c = \lim_{x\to a} g(x)$ とおく．$q > 0$ を実数とする．実数 $r > 0$ で開区間 $(a-r, a+r)$ が (u, v) に含まれ $x = a$ をのぞき $(a-r, a+r)$ で $|f(x) - b| < q, |g(x) - c| < q$ となるものがある．この r に対し，$x = a$ をのぞき $(a-r, a+r)$ で，$b < f(x) + q \leqq g(x) + q < c + q + q = c + 2q$ である．よって補題 1.2.6 についての補題 1.2.8 のあとの注意より $b \leqq c$ である．

2. $\lim_{x\to a} f(x) = \lim_{x\to a} h(x) = b$ とし，$f(a) = g(a) = h(a) = b$ と定める．$f(x), h(x)$ は $x = a$ で連続になり，(u, v) で $f(x) \leqq g(x) \leqq h(x)$ となる．よって命題 1.2.10.1 より，$g(x)$ も $x = a$ で連続で $\lim_{x\to a} g(x) = b$ である． □

命題 1.2.7 より，$\lim_{x\to a} f(x)$ と $\lim_{x\to a} g(x)$ が収束すれば，

$$\lim_{x \to a}(f(x)+g(x)) = \lim_{x \to a}f(x) + \lim_{x \to a}g(x), \tag{1.4}$$

$$\lim_{x \to a}(f(x) \cdot g(x)) = \left(\lim_{x \to a}f(x)\right) \cdot \left(\lim_{x \to a}g(x)\right) \tag{1.5}$$

である．$\lim_{x \to b} g(x) = a$ で $f(x)$ が $x = a$ で連続ならば，命題 1.2.9 より

$$f\left(\lim_{x \to b}g(x)\right) = \lim_{x \to b}f(g(x)) \tag{1.6}$$

である．

微分の基本的な考えは，関数を 1 次関数で近似することである．

命題 1.3.3 $f(x)$ を開区間 (u,v) で定義された関数とし，$u < a < v$ とする．実数 p に対し，次の条件 (1) と (2) は同値である．
 (1) $p = \lim_{x \to a}\dfrac{f(x) - f(a)}{x - a}$ である．
 (2) $l(x) = p \cdot (x - a) + f(a)$ とおくと，$\lim_{x \to a}\dfrac{f(x) - l(x)}{x - a} = 0$ である． ■

証明 (1)⇒(2)：$\lim_{x \to a}\dfrac{f(x) - l(x)}{x - a} = \lim_{x \to a}\dfrac{f(x) - f(a)}{x - a} - p = 0$ である．
 (2)⇒(1)：$\lim_{x \to a}\dfrac{f(x) - f(a)}{x - a} = \lim_{x \to a}\dfrac{f(x) - l(x)}{x - a} + \lim_{x \to a}\dfrac{l(x) - f(a)}{x - a} = 0 + p = p$ である． □

微分係数の定義を復習する．

定義 1.3.4 $f(x)$ を開区間 (u,v) で定義された関数とし，$u < a < v$ とする．極限 $\lim_{x \to a}\dfrac{f(x) - f(a)}{x - a}$ が存在するとき，$f(x)$ は $x = a$ で**微分可能** (differentiable) であるという．このとき，この極限を $f(x)$ の $x = a$ での**微分係数** (derivative) といい $f'(a)$ で表わす．1 次 (affine) 関数 $y = f'(a)(x - a) + f(a)$ のグラフを $y = f(x)$ のグラフの $(a, f(a))$ での**接線** (tangent line) という． ■

$f(x)$ が $x = a$ で微分可能ならば，関数 $p(x)$ を $p(a) = f'(a)$ と $x \neq a$ ならば $p(x) = \dfrac{f(x) - f(a)}{x - a}$ で定義すると，$p(x)$ は $x = a$ で連続である．$x = a + h$ とおけば，微分係数 $f'(a)$ は $\lim_{h \to 0}\dfrac{f(a+h) - f(a)}{h}$ である．h を Δx で表わし $f'(a) = \lim_{\Delta x \to 0}\dfrac{f(a + \Delta x) - f(a)}{\Delta x}$ と書くことも多い．

$y = f(x)$ のグラフの $(a, f(a))$ での接線は，$x = a$ のまわりで $f(x)$ をもっともよく近似する 1 次関数のグラフである．1 次関数 $px + q$ のグラフは傾き

が p の直線だから，微分係数 $f'(a)$ は点 $(a, f(a))$ での接線の傾きである．

$P = (a, f(a))$, $Q = (t, f(t))$ $(t \neq a)$ とすると，2 点 PQ をとおる直線は 1 次関数 $\dfrac{f(t) - f(a)}{t - a}(x - a) + f(a)$ のグラフである．よって，$(a, f(a))$ での接線は Q を P に近づけたときのこの直線の極限と考えることもできる．

右極限 $\lim_{x \to a+0} \dfrac{f(x) - f(a)}{x - a}$ が存在するとき，$f(x)$ は $x = a$ で**右微分可能**であるといい，$f'_+(a) = \lim_{x \to a+0} \dfrac{f(x) - f(a)}{x - a}$ を**右微分係数**という．同様に，**左微分可能**なことと，**左微分係数** $f'_-(a) = \lim_{x \to a-0} \dfrac{f(x) - f(a)}{x - a}$ も定義する．

$f(x)$ が $x = a$ で微分可能であるための条件は，$f(x)$ が $x = a$ で右にも左にも微分可能で $f'_+(a) = f'_-(a)$ であることである．

$u < a < v$ とし，$x = a$ をのぞき開区間 (u, v) で定義された関数 $h(x)$ が $\lim_{x \to a} \dfrac{h(x)}{x - a} = 0$ をみたすとき，$h(x)$ は $x = a$ で 1 位より高次の**無限小** (infinitesimal) であるといい，$h(x) = o(x - a)$ と書く．この記号を**ランダウの記号** (Landau notation) という．ランダウの記号を使うと式 $\lim_{x \to a} \dfrac{f(x) - f(a)}{x - a} = f'(a)$ は，$f(x) = f(a) + f'(a)(x - a) + o(x - a)$ のように表わせる．

この書き方は，$o(x - a)$ で表わした部分の詳細について興味がないときには便利である．ただし，$h(x) = o(x - a)$ と $k(x) = o(x - a)$ から $h(x) = k(x)$ を導くことはできないことに，注意する必要がある．

イプシロン・デルタ論法でいえば，$h(x) = o(x - a)$ とは，任意の実数 $q > 0$ に対し実数 $r > 0$ で $x = a$ をのぞき $(a - r, a + r)$ で $|h(x)| < q \cdot |x - a|$ となるものが存在するということである．実数 $M > 0$ と実数 $r > 0$ で $x = a$ をのぞき $(a - r, a + r)$ で $|h(x)| \leqq M \cdot |x - a|$ となるものが存在するという，少しゆるめた条件がみたされるとき，$h(x)$ は $x = a$ で 1 位の**無限小**であるといい，$h(x) = O(x - a)$ と書く．これもランダウの記号である．

命題 1.3.5 $f(x)$ を開区間 (u, v) で定義された関数とし，$u < a < v$ とする．$f(x)$ が $x = a$ で微分可能ならば，$x = a$ で連続である． ∎

証明 $\lim_{x \to a} f(x) = \lim_{x \to a} \left(f(a) + \dfrac{f(x) - f(a)}{x - a} \cdot (x - a) \right) = f(a) + f'(a) \cdot 0 = f(a)$ である． □

微積分で扱う関数は，その定義域のすべての実数で微分可能なことが多い．そのようなときには，微分係数を値とする関数を定義できる．

定義 1.3.6 $f(x)$ を開区間 (u,v) で定義された関数とする．$f(x)$ がすべての実数 $u<a<v$ に対し $x=a$ で微分可能であるとき，$f(x)$ は (u,v) で**微分可能**であるという．$f(x)$ が (u,v) で微分可能であるとき，

$$f'(x) = \lim_{h\to 0}\frac{f(x+h)-f(x)}{h}$$

で定まる (u,v) で定義された関数 $f'(x)$ を $f(x)$ の**導関数** (derived function) という．

すべての実数 x に対して定義された関数 $f(x)$ がすべての実数 a に対し $x=a$ で微分可能であるとき，$f(x)$ は**いたるところ微分可能**であるという．■

定数関数はいたるところ微分可能で，その導関数は 0 である．1次関数 $px+q$ はいたるところ微分可能で，その導関数は定数関数 p である．

関数 $f(x)$ に対し，その導関数 $f'(x)$ あるいは微分係数 $f'(a)$ を構成することを微分するという．導関数 $f'(x)$ を $\dfrac{df(x)}{dx}$ とも表わす．$y=f(x)$ とおいているときは y' や $\dfrac{dy}{dx}$ とも表わす．記号 $\dfrac{dy}{dx}$ は $dydx$ のように棒読みすることになっている．微分係数 $f'(a)$ を $f'(x)|_{x=a}$ や $\left.\dfrac{dy}{dx}\right|_{x=a}$ のようにも表わす．

記号 $\dfrac{dy}{dx}$ の分母 dx と分子 dy は古くは無限小と考えられ，その正当化のためにさまざまな努力が試みられた．現代的な解釈では，これらは $x=a$ での余接空間とよばれる1次元線形空間の元であり，dx はその基底で dy はその $f'(a)$ 倍と考える．

閉区間 $[a,b]$ で定義された関数 $f(x)$ が，(a,b) で微分可能で $x=a$ で右微分可能で $x=b$ で左微分可能であるとき，$f(x)$ は $[a,b]$ で**微分可能**であるという．

微分係数と導関数について，次の性質は基本的である．

命題 1.3.7 1. (**和の微分，積の微分**) $f(x)$ と $g(x)$ を開区間 (u,v) で定義された関数とし，$u<a<v$ とする．$f(x)$ と $g(x)$ が $x=a$ で微分可能ならば，和 $f(x)+g(x)$ と積 $f(x)\cdot g(x)$ も $x=a$ で微分可能であり，その微分係数はそれぞれ $f'(a)+g'(a)$, $f'(a)\cdot g(a)+f(a)\cdot g'(a)$ である．

2. (**合成関数の微分**) $f(x)$ を開区間 (u,v) で定義された関数とし，$g(x)$ を開区間 (w,z) で定義された関数とする．(w,z) で $u<g(x)<v$ とする．$w<b<z$ とし，$a=g(b)$ とおく．$g(x)$ が $x=b$ で微分可能で，$f(x)$ が $x=a$ で微分

可能ならば，合成関数 $f(g(x))$ も $x = b$ で微分可能であり，その微分係数は $f'(a) \cdot g'(b)$ である． ∎

証明 1. $f(x)$ と $g(x)$ が $x = a$ で微分可能なら，(1.4) より

$$\lim_{x \to a} \frac{(f(x) + g(x)) - (f(a) + g(a))}{x - a} = \lim_{x \to a} \frac{f(x) - f(a)}{x - a} + \lim_{x \to a} \frac{g(x) - g(a)}{x - a}$$
$$= f'(a) + g'(a)$$

である．同様に (1.5) より，

$$\lim_{x \to a} \frac{f(x)g(x) - f(a)g(a)}{x - a} = \lim_{x \to a} \frac{f(x) - f(a)}{x - a} \cdot g(x) + \lim_{x \to a} f(x) \cdot \frac{g(x) - g(a)}{x - a}$$
$$= f'(a) \cdot g(a) + f(a) \cdot g'(a)$$

である．

2. 関数 $p(x)$ を，$p(a) = f'(a)$ と $x \neq a$ なら $p(x) = \dfrac{f(x) - f(a)}{x - a}$ で定義する．$p(x)$ は $x = a = g(b)$ で連続で $g(x)$ は $x = b$ で連続だから，(1.6) より $\lim_{x \to b} p(g(x)) = p(g(b)) = f'(a)$ である．$f(y) - f(a) = p(y)(y - a)$ だから $y = g(x)$, $a = g(b)$ とおいて $x \to b$ の極限をとれば，(1.5) より

$$\lim_{x \to b} \frac{f(g(x)) - f(g(b))}{x - b} = \lim_{x \to b} \left(p(g(x)) \cdot \frac{g(x) - g(b)}{x - b} \right) = f'(a) \cdot g'(b)$$

である． □

系 1.3.8 1. $f(x)$ と $g(x)$ が開区間 (a, b) で微分可能ならば，その和 $f(x) + g(x)$ と積 $f(x) \cdot g(x)$ も (a, b) で微分可能であり，その導関数はそれぞれ $f'(x) + g'(x)$, $f'(x) \cdot g(x) + f(x) \cdot g'(x)$ である．

2. $f(x)$ が開区間 (a, b) で微分可能であるとする．$g(x)$ が開区間 (c, d) で微分可能で $a < g(x) < b$ ならば，合成関数 $f(g(x))$ も (c, d) で微分可能であり，その導関数は $f'(g(x)) \cdot g'(x)$ である． ∎

積の微分の公式 $(f(x) \cdot g(x))' = f'(x) \cdot g(x) + f(x) \cdot g'(x)$ を**ライプニッツの公式** (Leibniz' rule) という．合成関数の微分の公式 $(f(g(x)))' = f'(g(x)) \cdot g'(x)$ を**連鎖律** (chain rule) という．

例 1.3.9 1. 自然数 $n \geqq 1$ に関する帰納法と，系 1.3.8.1（積の微分）より，

関数 x^n はいたるところ微分可能で導関数は nx^{n-1} である.

2. $a \neq 0$ ならば,系 1.2.11.1 より $\frac{1}{x}$ は $x = a$ で連続だから,$\lim_{x \to a} \frac{1}{x-a}\left(\frac{1}{x} - \frac{1}{a}\right) = \lim_{x \to a} \frac{-1}{xa} = -\frac{1}{a^2}$ である.よって,関数 $\frac{1}{x}$ は $x \neq 0$ で微分可能でその導関数は $-\frac{1}{x^2}$ である.1. と系 1.3.8.2(合成関数の微分)より,自然数 $n \geqq 1$ に対し,関数 $\frac{1}{x^n} = \left(\frac{1}{x}\right)^n$ は $x \neq 0$ で微分可能で,その導関数は $n\left(\frac{1}{x}\right)^{n-1} \cdot \left(-\frac{1}{x^2}\right) = -\frac{n}{x^{n+1}}$ である.

3. (**商の微分**) $g(x)$ が開区間 (a,b) で微分可能で $g(x) \neq 0$ ならば,2. と系 1.3.8.2(合成関数の微分)より,$\frac{1}{g(x)}$ も (a,b) で微分可能でその導関数は $-\frac{g'(x)}{g(x)^2}$ である.$f(x)$ も (a,b) で微分可能ならば,系 1.3.8.1(積の微分)より $\frac{f(x)}{g(x)}$ も (a,b) で微分可能で,導関数は $\frac{f'(x) \cdot g(x) - f(x) \cdot g'(x)}{g(x)^2}$ である.

4. (**対数微分** (logarithmic derivative)) $f(x)$ が (a,b) で微分可能で $f(x) \neq 0$ ならば,関数 $\frac{f'(x)}{f(x)}$ を $f(x)$ の対数微分という.系 1.3.8.1(積の微分)より,$g(x)$ も (a,b) で微分可能で $g(x) \neq 0$ ならば,$\frac{(f(x)g(x))'}{f(x)g(x)} = \frac{f'(x)}{f(x)} + \frac{g'(x)}{g(x)}$ がなりたつ.対数微分とよばれる理由は例 2.2.12.1 でわかる. ∎

定義 1.3.10 $f(x)$ を開区間 (a,b) で定義された微分可能な関数とする.

導関数 $f'(x)$ が連続であるとき,$f(x)$ は**連続微分可能** (continuously differentiable) であるという.導関数 $f'(x)$ が微分可能なとき,$f(x)$ は **2 回微分可能**であるという.$f'(x)$ の導関数を $f(x)$ の **2 次導関数** (second derivative) といい,$f''(x)$ や $f^{(2)}(x)$ で表わす.$f''(x)$ が連続なとき,$f(x)$ は **2 回連続微分可能**であるという. ∎

連続微分可能ということばにはつづけて微分できるという響きがあるが,そういう意味ではない.$f'(x) = f^{(1)}(x)$,$f(x) = f^{(0)}(x)$ と書くこともある.

> **まとめ**
> ・関数の極限をイプシロン・デルタ論法で定義した.
> ・関数の微分係数は,関数をもっともよく近似する 1 次関数の係数である.導関数とは微分係数を値とする関数である.微分可能な関数の和と積や,合成関数の導関数はもとの関数の導関数で表わせる.

問題

A 1.3.1　次の実数 a と a で微分可能な関数 $f(x)$ に対し，下の問いに答えよ
  (1) $a = 1, f(x) = x^2$,　(2) $a = 0, f(x) = \dfrac{1}{1-x}$.
1. $f(x) - l(x) = o(x-a)$ をみたす 1 次関数 $l(x)$ を求めよ．
2. 1. で求めた $f(x) - l(x)$ が $x = a$ で 1 位より高次の無限小であることを確かめよ．

1.4　導関数と不等式

高校で学んだように，導関数の正負で関数の増減が判定できる．このことを中間値の定理の精密化から導く．導関数が 0 である関数は定数関数であることも証明する．まず，単調関数について用語を定める．

定義 1.4.1　$f(x)$ を開区間 (a,b) で定義された関数とする．(a,b) の任意の実数 $s < t$ に対し $f(s) < f(t)$ であるとき，$f(x)$ は (a,b) で**単調増加** (increasing) であるという．(a,b) の任意の実数 $s \leq t$ に対し $f(s) \leq f(t)$ であるとき，$f(x)$ は (a,b) で**単調弱増加** (weakly increasing) であるという． ∎

単調減少についても，不等式の向きをいれかえて同様に定める．定義 1.4.1 の用語はほかの本のものと違うかもしれないが，逆関数を考えるときに便利なので，この本ではこのように定める．定義 1.4.1 での単調弱増加を単調増加や**単調非減少** (non-decreasing) とよび，単調増加を**狭義単調増加** (strictly increasing) や真に単調増加とよぶことも多い．

定理 1.4.2　$f(x)$ を開区間 (a,b) で定義された微分可能関数とする．(a,b) で $f'(x) > 0$ ならば，$f(x)$ は (a,b) で単調増加である． ∎

1.3 節では導関数を各点での極限を使って定義した．定義から直接わかることは各点での極限だけであり，その点から離れた点での関数のようすはわからない．定理 1.4.2 の証明では，実数の連続性の帰結である中間値の定理の精密化を使って，離れた点での関数の値の不等式を証明する．定理 1.4.2 を使うと，幅のある区間での関数のようすを調べることができる．

証明　$a < s < t < b$ とする．$f(s) < f(t)$ であることを，$y = f(x)$ のグラフ上の点と $(s, f(s))$ をむすぶ直線の傾きとして定義される関数に中間値の定理

の精密化を適用することで，背理法により証明する．

$f(s) \geqq f(t)$ だったとする．(a,b) で定義された関数 $p(x)$ を，命題 1.3.7.2 の証明のように $x \neq s$ では $p(x) = \dfrac{f(x) - f(s)}{x - s}$ と $p(s) = f'(s)$ で定義する．関数 $p(x)$ は (a,b) で連続であり，$p(s) = f'(s) > 0$, $p(t) = \dfrac{f(t) - f(s)}{t - s} \leqq 0$ である．よって中間値の定理の精密化（定理 1.2.5.2）より，$[s,t]$ の実数 c で，$p(c) = 0$ であり $[s,c)$ で $p(x) > 0$ であるものがただ 1 つ存在する．

$p(s) = f'(s) > p(c) = 0$ だから $s < c$ である．$[s,c)$ で

$$f(x) = f(s) + (x-s)p(x) \geqq f(s) = f(s) + (c-s)p(c) = f(c)$$

である．よって，$0 \geqq \lim_{x \to c-0} \dfrac{f(x) - f(c)}{x - c} = f'(c) > 0$ となり矛盾である． □

定理 1.4.2 では単調増加関数について定式化したが，不等式の向きを逆にし増加を減少でおきかえてもなりたつ．次の系 1.4.3 についても同様である．

系 1.4.3 $f(x)$ を閉区間 $[a,b]$ で定義された連続関数で，開区間 (a,b) で微分可能なものとする．

1. 次の条件 (1) と (2) は同値である．
(1) $f(x)$ は $[a,b]$ で単調弱増加である．
(2) (a,b) で $f'(x) \geqq 0$ である．
2. (a,b) で $f'(x) > 0$ ならば，$f(x)$ は $[a,b]$ で単調増加である．
3. 次の条件 (1) と (2) は同値である．
(1) $f(x)$ は $[a,b]$ で定数関数である．
(2) (a,b) で $f'(x) = 0$ である． ■

証明 1. (1)⇒(2)：実数 $s \neq t$ が開区間 (a,b) に含まれるなら $\dfrac{f(t) - f(s)}{t - s} \geqq 0$ だから，$f'(s) = \lim_{t \to s} \dfrac{f(t) - f(s)}{t - s} \geqq 0$ である．

(2)⇒(1)：$a < s < t < b$ とする．$q > 0$ を実数とし，$g(x)$ を $f(x) + q \cdot x$ で定義する．(a,b) で $g(x)$ は微分可能であり，$g'(x) = f'(x) + q > 0$ である．よって定理 1.4.2 より，$g(s) < g(t)$ であり，$f(s) < f(t) + q(t-s)$ である．よって補題 1.2.6 についての補題 1.2.8 のあとの注意より $f(s) \leqq f(t)$ である．

$a < s < b$ とすると，(a,s) で $f(x) \leqq f(s)$ だから $f(a) = \lim_{x \to a+0} f(x) \leqq f(s)$ である．同様に $f(s) \leqq f(b)$ だから，$f(x)$ は $[a,b]$ で単調弱増加である．

2. 1. より $f(x)$ は $[a,b]$ で単調弱増加であり，定理 1.4.2 より (a,b) で単調増加である．$a < s < t < b$ とすると $f(a) \leqq f(s) < f(t) \leqq f(b)$ だから，$f(x)$ は $[a,b]$ でも単調増加である．

3. $f(x)$ が $[a,b]$ で定数関数とは，単調弱増加かつ単調弱減少ということである．(a,b) で $f'(x) = 0$ とは，(a,b) で $f'(x) \geqq 0$ かつ $f'(x) \leqq 0$ ということである．よって 1. よりしたがう． □

導関数の不等式から，関数の値の差の不等式を導ける．

命題 1.4.4 $f(x)$ と $g(x)$ を閉区間 $[a,b]$ で定義された連続関数で，開区間 (a,b) で微分可能であるものとする．(a,b) で $f'(x) \leqq g'(x)$ であるとする．$a \leqq s \leqq t \leqq b$ ならば，

$$f(t) - f(s) \leqq g(t) - g(s) \tag{1.7}$$

である．(1.7) で等号がなりたつならば，(s,t) で $f'(x) = g'(x)$ である． ■

証明 (a,b) で $g'(x) - f'(x) \geqq 0$ だから，系 1.4.3.1 より $[a,b]$ で $g(x) - f(x)$ は単調弱増加である．よって $g(s) - f(s) \leqq g(t) - f(t)$ であり，移項すれば (1.7) である．

(1.7) で等号がなりたつなら，$g(s) - f(s) = g(t) - f(t)$ である．$[s,t]$ で，$g(x) - f(x)$ は単調弱増加だから定数関数である．系 1.4.3.3 より，(s,t) で $g'(x) - f'(x) = 0$ であり $f'(x) = g'(x)$ である． □

微分が 1 次近似であるということを，定量的に表わす．ある量 X についての不等式を与えることを，その量を **評価** (estimate) するという．$X \leqq A$ の向きの不等式を X の上からの評価といい，逆の向きの不等式を下からの評価という．現代の解析学では，等式よりも不等式による評価の方が中心的な役割を果たしている．導関数の近似値の誤差を評価すれば，関数の値の変化の近似値の誤差を評価できる．

系 1.4.5 $f(x)$ を閉区間 $[a,b]$ で定義された連続関数で，開区間 (a,b) で微分可能なものとする．

1. $g(x)$ も $[a,b]$ で定義された連続関数で，(a,b) で微分可能なものとする．(a,b) で $|f'(x)| \leqq g'(x)$ であるとする．$a \leqq s \leqq t \leqq b$ ならば，

$$|f(t) - f(s)| \leqq g(t) - g(s) \tag{1.8}$$

である．(1.8) で等号がなりたつならば，(s,t) で $|f'(x)| = g'(x)$ である．

2. c と $q > 0$ を実数とし，開区間 (a,b) で $|f'(x) - c| \leqq q$ であるとする．$a \leqq s \leqq t \leqq b$ ならば，

$$|f(t) - f(s) - c \cdot (t-s)| \leqq q \cdot (t-s) \tag{1.9}$$

である．

3. $g(x)$ も $[a,b]$ で定義された連続関数で，(a,b) で微分可能なものとする．c と $q > 0$ を実数とし，開区間 (a,b) で $g'(x) > 0$ であり $\left| \dfrac{f'(x)}{g'(x)} - c \right| \leqq q$ であるとする．$a \leqq s < t \leqq b$ ならば，$g(t) - g(s) > 0$ であり

$$\left| \frac{f(t) - f(s)}{g(t) - g(s)} - c \right| \leqq q \tag{1.10}$$

である． ∎

証明 1. (a,b) で，$|f'(x)| \leqq g'(x)$ なら $-g'(x) \leqq f'(x) \leqq g'(x)$ である．よって命題 1.4.4 より，$-(g(t) - g(s)) \leqq f(t) - f(s) \leqq g(t) - g(s)$ であり (1.8) である．

(1.8) で等号がなりたつなら，$-(g(t) - g(s)) = f(t) - f(s)$ か $f(t) - f(s) = g(t) - g(s)$ である．よって命題 1.4.4 より (s,t) で $f'(x) = g'(x)$ か (s,t) で $-f'(x) = g'(x)$ のどちらかである．

2. 1. を $f(x) - c \cdot x$ と $q \cdot x$ に適用すればよい．

3. 系 1.4.3.2 より，$g(x)$ は $[a,b]$ で単調増加であり，$g(t) - g(s) > 0$ である．1. を $f(x) - c \cdot g(x)$ と $q \cdot g(x)$ に適用し，得られる不等式の両辺を $g(t) - g(s) > 0$ でわればよい． □

系 1.4.5 の不等式は変数が無限小ではなく有限な量だけ増えたときの関数の値の差についてのものなので，**有限増分不等式** (仏 inégalité des accroissements finis) という．数学の現代化を推進したフランスの数学者集団ブルバキのメンバーがこの不等式の重要性を強調したことにちなんでフランス語を付記した．聞きなれない名前なので，この本では**基本不等式**とよぶことにする．

基本不等式を使えば，関数の各点のまわりでのようすを導関数を使って調べることができる．これは，微分係数の定義でその点での極限しか考えない

こととの大きな違いである．このように，各点のまわりのようすを調べることを**局所的** (locally) に調べるという．局所的といっても，まわりというのがどのぐらいの範囲を表わすのかは考えている状況による．たとえば第 5 章の命題 5.2.1 では，すべての実数に対してなりたつ等式が得られる．

定義 1.4.6 $f(x)$ を開区間 (u, a) で定義された関数とする．任意の実数 q に対し，実数 $r > 0$ で開区間 $(a-r, a)$ が (u, a) に含まれ $(a-r, a)$ で $f(x) > q$ となるものが存在するとき，左極限 $\lim_{x \to a-0} f(x)$ は**無限大** (infinity) に発散するといい，$\lim_{x \to a-0} f(x) = \infty$ と書く． ∎

定義 1.4.6 では左極限について定式化したが，右極限や極限についても同様に定義する．$\lim_{x \to a} f(x) = \infty$ なら $\lim_{x \to a-0} \frac{1}{f(x)} = 0$ である．$\lim_{x \to a} f(x) = -\infty$ であることなども，不等式 $f(x) > q$ の向きを逆にして同様に定義する．

(u, ∞) で定義された関数については，定義 1.4.6 での条件を (r, ∞) で $f(x) > q$ におきかえて $\lim_{x \to \infty} f(x) = \infty$ であることを定義する．同様に，定義 1.3.1 での r についての条件を，(r, ∞) で $|f(x) - b| < q$ におきかえて $\lim_{x \to \infty} f(x) = b$ であることを定義する．$\lim_{x \to -\infty} f(x)$ についても同様に定義する．

命題 1.4.7 （**ロピタルの定理** (de l'Hôpital's rule)） $f(x)$ と $g(x)$ を開区間 (u, a) で定義された微分可能な関数とし，(u, a) で $g(x) \neq 0$ とする．さらに，(u, a) で $g'(x) > 0$ か (u, a) で $g'(x) < 0$ とする．左極限 $\lim_{x \to a-0} \frac{f'(x)}{g'(x)}$ が収束するとし，その値を c とする．

1. $\lim_{x \to a-0} f(x) = \lim_{x \to a-0} g(x) = 0$ ならば，$\lim_{x \to a-0} \frac{f(x)}{g(x)} = c$ である．
2. $\lim_{x \to a-0} g(x) = \infty$ ならば，$\lim_{x \to a-0} \frac{f(x)}{g(x)} = c$ である． ∎

命題 1.4.7 も左極限について定式化したが，右極限や極限についても同様になりたつ．∞ や $-\infty$ での極限についても同様になりたつ．

証明 1. $q > 0$ を実数とする．$\lim_{x \to a-0} \frac{f'(x)}{g'(x)} = c$ だから，実数 $r > 0$ で開区間 $(a-r, a)$ が (u, a) に含まれ $(a-r, a)$ で $\left| \frac{f'(x)}{g'(x)} - c \right| \leqq q$ となるものがある．系 1.4.5.3 より，この r に対し $a-r < x < y < a$ なら $\left| \frac{f(x) - f(y)}{g(x) - g(y)} - c \right| \leqq q$ である．$y \to a-0$ の極限をとれば，開区間 $(a-r, a)$ で $\left| \frac{f(x)}{g(x)} - c \right| \leqq q < 2q$

である．よって $\lim_{x\to a-0}\dfrac{f(x)}{g(x)}=c$ である．

2. $q>0$ を実数とする．$\lim_{x\to a-0}\dfrac{f'(x)}{g'(x)}=c$ だから，実数 $r>0$ で区間 $[a-r,a)$ が (u,a) に含まれ $(a-r,a)$ で $\left|\dfrac{f'(x)}{g'(x)}-c\right|\leqq q$ となるものがある．系 1.4.5.3 より，この r に対し区間 $(a-r,a)$ で $\left|\dfrac{f(x)-f(a-r)}{g(x)-g(a-r)}-c\right|\leqq q$ である．$\dfrac{g(x)-g(a-r)}{g(x)}=1-\dfrac{g(a-r)}{g(x)}$ を両辺にかけて絶対値をとれば，

$$\left|\dfrac{f(x)-f(a-r)}{g(x)}-c\left(1-\dfrac{g(a-r)}{g(x)}\right)\right|\leqq q\left|1-\dfrac{g(a-r)}{g(x)}\right|$$

である．よって，

$$\left|\dfrac{f(x)}{g(x)}-c\right|\leqq q\left|1-\dfrac{g(a-r)}{g(x)}\right|+\left|\dfrac{f(a-r)-cg(a-r)}{g(x)}\right|$$

である．右辺の $x\to a-0$ での極限は q だから，実数 $0<s<r$ で，$(a-s,a)$ で $\left|\dfrac{f(x)}{g(x)}-c\right|<2q$ となるものがある．よって $\lim_{x\to a-0}\dfrac{f(x)}{g(x)}=c$ である． □

$f(a)=0$ とおくと $f(x)$ が $x=a$ で左微分可能になるときには，命題 1.4.7.1 とは関係なく，$\lim_{x\to a-0}\dfrac{f(x)}{x-a}=f'_-(a)$ は左微分係数の定義そのものである．

定義 1.4.8 $f(x)$ を開区間 (a,b) で定義された関数とする．すべての $a<p<q<b$ に対し開区間 (p,q) で

$$f(x)<f(p)+\dfrac{f(q)-f(p)}{q-p}(x-p) \tag{1.11}$$

であるとき，$f(x)$ は (a,b) で**凸関数** (convex function) であるという． ■

不等式 (1.11) は，$f(x)$ のグラフはグラフ上の 2 点をむすぶ線分より下にあることを表わしている．(1.11) の不等号の向きを逆にして，**凹関数** (concave function) も定義する．閉区間 $[a,b]$ で定義された関数に対しても，凸関数や凹関数であることを同様に定義する．微分可能な関数が凸関数であるための条件は，導関数が単調増加なことである．

命題 1.4.9 $f(x)$ を開区間 (a,b) で定義された関数とする．

1. 次の条件は同値である．

(1) $f(x)$ は (a,b) で凸関数である．

(2) $a < p < r < q < b$ ならば

$$\frac{f(r)-f(p)}{r-p} < \frac{f(q)-f(r)}{q-r} \tag{1.12}$$

である．

2. $f(x)$ が開区間 (a,b) で微分可能ならば，次の条件 (1)–(3) はすべてたがいに同値である．

(1) $f(x)$ は (a,b) で凸関数である．

(2) 導関数 $f'(x)$ が (a,b) で単調増加である．

(3) $a < r < b$ ならば，$x = r$ をのぞき (a,b) で

$$f(x) > f(r) + f'(r)(x-r) \tag{1.13}$$

である． ∎

導関数が単調減少ならもとの関数は凹関数である．2. の条件 (3) は微分可能な凸関数のグラフは各点での接線より上にあることを表わしている．

証明 1. 不等式 (1.11) で $x = r$ とおき，右辺の式の分子を $(f(q)-f(r)) + (f(r)-f(p))$ と書き直して移項し，両辺に $\dfrac{q-p}{(r-p)(q-r)} > 0$ をかければ (1.12) になる．よって，(1) と (2) は同値である．

2. (2)⇒(3)：$a < r < b$ とする．(2) なら開区間 (r,b) で $f'(x) > f'(r)$ だから，命題 1.4.4 を $f(x)$ と $f'(r)x$ に適用すれば (r,b) で $f(x)-f(r) > f'(r)(x-r)$ である．よって (1.13) がなりたつ．開区間 (a,r) でも同様である．

(3)⇒(1)：(3) がなりたつとすると，$a < p < r < q < b$ ならば

$$\frac{f(r)-f(p)}{r-p} < f'(r) < \frac{f(q)-f(r)}{q-r} \tag{1.14}$$

である．よって，1. の (2)⇒(1) からしたがう．

(1)⇒(2)：$f(x)$ を凸関数とする．$a < p < q < b$ とし，$r = \dfrac{p+q}{2}$ とおく．$h > 0$ を $a < p-h$, $q+h < b$ をみたす実数とすると，1. の (1)⇒(2) より

$$\frac{f(p)-f(p-h)}{h} < \frac{f(r)-f(p)}{r-p} < \frac{f(q)-f(r)}{q-r} < \frac{f(q+h)-f(q)}{h}$$

である．

$h \to 0$ とすれば，$f'(p) \leqq \dfrac{f(r)-f(p)}{r-p} < \dfrac{f(q)-f(r)}{q-r} \leqq f'(q)$ である． □

系 1.4.10　$f(x)$ を開区間 (a,b) で定義された 2 回微分可能な関数とし，(a,b) で $f''(x) > 0$ とする．

1. $f(x)$ は凸関数である．
2. $a < c < b$ とし，$f'(c) = 0$ とする．このとき，$x = c$ をのぞき (a,b) で $f(x) > f(c)$ である． ■

証明　1. 定理 1.4.2 より導関数 $f'(x)$ は単調増加である．よって命題 1.4.9.2 (2)⇒(1) より $f(x)$ は凸関数である．

2. 1. と命題 1.4.9.2 (1)⇒(3) より，$x = c$ をのぞき (a,b) で $f(x) > f(c) + f'(c)(x-c) = f(c)$ である． □

1 変数関数の最大値と極値について用語を定義する．

定義 1.4.11　$f(x)$ を開区間 (u,v) で定義された関数とし，$u < c < v$ とする．

1. 開区間 (u,v) で $f(x) \leqq f(c)$ であるとき，$f(c)$ を (u,v) での $f(x)$ の**最大値** (maximum) といい，$f(x)$ は $x = c$ で最大値をとる (attain) という．(u,v) で $f(x) \geqq f(c)$ であるとき，$f(c)$ を (u,v) での $f(x)$ の**最小値** (minimum) といい，$f(x)$ は $x = c$ で最小値をとるという．

2. 実数 $r > 0$ で，$f(x)$ が $x = c$ で $(c-r, c+r)$ での最小値をとるようなものが存在するとき，$f(x)$ は $x = c$ で**極小値** (local minimum) をとるという．実数 $r > 0$ で，$x = c$ をのぞき $(c-r, c+r)$ で $f(x) > f(c)$ となるものが存在するとき，$f(x)$ は $x = c$ で**強極小値** (strict local minimum) をとるという．

不等式 $f(x) \geqq f(c)$ の向きを逆にして，$f(x)$ が $x = c$ で**極大値**をとるということと，$f(x)$ は $x = c$ で**強極大値**をとるということを定義する．

$f(x)$ が $x = c$ で強極小値をとるかまたは強極大値をとるとき，$f(x)$ は $x = c$ で**強極値** (strict local extremum) をとるという．$f(x)$ が $x = c$ で極小値をとるかまたは極大値をとるとき，$f(x)$ は $x = c$ で**極値** (local extremum) をとるという． ■

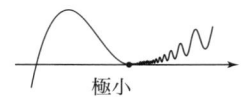

極小値の定義は高校の教科書での定義とは違う（問題 1.4.5）ことに気をつけてほしい．極小値の定義にもイプシロン・デルタ論法と似た難しさがある．定

義の文で，$r > 0$ は $x = c$ のまわりの考える範囲 $c - r < x < c + r$ を指定するためのものであり，その範囲での最小値を考えている．$r > 0$ が小さいほどその範囲の中で $f(c)$ が $f(x)$ の最小値であるという条件はみたされやすくなるので，そのような $r > 0$ が存在するということで，考える範囲を十分小さくすればということを表わしている．$f(x)$ が $x = c$ で最小値をとるならば $f(x)$ は $x = c$ で極小値をとるが，逆がなりたつとは限らない．

強極小値をとることを，強い意味での極小値をとるとか狭義の極小値をとるということが多い．この表現は長いので，この本では短くした．強極大値についても同様である．

関数が極値をとるための必要条件と十分条件がある．

命題 1.4.12 $f(x)$ を開区間 (u, v) で定義された関数とし，$u < c < v$ とする．

1. $f(x)$ が $x = c$ で微分可能であり $x = c$ で極値をとるならば，$f'(c) = 0$ である．

2. $f(x)$ が (u, v) で 2 回連続微分可能（定義 1.3.10）であり，$f'(c) = 0$ であるとする．$f''(c) > 0$ ならば $f(x)$ は $x = c$ で強極小値をとり，$f''(c) < 0$ ならば $f(x)$ は $x = c$ で強極大値をとる． ∎

証明 1. $x = c$ で $f(x)$ が極大値をとるとする．実数 $r > 0$ を $f(c)$ が $(c - r, c + r)$ での $f(x)$ の最大値であるものとする．$(c - r, c)$ では $f(x) \leqq f(c)$ だから，$f'_-(c) = \lim_{x \to c-0} \dfrac{f(c) - f(x)}{c - x} \geqq 0$ である．同様に $f'_+(c) \leqq 0$ である．$0 \leqq f'_-(c) = f'(c) = f'_+(c) \leqq 0$ だから，$f'(c) = 0$ である．

極小値の場合の証明も同様なので省略する．

2. $f''(c) > 0$ とする．$f''(x)$ は連続だから実数 $r > 0$ で $(c - r, c + r)$ で $f''(x) > 0$ となるものが存在する．$f'(c) = 0$ だから系 1.4.10.2 より，$x = c$ をのぞき $(c - r, c + r)$ で $f(x) > f(c)$ である．

$f''(c) < 0$ の場合の証明も同様なので省略する． □

まとめ

・導関数の正負でもとの関数の増減が判定できる．

・導関数の値を評価すれば，関数の値の差が評価できる．

・関数のグラフがグラフ上の 2 点をむすぶ線分より下にある関数を凸関数という．導関数が単調増加な関数は凸関数である．

問題

A 1.4.1 $n \geqq 1$ を自然数とする．次を示せ．(1) $\lim_{x \to \infty} x^n = \infty$. (2) $\lim_{x \to \infty} \frac{1}{x^n} = 0$.

A 1.4.2 $u < a < v$ とし，開区間 (u, v) で定義された連続関数 $f(x)$ が $x = a$ をのぞき微分可能で，$\lim_{x \to a} f'(x)$ が収束するとする．このとき，$f(x)$ は $x = a$ でも微分可能で $f'(x)$ は $x = a$ で連続であることを示せ．

A 1.4.3 $f(x)$ を開区間 (a, b) で定義された凸関数とし，n を自然数とする．$t_1 > 0$, $\ldots, t_n > 0$, $t_1 + \cdots + t_n = 1$ とする．$p_1, \ldots, p_n$ が開区間 (a, b) の実数で $p_1 = \cdots = p_n$ でなければ，$f(t_1 p_1 + \cdots + t_n p_n) < t_1 f(p_1) + \cdots + t_n f(p_n)$ であることを示せ．

B 1.4.4 閉区間 $[a, b]$ で定義された関数 $f(x)$ が凸関数であるとする．
1. $a \leqq p < r < q \leqq b$ とする．$\dfrac{f(r) - f(p)}{r - p} < \dfrac{f(q) - f(p)}{q - p} < \dfrac{f(q) - f(r)}{q - r}$ を示せ．
2. $f(x)$ は開区間 (a, b) で連続であることを示せ．
3. $a < c < b$ とする．$f(x)$ は $x = c$ で微分可能とし，$p(x)$ を $p(c) = f'(c)$ と $x \neq c$ なら $p(x) = \dfrac{f(x) - f(c)}{x - c}$ で定義する．$p(x)$ は $[a, b]$ で単調増加であることを示せ．

A 1.4.5 関数 $f(x)$ を，$x \neq 0$ なら $f(x) = x^2 \left(1 + \sin^2 \dfrac{1}{x}\right)$ と $f(0) = 0$ で定める．
1. $f(x)$ は $x = 0$ で強極小値をとることを示せ．
2. $f(x)$ はいたるところ微分可能であることを示せ．
3. 任意の $r > 0$ に対し，$f(x)$ は区間 $[0, r)$ で単調増加ではないことを示せ．

1.5 逆関数

中間値の定理の応用として，単調な連続関数には連続な逆関数が存在することを証明する．

命題 1.5.1 $f(x)$ を閉区間 $[a, b]$ で定義された単調増加な連続関数とする．
1. 任意の実数 $f(a) \leqq t \leqq f(b)$ に対し，$t = f(s)$ をみたす実数 $a \leqq s \leqq b$ がただ 1 つ存在する．
2. 閉区間 $[f(a), f(b)]$ で定義された関数 $g(x)$ を，$x = f(y)$ をみたすただ 1 つの実数 $a \leqq y \leqq b$ を $y = g(x)$ とおくことで定める．このとき，$g(x)$ は $[f(a), f(b)]$ で単調増加であり連続である． ∎

証明 1. $f(a) \leqq t \leqq f(b)$ とする．中間値の定理（定理 1.2.5.1）より，$t = f(s)$ をみたす実数 $a \leqq s \leqq b$ が存在する．$a \leqq r \leqq b$ も $t = f(r)$ をみたすとすると，$f(x)$ は単調増加だから $r < s$ でも $s < r$ でもなく，したがって $r = s$ で

ある．よって，$t = f(s)$ をみたす実数 $a \leqq s \leqq b$ はただ 1 つである．

2. $g(x)$ は単調増加であることを示す．$f(a) \leqq s < t \leqq f(b)$ とする．$u = g(s), v = g(t)$ とおくと，$s = f(u) < t = f(v)$ である．$f(x)$ は単調増加だから $u = v$ でも $u > v$ でもない．よって $u = g(s) < v = g(t)$ である．

$g(x)$ は連続なことを示す．まず，$f(a) < c < f(b)$ なら $g(x)$ は $x = c$ で連続であることを示す．$d = g(c)$ とおく．$d = g(c)$ は $c = f(d)$ をみたすただ 1 つの実数 $a < d < b$ である．

$q > 0$ を実数とする．$p = \min(q, d-a, b-d) > 0$ とおき，1. を関数 $f(x)$ の定義域を $[d-p, d+p]$ にせばめたものに適用すれば，$f(d-p) < t < f(d+p)$ をみたす任意の実数 t に対し，$f(s) = t$ と $d-p < s < d+p$ をみたす実数 s が存在する．この s は $g(t)$ だから，開区間 $(f(d-p), f(d+p))$ で $|g(x)-d| < p \leqq q$ である．$r = \min(c - f(d-q), f(d+q) - c) > 0$ とおけば，開区間 $(c-r, c+r)$ で $|g(x) - d| < q$ である．よって $g(x)$ は $x = c$ で連続である．

$(f(a), f(b))$ の任意の実数 c に対し $g(x)$ は $x = c$ で連続なことが示されたから，$g(x)$ は $(f(a), f(b))$ で連続である．$g(x)$ が $f(a)$ で右連続で $f(b)$ で左連続なことも同様に示されるから，$g(x)$ は $[f(a), f(b)]$ で連続である． □

命題 1.5.1.2 で定義した関数 $g(x)$ を $f(x)$ の **逆関数** (inverse function) という．$[a, b]$ で $g(f(x)) = x$ であり，$[f(a), f(b)]$ で $f(g(x)) = x$ である．関数 $f(x)$ は $[a, b]$ と $[f(a), f(b)]$ の間に **1 対 1 対応** (one-to-one correspondence) を定め，$g(x)$ はその逆対応を定める．逆関数 $y = g(x)$ のグラフは，もとの関数 $y = f(x)$ のグラフと直線 $y = x$ に関して線対称である（59 ページの図と 65 ページの図を参照）．

命題 1.5.1 と同様に次のことがなりたつ．

系 1.5.2 $f(x)$ を開区間 (a, b) で定義された単調増加な連続関数とする．$\lim_{x \to a+0} f(x) = c, \lim_{x \to b-0} f(x) = d$ とする．

1. 開区間 (c, d) の任意の実数 t に対し，$t = f(s)$ をみたす実数 $a < s < b$ がただ 1 つ存在する．

2. 開区間 (c, d) の実数 x に対し $f(y) = x$ をみたすただ 1 つの実数 $a < y < b$ を $y = g(x)$ とおくことで定まる (c, d) で定義された関数 $g(x)$ は，単調増加な連続関数である．$\lim_{x \to c+0} g(x) = a$ であり，$\lim_{x \to d-0} g(x) = b$ である． ■

証明 1. $c < t < d$ とすると, 実数 $a < u < v < b$ で $c < f(u) < t < f(v) < d$ をみたすものが存在する. この u, v に対し, 命題 1.5.1 より $f(x)$ の定義域を $[u, v]$ にせばめたものの逆関数 $g(x)$ が $[f(u), f(v)]$ で定義される. $s = g(t)$ とおけば $t = f(s)$ である. (a, u) では $f(x) < f(u) < t$ であり (v, b) では $t < f(v) < f(x)$ だから, $t = f(x)$ の解は $s = g(t)$ ただ 1 つである.

2. $c < s < t < d$ とすると, 命題 1.5.1.2 より $g(x)$ は $[s, t]$ で単調増加だから $g(s) < g(t)$ である. よって, $g(x)$ は (c, d) で単調増加である.

$c < s < d$ とすると, 命題 1.5.1.2 より $g(x)$ は $\left[\dfrac{s+c}{2}, \dfrac{s+d}{2}\right]$ で連続だから $g(x)$ は $x = s$ で連続である. よって, $g(x)$ は (c, d) で連続である.

$q > 0$ を実数とする. $a + q < b$ なら $r = f(a + q) - c > 0$ とおき, $a + q \geqq b$ なら $r = d - c > 0$ とおく. 開区間 $(c, c + r)$ は (c, d) に含まれる. $(c, c + r)$ で, $a + q < b$ なら $a < g(x) < g(c + r) = a + q$ であり, $a + q \geqq b$ のときも $a < g(x) < b \leqq a + q$ である. よって $\lim_{x \to c+0} g(x) = a$ である. 同様に $\lim_{x \to d-0} g(x) = b$ である. □

ほかにも 変種〈バージョン〉がいろいろあるが省略する. 系 1.5.2 の変種より, $n \geqq 1$ が自然数なら実数 $x \geqq 0$ の n 乗根 $\sqrt[n]{x}$ が存在することがわかる.

例 1.5.3 1. $n \geqq 1$ を自然数とする. $[0, \infty)$ で定義された関数 x^n は単調増加な連続関数で, $0^n = 0, \lim_{x \to \infty} x^n = \infty$ である. よって系 1.5.2 のように, x^n の逆関数が $[0, \infty)$ で定義され連続である. これを x の n **乗根** (n-th root) とよび, $\sqrt[n]{x}$ で表わす. $\sqrt[n]{x}$ は x の単調増加な連続関数であり, $\sqrt[n]{0} = 0, \lim_{x \to \infty} \sqrt[n]{x} = \infty$ である. $n = 2$ のときは $\sqrt[2]{x}$ を**平方根** (square root) とよび, $\sqrt{x}$ で表わす.

2. 閉区間 $[-1, 1]$ で定義された関数 $\sqrt{1 - x^2}$ は, 多項式関数 $1 - x^2$ と平方根の合成だから連続である. ■

命題 1.5.4 (**逆関数の微分**) $f(x)$ を開区間 (u, v) で定義された単調増加な連続関数とし, $u < a < v$ とする. $w = \lim_{x \to u+0} f(x), z = \lim_{x \to v-0} f(x)$ とおき, $g(x)$ を (w, z) で定義された $f(x)$ の逆関数とする. $b = f(a)$ とおき, $f(x)$ が $x = a$ で微分可能とする. $f'(a) \neq 0$ ならば, $g(x)$ も $x = b$ で微分可能で, $g'(b) = \dfrac{1}{f'(a)}$ である. ■

証明 命題 1.3.7.2 の証明のように，関数 $p(x)$ を，$p(a) = f'(a)$ と $x \neq a$ なら $p(x) = \dfrac{f(x) - b}{x - a}$ で定義する．$f(x)$ は $x = a$ で微分可能だから，$p(x)$ は $x = a$ で連続である．$g(x)$ は $x = b$ で連続だから，系 1.2.11.1 と命題 1.2.9 より $\displaystyle\lim_{x \to b} \dfrac{g(x) - a}{x - b} = \lim_{x \to b} \dfrac{1}{p(g(x))} = \dfrac{1}{p(g(b))} = \dfrac{1}{f'(a)}$ である． □

系 1.5.5 $f(x)$ を開区間 (a, b) で定義された単調増加で微分可能な関数とし，$c = \displaystyle\lim_{x \to a+0} f(x), d = \lim_{x \to b-0} f(x)$ とする．$g(x)$ を (c, d) で定義された $f(x)$ の逆関数とする．導関数 $f'(x)$ が (a, b) で $f'(x) \neq 0$ ならば，$g(x)$ も開区間 (c, d) で微分可能で，$g'(x) = \dfrac{1}{f'(g(x))}$ である． ∎

例 1.5.6 1. $m \geq 1$ を自然数とする．関数 $\sqrt[m]{x}$ は例 1.5.3.1 と系 1.5.5（逆関数の微分）より，$(0, \infty)$ で微分可能で導関数は $\dfrac{1}{m(\sqrt[m]{x})^{m-1}} = \dfrac{\sqrt[m]{x}}{mx}$ である．系 1.3.8.2（合成関数の微分）より $(\sqrt{1-x^2})' = \dfrac{1}{2}\dfrac{-2x}{\sqrt{1-x^2}} = -\dfrac{x}{\sqrt{1-x^2}}$ である．

2. $r = \dfrac{n}{m}$ を有理数とする．関数 $x^r = (\sqrt[m]{x})^n$ は 1. と系 1.3.8.2（合成関数の微分）より，$(0, \infty)$ で微分可能でその導関数は $n(\sqrt[m]{x})^{n-1} \cdot \dfrac{\sqrt[m]{x}}{mx} = rx^{r-1}$ である．$(x^r)^m = x^n$ だから，$x^r = \sqrt[m]{x^n}$ である． ∎

逆関数の値を**逐次近似** (successive approximation) で求めるニュートン法を紹介する．まず，数列の極限を定義する．**数列** (sequence) $(a_n) = (a_0, a_1, a_2, \dots)$ とは，すべての自然数 n に対し実数 a_n が定まったものだから，定義域が自然数全体の集合 $\mathbf{N} = \{0, 1, 2, \dots\}$ である関数と考えることもできる．数列は 0 ではじまる必要はなく，ほかの自然数からはじまるものを考えることも多い．

定義 1.5.7 (a_n) を数列とする．

1. b を実数とする．任意の実数 $q > 0$ に対し，自然数 m で，任意の自然数 $n \geq m$ に対し $|a_n - b| < q$ となるものが存在するとき，数列 (a_n) は b に**収束**するという．b は数列 (a_n) の**極限**であるといい，$b = \displaystyle\lim_{n \to \infty} a_n$ と書く．

収束しない数列は**発散**するという．

2. 任意の実数 q に対し，自然数 m で，任意の自然数 $n \geq m$ に対し $a_n \geq q$ となるものが存在するとき，数列 (a_n) は**無限大**に発散するといい，$\displaystyle\lim_{n \to \infty} a_n = \infty$ と書く． ∎

1. の前半の構文は，「任意の実数 $q > 0$ に対し，自然数 m で，××をみたすものが存在する」なので，自然数 m は実数 $q > 0$ によって変わってよい．後半の「任意の自然数 $n \geqq m$ に対し $|a_n - b| < q$ となる」の n については，$n \geqq m$ をみたすすべての自然数 n について $|a_n - b| < q$ がなりたたなくてはいけない．m は q ごとに変えられるが，n に対しては変えてはいけない．

補題 1.2.8 と同様に，関数 $k(t) \geqq 0$ が $\lim_{t \to +0} k(t) = 0$ をみたすなら，定義 1.5.7.1 の中の不等式 $|a_n - b| < q$ の右辺の q を $k(q)$ でおきかえたものがなりたてば $b = \lim_{n \to \infty} a_n$ である．数列の収束については，4.2 節であらためてくわしく扱う．ここでは，次の基本的な性質だけ証明する．

命題 1.5.8 $(a_n), (b_n), (c_n)$ を数列とし，c を実数とする．

1. すべての自然数 n に対し $a_n \leqq b_n$ がなりたつとする．$\lim_{n \to \infty} a_n, \lim_{n \to \infty} b_n$ が収束するならば $\lim_{n \to \infty} a_n \leqq \lim_{n \to \infty} b_n$ である．

2. (**はさみうちの原理**) すべての自然数 n に対し $a_n \leqq b_n \leqq c_n$ がなりたつとする．$\lim_{n \to \infty} a_n = \lim_{n \to \infty} c_n = c$ ならば，$\lim_{n \to \infty} b_n = c$ である．

3. 任意の実数 $q > 0$ に対し，自然数 m で，任意の自然数 $n \geqq m$ に対し $|a_n - c| \leqq b_n + q$ となるものが存在するとする．$\lim_{n \to \infty} b_n = 0$ ならば $\lim_{n \to \infty} a_n = c$ である．

4. $\lim_{n \to \infty} a_n = c$ とし，$f(x)$ を c を含む開区間 (u, v) で定義された関数とする．$f(x)$ が $x = c$ で連続ならば，$\lim_{n \to \infty} f(a_n) = f(c)$ である． ∎

証明は，関数の極限と連続性に関する命題 1.3.2 と 1.2.10 と 1.2.9 の証明を，数列の極限について書き直せばよい．

証明 1. $a = \lim_{n \to \infty} a_n, b = \lim_{n \to \infty} b_n$ とおく．$q > 0$ を実数とする．自然数 m で，任意の $n \geqq m$ に対し $|a_n - a| < q, |b_n - b| < q$ となるものがある．この m に対し $a < a_m + q \leqq b_m + q < b + q + q = b + 2q$ である．よって補題 1.2.6 についての補題 1.2.8 のあとの注意より $a \leqq b$ である．

2. $q > 0$ を実数とする．自然数 m で，任意の $n \geqq m$ に対し $|a_n - c| < q$, $|c_n - c| < q$ となるものがある．この m について，$n \geqq m$ ならば $|b_n - c| = \max(b_n - c, c - b_n) \leqq \max(c_n - c, c - a_n) < q$ である．よって $\lim_{n \to \infty} b_n = c$ である．

3. $q > 0$ を実数とする．m を自然数とし，任意の自然数 $n \geqq m$ に対し $|a_n - c| \leqq b_n + q$ とする．$\lim_{n \to \infty} b_n = 0$ だから自然数 $l \geqq m$ で，任意の $n \geqq l$ に対し $|b_n| < q$ となるものがある．この l に対し，$n \geqq l$ なら $|a_n - c| \leqq b_n + q < 2q$ である．よって命題のまえの注意より $\lim_{n \to \infty} a_n = c$ である．

4. $q > 0$ を実数とする．$f(x)$ は $x = c$ で連続だから，実数 $r > 0$ で $(c-r, c+r)$ が (u, v) に含まれ $(c-r, c+r)$ で $|f(x) - f(c)| < q$ となるものがある．$\lim_{n \to \infty} a_n = c$ だから，この r に対し自然数 m で $n \geqq m$ なら $|a_n - c| < r$ となるものがある．この m に対し，$n \geqq m$ なら a_n は $(c-r, c+r)$ に含まれるから $|f(a_n) - f(c)| < q$ である． □

命題 1.5.9 （**ニュートン法** (Newton method)） $f(x)$ を閉区間 $[a,b]$ で定義された微分可能な単調増加関数とし，$g(x)$ を $[f(a), f(b)]$ で定義された $f(x)$ の逆関数とする．導関数 $f'(x)$ は，$[a,b]$ で単調増加で $f'(x) > 0$ であると仮定する．t を不等式 $f(a) < t < f(b)$ をみたす実数とする．

このとき，数列 (b_n) で任意の自然数 $n \geqq 0$ に対し $a \leqq b_n \leqq b$ をみたすものを，$b_0 = b$ と漸化式

$$b_{n+1} = b_n - \frac{f(b_n) - t}{f'(b_n)} \tag{1.15}$$

で帰納的に定義できる．さらに $g(t) = \lim_{n \to \infty} b_n$ である． ■

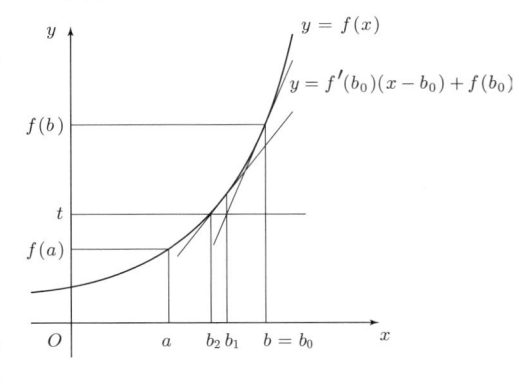

(1.15) は，$x = b_n$ のまわりで $f(x)$ を近似する 1 次関数を $l_n(x) = f'(b_n)(x - b_n) + f(b_n)$ で定めたとき，$l_n(x) = t$ の解を b_{n+1} とおくということである．$f'(x)$ が単調減少のときは，数列 (a_n) を $a_0 = a$ と漸化式

$$a_{n+1} = a_n + \frac{t - f(a_n)}{f'(a_n)} \tag{1.16}$$

で定義すれば同様のことがなりたつ．$[a,b]$ で $f'(x) < 0$ で，t が $f(a) > t > f(b)$ をみたすときも同様である．

証明 $p = f'_+(a)$, $q = f'_-(b)$, $r = 1 - \dfrac{p}{q}$ とおく．$0 < p < q$ だから $0 < r < 1$ である．$c = g(t)$ とおく．数列 (b_n) が帰納的に定義でき，すべての $n \geqq 0$ に対し $c < b_{n+1} < b_n \leqq b$ であることを示す．

$f(c) = t < f(b)$ だから $c < b = b_0$ である．b_n まで定義され $c < b_n \leqq b$ がなりたつとする．開区間 (c, b_n) で $p < f'(x) < f'(b_n)$ だから，命題 1.4.4 より $p(b_n - c) < f(b_n) - t < f'(b_n)(b_n - c)$ である．$0 < f'(b_n) < q$ だから，

$$0 < b_{n+1} - c = (b_n - c) - \frac{f(b_n) - t}{f'(b_n)} \tag{1.17}$$
$$< (b_n - c) - \frac{p(b_n - c)}{q} = r \cdot (b_n - c) < b_n - c$$

である．よって n に関して帰納的に数列 (b_n) が定義でき，すべての $n \geqq 0$ に対し $c < b_{n+1} < b_n \leqq b$ がなりたつ．さらに (1.17) と n に関する帰納法により

$$b_n - c \leqq r^n \cdot (b - c) \tag{1.18}$$

である．命題 1.5.8.3 より $\lim_{n \to \infty} b_n = c$ である． □

b_n を c の近似値と考えると，不等式 (1.17) は一度近似するごとに精度が $r < 1$ 倍はよくなることを表わしている．命題 1.5.9 ではそのことを使って，(b_n) が c に収束することを示している．テイラーの定理（命題 5.1.2）を使えば，ニュートン法はもっと精度がよいことがわかる．

$f(x)$ が $[a, b]$ で 2 回微分可能で $[a, b]$ で $|f''(x)| \leqq M$ とすると，命題 5.1.2 より $|f(c) - f(b_n) - f'(b_n)(c - b_n)| \leqq \dfrac{M}{2}(c - b_n)^2$ となる．b_{n+1} の定義より $f(c) = f(b_n) + f'(b_n)(b_{n+1} - b_n)$ だから左辺は $f'(b_n)(b_{n+1} - c)$ である．$f'(b_n) \geqq p = f'_+(a)$ だから移項して $b_{n+1} - c \leqq \dfrac{M}{2p}(b_n - c)^2$ が得られる．

k を $\dfrac{M}{2p}$ がおよそ 10^k である整数とし，整数列 (m_n) を $b_n - c$ がおよそ 10^{-m_n} となるように定めると，m_{n+1} はおよそ $2m_n - k$ である．これは，k が m_n に比べて無視できれば一度近似するごとに有効な桁の数が 2 倍になることを表わしている．

1.5 逆関数

> **まとめ**
> ・中間値の定理の応用として，単調な連続関数には逆関数が存在し，逆関数も連続であることを証明した．
> ・微分可能な関数の逆関数の導関数はもとの関数の導関数で表わせる．
> ・逆関数の値は逐次近似で求められる．

問題

A 1.5.1 開区間 $(-1, 1)$ で定義された関数 $\dfrac{x}{\sqrt{1-x^2}}$ を $f(x)$ で表わす．
1. $f(x)$ は連続であり単調増加であることを示せ．
2. 関数 $f(x)$ の逆関数とその定義域を求めよ．

A 1.5.2 $f(x) = 3x^4 - 4x^3 - 12x^2 + 13$ とする．
1. 方程式 $f(x) = 0$ の解の個数を求めよ．
2. $x = 1$ 以外の解 c の整数部分 $[c]$ を求めよ．

A 1.5.3 a を定数とし，$f(x) = x^3 - 3ax$ を開区間 $(0, 1)$ で定義された関数と考える．
1. $f(x)$ の逆関数が定義されるための a についての条件を求めよ．
2. $f(x)$ の逆関数 $g(x)$ の定義域を求めよ．
3. $g(x)$ が単調減少であるための a についての条件を求めよ．
4. $a = 2$ とする．$g'(x) \leqq -\dfrac{3}{14}$ をみたす x の範囲を求めよ．

B 1.5.4 $f(x)$ を閉区間 $[a, b]$ で定義された連続関数とする．$[a, b]$ で $c \leqq f(x) \leqq d$ とし，任意の実数 $c \leqq t \leqq d$ に対し，$t = f(s)$ をみたす実数 $a \leqq s \leqq b$ がただ 1 つ存在するとする．$f(a) < f(b)$ ならば，$f(x)$ は $[a, b]$ で単調増加なことを示せ．

A 1.5.5 次の関数の導関数を求めよ．かっこ内は関数の定義域である．
(1) $\sqrt{1-x^2}$ $(-1 < x < 1)$. (2) $\dfrac{1}{\sqrt{1-x^2}}$ $(-1 < x < 1)$. (3) $\dfrac{x}{\sqrt{1+x^2}}$ $(x \in \mathbf{R})$.

A 1.5.6 $n \geqq 1$ を奇数とし，$f(x) = x^n + a_1 x^{n-1} + \cdots + a_n$ を n 次多項式とする．$f(x) = 0$ をみたす実数 x が存在することを示せ．

A 1.5.7 $p > 1$ を実数とし，$x_1 > 0, \ldots, x_n > 0$ を実数とする．$x_1 = \cdots = x_n$ でなければ，不等式 $\dfrac{1}{n}\sum_{i=1}^{n} x_i > \left(\dfrac{1}{n}\sum_{i=1}^{n} x_i^p\right)^{\frac{1}{p}}$ がなりたつことを示せ．

A 1.5.8 記号を命題 1.5.9 とその証明のとおりとする．
1. すべての $n \geqq 0$ に対し，$b_n - c \leqq \dfrac{f(b_n) - t}{p}$ がなりたつことを示せ．
2. 次の関数 $f(x)$ と実数 $a < b, f(a) < t < f(b)$ に命題 1.5.9 を適用して，$f(x) = t$ の解 $x = c$ に収束する数列 (b_n) を定める．

(1) $f(x) = x^2$, $a = 2$, $b = \dfrac{9}{4}$, $t = 5$. (2) $f(x) = x^3$, $a = \dfrac{5}{4}$, $b = \dfrac{4}{3}$, $t = 2$.
(1), (2) それぞれについて，c を小数点以下第 4 位まで求めよ．

第 1 章の問題の略解

1.1.1 1. $q_1 = 1$ であり $a_2 = \sqrt{2} - 1$ である．$(\sqrt{2} - 1)^{n-1} - 2(\sqrt{2} - 1)^n = (1 - 2(\sqrt{2} - 1))(\sqrt{2} - 1)^{n-1} = (\sqrt{2} - 1)^{n+1}$ である．よって漸化式と n に関する帰納法により，$n \geqq 2$ なら $q_n = 2$ であり $a_n = (\sqrt{2} - 1)^{n-1}$ である．

2. (1)⇒(2)：n に関する帰納法で漸化式を使って示す．$a_1 = 0$ ならば $b = a_1 = 0$ であり $\dfrac{b}{a} = 0$ は有理数である．$b \neq 0$ であると仮定して示せばよい．$a > b \geqq 0$ のかわりに $b > a_2 \geqq 0$ を使って定義した数列 (b_n) は (a_{n+1}) である．よって $a_{n+1} = 0$ なら $b_n = 0$ であり，帰納法の仮定より $\dfrac{a_2}{b}$ は有理数である．したがって，$\dfrac{a}{b} = q_1 + \dfrac{a_2}{b}$ も $\dfrac{b}{a}$ も有理数である．

(2)⇒(1)：a, b が自然数であるとして (1) を示せばよい．(a_n) の定義と n に関する帰納法により，すべての自然数 n に対し a_n は自然数である．$a_n \geqq a_{n+1}$ であり，$a_n \neq 0$ なら $a_n > a_{n+1}$ である．よって $a_n \neq 0$ なら $0 \leqq a_n \leqq a - n$ である．対偶をとれば $n > a$ なら $a_n = 0$ である．

3. $1 \leqq n \leqq m$ なら $a_{n-1} = q_n a_n + a_{n+1}$ だから，自然数 d に対し，d が a_{n-1} と a_n をわりきることと a_n と a_{n+1} をわりきることは同値である．よって n に関する帰納法により，d が $a = a_0$ と $b = a_1$ をわりきることと a_m と $0 = a_{m+1}$ をわりきることは同値である．

4. 1. と 2. より $\dfrac{1}{\sqrt{2}}$ は有理数でないから，$\sqrt{2}$ も有理数でない．

1.1.2 $\dfrac{1}{2}\left(1 + \dfrac{1}{4} + \cdots + \dfrac{1}{4^{k-1}}\right) = \dfrac{2}{3}\left(1 - \dfrac{1}{4^k}\right) \leqq \dfrac{2}{3} < \dfrac{2}{3}\left(1 - \dfrac{1}{4^k}\right) + \dfrac{1}{4^k}$ だから，$(a_n) = (1, 0, 1, 0, 1, 0, \ldots)$ である．さらに上の不等式より，$c = \dfrac{2}{3}$ はすべての自然数 m に対し (1.2) をみたす．

1.1.3 1. x を A の元とする．$1 \leqq t \leqq x$ なら $t^2 \leqq x^2 < 2$ だから，t も A の元である．

2. $x \in B, y \in C$ とすると，$x = s^2, y = t^2, 1 \leqq s < c < t \leqq 2$ をみたす実数 s, t があり，$x = s^2 < 2 \leqq t^2 = y$ である．よって，(D1) がみたされる．

$q > 0$ を実数とし，$s = \max(1, c - \dfrac{q}{8}), t = \min(2, c + \dfrac{q}{8})$ とおくと，$s^2 \in B, t^2 \in C$ である．$t^2 - s^2 = (t - s)(t + s) \leqq \dfrac{q}{4} \cdot 4 = q$ である．よって，(D2) もみたされる．

3. 定理 1.1.5 より，B と C の境い目となる実数 d がただ 1 つ存在する．任意の $x \in B, y \in C$ に対し $x \leqq 2 \leqq y$ だから $d = 2$ である．任意の $x \in B, y \in C$ に対し $x \leqq c^2 \leqq y$ だから $c^2 = d$ である．よって $c^2 = 2$ である．

1.1.4 極限の定義 (定義 1.3.1), $e = \lim\limits_{n \to \infty}\left(1 + \dfrac{1}{n}\right)^n$ の収束 (命題 2.2.11.3), $\lim\limits_{x \to 0}\dfrac{\sin x}{x} = 1$ の証明 (命題 2.1.9.1), 平均値の定理の証明 (系 5.1.4.2), 面積の定義 (定義 6.1.4) など．

1.1.5 A, B は (C1) をみたすから，定理 1.1.5 の条件 (D1) をみたす．A, B が定理 1.1.5

の条件 (D2) もみたすことを示す．A, B は空でないから，(D2) をみたさなかったとすると命題 1.1.6 より，実数 $a < b$ で A が $(-\infty, a]$ に含まれ，B が $[b, \infty)$ に含まれるものが存在する．$\frac{1}{2}(a+b)$ は A にも B にも含まれず，(C2) に矛盾する．よって A, B は (D2) もみたし，定理 1.1.5 より，A と B の境い目となる実数 c がただ 1 つ存在する．

この c に対し，A は $(-\infty, c]$ に含まれる．$(-\infty, c)$ は B との共通部分が空だから，(C2) より A に含まれる．よって，A は $(-\infty, c]$ か $(-\infty, c)$ である．それに応じて補集合 $B = \mathbf{R} - A$ は (c, ∞) か $[c, \infty)$ である．

1.2.1 1. $[a-r, a+r]$ で $|f(x) - f(a)| < q$ ならば，$(a-r, a+r)$ で $|f(x) - f(a)| < q$ である．実数 $r > 0$ で開区間 $(a-r, a+r)$ が (u, v) に含まれ $(a-r, a+r)$ で $|f(x) - f(a)| < q$ となるものが存在するとする．この r に対し $s = \frac{r}{2} > 0$ とおくと閉区間 $[a-s, a+s]$ は開区間 $(a-r, a+r)$ に含まれるから (u, v) に含まれ，$[a-s, a+s]$ で $|f(x) - f(a)| < q$ となる．

2. $(a-r, a+r)$ で $|f(x) - f(a)| < q$ ならば，$(a-r, a+r)$ で $|f(x) - f(a)| \leqq q$ である．$q < 2q$ で $\lim_{q \to +0} 2q = 0$ だから，補題 1.2.6 より逆がしたがう．

1.2.2 数列 (a_n) の定義と n に関する帰納法より，任意の自然数 $n \geq 1$ に対し，$f(s_n) \leqq p \leqq f(s_n + \frac{1}{2^n})$ である．$c = \lim_{n \to \infty} s_n = \lim_{n \to \infty}(s_n + \frac{1}{2^n})$ だから，命題 1.5.8 の 1. と 4. より $f(c) = \lim_{n \to \infty} f(s_n) \leqq p \leqq \lim_{n \to \infty} f(s_n + \frac{1}{2^n}) = f(c)$ である．

1.2.3 1. $|x-1| < r = \min(\frac{q}{3}, 1)$ なら $|x^2 - 1| \leqq 2|x-1| + |x-1|^2 < 2r + r^2 \leqq 3r \leqq q$．

2. 1. より，$|x-1| < r = \min(\frac{q}{9}, \frac{1}{3})$ なら $|x^2-1| \leqq 2|x-1|+|x-1|^2 < 2r+r^2 \leqq 3r = \min(\frac{q}{3}, 1)$ であり，したがって 1. より，$|x^4 - 1| < 9r \leqq q$ である．

1.2.4 $f(x) = x, g(x) = 0$ の場合には，命題 1.2.10.2 を $f(x) = \max(x, 0)$ と $g(x) = x$ に適用すれば，関数 $\max(x, 0)$ はいたるところ連続である．したがって命題 1.2.7 と命題 1.2.9 より，$\max(f(x), g(x)) = \max(f(x) - g(x), 0) + g(x)$ も $x = a$ で連続である．
$\min(f(x), g(x)) = f(x) + g(x) - \max(f(x), g(x))$ だから，命題 1.2.7 より $\min(f(x), g(x))$ も $x = a$ で連続である．

1.3.1 1. $l(x) = f(a) + f'(a)(x-a)$ だから，(1) $l(x) = 1 + 2(x-1) = 2x - 1$．
(2) $l(x) = 1 - \frac{-1}{(1-0)^2} x = x + 1$．

2. (1) $f(x) - l(x) = x^2 - (2x-1) = (x-1)^2$ で，$\lim_{x \to 1} \frac{(x-1)^2}{x-1} = \lim_{x \to 1}(x-1) = 0$．

(2) $f(x) - l(x) = \frac{1}{1-x} - (x+1) = \frac{x^2}{1-x}$ で，$\lim_{x \to 0} \frac{1}{x} \frac{x^2}{1-x} = \lim_{x \to 0} \frac{x}{1-x} = 0$．

1.4.1 (1) $q > 0$ を実数とする．$x > 1 + \frac{q}{n}$ ならば，2 項定理より $x^n = (1+(x-1))^n \geqq n(x-1) > q$ である．よって $\lim_{x \to \infty} x^n = \infty$ である．

(2) $q > 0$ を実数とする．(1) より (u, ∞) で $x^n > \frac{1}{q}$ となる実数 $u > 0$ がある．この実数 u に対し (u, ∞) で $0 < \frac{1}{x^n} < q$ である．よって $\lim_{x \to \infty} \frac{1}{x^n} = 0$ である．

1.4.2 ロピタルの定理より，$\lim_{x \to a} \frac{f(x) - f(a)}{x-a}$ も収束して $\lim_{x \to a} f'(x)$ と等しい．

1.4.3 $p_1,\ldots,p_n$ を小さい順にならべ直し，さらに重複するものがあれば t_i をたしあわせることにより，$p_1 < p_2 < \cdots < p_n$ であると仮定して示せばよい．n に関する帰納法で示す．$n = 2$ のときは (1.11) で $p = p_1, q = p_2, x = t_1 p + t_2 q$ とおけばよい．

$n > 2$ とし，$i = 1,\ldots,n-1$ に対し $s_i = \dfrac{t_i}{1-t_n}$ とおく．$q = s_1 p_1 + \cdots + s_{n-1} p_{n-1}, r = t_1 p_1 + \cdots + t_n p_n$ とおく．帰納法の仮定より，$f(q) < s_1 f(p_1) + \cdots + s_{n-1} f(p_{n-1})$ である．$r = (1-t_n)q + t_n p_n$ であり $q < p_n$ だから，$f(r) < (1-t_n)f(q) + t_n f(p_n) < t_1 f(p_1) + \cdots + t_n f(p_n)$ である．

1.4.4 1. $f(r) < f(p) + \dfrac{f(q)-f(p)}{q-p}(r-p) = f(q) + \dfrac{f(q)-f(p)}{q-p}(r-q)$ だから，$f(p)$ を移項して両辺を $r - p > 0$ でわれば左側の不等式が得られる．$f(q)$ を移項して両辺を $r - q < 0$ でわれば右側の不等式が得られる．

2. $a < c < b$ とし，$f(x)$ が $x = c$ で連続なことを示す．s, t を $a < s < c < t < b$ をみたす実数とし，$l(x) = f(c) + \dfrac{f(t)-f(c)}{t-c}(x-c), m(x) = f(c) + \dfrac{f(s)-f(c)}{s-c}(x-c)$ とする．1. より (s,t) で $x = c$ をのぞき $\dfrac{f(s)-f(c)}{s-c} < \dfrac{f(x)-f(c)}{x-c} < \dfrac{f(t)-f(c)}{t-c}$ だから，(s,c) で $l(x) \leqq f(x) \leqq m(x)$ であり，(c,t) で $m(x) \leqq f(x) \leqq l(x)$ である．

$m(c) = f(c) = l(c)$ だから，はさみうちの原理（命題 1.2.10.1）より $f(x)$ は $x = c$ で左連続である．同様に $f(x)$ は $x = c$ で右連続だから，$f(x)$ は $x = c$ で連続である．よって $f(x)$ は (a,b) で連続である．

3. $a \leqq s < t \leqq b, s \neq c, t \neq c$ なら，1. より $p(s) < p(t)$ である．$a \leqq s < c < t \leqq b$ なら命題 1.4.9.2(1)⇒(3) より $p(s) < f'(c) < p(t)$ である．

1.4.5 1. $x \neq 0$ なら $f(x) > 0 = f(0)$ である．

2. $x \neq 0$ なら $f'(x) = 2x\left(1 + \sin^2 \dfrac{1}{x}\right) - \sin \dfrac{2}{x}$ であり，$f'(0) = 0$ である．

3. 自然数 $n \geqq 2$ に対し，開区間 $\left(\dfrac{6}{(6n+2)\pi}, \dfrac{6}{(6n+1)\pi}\right)$ で $f'(x) < \dfrac{24}{13\pi} - \dfrac{\sqrt{3}}{2} < 0$ であり $f(x)$ は単調減少である．

1.5.1 1. x と $\sqrt{1-x^2}$ は開区間 $(-1,1)$ で連続であり $\sqrt{1-x^2}$ は $-1 < x < 1$ で 0 にならないから，系 1.2.11.2 より $f(x)$ も連続である．$0 \leqq x < 1$ で，$x \geqq 0$ は単調増加であり $\sqrt{1-x^2} \geqq 0$ は単調減少だから，$f(x)$ も単調増加である．$f(-x) = -f(x)$ だから，$f(x)$ は $-1 < x < 1$ で単調増加である．

2. $\lim_{x \to 1-0} f(x) = \infty, \lim_{x \to -1+0} f(x) = -\infty$ だから $t = f(x)$ の逆関数 $x = g(t)$ はいたるところ定義される．$t = \dfrac{x}{\sqrt{1-x^2}}$ を x について解けば $x = \dfrac{t}{\sqrt{1+t^2}}$ だから，$g(t) = \dfrac{t}{\sqrt{1+t^2}}$ である．

1.5.2 1. $f'(x) = 12x^3 - 12x^2 - 24x = 12x(x+1)(x-2)$ だから，$f(x)$ は $x \leqq -1$ と $0 \leqq x \leqq 2$ で単調減少，$-1 \leqq x \leqq 0$ と $2 \leqq x$ で単調増加である．$\lim_{x \to -\infty} f(x) = \infty, f(-1) = 8 > 0, f(0) = 13 > 0, f(2) = -19 < 0, \lim_{x \to \infty} f(x) = \infty$ だから，$0 \leqq x \leqq 2$ をみたす解と $2 \leqq x$ をみたす解が 1 つずつあり，それ以外にはない．よって解の個数は 2 である．

2. $f(3) = 40 > 0, f(2) = -19 < 0$ であり，$f(x)$ は連続関数だから，中間値の定理より $f(c) = 0$ をみたす $2 < c < 3$ が存在し，その整数部分 $[c]$ は 2 である．

1.5.3 1. $f'(x) = 3x^2 - 3a = 3(x^2 - a)$ である．よって，$a \leqq 0$ なら $f(x)$ は $0 \leqq x \leqq 1$ で単調増加であり，逆関数が定義される．$0 < a < 1$ なら連続関数 $f(x)$ は $0 \leqq x \leqq \sqrt{a} < 1$ で単調減少で $0 < \sqrt{a} \leqq x \leqq 1$ で単調増加だから逆関数は存在しない．$a \geqq 1$ なら $f(x)$ は $0 \leqq x \leqq 1$ で単調減少であり，逆関数が定義される．よって求める条件は $a \leqq 0$ または $a \geqq 1$ である．

2. $a \leqq 0$ のときは，開区間 $(0, 1 - 3a)$．$a \geqq 1$ のときは，開区間 $(1 - 3a, 0)$．

3. 1. の解答より $a \geqq 1$．

4. $g'(x) = \dfrac{1}{f'(g(x))} = \dfrac{1}{3g(x)^2 - 6} < 0$ だから，$g'(x) \leqq -\dfrac{3}{14}$ となるための条件は，$g(x)^2 \geqq 2 - \dfrac{14}{9} = \dfrac{4}{9}$ である．$g(x) \geqq 0$ だから，これは $g(x) \geqq \dfrac{2}{3}$ ということである．$g(x)$ は単調減少だから，求める条件は $f(1) = -5 < x \leqq f\left(\dfrac{2}{3}\right) = \left(\dfrac{4}{9} - 3 \cdot 2\right)\dfrac{2}{3} = -\dfrac{100}{27}$．

1.5.4 任意の実数 $c \leqq t \leqq d$ に対し，$t = f(s)$ をみたす実数 $a \leqq s \leqq b$ がただ 1 つ存在するとする．まず，開区間 (a, b) で $f(a) < f(x) < f(b)$ であることを示す．$a \leqq s \leqq b$ とする．$f(s) \leqq f(a)$ とすると，$f(s) \leqq f(a) \leqq f(b)$ だから中間値の定理より $f(t) = f(a)$ をみたす $s \leqq t \leqq b$ が存在する．仮定より $t = a$ だから $s = a$ である．同様に．$f(b) \leqq f(s)$ とすると $s = b$ だから，(a, b) で $f(a) < f(x) < f(b)$ である．よって，$c = f(a), d = f(b)$ である．

$a < s \leqq t < b$ とする．$f(t) \leqq f(s)$ とすると，$f(t) \leqq f(s) \leqq f(b)$ だから中間値の定理より $f(s) = f(u)$ をみたす $t \leqq u \leqq b$ が存在する．仮定より $u = s$ だから $s = t$ である．よって，$a < s < t < b$ なら $f(s) < f(t)$ であり，$f(x)$ は $[a, b]$ で単調増加である．

1.5.5 連鎖律より，(1) $(\sqrt{1 - x^2})' = \dfrac{1}{2}\dfrac{-2x}{\sqrt{1 - x^2}} = -\dfrac{x}{\sqrt{1 - x^2}}$．

(2) $\left(\dfrac{1}{\sqrt{1 - x^2}}\right)' = -\dfrac{1}{1 - x^2}\left(-\dfrac{x}{\sqrt{1 - x^2}}\right) = \dfrac{x}{(1 - x^2)\sqrt{1 - x^2}}$．

(3) $\left(\dfrac{x}{\sqrt{1 + x^2}}\right)' = \dfrac{1}{1 + x^2}\left(\sqrt{1 + x^2} - x \cdot \dfrac{1}{2}\dfrac{2x}{\sqrt{1 + x^2}}\right) = \dfrac{1}{(1 + x^2)\sqrt{1 + x^2}}$．

[別解] 対数微分より (1) $(\sqrt{1 - x^2})' = \sqrt{1 - x^2} \cdot \dfrac{1}{2}\dfrac{-2x}{1 - x^2} = -\dfrac{x}{\sqrt{1 - x^2}}$．

(2) $\left(\dfrac{1}{\sqrt{1 - x^2}}\right)' = \dfrac{1}{\sqrt{1 - x^2}} \cdot \left(-\dfrac{1}{2}\right)\dfrac{-2x}{1 - x^2} = \dfrac{x}{(1 - x^2)\sqrt{1 - x^2}}$．

(3) $\left(\dfrac{x}{\sqrt{1 + x^2}}\right)' = \dfrac{x}{\sqrt{1 + x^2}}\left(\dfrac{1}{x} - \dfrac{1}{2}\dfrac{2x}{1 + x^2}\right) = \dfrac{1}{(1 + x^2)\sqrt{1 + x^2}}$．

1.5.6 問題 1.4.1(1) より，$\lim\limits_{x \to \infty} f(x) = \lim\limits_{x \to \infty} x^n \cdot \lim\limits_{x \to \infty}(1 + a_1 x^{-1} + \cdots + a_n x^{-n}) = \infty$ である．よって $\lim\limits_{x \to -\infty} f(x) = \lim\limits_{x \to \infty} f(-x) = -\lim\limits_{x \to \infty}(x^n - a_1 x^{n-1} + \cdots - a_n) = -\infty$ である．したがって，中間値の定理の変種より，$f(x) = 0$ をみたす実数 x が存在する．

1.5.7 $p - 1 > 0$ だから導関数 $(x^p)' = px^{p-1}$ は単調増加であり，命題 1.4.9.2 より x^p は凸関数である．よって，問題 1.4.3 より $\left(\dfrac{1}{n}\sum\limits_{i=1}^{n} x_i\right)^p > \dfrac{1}{n}\sum\limits_{i=1}^{n} x_i^p$ である．

1.5.8 1. $f(b_n) - t \geqq p \cdot (b_n - c)$ だから，$b_n - c \leqq \dfrac{f(b_n) - t}{p}$ である．

2. (1) $2^2 = 4 < 5 < \left(\dfrac{9}{4}\right)^2 = \dfrac{81}{16}$ である．漸化式は $b_{n+1} = b_n - \dfrac{b_n^2 - 5}{2b_n} = \dfrac{1}{2}\left(b_n + \dfrac{5}{b_n}\right)$ だから，$b_0 = \dfrac{9}{4}$, $b_1 = \dfrac{1}{2}\left(\dfrac{9}{4} + \dfrac{20}{9}\right) = \dfrac{161}{72}$, $b_2 = \dfrac{1}{2}\left(\dfrac{161}{72} + \dfrac{360}{161}\right) = \dfrac{51841}{23184} = 2.2360679779\cdots$ である．1. より $b_2 - \sqrt{5} \leqq \dfrac{b_2^2 - 5}{4} = \dfrac{1}{23184^2 \cdot 4} = 0.00000000186\cdots$ だから，$\sqrt{5} = 2.23606797\cdots$ である．

(2) $\left(\dfrac{5}{4}\right)^3 = \dfrac{125}{64} < 2 < \left(\dfrac{4}{3}\right)^3 = \dfrac{64}{27}$ である．漸化式は $b_{n+1} = b_n - \dfrac{b_n^3 - 2}{3b_n^2} = \dfrac{2}{3}\left(b_n + \dfrac{1}{b_n^2}\right)$ だから，$b_0 = \dfrac{4}{3}$, $b_1 = \dfrac{2}{3}\left(\dfrac{4}{3} + \dfrac{9}{16}\right) = \dfrac{91}{72}$, $b_2 = \dfrac{2}{3}\left(\dfrac{91}{72} + \dfrac{5184}{8281}\right) = \dfrac{1126819}{894348} = 1.25993349\cdots$ である．1. より $b_2 - \sqrt[3]{2} \leqq \dfrac{b_2^3 - 2}{\frac{75}{16}} = 0.00001264\cdots$ だから，$\sqrt[3]{2} = 1.2599\cdots$ である．

第2章 三角関数と指数関数

 高校の微積分での主役は，三角関数や指数関数といった関数だった．しかし大学の微積分からみると，高校で学んだその定義には不十分な点がある．この章では，これらの関数を厳密に定義し，その基本的な性質を証明する．

 高校での定義を簡単に復習する．$0 < \theta \leqq \frac{\pi}{2}$ とする．xy 平面の原点 $O(0,0)$ を中心とする半径 1 の円 C の $x \geqq 0, y \geqq 0$ の部分を C_+ とする．A を点 $(1,0)$ とし，C_+ 上の点 $P(x,y)$ を，角 AOP が θ となるようにとる．弧度法によれば，角 AOP が θ であるとは，弧 AP の長さが θ ということである．このとき，$x = \cos\theta, y = \sin\theta$ として三角関数 $\cos\theta, \sin\theta$ を定義する．

 $a > 0$ を実数とする．有理数 $r = \dfrac{n}{m}, m > 0$ に対しては，a^r は a の m 乗根の n 乗として定義する．一般の実数 x については，a^x は，x が有理数 r のときの値が a^r になる x の連続関数であるとして定義する．

 ここで復習した定義に間違いがあるわけではないが，大学の微積分の視点からみると不十分な点が目につく．それは次のような疑問である．

 (T) 三角関数の定義で，弧 AP の長さとは何か．また，実数 $0 < \theta \leqq \dfrac{\pi}{2}$ に対し，弧 AP の長さが θ となる C_+ の点 P が存在するのはなぜか．

 (E) x が有理数 r のときの値が a^r になる連続関数 a^x が存在するのはなぜか．

これらの問題点を解決して三角関数と指数関数を定義し，その基本的な性質を証明する．どちらも解決の基礎となるのは実数の連続性である．

 2.1 節ではまず弧の長さを折れ線の長さの極限として定義し，中間値の定理から (T) での点 P の存在を導く．弧の長さとして逆三角関数を定義し，その逆関数として三角関数を定義する．その微分や加法定理などの基本的な性質も確認する．平面のベクトルや行列について基本的な内容も紹介する．

 指数関数は 2.2 節で定義する．指数関数を微分し，数学の重要な定数である自然対数の底 $e = 2.7182818\cdots$ と対数関数も定義する．

2.1 逆三角関数と三角関数

平面の点 $P = (x,y), Q = (s,t)$ の位置ベクトル $\overrightarrow{OP}, \overrightarrow{OQ}$ を，**列ベクトル** (column vector) の記号 $\boldsymbol{x} = \begin{pmatrix} x \\ y \end{pmatrix}, \boldsymbol{s} = \begin{pmatrix} s \\ t \end{pmatrix}$ で表わす．$\boldsymbol{x}, \boldsymbol{s}$ で点 P, Q も表わす．ベクトルの差 $\boldsymbol{x} - \boldsymbol{s} = \begin{pmatrix} x - s \\ y - t \end{pmatrix}$ の長さ $|\boldsymbol{x} - \boldsymbol{s}| = \sqrt{(x-s)^2 + (y-t)^2}$ を，点 P と Q の**距離** (distance) とよび，$d(P,Q)$ や PQ で表わす．

ベクトル $\boldsymbol{a} = \begin{pmatrix} a \\ c \end{pmatrix}, \boldsymbol{b} = \begin{pmatrix} b \\ d \end{pmatrix}$ の**内積** (inner product) を $\boldsymbol{a} \cdot \boldsymbol{b} = ab + cd$ で表わせば，$|\boldsymbol{a}| = \sqrt{\boldsymbol{a} \cdot \boldsymbol{a}}$ である．

$$|\boldsymbol{a}|^2|\boldsymbol{b}|^2 - (\boldsymbol{a} \cdot \boldsymbol{b})^2 = (a^2 + c^2)(b^2 + d^2) - (a^2b^2 + c^2d^2 + 2abcd)$$
$$= a^2d^2 + b^2c^2 - 2abcd = (ad - bc)^2 \geqq 0 \tag{2.1}$$

だから，$|\boldsymbol{a} \cdot \boldsymbol{b}| \leqq |\boldsymbol{a}||\boldsymbol{b}|$ である．よって $|\boldsymbol{a} + \boldsymbol{b}|^2 = |\boldsymbol{a}|^2 + 2\boldsymbol{a} \cdot \boldsymbol{b} + |\boldsymbol{b}|^2 \leqq |\boldsymbol{a}|^2 + 2|\boldsymbol{a}| \cdot |\boldsymbol{b}| + |\boldsymbol{b}|^2 = (|\boldsymbol{a}| + |\boldsymbol{b}|)^2$ であり，$|\boldsymbol{a} + \boldsymbol{b}| \leqq |\boldsymbol{a}| + |\boldsymbol{b}|$ がなりたつ．したがって，平面の 3 点 P, Q, R に対し **3 角不等式** (triangle inequality) $d(P,R) \leqq d(P,Q) + d(Q,R)$ がなりたつ．

円の弧の長さを定義する．原点 $O = (0,0)$ を中心とする**半径** (radius) 1 の**円** (circle) $C = \{(x,y) \in \mathbf{R}^2 \mid x^2 + y^2 = 1\}$ を，**単位円** (unit circle) という．$0 \leqq a < b \leqq 1$ を実数とし，$P = (\sqrt{1-a^2}, a), Q = (\sqrt{1-b^2}, b)$ とおく．単位円 C の $x \geqq 0, a \leqq y \leqq b$ の部分を**弧** (arc) PQ とよぶ．単位円 C の弧 PQ の長さを，近似する折れ線の長さの分割を細かくしたときの極限として定義する．そのために用語を準備する．

定義 2.1.1　　1. $a \leqq b$ を実数とする．$a = a_0 \leqq a_1 \leqq \cdots \leqq a_n = b$ をみたす実数 $a_1, \ldots, a_{n-1}$ は閉区間 $[a,b]$ の**分割** (partition) を定めるという．

2. $a = a_0 \leqq a_1 \leqq \cdots \leqq a_n = b$ を閉区間 $[a,b]$ の分割とし，これを記号 $\overset{\text{デルタ}}{\Delta}$ で表わす．差 $a_i - a_{i-1}$ の最大値 $\max\limits_{i=1,\ldots,n}(a_i - a_{i-1})$ を分割 Δ の**直径** (diameter) といい，$d(\Delta)$ で表わす． ∎

$0 \leqq a \leqq b \leqq 1$ とし, $\Delta = (a = a_0 \leqq a_1 \leqq \cdots \leqq a_n = b)$ を閉区間 $[a,b]$ の分割とする. $i = 0, \ldots, n$ に対し $P_i = (\sqrt{1-a_i^2}, a_i)$ とおき, $i = 1, \ldots, n$ に対し円 C の点 P_{i-1} での接線と点 P_i での接線の交点を R_i とする. $P_{i-1} = P_i$ のときは $P_i = R_i$ とする. 分割 Δ が定める単位円の弧 PQ を内側から近似する折れ線の長さ l_Δ と外側から近似する折れ線の長さ l^Δ を

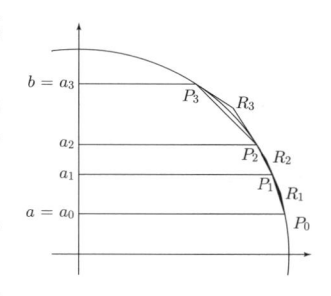

$$l_\Delta = \sum_{i=1}^n P_{i-1}P_i, \qquad l^\Delta = PR_1 + \sum_{i=2}^n R_{i-1}R_i + R_nQ$$

で定義する. 3 角不等式より $l_\Delta \leqq l^\Delta$ である.

折れ線の長さについての不等式を導くための平面幾何の命題を証明する.

補題 2.1.2 $0 \leqq a < b \leqq 1$ を実数とし, $A = (0,a)$, $B = (0,b)$, $P = (\sqrt{1-a^2}, a)$, $Q = (\sqrt{1-b^2}, b)$ とおく. 円 C の点 P での接線と点 Q での接線の交点を R とし, 線分 PQ と AB の中点をそれぞれ M, N とおくと,

$$\frac{PQ}{AB} = \frac{OM}{NM} \leqq \frac{PR+QR}{AB} = \frac{1}{NM} \qquad (2.2)$$

である. さらに, $b < 1$ なら

$$PR + QR - PQ \leqq \frac{AB^2}{BQ} \qquad (2.3)$$

である. ∎

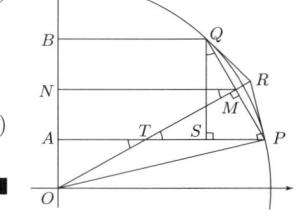

証明 $S = (\sqrt{1-b^2}, a)$ とおき AP と OM の交点を T とおくと, 直角 3 角形 ONM と PSQ はそれぞれ OAT と PMT に相似だから, たがいに相似である. $AB = SQ$ だから (2.2) の 1 つめの等式がしたがう.

直角 3 角形 OPM と ORP も相似だから $PM = OM \cdot PR$ であり, $PQ = 2PM = OM \cdot (PR + QR)$ である. よって (2.2) の 1 つめの等式を $OM \leqq 1$ でわれば, 2 つめの等式と不等号が得られる.

(2.2) より (2.3) の左辺は $(1-OM)\dfrac{AB}{NM}$ である. $1 - OM \leqq OQ - OS \leqq QS = AB$, $NM \geqq BQ$ だから (2.3) が得られる. □

命題 2.1.3 $0 \leqq a < b \leqq 1$ を実数とし, $P = (\sqrt{1-a^2}, a)$, $Q = (\sqrt{1-b^2}, b)$ とおく. 次の条件 (1) をみたす実数 l がただ 1 つ存在する.

(1) $[a, b]$ のすべての分割 Δ に対し $l_\Delta \leqq l \leqq l^\Delta$ である. ∎

証明 実数の集合 A, B を

$$A = \{l_\Delta \mid \Delta \text{ は } [a,b] \text{ の分割 }\}, \quad B = \{l^\Delta \mid \Delta \text{ は } [a,b] \text{ の分割 }\}$$

で定義する. A, B が定理 1.1.5 の条件 (D1) と (D2) をみたすことを示す.

$\Delta = (a = a_0 \leqq a_1 \leqq \cdots \leqq a_n = b)$ と $\Delta' = (a = a'_0 \leqq a'_1 \leqq \cdots \leqq a'_m = b)$ を $[a, b]$ の分割とする. Δ' が Δ にいくつか点を付け加えて得られる分割ならば, 3 角不等式と付け加える点の個数 $m - n \geqq 0$ に関する帰納法により $l_\Delta \leqq l_{\Delta'} \leqq l^{\Delta'} \leqq l^\Delta$ である. 一般の場合には, $a_0, a_1, \ldots, a_n$ と $a'_0, a'_1, \ldots, a'_m$ を小さい順にならべて得られる $[a, b]$ の分割を Δ'' とすると, 同様に $l_\Delta \leqq l_{\Delta''} \leqq l^{\Delta''} \leqq l^{\Delta'}$ である. よって (D1) がなりたつ.

(D2) を示す. はじめに $0 \leqq a < b < 1$ の場合を示す. $\Delta = (a = a_0 \leqq a_1 \leqq \cdots \leqq a_n = b)$ を $[a, b]$ の分割とすると, (2.3) より

$$l^\Delta - l_\Delta \leqq \sum_{i=1}^n \frac{(a_i - a_{i-1})^2}{\sqrt{1 - a_i^2}} \tag{2.4}$$

である. $n > 0$ を自然数とし $[a, b]$ を n 等分して定まる分割を Δ とすると, (2.4) の右辺は $\dfrac{(b-a)^2}{n\sqrt{1-b^2}}$ 以下である. $\lim\limits_{n \to \infty} \dfrac{(b-a)^2}{n\sqrt{1-b^2}} = 0$ だからこの場合 (D2) が示された.

一般の場合を $0 \leqq a < b < 1$ の場合に帰着させる. $0 < a < b \leqq 1$ とし, $a' = \sqrt{1-b^2}$, $b' = \sqrt{1-a^2}$ とおく. $\sqrt{1-x^2}$ は $[0, 1]$ で単調減少だから, $0 \leqq a' < b' < 1$ で, $[a', b']$ の分割 $\Delta' = (a' = a'_0 \leqq a'_1 \leqq \cdots \leqq a'_n = b')$ は $[a, b]$ の分割 $\Delta = (a = \sqrt{1 - a'^2_n} \leqq \cdots \leqq \sqrt{1 - a'^2_0} = b)$ を定め, $l^\Delta - l_\Delta = l^{\Delta'} - l_{\Delta'}$ である. よって $0 < a < b \leqq 1$ の場合は $0 \leqq a < b < 1$ の場合に帰着される.

$a = 0, b = 1$ の場合は, $\left[0, \dfrac{1}{2}\right]$ の分割 Δ_0 と $\left[\dfrac{1}{2}, 1\right]$ の分割 Δ_1 をあわせて得られる分割を Δ とすれば $l^\Delta - l_\Delta = (l^{\Delta_0} - l_{\Delta_0}) + (l^{\Delta_1} - l_{\Delta_1})$ だから, $0 = a < b = \dfrac{1}{2} < 1$ の場合と $0 < a = \dfrac{1}{2} < b = 1$ の場合に帰着される.

よってどの場合も (D1) と (D2) がみたされるから, 定理 1.1.5 より A と B

の境い目となる実数 l がただ 1 つ存在する．この実数 l は条件 (1) をみたすただ 1 つの実数である． □

弧の長さを定義し，**逆三角関数** (inverse trigonometric function) を定義する．

定義 2.1.4 $A = (1, 0)$, $B = (0, 1)$ とおき，C で単位円を表わす．

1. $0 \leqq a < b \leqq 1$ を実数とし，$P = (\sqrt{1-a^2}, a)$, $Q = (\sqrt{1-b^2}, b)$ とおく．命題 2.1.3 の条件 (1) をみたすただ 1 つの実数 l を円 C の弧 PQ の**長さ** (length) とよび $l(PQ)$ で表わす．$l(PP) = 0$ とおく．弧 AB の長さ $l(AB)$ の 2 倍を，**円周率** (ratio of circle's circumference to its diameter) とよび π で表わす．

2. 実数 $0 \leqq x \leqq 1$ に対し $P = (\sqrt{1-x^2}, x)$ とおき，単位円の弧 AP の長さ $l(AP)$ を $\overset{\text{アークサイン}}{\arcsin x}$ で表わす．$\arcsin(-x) = -\arcsin x$ とおく．$\arcsin x$ を閉区間 $[-1, 1]$ で定義された関数と考え，**逆正弦関数** (arcsine function) とよぶ．

すべての実数に対して定義された関数として，**逆正接関数** (arctangent function) $\overset{\text{アークタンジェント}}{\arctan x}$ を $\arctan x = \arcsin \dfrac{x}{\sqrt{1+x^2}}$ で定義する． ∎

C_+ の点 $P = (\sqrt{1-a^2}, a)$, $Q = (\sqrt{1-b^2}, b)$, $R = (\sqrt{1-c^2}, c)$ が $0 \leqq a < b < c \leqq 1$ をみたすなら，$l(PR) = l(PQ) + l(QR)$ である．$P' = (a, \sqrt{1-a^2})$, $Q' = (b, \sqrt{1-b^2})$ とすると $l(Q'P') = l(PQ)$ である．

$[0, 1]$ の分割 Δ を $a_0 = 0 \leqq a_1 = 1$ で定めると，$l_\Delta = \sqrt{2}$, $l^\Delta = 2$ だから，$2\sqrt{2} \leqq \pi \leqq 4$ である．$0 \leqq x \leqq 1$ とし $A = (1, 0)$, $B = (0, 1)$, $P = (\sqrt{1-x^2}, x)$, $Q = (x, \sqrt{1-x^2})$ とすると，$l(AQ) = l(PB)$ だから

$$\arcsin x + \arcsin \sqrt{1-x^2} = l(AP) + l(AQ) = l(AP) + l(PB) \tag{2.5}$$
$$= l(AB) = \arcsin 1 = \frac{\pi}{2}$$

である．$x = \dfrac{1}{\sqrt{2}}$ とおけば $\arcsin \dfrac{1}{\sqrt{2}} = \dfrac{\pi}{4}$ である．$\arcsin 0 = 0$, $\arcsin\left(-\dfrac{1}{\sqrt{2}}\right) = -\dfrac{\pi}{4}$, $\arcsin(-1) = -\dfrac{\pi}{2}$ である．

実数 $t \geqq 0$ に対し，原点を始点とする傾き t の半直線と円 C の交点 R の座標は $\left(\dfrac{1}{\sqrt{1+t^2}}, \dfrac{t}{\sqrt{1+t^2}}\right)$ であり，$A = (1, 0)$ とすると $\arctan t$ は弧 AR の長さである．$\arctan 0 = 0$, $\arctan 1 = \dfrac{\pi}{4}$, $\arctan(-1) = -\dfrac{\pi}{4}$ である．

命題 2.1.5 閉区間 $[-1,1]$ で定義された関数 $\arcsin x$ は，連続で単調増加である．$\arcsin x$ は開区間 $(-1,1)$ で微分可能であり，導関数 $\arcsin' x$ は $\dfrac{1}{\sqrt{1-x^2}}$ である． ∎

証明 まず開区間 $(0,1)$ で示す．$0 \leqq a < 1$ とし，$P = (\sqrt{1-a^2}, a)$ とおく．$0 < h < 1-a$ とし，$x = a+h$, $Q = (\sqrt{1-x^2}, x)$ とおくと，$\arcsin x - \arcsin a$ は弧 PQ の長さ $l(PQ)$ である．R を P での接線と Q での接線の交点とすると，$PQ \leqq l(PQ) \leqq PR + QR$ である．よって (2.2) より，そこの記号で $\dfrac{OM}{NM} \leqq \dfrac{\arcsin x - \arcsin a}{x-a} = \dfrac{l(PQ)}{AB} \leqq \dfrac{1}{NM}$ である．よってはさみうちの原理より，$\lim\limits_{x \to a+0} \dfrac{\arcsin x - \arcsin a}{x-a} = \dfrac{1}{AP} = \dfrac{1}{\sqrt{1-a^2}}$ である．同様に，$0 < a < 1$ なら $\lim\limits_{x \to a-0} \dfrac{\arcsin x - \arcsin a}{x-a}$ も $\dfrac{1}{\sqrt{1-a^2}}$ だから，$\arcsin x$ は $(0,1)$ で微分可能で，$\arcsin' x = \dfrac{1}{\sqrt{1-x^2}}$ である．

上で $a=0$ とおけば，$x=0$ でも右微分可能で右微分係数は 1 である．$\arcsin x$ は $[0,1)$ で連続で，(2.5) より $\arcsin x = \dfrac{\pi}{2} - \arcsin\sqrt{1-x^2}$ だから，$(0,1]$ でも連続であり，$[0,1]$ で連続である．

$\arcsin(-x) = -\arcsin x$ であり $\lim\limits_{x \to +0} \arcsin x = \lim\limits_{x \to -0} \arcsin x = \arcsin 0 = 0$ だから，$\arcsin x$ は $[-1,1]$ で連続である．さらに $\arcsin x$ は $x=0$ で右にも左にも微分可能で，右微分係数も左微分係数も 1 だから，$\arcsin x$ は $(-1,1)$ で微分可能である．$(-1,1)$ で $\arcsin' x = \dfrac{1}{\sqrt{1-x^2}} > 0$ であり，系 1.4.3.2 より $\arcsin x$ は $[-1,1]$ で単調増加である． □

系 2.1.6 $\arctan x$ はいたるところ微分可能な単調増加関数で，導関数 $\arctan' x$ は $\dfrac{1}{1+x^2}$ である． ∎

証明 命題 2.1.5 と合成関数の微分（系 1.3.8.2）より，逆三角関数 $\arctan x$ は微分可能で，$\arctan' x = \left(\arcsin \dfrac{x}{\sqrt{1+x^2}}\right)' = \dfrac{1}{\sqrt{1-\frac{x^2}{1+x^2}}} \cdot \dfrac{x}{\sqrt{1+x^2}} \cdot \left(\dfrac{1}{x} - \dfrac{1}{2}\dfrac{2x}{1+x^2}\right) = \dfrac{1}{1+x^2} > 0$ である．系 1.4.3.2 より $\arctan x$ はいたるところ単調増加である． □

$\lim\limits_{x \to \infty} \arctan x = \arcsin 1 = \dfrac{\pi}{2}$ であり，$\lim\limits_{x \to -\infty} \arctan x = -\lim\limits_{x \to \infty} \arctan x = -\dfrac{\pi}{2}$ である．

弧の長さについての問題点 (T) が解決されていることを確かめる．

2.1 逆三角関数と三角関数

命題 2.1.7 原点 $(0,0)$ を中心とする単位円 C の $x \geqq 0, y \geqq 0$ の部分を C_+ とし，$A = (1,0)$ とする．$0 \leqq \theta \leqq \dfrac{\pi}{2}$ とすると，C_+ の点 P で弧 AP の長さが θ となる点がただ 1 つ存在する． ■

証明 点 (x,y) にその y 座標を対応させることで，C_+ と閉区間 $[0,1]$ の間に 1 対 1 対応を定める．逆対応は閉区間 $[0,1]$ の実数 y に対し C_+ の点 $(\sqrt{1-y^2}, y)$ を対応させるものである．関数 $\arcsin x$ は単調増加で連続だから，命題 1.5.1 より閉区間 $[0,1]$ と $\left[0, \dfrac{\pi}{2}\right]$ の間の 1 対 1 対応を定める．この 2 つの 1 対 1 対応の合成が定める C_+ と閉区間 $\left[0, \dfrac{\pi}{2}\right]$ の間の 1 対 1 対応により点 $P = (x,y)$ に対応する実数 $\arcsin y$ は，弧の長さ $l(AP)$ である． □

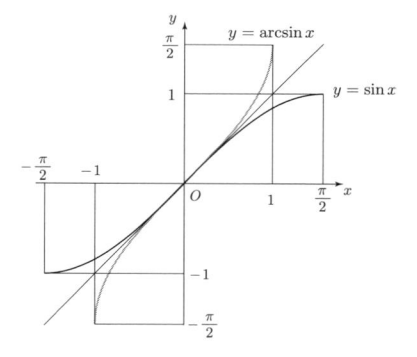

三角関数 (trigonometric function) $\sin x, \cos x$ を，まず閉区間 $\left[-\dfrac{\pi}{2}, \dfrac{\pi}{2}\right]$ で定義する．$\arcsin(-1) = -\dfrac{\pi}{2}$, $\arcsin 1 = \dfrac{\pi}{2}$ だから，命題 2.1.5 と命題 1.5.1 より，単調増加な連続関数 $\arcsin x$ の逆関数が $\left[-\dfrac{\pi}{2}, \dfrac{\pi}{2}\right]$ で定義される．これを $\sin x$ で表わし，**正弦関数** (sine function) とよぶ．

$\left[-\dfrac{\pi}{2}, \dfrac{\pi}{2}\right]$ で $-1 \leqq \sin x \leqq 1$ だから，関数 $\sqrt{1 - \sin x^2}$ が $\left[-\dfrac{\pi}{2}, \dfrac{\pi}{2}\right]$ で定義される．これを $\cos x$ で表わし，**余弦関数** (cosine function) とよぶ．$\cos^2 x + \sin^2 x = 1$ である．

$0 \leqq x \leqq \dfrac{\pi}{2}$ とし，弧 AP の長さが x となる C_+ の点を $P = (p,q)$ とする．$x = \arcsin q, p = \sqrt{1-q^2}$ だから，$q = \sin x, p = \cos x$ である．(2.5) より $\arcsin p = \dfrac{\pi}{2} - x$ だから，$\sin\left(\dfrac{\pi}{2} - x\right) = p = \cos x$ である．

回転行列を使って三角関数の定義域を実数全体にひろげる．高校数学の指導要領から行列が消えてしまったので，行列について簡単にまとめておく．実数 a,b,c,d を $\begin{pmatrix} a & b \\ c & d \end{pmatrix}$ のようにならべたものを**行列** (matrix) という．行列 $\begin{pmatrix} 1 & 0 \\ 0 & 1 \end{pmatrix}$ を**単位行列** (unit matrix) とよび，$\mathbf{1}$ で表わす．行列 $A = \begin{pmatrix} a & b \\ c & d \end{pmatrix}$

に対し，行列 $\begin{pmatrix} a & c \\ b & d \end{pmatrix}$ をその**転置** (transpose) とよび ${}^tA$ で表わす．

$ad - bc$ を A の**行列式** (determinant) といい $\det A$ で表わす．ベクトル $\boldsymbol{a}, \boldsymbol{b}$ は，$p\boldsymbol{a} + q\boldsymbol{b} = 0$ をみたす実数 p, q が $(p, q) = (0, 0)$ 以外にないとき**線形独立** (linearly independent) であるといい，そうでないとき**線形従属** (linearly dependent) であるという．$\boldsymbol{a} = \begin{pmatrix} a \\ c \end{pmatrix}, \boldsymbol{b} = \begin{pmatrix} b \\ d \end{pmatrix}$ をならべた行列を $A = \begin{pmatrix} a & b \\ c & d \end{pmatrix}$ とすると，$\boldsymbol{a}, \boldsymbol{b}$ が線形独立であるための条件は $\det A \neq 0$ である．

$A = \begin{pmatrix} a & b \\ c & d \end{pmatrix}$ と $B = \begin{pmatrix} p & q \\ r & s \end{pmatrix}$ の**和** (sum) を $A + B = \begin{pmatrix} a+p & b+q \\ c+r & d+s \end{pmatrix}$ で定義し，**積** (product) AB を

$$\begin{pmatrix} a & b \\ c & d \end{pmatrix} \begin{pmatrix} p & q \\ r & s \end{pmatrix} = \begin{pmatrix} ap+br & aq+bs \\ cp+dr & cq+ds \end{pmatrix} \qquad (2.6)$$

で定義する．積の定義は最初は不思議な定義にみえるが，ベクトルとの積 (2.7) の結合則をなりたたせるために，このように定義する．$A = \begin{pmatrix} a & b \\ c & d \end{pmatrix}$ の実数 k **倍** (times) kA を，$kA = \begin{pmatrix} ka & kb \\ kc & kd \end{pmatrix}$ で定義する．自然数 $n \geq 0$ に対し，行列 A の n **乗** (nth power) A^n を $A^0 = \mathbf{1}$ と $A^n = A^{n-1}A$ で帰納的に定義する．

和の結合則 $(A + B) + C = A + (B + C)$ と交換則 $A + B = B + A$，積の結合則 $(AB)C = A(BC)$，和と積の分配則 $A(B + C) = AB + AC, (A + B)C = AC + BC$ がなりたつが，積の交換則は一般にはなりたたない．単位行列との積については $\mathbf{1}A = A\mathbf{1} = A$ であり，転置の積については ${}^t(AB) = {}^tB\,{}^tA$ である．$\det AB = \det A \cdot \det B$ である．$\det A \neq 0$ のとき，A の**逆行列** (inverse matrix) $A^{-1} = \dfrac{1}{\det A} \begin{pmatrix} d & -b \\ -c & a \end{pmatrix}$ は $A \cdot A^{-1} = A^{-1} \cdot A = \mathbf{1}$ をみたす．

実数 a, b が $a^2 + b^2 = 1$ をみたすとき，行列 $\begin{pmatrix} a & -b \\ b & a \end{pmatrix}$ を**回転行列** (rotation matrix) という．回転行列 $\begin{pmatrix} 0 & -1 \\ 1 & 0 \end{pmatrix}$ を $\boldsymbol{i}$ で表わすと，回転行列 $\begin{pmatrix} a & -b \\ b & a \end{pmatrix}$ は $a\mathbf{1} + b\boldsymbol{i}$ であり，$\boldsymbol{a} = \begin{pmatrix} a \\ b \end{pmatrix}$ と $\boldsymbol{ia} = \begin{pmatrix} -b \\ a \end{pmatrix}$ をならべた行列 $\begin{pmatrix} \boldsymbol{a} & \boldsymbol{ia} \end{pmatrix}$ でも

ある．$A = a\mathbf{1} + b\boldsymbol{i}$ が回転行列ならば，$\det A = a^2 + b^2 = 1$ であり，A の逆行列 A^{-1} は A の転置 ${}^tA = a\mathbf{1} - b\boldsymbol{i}$ であり回転行列である．A, B が回転行列なら積 AB も回転行列であり，$AB = BA$ である．

行列 $A = \begin{pmatrix} a & b \\ c & d \end{pmatrix}$ と列ベクトル $\boldsymbol{x} = \begin{pmatrix} x \\ y \end{pmatrix}$ の積 $A\boldsymbol{x}$ を，

$$\begin{pmatrix} a & b \\ c & d \end{pmatrix} \begin{pmatrix} x \\ y \end{pmatrix} = \begin{pmatrix} ax + by \\ cx + dy \end{pmatrix} \tag{2.7}$$

で定まるベクトルとして定義する．行列とベクトルの和と積について分配則 $A(\boldsymbol{x} + \boldsymbol{y}) = A\boldsymbol{x} + A\boldsymbol{y}, (A + B)\boldsymbol{x} = A\boldsymbol{x} + B\boldsymbol{x}$ と結合則 $(AB)\boldsymbol{x} = A(B\boldsymbol{x})$ がなりたつ．結合則がなりたつので，積の順序を示すためのかっこは省略できる．任意のベクトル $\boldsymbol{x}$ に対し，$\mathbf{1}\boldsymbol{x} = \boldsymbol{x}$ である．ベクトルに回転行列 $A = \begin{pmatrix} \boldsymbol{a} & i\boldsymbol{a} \end{pmatrix}$ をかける操作は，$\begin{pmatrix} 1 \\ 0 \end{pmatrix}$ を $\boldsymbol{a}$ にうつす回転を表わす．内積について $A\boldsymbol{x} \cdot \boldsymbol{y} = \boldsymbol{x} \cdot {}^tA\boldsymbol{y}$ がなりたつ．

行列 $A = \begin{pmatrix} a & b \\ c & d \end{pmatrix}$ に対し，$|A| = \sqrt{a^2 + b^2 + c^2 + d^2}$ とおく．

補題 2.1.8 1. 行列 A とベクトル $\boldsymbol{x}$ に対し，$|A\boldsymbol{x}| \leqq |A||\boldsymbol{x}|$ である．A が回転行列ならば $|A\boldsymbol{x}| = |\boldsymbol{x}|$ である．

2. 行列 A, B に対し，$|AB| \leqq |A||B|$ である． ∎

証明 1. $A = \begin{pmatrix} \boldsymbol{a} & \boldsymbol{b} \end{pmatrix}, \boldsymbol{x} = \begin{pmatrix} x \\ y \end{pmatrix}$ とすると，$|A\boldsymbol{x}|^2 = |x\boldsymbol{a} + y\boldsymbol{b}|^2 \leqq |x\boldsymbol{a} + y\boldsymbol{b}|^2 + |y\boldsymbol{a} - x\boldsymbol{b}|^2 = (x\boldsymbol{a} + y\boldsymbol{b}) \cdot (x\boldsymbol{a} + y\boldsymbol{b}) + (y\boldsymbol{a} - x\boldsymbol{b}) \cdot (y\boldsymbol{a} - x\boldsymbol{b}) = (x^2 + y^2)(\boldsymbol{a} \cdot \boldsymbol{a} + \boldsymbol{b} \cdot \boldsymbol{b}) = (x^2 + y^2)(|\boldsymbol{a}|^2 + |\boldsymbol{b}|^2) = |A|^2|\boldsymbol{x}|^2$ である．

A が回転行列なら，$|A\boldsymbol{x}|^2 = A\boldsymbol{x} \cdot A\boldsymbol{x} = \boldsymbol{x} \cdot {}^tAA\boldsymbol{x} = \boldsymbol{x} \cdot \boldsymbol{x} = |\boldsymbol{x}|^2$ である．

2. $B = \begin{pmatrix} \boldsymbol{b} & \boldsymbol{c} \end{pmatrix}$ とすると，1. より $|AB|^2 = |A\boldsymbol{b}|^2 + |A\boldsymbol{c}|^2 \leqq |A|^2|\boldsymbol{b}|^2 + |A|^2|\boldsymbol{c}|^2 = |A|^2|B|^2$ である． □

微分可能な関数を成分とする行列 $F(x) = \begin{pmatrix} f(x) & g(x) \\ h(x) & k(x) \end{pmatrix}$ に対し，導関数を成分とする行列 $\begin{pmatrix} f'(x) & g'(x) \\ h'(x) & k'(x) \end{pmatrix}$ を $F'(x)$ で表わす．微分可能な関数を成

分とする行列 $F(x)$, $G(x)$ に対しても，和と積の微分の公式 $(F(x)+G(x))' = F'(x)+G'(x)$, $(F(x)G(x))' = F'(x)G(x) + F(x)G'(x)$ がなりたつ．したがって，$F'(x)F(x) = F(x)F'(x)$ ならば，自然数 $n \geqq 1$ に関する帰納法と積の微分の公式より

$$(F(x)^n)' = nF(x)^{n-1}F'(x) \tag{2.8}$$

が示される．

微分可能な関数を成分とするベクトル $\boldsymbol{p}(x) = \begin{pmatrix} p(x) \\ q(x) \end{pmatrix}$ に対しても，導関数を成分とするベクトル $\begin{pmatrix} p'(x) \\ q'(x) \end{pmatrix}$ を $\boldsymbol{p}'(x)$ で表わす．微分可能な関数を成分とする行列 $F(x)$ との積に対し，積の微分の公式

$$(F(x)\boldsymbol{p}(x))' = F'(x)\boldsymbol{p}(x) + F(x)\boldsymbol{p}'(x) \tag{2.9}$$

がなりたつ．

命題 2.1.9 $n \geqq 1$ を自然数とする．開区間 $\left(-\dfrac{n\pi}{2}, \dfrac{n\pi}{2}\right)$ で定義された関数 $c_n(x)$, $s_n(x)$ を，**2 項係数** (binomial coefficient) を使って

$$c_n(x) = \sum_{k=0}^{\left[\frac{n}{2}\right]} (-1)^k {}_nC_{2k} \cos^{n-2k} \frac{x}{n} \cdot \sin^{2k} \frac{x}{n}, \tag{2.10}$$

$$s_n(x) = \sum_{k=0}^{\left[\frac{n-1}{2}\right]} (-1)^k {}_nC_{2k+1} \cos^{n-2k-1} \frac{x}{n} \cdot \sin^{2k+1} \frac{x}{n}$$

で定める．

1. $c_n(x)$, $s_n(x)$ は $\left(-\dfrac{n\pi}{2}, \dfrac{n\pi}{2}\right)$ で微分可能であり，

$$c_n'(x) = -s_n(x), \quad s_n'(x) = c_n(x) \tag{2.11}$$

である．$c_n(x)^2 + s_n(x)^2 = 1$ である．

2. $\left(-\dfrac{n\pi}{2}, \dfrac{n\pi}{2}\right)$ で定義された微分可能な関数 $f(x)$, $g(x)$ が $f'(x) = -g(x)$, $g'(x) = f(x)$ をみたすならば，

$$\begin{cases} f(x) = f(0)c_n(x) - g(0)s_n(x), \\ g(x) = f(0)s_n(x) + g(0)c_n(x) \end{cases} \tag{2.12}$$

である． ∎

$n \geqq 2$ については $c_n(x)$, $s_n(x)$ が $\cos x$, $\sin x$ であることが命題 2.1.9 が証明されるまでは確定しないので，それまではこの記号を使う．

証明 1. まず $n = 1$ の場合に $c_1(x) = \cos x$, $s_1(x) = \sin x$ が条件をみたすことを示す．命題 2.1.5 と逆関数の微分（系 1.5.5）より，$\sin x$ は $\left(-\dfrac{\pi}{2}, \dfrac{\pi}{2}\right)$ で微分可能で，$\sin' x = \sqrt{1 - \sin^2 x} = \cos x$ である．合成関数の微分（系 1.3.8.2）より $\cos x$ も $\left(-\dfrac{\pi}{2}, \dfrac{\pi}{2}\right)$ で微分可能で，$\cos' x = \dfrac{1}{2} \dfrac{-2 \sin x \cdot \sin' x}{\sqrt{1 - \sin^2 x}} = -\sin x \dfrac{\cos x}{\cos x} = -\sin x$ である．$\cos x = \sqrt{1 - \sin^2 x}$ だから $\cos^2 x + \sin^2 x = 1$ である．

$n \geqq 1$ とする．開区間 $\left(-\dfrac{n\pi}{2}, \dfrac{n\pi}{2}\right)$ で定義された関数を成分とする行列 $R_n(x)$ を $R_n(x) = \begin{pmatrix} c_n(x) & -s_n(x) \\ s_n(x) & c_n(x) \end{pmatrix} = c_n(x)\mathbf{1} + s_n(x)\mathbf{i}$ で定める．$-\dfrac{n\pi}{2} < x < \dfrac{n\pi}{2}$ に対し，2 項定理より $R_1\left(\dfrac{x}{n}\right)^n = \left(\cos \dfrac{x}{n} \cdot \mathbf{1} + \sin \dfrac{x}{n} \cdot \mathbf{i}\right)^n = \sum_{l=0}^{n} {}_nC_l \cos^{n-l} \dfrac{x}{n} \sin^l \dfrac{x}{n} \cdot \mathbf{i}^l$ であり $\mathbf{i}^{2k} = (-1)^k \mathbf{1}$, $\mathbf{i}^{2k+1} = (-1)^k \mathbf{i}$ だから，$R_n(x) = R_1\left(\dfrac{x}{n}\right)^n$ である．$R_n(x) = R_1\left(\dfrac{x}{n}\right)^n$ は回転行列だから，$c_n(x)^2 + s_n(x)^2 = 1$ である．

$n = 1$ の場合は (2.11) を示したから，$\left(-\dfrac{\pi}{2}, \dfrac{\pi}{2}\right)$ で $R_1'(x) = R_1(x)\mathbf{i}$ である．よって (2.8) より，$\left(-\dfrac{n\pi}{2}, \dfrac{n\pi}{2}\right)$ で

$$R_n'(x) = \left(R_1\left(\dfrac{x}{n}\right)^n\right)' = nR_1\left(\dfrac{x}{n}\right)^{n-1} R_1'\left(\dfrac{x}{n}\right) \cdot \dfrac{1}{n} \tag{2.13}$$
$$= R_1\left(\dfrac{x}{n}\right)^{n-1} R_1\left(\dfrac{x}{n}\right)\mathbf{i} = R_n(x)\mathbf{i}$$

であり (2.11) がなりたつ．

2. 行列 $R_n(x)$ の転置とベクトル $\mathbf{f}(x) = \begin{pmatrix} f(x) \\ g(x) \end{pmatrix}$ の積 ${}^tR_n(x)\mathbf{f}(x)$ が，定数ベクトルであることを示す．(2.13) より ${}^tR_n(x)' = {}^t(R_n(x)\mathbf{i}) = {}^t\mathbf{i}\,{}^tR_n(x) = -\mathbf{i}\,{}^tR_n(x) = -{}^tR_n(x)\mathbf{i}$ である．$\mathbf{f}'(x) = \mathbf{i}\mathbf{f}(x)$ だから，積の微分の公式 (2.9) より $({}^tR_n(x)\mathbf{f}(x))' = -{}^tR_n(x)\mathbf{i}\mathbf{f}(x) + {}^tR_n(x)\mathbf{f}'(x) = 0$ である．よって系 1.4.3.3 より ${}^tR_n(x)\mathbf{f}(x)$ は定数ベクトルである．

$x = 0$ とおけば ${}^tR_n(x)\mathbf{f}(x) = \mathbf{f}(0)$ である．${}^tR_n(x)$ は回転行列 $R_n(x)$ の逆行列だから，$R_n(x)$ を ${}^tR_n(x)\mathbf{f}(x) = \mathbf{f}(0)$ の両辺にかければ，$\mathbf{f}(x) = R_n(x)\mathbf{f}(0)$ であり (2.12) がなりたつ． □

x を実数とする．$|x| < \dfrac{n\pi}{2}$ をみたすどんな自然数 $n \geq 1$ に対しても，命題 2.1.9.2 より $c_n(x)$, $s_n(x)$ の値は n によらない．$\cos x$, $\sin x$ をこの共通の値として定義する．$\cos x$, $\sin x$ はいたるところ定義された微分可能な関数であり，命題 2.1.9 で $c_n(x)$, $s_n(x)$ を $\cos x$, $\sin x$ でおきかえたものがなりたつ．三角関数を成分とする行列 $R(x)$ を

$$R(x) = \begin{pmatrix} \cos x & -\sin x \\ \sin x & \cos x \end{pmatrix} = \cos x \cdot \mathbf{1} + \sin x \cdot \boldsymbol{i} \tag{2.14}$$

で定める．(2.11) より $R'(x) = R(x)\boldsymbol{i}$ である．

系 2.1.10 1.（**加法定理** (addition theorem)）すべての実数 x, y に対し

$$\cos(x+y) = \cos x \cos y - \sin x \sin y,\ \sin(x+y) = \cos x \sin y + \sin x \cos y \tag{2.15}$$

である．

2. C を単位円 $x^2 + y^2 = 1$ とし，a を実数とする．$[a, a+2\pi)$ の実数 t に対し C の点 $(x, y) = (\cos t, \sin t)$ を対応させることで 1 対 1 対応が定まる．

3. 実数 a, b に対し，次の条件 (1) と (2) は同値である．
   (1) $(\cos a, \sin a) = (\cos b, \sin b)$ である．
   (2) $a - b$ は 2π の整数倍である． ∎

証明 1. a を実数とする．$f(x) = \cos(x+a)$, $g(x) = \sin(x+a)$ とすると $f'(x) = -g(x)$, $g'(x) = f(x)$ である．よって命題 2.1.9.2 より $\cos(x+a) = \cos a \cos x - \sin a \sin x$, $\sin(x+a) = \cos a \sin x + \sin a \cos x$ である．よって (2.15) がなりたつ．

2. まず $a = 0$ の場合を示す．命題 2.1.7 より，$(\cos t, \sin t)$ は $\left[0, \dfrac{\pi}{2}\right]$ と C の $x \geq 0$, $y \geq 0$ の部分 C_+ との 1 対 1 対応を定める．回転行列 $\boldsymbol{i} = R\left(\dfrac{\pi}{2}\right)$ は C_+ と C の $x \leq 0$, $y \geq 0$ の部分の 1 対 1 対応を定めるから，1. より $(\cos t, \sin t)$ は $[0, \pi]$ と C の $y \geq 0$ の部分の 1 対 1 対応を定める．さらに，$\cos(t+\pi) = -\cos t$, $\sin(t+\pi) = -\sin t$ だから，$(\cos t, \sin t)$ は $[0, 2\pi)$ と C の 1 対 1 対応を定める．

a を実数とする．補題 2.1.8.1 より，回転行列 $R(a)$ は C から C 自身への 1 対 1 対応を定める．よって，$a = 0$ の場合と 1. よりしたがう．

3. 1. より n が整数なら $(\cos(b+2n\pi), \sin(b+2n\pi)) = (\cos b, \sin b)$ である．よって $a \leqq b < a + 2\pi$ の場合に示せばよく，2. よりしたがう． □

加法定理の式 (2.15) は行列の等式 $R(x+y) = R(x)R(y)$ として表わされる．$R(x)R(-x) = R(0) = \mathbf{1}$ だから，$R(-x)$ は回転行列 $R(x)$ の逆行列であり転置 ${}^tR(x)$ と等しい．よって $\cos x$ は偶関数であり $\sin x$ は奇関数である．

系 2.1.10 より，$\cos x = 0$ となるための条件は x が $\dfrac{\pi}{2}$ の奇数倍であることである．$x \neq \dfrac{m\pi}{2}$ (m は奇数) に対して定義された関数 $\tan x$ を，$\tan x = \dfrac{\sin x}{\cos x}$ で定義する．$\tan x$ を **正接関数** (tangent function) とよぶ．

系 2.1.11 $\tan x$ の定義域を $\left(-\dfrac{\pi}{2}, \dfrac{\pi}{2}\right)$ にせばめたものは単調増加かつ微分可能で，$\tan' x = \dfrac{1}{\cos^2 x}$ であり，$\lim\limits_{x \to -\frac{\pi}{2}+0} \tan x = -\infty$, $\lim\limits_{x \to \frac{\pi}{2}-0} \tan x = \infty$ である．その逆関数は，$\arctan x$ である． ■

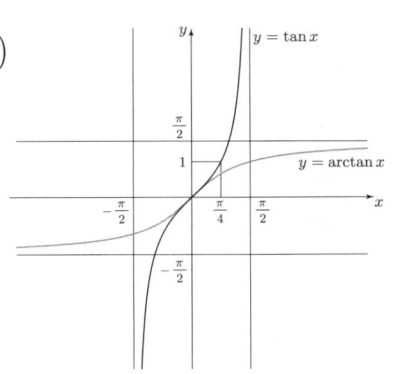

証明 商の微分（例 1.3.9.3）より，$\tan x = \dfrac{\sin x}{\cos x}$ は $\left(-\dfrac{\pi}{2}, \dfrac{\pi}{2}\right)$ で微分可能であり，導関数は $\tan' x = \dfrac{\cos x \sin' x - \sin x \cos' x}{\cos^2 x} = \dfrac{1}{\cos^2 x}$ である．$\dfrac{1}{\cos^2 x} > 0$ だから $\tan x$ は単調増加である．$\sin\dfrac{\pi}{2} = 1$, $\sin\left(-\dfrac{\pi}{2}\right) = -1$, $\cos\dfrac{\pi}{2} = \cos\left(-\dfrac{\pi}{2}\right) = 0$ だから，$\lim\limits_{x \to -\frac{\pi}{2}+0} \tan x = -\infty$, $\lim\limits_{x \to \frac{\pi}{2}-0} \tan x = \infty$ である．

原点を始点とする傾き t の半直線と単位円 C の交点 P の座標は，$\left(\dfrac{1}{\sqrt{1+t^2}}, \dfrac{t}{\sqrt{1+t^2}}\right)$ である．$\theta = \arctan t = \arcsin\dfrac{t}{\sqrt{1+t^2}}$ とすると，$P = (\cos\theta, \sin\theta)$ である．よって $t = \dfrac{\sin\theta}{\cos\theta}$ であり，$\theta = \arctan t$ は $t = \tan\theta$ をみたすただ 1 つの実数 $-\dfrac{\pi}{2} < \theta < \dfrac{\pi}{2}$ である．よって，$\arctan x$ は $\tan x$ の定義域を $\left(-\dfrac{\pi}{2}, \dfrac{\pi}{2}\right)$ にせばめたものの逆関数である． □

点 $P = (x, y) \neq (0, 0)$ に対し，$(x, y) = (r\cos\theta, r\sin\theta)$, $r > 0$ であるとき，(r, θ) を P の **極座標** (polar coordinates) という．原点からの距離 $r = \sqrt{x^2 + y^2} = d(P, O)$ を P の **動径** (radial coordinate) といい，θ を P の **偏**

角 (angular coordinate, argument) という．θ が P の偏角なら，整数 n に対し $\theta+2n\pi$ も P の偏角である．$x>0$ なら $\theta=\arctan\dfrac{y}{x}$ は点 (x,y) の偏角である．

> **まとめ**
> ・単位円の弧の長さは近似する折れ線の長さの極限である．単位円の弧の長さとして逆三角関数を定義し，その逆関数として三角関数を定義した．
> ・回転行列を使って三角関数の定義域を実数全体にひろげた．三角関数の微分は三角関数であり，加法定理がなりたつ．
> ・行列の和と積，ベクトルとの積を定義した．

問題

A 2.1.1 1. 開区間 $\left(0,\dfrac{\pi}{2}\right)$ で，$\dfrac{\sin x}{x}$ は単調減少で $\dfrac{2x}{\pi}<\sin x<x$ であることを示せ．
 2. 開区間 $\left(0,\dfrac{\pi}{2}\right)$ で $x<\dfrac{1}{2}(\sin x+\tan x)$ であることを示せ．
 3. $R\left(\dfrac{\pi}{6}\right)^3=\boldsymbol{i}$ から $\cos\dfrac{\pi}{6}=\dfrac{\sqrt{3}}{2}$, $\sin\dfrac{\pi}{6}=\dfrac{1}{2}$ を導け．
 4. 不等式 $3<\pi<\dfrac{3}{2}+\sqrt{3}$ を示せ．

A 2.1.2 $A=\begin{pmatrix}\boldsymbol{a} & \boldsymbol{b}\end{pmatrix}$ を 0 でないベクトル $\boldsymbol{a}=\begin{pmatrix}a\\c\end{pmatrix},\boldsymbol{b}=\begin{pmatrix}b\\d\end{pmatrix}$ をならべて得られる行列とする．
 1. $R=\dfrac{1}{|\boldsymbol{a}||\boldsymbol{b}|}\begin{pmatrix}\boldsymbol{a}\cdot\boldsymbol{b} & -\det A\\ \det A & \boldsymbol{a}\cdot\boldsymbol{b}\end{pmatrix}$ は回転行列であることを示せ．
 2. $\dfrac{\boldsymbol{b}}{|\boldsymbol{b}|}=R\dfrac{\boldsymbol{a}}{|\boldsymbol{a}|}$ を示せ．

A 2.1.3 1. 実数 s,t に対し，$st<1$ ならば $\arctan s+\arctan t=\arctan\dfrac{s+t}{1-st}$ であることを示せ．
 2. $\arcsin x=\arctan\dfrac{x}{\sqrt{1-x^2}}$ を示せ．

A 2.1.4 $[-1,1]$ で定義された関数として，**逆余弦関数** (arccosine function) $\overset{\text{アークコサイン}}{\arccos x}$ を $\arccos x=\dfrac{\pi}{2}-\arcsin x$ で定義する．
 1. $\arccos x$ は $[-1,1]$ で単調減少な連続関数であることを示せ．
 2. $\arccos 1$, $\arccos 0$, $\arccos(-1)$ を求めよ．
 3. $\arccos x$ の逆関数は $\cos x$ の定義域を $[0,\pi]$ にせばめたものであることを示せ．
 4. 導関数 $\arccos' x$ を求めよ．

5. $[0,1]$ で $\arccos x = \arcsin\sqrt{1-x^2}$ を示せ.

6. $[-1,1]$ で $\arccos x = 2\arcsin\sqrt{\dfrac{1-x}{2}}$ を示せ.

A 2.1.5 次の関数の導関数を求めよ．かっこ内は関数の定義域である．
(1) $x\sqrt{1-x^2} + \arcsin x$ $(-1 < x < 1)$.   (2) $\arctan x^2$ $(x \in \mathbf{R})$.
(3) $\arctan(\sqrt{2}x - 1) - \arctan(\sqrt{2}x + 1)$ $(x \in \mathbf{R})$.

2.2 指数関数，対数関数

$a > 0$ を実数とし，指数関数 a^x を定義する．$a = 1$ の場合 a^x は定数関数 1 であり，$a < 1$ については $a^x = (a^{-1})^{-x}$ なので，おもに $a > 1$ の場合を扱う．

自然数 $m \geqq 1$ に対し a の m 乗根 $\sqrt[m]{a}$ は例 1.5.3.1 で定義された．有理数 $r = \dfrac{n}{m}$ に対し，a^r を $a^r = (\sqrt[m]{a})^n$ で定義する．$(a^r)^m = (\sqrt[m]{a})^{mn} = a^n$ だから，$a^r = \sqrt[m]{a^n}$ である．有理数 r, s に対し指数法則 $a^{r+s} = a^r \cdot a^s$, $a^{rs} = (a^r)^s$ がなりたつ．$b > 0$ も実数とすると $(ab)^r = a^r b^r$ である．

$a > 1, r < s$ ならば $a^r < a^r \cdot a^{s-r} = a^s$ である．

補題 2.2.1　$a > 0, a \neq 1$ を実数とする．有理数 $0 < r < 1$ に対し，$a^r < 1 + r(a-1)$ がなりたつ． ∎

証明　無限開区間 $(0, \infty)$ で定義された関数 x^r は 2 回微分可能で，$(x^r)'' = r(r-1)x^{r-2} < 0$ だから系 1.4.10.1 より凹関数である．$(x^r)'|_{x=1} = r$ だから命題 1.4.9.2 より，$x = 1$ をのぞき $(0, \infty)$ で $x^r < 1 + r(x-1)$ である． □

実数 x に対し a^x を定義する．

命題 2.2.2　$a > 1$ と x を実数とする．次の条件 (a) をみたす実数 $b > 0$ がただ 1 つ存在する．

(a) $r < x < s$ をみたす任意の有理数 r, s に対し $a^r \leqq b \leqq a^s$ である． ∎

証明　実数の集合 A, B を

$$A = \{a^r \mid r < x \text{ は有理数}\}, \ B = \{a^s \mid s > x \text{ は有理数}\}$$

で定義する．A, B が定理 1.1.5 の条件 (D1) と (D2) をみたすことを示す．r, s を $r < x < s$ をみたす有理数とすると，$a^r < a^s$ だから条件 (D1) がみたされ

る．(D2) を示す．$r < x < s < r+1$ をみたす有理数 r, s と $m = \lceil x \rceil$ に対し，補題 2.2.1 より $a^s - a^r = a^r(a^{s-r} - 1) \leqq a^m(s-r)(a-1)$ である．

$q > 0$ を実数とする．有理数の稠密性（命題 1.1.2.1）より $x - q < r < x < s < x + q$ をみたす有理数 $r < s < r+1$ がある．この r, s に対し $a^s - a^r \leqq a^m(s-r)(a-1) < a^m(a-1)2q$ である．$\lim_{q \to +0} a^m(a-1)2q = 0$ だから，補題 1.2.8 のあとの注意より (D2) もみたされる．したがって定理 1.1.5 より，A と B の境い目となる実数 b がただ 1 つ存在する．この実数 b は条件 (a) をみたすただ 1 つの実数である． □

命題 2.2.2 の条件 (a) をみたすただ 1 つの実数 $b > 0$ を a の x **乗** (a to the x) とよび a^x と表わす．こうして定まるすべての実数 x に対して定義された関数 a^x を，**底**(base) a の**指数関数** (exponential function) とよぶ．$x = r$ が有理数なら $a^x = a^r$ である．

指数法則を証明する．

系 2.2.3 $a > 1$ を実数とする．
1. 指数関数 a^x は単調増加である．
2. 実数 x, y に対し，$a^{x+y} = a^x \cdot a^y$ がなりたつ．
3. 実数 $x > 0, y > 0$ に対し，$a^{xy} = (a^x)^y$ がなりたつ．
4. $b > 1$ も実数とすると，実数 x に対し，$(ab)^x = a^x b^x$ がなりたつ． ■

証明 1. $s < t$ を実数とする．命題 1.1.2.1 より，$s \leqq p < q \leqq t$ をみたす有理数 p, q がある．この p, q に対し $a^s \leqq a^p < a^q \leqq a^t$ である．よって a^x は単調増加である．

2. r, s を $r < x+y < s$ をみたす有理数とする．$r - x < y < s - x$ だから $r - x < p < y < q < s - x$ をみたす有理数 p, q が存在する．$r - p < x < s - q$ だから $a^r = a^{r-p} \cdot a^p \leqq a^x \cdot a^y \leqq a^{s-q} \cdot a^q = a^s$ である．よって $a^x \cdot a^y$ は $x+y$ に対し命題 2.2.2 の条件 (a) をみたすから，$a^x \cdot a^y = a^{x+y}$ である．

3. $r > 0, s > 0$ を $r < xy < s$ をみたす有理数とする．$\frac{r}{x} < y < \frac{s}{x}$ だから $0 < \frac{r}{x} < p < y < q < \frac{s}{x}$ をみたす有理数 p, q が存在する．$\frac{r}{p} < x < \frac{s}{q}$ だから $a^r = (a^{\frac{r}{p}})^p \leqq (a^x)^y \leqq (a^{\frac{s}{q}})^q = a^s$ である．よって $(a^x)^y$ は xy に対し命題 2.2.2 の条件 (a) をみたすから，$(a^x)^y = a^{xy}$ である．

4. r, s を $r < x < s$ をみたす有理数とする．$(ab)^r = a^r b^r \leqq a^x b^x \leqq a^s b^s =$

$(ab)^s$ である．よって $a^x b^x$ は ab と x に対し命題 2.2.2 の条件 (a) をみたすから，$a^x b^x = (ab)^x$ である． □

指数関数の定義についての問題点 (E) が解決されていることを確認する．その準備として，補題 2.2.1 が実数に対してもなりたつことを示す．

補題 2.2.4 $a > 1$ を実数とする．開区間 $(0, 1)$ で，$a^x < 1 + x(a-1)$ がなりたつ． ■

証明 まず開区間 $(0, 1)$ で $a^x \leqq 1 + x(a-1)$ を示す．$0 < x < 1$ とする．補題 2.2.1 より任意の有理数 $x < s < 1$ に対し $\dfrac{a^x - 1}{a - 1} \leqq \dfrac{a^s - 1}{a - 1} < s$ である．$x < \dfrac{a^x - 1}{a - 1}$ だったとすると有理数の稠密性（命題 1.1.2.1）に矛盾するから，$\dfrac{a^x - 1}{a - 1} \leqq x$ である．よって $(0, 1)$ で $a^x \leqq 1 + x(a-1)$ である．

s を $0 < s < 1$ をみたす有理数とする．$(0, s)$ で $0 < \dfrac{x}{s} < 1$ だから，指数法則（系 2.2.3.3）と上で示した不等式を $a^s > 1$ に適用したものと補題 2.2.1 より，$(0, s)$ で $a^x = (a^s)^{\frac{x}{s}} \leqq 1 + \dfrac{x}{s}(a^s - 1) < 1 + \dfrac{x}{s}s(a-1) = 1 + x(a-1)$ である．$0 < x < 1$ ならば，有理数の稠密性（命題 1.1.2.1）より $0 < x < s < 1$ をみたす有理数 s があるから，$(0, 1)$ で $a^x < 1 + x(a-1)$ である． □

命題 2.2.5 $a > 1$ を実数とする．
1. 指数関数 a^x は，凸関数である．
2. a^x はいたるところ微分可能であり，したがって連続である． ■

証明 1. $p < x < q$ を実数とする．$0 < \dfrac{x - p}{q - p} < 1$, $a^{q-p} > 1$ だから系 2.2.3 と補題 2.2.4 より，

$$a^x = a^p \cdot a^{(q-p) \cdot \frac{x-p}{q-p}} < a^p \cdot \left(1 + \frac{x-p}{q-p}(a^{q-p} - 1)\right) = a^p + \frac{x-p}{q-p}(a^q - a^p)$$

である．

2. b を実数とし，a^x が $x = b$ で微分可能なことを示す．実数の集合 A, B を

$$A = \left\{ \left. \frac{a^b - a^{b-h}}{h} \right| h > 0 \right\}, \quad B = \left\{ \left. \frac{a^{b+k} - a^b}{k} \right| k > 0 \right\}$$

で定義する．A, B が定理 1.1.5 の条件 (D1) と (D2) をみたすことを示す．a^x は凸関数だから，任意の実数 $h > 0$, $k > 0$ に対し，命題 1.4.9.1 より

$$\frac{a^b - a^{b-h}}{h} < \frac{a^{b+k} - a^b}{k}$$ である．よって，(D1) がみたされる．

補題 2.2.4 より $0 < h < 1$ なら

$$\frac{a^{b+h} - a^b}{h} - \frac{a^b - a^{b-h}}{h} = a^{b-h}\frac{a^h - 1}{h}(a^h - 1) < a^b(a-1)^2 \cdot h \quad (2.16)$$

である．$\lim_{h \to +0} a^b(a-1)^2 \cdot h = 0$ だから，(D2) もみたされる．

したがって定理 1.1.5 より，A と B の境い目となる実数 c が存在する．任意の実数 $h > 0$ に対し $\dfrac{a^b - a^{b-h}}{h} \leqq c \leqq \dfrac{a^{b+h} - a^b}{h}$ である．(2.16) より，$0 < h < 1$ なら $\left|\dfrac{a^{b+h} - a^b}{h} - c\right|$ と $\left|\dfrac{a^b - a^{b-h}}{h} - c\right|$ はどちらも $a^b(a-1)^2 \cdot h$ 以下だから，$\lim_{h \to 0}\dfrac{a^{b+h} - a^b}{h} = c$ である． □

実数 $0 < a \leqq 1$ に対しては，次のように指数関数 a^x を定義する．$0 < a < 1$ なら $a^x = (a^{-1})^{-x}$ とおく．1^x は定数関数 1 とする．$a > 0$ に対しても a^x はいたるところ微分可能であり，$a \neq 1$ なら凸関数である．$a > 0$ に対しても指数法則（系 2.2.3 の 2.–4.）がなりたつ．3. の仮定 $x > 0, y > 0$ は不要であり，4. の仮定 $b > 1$ は $b > 0$ でおきかえられる．

系 2.2.6 $a > 1$ を実数とする．

1. $\lim_{x \to -\infty} a^x = 0$, $\lim_{x \to \infty} a^x = \infty$ である．
2. b も実数とすると，$\lim_{x \to \infty} \dfrac{a^x}{x^b} = \infty$ である． ■

証明 1. a^x は凸関数だから，$x > 1$ なら $\dfrac{a^x - a}{x - 1} > \dfrac{a - a^0}{1 - 0} = a - 1$ であり $a^x > 1 + x(a-1)$ である．よって，$\lim_{x \to \infty} a^x \geqq \lim_{x \to \infty}(1 + x(a-1)) = \infty$ である．$\lim_{x \to -\infty} a^x = \lim_{x \to \infty} \dfrac{1}{a^x} = 0$ である．

2. $n = \max(\lceil b \rceil, 0) + 1 \geqq b + 1$ とおく．$a^{\frac{1}{n}} > 1$ だから，1. の証明と同様に $x > 1$ ならば $a^{\frac{x}{n}} > 1 + x(a^{\frac{1}{n}} - 1) > x(a^{\frac{1}{n}} - 1)$ である．両辺を n 乗して $x^b > 0$ であれば，指数法則（系 2.2.3.3）より $\dfrac{a^x}{x^b} > x^{n-b}(a^{\frac{1}{n}} - 1)^n \geqq x(a^{\frac{1}{n}} - 1)^n$ である．よって，$\lim_{x \to \infty}\dfrac{a^x}{x^b} \geqq \lim_{x \to \infty} x(a^{\frac{1}{n}} - 1)^n = \infty$ である． □

指数関数 a^x の $x = 0$ での微分係数として自然対数 $\log a$ を定義する．

定義 2.2.7 $a > 0$ とする．a^x の $x = 0$ での微分係数を，a の**自然対数** (natural logarithm) とよび $\log a$ で表わす． ■

命題 2.2.8 $a > 0, b$ を実数とする．

1. 指数関数 a^x の導関数は $a^x \cdot \log a$ である．
2. $a \neq 1$ ならば $1 - \dfrac{1}{a} < \log a < a - 1$ である．$\log 1 = 0$ である．
3. $b > 0$ ならば $\log(ab) = \log a + \log b$ である．
4. $\log a^b = (\log a) \cdot b$ である． ∎

証明 1. 指数法則（系 2.2.3.2）より，$\displaystyle\lim_{h \to 0} \dfrac{a^{x+h} - a^x}{h} = a^x \cdot \lim_{h \to 0} \dfrac{a^h - 1}{h} = a^x \cdot \log a$ である．

2. a^x は凸関数だから，(1.14) より $\dfrac{a^{-1} - 1}{-1} < \log a < \dfrac{a^1 - 1}{1}$ である．1^x は定数関数 1 だから $\log 1 = 0$ である．

3. 系 2.2.3.4 より $(ab)^x = a^x \cdot b^x$ だから，積の微分の公式より $\log ab = \log a \cdot b^0 + a^0 \cdot \log b = \log a + \log b$ である．

4. 系 2.2.3.3 より $(a^b)^x = a^{bx}$ だから，合成関数の微分（命題 1.3.7.2）より $\log a^b = (\log a) \cdot b$ である． □

命題 2.2.8.2 より $a > 1$ なら $1 - \dfrac{1}{a} < \log a \neq 0$ である．これを使って自然対数の底 e を定義する．高校での定義 $e = \displaystyle\lim_{n \to \infty}\left(1 + \dfrac{1}{n}\right)^n$ はそのあとで導く．

定義 2.2.9 $e = 2^{\frac{1}{\log 2}}$ を**自然対数の底**という．$(0, \infty)$ で定義された関数 $\log x$ を，底 e の**対数関数** (logarithmic function) という． ∎

e の近似値 $2.7182818\cdots$ は，5.1 節で e^x にテイラーの定理を適用して求める（例 5.1.3）．指数関数 e^x を $\exp x$ と書くことも多い．とくに**指数** (exponent) x の部分が複雑な式のときはそうである．$\log x$ を $\ln x$ と書くこともある．

命題 2.2.10 1. $\log e = 1$ である．$2 < e < 4$ である．

2. e^x の導関数は e^x である． ∎

証明 1. 命題 2.2.8.4 で $a = 2, b = \dfrac{1}{\log 2}$ とおけば $\log e = \log 2^{\frac{1}{\log 2}} = \dfrac{\log 2}{\log 2} = 1$ である．命題 2.2.8.2 で $a = 2$ とおけば，$\dfrac{1}{2} < \log 2 < 1$ である．よって $1 < \dfrac{1}{\log 2} < 2$ であり，2^x は単調増加だから $2 < e = 2^{\frac{1}{\log 2}} < 2^2 = 4$ である．

2. 命題 2.2.8.1 で $a = e$ とおけば，1. より $(e^x)' = e^x \cdot \log e = e^x$ である． □

高校の微積分で学んだ対数関数の性質と e の定義を確認する．

命題 2.2.11 1. 対数関数 $\log x$ は微分可能な単調増加関数であり，その導関数は $\dfrac{1}{x}$ である．
2. $\log x$ は e^x の逆関数であり，$\lim_{x \to +0} \log x = -\infty$, $\lim_{x \to \infty} \log x = \infty$ である．
3. $e = \lim_{n \to \infty} \left(1 + \dfrac{1}{n}\right)^n$ である． ∎

証明 1. 命題 2.2.8.2 とはさみうちの原理（命題 1.3.2.2）より，$\log x$ は $x = 1$ で微分可能で，$\log' 1 = 1$ である．$a > 0$ ならば，命題 2.2.8.3 と合成関数の微分（命題 1.3.7.2）より $\log x = \log \dfrac{x}{a} + \log a$ は $x = a$ で微分可能で，$\log' a = \dfrac{1}{a}$ である．よって $(0, \infty)$ で $\log' x = \dfrac{1}{x} > 0$ であり，$\log x$ は単調増加である．

2. 命題 2.2.8.4 と命題 2.2.10.1 より $(-\infty, \infty)$ で $\log e^x = x \log e = x$ だから，単調増加な連続関数 $\log x$ の逆関数は e^x である．$\lim_{x \to -\infty} e^x = 0$, $\lim_{x \to \infty} e^x = \infty$ だから，系 1.5.2.2 と同様に $\lim_{x \to +0} \log x = -\infty$, $\lim_{x \to \infty} \log x = \infty$ である．

3. 1. より，$\log x$ の $x = 1$ での微分係数は

$$\lim_{x \to 0} \frac{\log(1+x)}{x} = \frac{1}{1} = 1 \qquad (2.17)$$

である．(1.6) と命題 2.2.8.4 と (2.17) より

$$\lim_{x \to 0}(1+x)^{\frac{1}{x}} = \lim_{x \to 0} \exp \log((1+x)^{\frac{1}{x}}) = \exp\left(\lim_{x \to 0} \frac{\log(1+x)}{x}\right) = e \qquad (2.18)$$

である．$\lim_{n \to \infty} \dfrac{1}{n} = 0$ だから，(2.18) と命題 1.5.8.4 より $e = \lim_{x \to 0}(1+x)^{\frac{1}{x}} = \lim_{n \to \infty}\left(1 + \dfrac{1}{n}\right)^n$ である． □

例 2.2.12 1. $f(x)$ が (a, b) で微分可能で $f(x) > 0$ なら，系 1.3.8.2（合成関数の微分）と命題 2.2.11.1 より，$f(x)$ の**対数微分** $\dfrac{f'(x)}{f(x)}$ は $\log f(x)$ の導関数である．

2. a を実数とする．x の a **乗** x^a は $(0, \infty)$ で定義された関数である．$x^a = e^{a \log x}$ だから，系 1.3.8.2（合成関数の微分）より x^a は $(0, \infty)$ で微分可能であり，導関数は $(x^a)' = e^{a \log x} \cdot \dfrac{a}{x} = a x^{a-1}$ である．

$a > 0$ ならば $a \geqq \dfrac{1}{n}$ をみたす自然数 $n \geqq 1$ があり，$0 < x < 1$ に対し $0 < x^a \leqq \sqrt[n]{x}$ である．$\lim_{x \to +0} \sqrt[n]{x} = 0$ だから，はさみうちの原理より $\lim_{x \to +0} x^a = 0$

である．さらに $a > 1$ なら，$\lim_{x \to +0} \dfrac{x^a}{x} = \lim_{x \to +0} x^{a-1} = 0$ であり，$0^a = 0$ と定義すると x^a は $x = 0$ で右微分可能である．右微分係数は 0 である．

$a < 0$ なら $\lim_{x \to +0} x^{-a} = 0$ だから，$\lim_{x \to +0} x^a = \infty$ である．

3. $a > 0$ とする．命題 2.2.11.2 より $a = e^{\log a}$ だから，$a^x = e^{\log a \cdot x}$ である．さらに $a \neq 1$ とする．合成関数 $a^x = e^{\log a \cdot x}$ の逆関数は，$(0, \infty)$ で定義された関数 $\log_a x = \dfrac{\log x}{\log a}$ である．$\log x = \log_e x$ である．

$\log_a x$ は微分可能であり，$(\log_a x)' = \dfrac{1}{x \cdot \log a}$ である．$a > 1$ なら，$\log_a x$ は単調増加であり $\lim_{x \to +0} \log_a x = -\infty$, $\lim_{x \to \infty} \log_a x = \infty$ である． ∎

> **まとめ**
> ・正の実数の有理数乗は巾乗根で定義され，それを拡張して指数関数を定義する．指数関数はいたるところ微分可能で，指数法則がなりたつ．
> ・対数関数を指数関数の 0 での微分係数として定義した．
> ・指数関数の導関数はもとの関数と底の自然対数の積である．底が e のときはもとの関数のままである．底が e の対数関数の導関数は $\dfrac{1}{x}$ である．

問題

A 2.2.1 次の極限を求めよ．(1) $\lim_{x \to +0} x \log x$. (2) $\lim_{x \to 1} \dfrac{x - 1}{\log x}$.
(3) $\lim_{x \to \infty} \left(1 + \dfrac{1}{x}\right)^x$. (4) $\lim_{x \to \infty} x \log\left(1 + \dfrac{1}{x}\right)$. (5) $\lim_{x \to +0} x^x$.

A 2.2.2 次の関数の導関数を求めよ．かっこ内は関数の定義域である．
(1) $\log \log x$ $(x > 1)$. (2) $\log \cos x$ $(-\tfrac{\pi}{2} < x < \tfrac{\pi}{2})$. (3) $x^x = e^{x \log x}$ $(x > 0)$.
(4) $\sqrt{\dfrac{x^2 - 1}{x^2 + 1}}$ $(x < -1, x > 1)$. (5) e^{-x^2} $(x \in \mathbf{R})$. (6) $x \log x - x$ $(x > 0)$.
(7) $\log(x + \sqrt{x^2 - 1})$ $(x > 1)$. (8) $x\sqrt{x^2 - 1} - \log(x + \sqrt{x^2 - 1})$ $(x > 1)$.

A 2.2.3 次の不等式を示せ．かっこ内は x の範囲である．
(1) $e^x > 1 + x$ $(x \neq 0)$. (2) $e^x < \dfrac{1}{1 - x}$ $(0 < x < 1)$.
(3) $\log(1 + x) < x < -\log(1 - x)$ $(0 < x < 1)$. (4) $\dfrac{1}{1 - x} < 4^x$ $(0 < x < \tfrac{1}{2})$.

B 2.2.4 1. $n \geq 1$ を自然数とする．次の不等式を示せ．かっこ内は x の範囲である．
(1) $\left(1 + \dfrac{x}{n}\right)^n < e^x < \left(1 - \dfrac{x}{n}\right)^{-n}$ $(0 < x < n)$.
(2) $(1 - x)^{-n} - (1 + x)^n < e^{nx}(4^{nx^2} - 1)$ $(0 < x < \tfrac{1}{\sqrt{2}})$.
2. $e^x = \lim_{n \to \infty} \left(1 + \dfrac{x}{n}\right)^n$ を示せ．

A 2.2.5 1. 次の不等式を示せ．かっこ内は x の範囲である．
$$x\cdot\left(1-\frac{x}{2}\right)^{-1} < -\log(1-x) < x + \frac{1}{2}\frac{x^2}{(1-x)^2} \quad (0<x<1).$$
2. 次の不等式を示せ．(1) $\dfrac{2}{3} < \log 2 < 1$．(2) $2 < e < 2\sqrt{2}$．

A 2.2.6 1. $\log x$ は凹関数であることを示せ．
2. $x_1,\ldots,x_n > 0$ ならば，$\sqrt[n]{x_1\cdots x_n} \leq \dfrac{x_1+\cdots+x_n}{n}$ であることを示せ．等号がなりたつならば，$x_1=\cdots=x_n$ であることも示せ．
3. $\dfrac{\log(1+x)}{x}$ は $x>0$ で単調減少であることを示せ．

A 2.2.7 $\overset{\text{ハイパーボリックコサイン}}{\cosh} x = \dfrac{e^x+e^{-x}}{2}$, $\overset{\text{ハイパーボリックサイン}}{\sinh} x = \dfrac{e^x-e^{-x}}{2}$ をそれぞれ**双曲余弦関数** (hyperbolic cosine function)，**双曲正弦関数** (hyperbolic sine function) とよぶ．
1. $f(x)=\cosh x, \sinh x$ の導関数を求めよ．$f'(x)^2 - f(x)^2$ も求めよ．
2. $\cosh x$ は $x>0$ で単調増加で，$\sinh x$ はいたるところ単調増加であることを示せ．
3. $\cosh x$ の $x>0$ での逆関数と $\sinh x$ の逆関数を求めよ．逆関数の定義域も求めよ．
4. 3. で求めた逆関数の導関数を求めよ．

A 2.2.8 $s>0$ を定数とする．$(0,\infty)$ で定義された関数 $e^{-x}x^{s-1}$ の増減，凹凸，極値，$x\to+0$ と $x\to\infty$ での極限を調べよ．最大値もあれば求めよ．（注意：s の値により場合分けが必要．）
$s=\dfrac{1}{2},1,\dfrac{3}{2},2,\dfrac{5}{2},3,\dfrac{7}{2}$ に対し，$y=e^{-x}x^{s-1}$ のグラフの概形を図示せよ．

B 2.2.9 $f(x)$ を，$x>0$ なら $f(x)=\exp\left(-\dfrac{1}{x}\right)$，$x\leqq 0$ なら $f(x)=0$ で定める．
1. $f(x)$ は $x=0$ で連続であることを示せ．
2. $\lim\limits_{x\to 0} f'(x) = 0$ を示せ．
3. $f(x)$ はいたるところ連続微分可能であることを示せ．（ヒント：問題 1.4.2 を使う．）

第 2 章の問題の略解

2.1.1 1. $\left(0,\dfrac{\pi}{2}\right)$ で，$\sin'' x = -\sin x < 0$ だから $\sin x$ は凹関数である．よって問題 1.4.4.1 より $\dfrac{\sin x}{x}$ は単調減少である．$\sin' 0 = 1, \sin\dfrac{\pi}{2} = 1$ だから $\dfrac{2}{\pi} < \dfrac{\sin x}{x} < 1$．
2. 微分するとそれぞれ 1 と $\dfrac{1}{2}\left(\cos x + \dfrac{1}{\cos^2 x}\right)$ である．$\left(0,\dfrac{\pi}{2}\right)$ で $1 < \dfrac{1}{2}\left(\cos x + \dfrac{1}{\cos x}\right) \leqq \dfrac{1}{2}\left(\cos x + \dfrac{1}{\cos^2 x}\right)$ だから，命題 1.4.4 よりしたがう．
3. $R\left(\dfrac{\pi}{6}\right) = x\mathbf{1} + y\mathbf{i}$ とすれば，$(x\mathbf{1}+y\mathbf{i})^3 = \mathbf{i}$ だから，$x^3 - 3xy^2 = 0$ である．$x>0, y>0, x^2+y^2=1$ だから，$x^2 = 3y^2$ であり $y=\dfrac{1}{2}$, $x=\sqrt{\dfrac{3}{4}} = \dfrac{\sqrt{3}}{2}$ である．
4. 1. と 2. で $x=\dfrac{\pi}{6}$ とすれば，3. より $\dfrac{1}{2} < \dfrac{\pi}{6} < \dfrac{1}{2}\left(\dfrac{1}{2} + \dfrac{\sqrt{3}}{3}\right)$ である．

2.1.2 1. $R = \begin{pmatrix} p & -q \\ q & p \end{pmatrix}$ とおく．(2.1) より $p^2 + q^2 = 1$ である．

2. $R\boldsymbol{a} = \dfrac{1}{|\boldsymbol{a}||\boldsymbol{b}|} \begin{pmatrix} (ab+cd)a - (ad-bc)c \\ (ad-bc)a + (ab+cd)c \end{pmatrix} = \dfrac{|\boldsymbol{a}|}{|\boldsymbol{b}|} \boldsymbol{b}$ である．

2.1.3 1. $\alpha = \arctan s$, $\beta = \arctan t$ とおく．$|\alpha| < \dfrac{\pi}{2}, |\beta| < \dfrac{\pi}{2}$ だから，$1 - st = 1 - \tan\alpha \tan\beta = \dfrac{\cos(\alpha+\beta)}{\cos\alpha\cos\beta} > 0$ なら $|\alpha+\beta| < \dfrac{\pi}{2}$ である．加法定理より $\tan(\alpha+\beta) = \dfrac{s+t}{1-st}$ だから，$\arctan\dfrac{s+t}{1-st} = \alpha + \beta$ である．

2. $t = \dfrac{x}{\sqrt{1-x^2}}$ なら $x = \dfrac{t}{\sqrt{1+t^2}}$ であり，$\arctan t = \arcsin x$ である．

[別解] $A = (1, 0)$, $P = (\sqrt{1-x^2}, x)$ とおけば，どちらも弧 AP の長さに x と同じ符号をつけたものである．

2.1.4 1. $\arcsin x$ は単調増加な連続関数だから，$\arccos x = \dfrac{\pi}{2} - \arcsin x$ は単調減少な連続関数である．

2. $\arccos 1 = \dfrac{\pi}{2} - \arcsin 1 = 0$ である．同様に $\arccos 0 = \dfrac{\pi}{2}$, $\arccos(-1) = \pi$.

3. 1. と 2. より $\arccos x$ の逆関数が $[0, \pi]$ で定義される．$\cos(\arccos x) = \cos\left(\dfrac{\pi}{2} - \arcsin x\right) = \sin(\arcsin x) = x$ だから，逆関数は $\cos x$ である．

4. $\arccos' x = -\arcsin' x = -\dfrac{1}{\sqrt{1-x^2}}$．

5. (2.5) より，$\arccos x = \arcsin\sqrt{1-x^2}$ である．

6. $-1 \leqq x \leqq 1$ に対し，$\theta = 2\arcsin\sqrt{\dfrac{1-x}{2}}$ とおくと $0 \leqq \theta \leqq \pi$ である．$2\sin^2\dfrac{\theta}{2} = 1 - x$ であり，$x = 1 - 2\sin^2\dfrac{\theta}{2} = \cos\theta$ だから，$\theta = \arccos x$ である．

2.1.5 (1) $\left(x\sqrt{1-x^2} + \arcsin x\right)' = \sqrt{1-x^2} + \dfrac{-x^2}{\sqrt{1-x^2}} + \dfrac{1}{\sqrt{1-x^2}} = 2\sqrt{1-x^2}$.

(2) $(\arctan x^2)' = \dfrac{2x}{1+(x^2)^2} = \dfrac{2x}{x^4+1}$.

(3) $(\arctan(\sqrt{2}x-1) - \arctan(\sqrt{2}x+1))' = \dfrac{\sqrt{2}}{1+(\sqrt{2}x-1)^2} - \dfrac{\sqrt{2}}{1+(\sqrt{2}x+1)^2} = \sqrt{2} \cdot \dfrac{(2x^2+2\sqrt{2}x+2) - (2x^2-2\sqrt{2}x+2)}{(2x^2-2\sqrt{2}x+2)(2x^2+2\sqrt{2}x+2)} = \dfrac{2x}{(x^2+1)^2 - 2x^2} = \dfrac{2x}{x^4+1}$.

2.2.1 (1) $t = -\log x$ とおけば，系 2.2.6.2. より $\lim_{x\to+0} x\log x = \lim_{t\to\infty}\left(-\dfrac{t}{e^t}\right) = 0$ である．

(2) $\lim_{x\to 1}\dfrac{x-1}{\log x} = \dfrac{1}{\log' 1} = 1$.

[別解] $t = \log x$ とすれば，$\lim_{x\to 1}\dfrac{x-1}{\log x} = \lim_{t\to 0}\dfrac{e^t-1}{t} = (e^t)'|_{t=0} = e^0 = 1$.

(3) $\lim_{x\to\infty}\dfrac{1}{x} = 0$ だから (2.18) より $\lim_{x\to\infty}\left(1+\dfrac{1}{x}\right)^x = \lim_{x\to 0}(1+x)^{\frac{1}{x}} = e$.

(4) (3) より，$\lim_{x\to\infty} x\log\left(1+\dfrac{1}{x}\right) = \lim_{x\to\infty}\log\left(1+\dfrac{1}{x}\right)^x = \log e = 1$.

[別解] $y = 1 + \dfrac{1}{x}$ とおけば，$x = \dfrac{1}{y-1}$ で (2) より $\lim_{x\to\infty} x\log\left(1+\dfrac{1}{x}\right) = \lim_{y\to 1}\dfrac{\log y}{y-1} = 1$.

(5) $\lim_{x\to +0} x^x = \lim_{x\to +0} e^{x\log x}$ だから,系 2.2.6.2 より,$\lim_{x\to +0} x^x = e^0 = 1$.

2.2.2 (1) $(\log\log x)' = \dfrac{1}{x\log x}$. (2) $(\log\cos x)' = \dfrac{-\sin x}{\cos x} = -\tan x$.
(3) $(e^{x\log x})' = e^{x\log x}(\log x + 1) = x^x(\log x + 1)$.
(4) $\left(\sqrt{\dfrac{x^2-1}{x^2+1}}\right)' = \sqrt{\dfrac{x^2-1}{x^2+1}} \cdot \left(\log\sqrt{\dfrac{x^2-1}{x^2+1}}\right)' = \dfrac{1}{2}\sqrt{\dfrac{x^2-1}{x^2+1}} \cdot \left(\dfrac{1}{x-1} + \dfrac{1}{x+1} - \dfrac{2x}{x^2+1}\right)$.
(5) $(e^{-x^2})' = e^{-x^2} \cdot (-2x)$.   (6) $(x\log x - x)' = \log x + x \cdot \dfrac{1}{x} - 1 = \log x$.
(7) $(\log(x + \sqrt{x^2-1}))' = \dfrac{1}{x+\sqrt{x^2-1}}\left(1 + \dfrac{x}{\sqrt{x^2-1}}\right) = \dfrac{1}{\sqrt{x^2-1}}$.
(8) $(x\sqrt{x^2-1} - \log(x + \sqrt{x^2-1}))' = \sqrt{x^2-1} + x\dfrac{x}{\sqrt{x^2-1}} - \dfrac{1}{\sqrt{x^2-1}} = 2\sqrt{x^2-1}$.

2.2.3 (1) e^x は微分可能な凸関数で $(e^x)'|_{x=0} = 1$ だから,命題 1.4.9.2 より $x \neq 0$ なら $e^x > 1 + x$ である.
(2) (1) より,$0 < x < 1$ なら $e^{-x} > 1 - x > 0$ である.両辺の逆数をとればよい.
(3) $\log x$ は単調増加だから,(1) と (2) よりそれぞれの不等式が得られる.
(4) 4^x は凸関数だから,$-\dfrac{1}{2} < x < 0$ で $4^x < 1 + x$ である.よって $0 < x < \dfrac{1}{2}$ で $0 < 4^{-x} < 1 - x$ だから,両辺の逆数をとればよい.

2.2.4 1. (1) 問題 2.2.3 (1) と (2) より,$0 < x < n$ で $1 + \dfrac{x}{n} < \exp\dfrac{x}{n} < \left(1 - \dfrac{x}{n}\right)^{-1}$ である.各項を n 乗すればよい.
(2) (1) と問題 2.2.3 (4) より,$0 < x < 1$ かつ $0 < x^2 < \dfrac{1}{2}$ なら $(1-x)^{-n} - (1+x)^n = ((1-x^2)^{-n} - 1)(1+x)^n < (4^{nx^2} - 1)e^{nx}$ である.

2. 1. の (2) で x を $\dfrac{x}{n}$ とおくと,右辺の $n\to\infty$ での極限は 0 である.よって,1. の (1) とはさみうちの原理より $x > 0$ なら $e^x = \lim_{n\to\infty}\left(1 + \dfrac{x}{n}\right)^n = \lim_{n\to\infty}\left(1 - \dfrac{x}{n}\right)^{-n}$ である.2 つめの式で x を $-x$ でおきかえれば $x < 0$ でも $e^x = \lim_{n\to\infty}\left(1 + \dfrac{x}{n}\right)^n$ である.

2.2.5 1. 各項を微分すると $\left(1 - \dfrac{x}{2}\right)^{-1} + \dfrac{x}{2}\left(1 - \dfrac{x}{2}\right)^{-2} = \left(1 - \dfrac{x}{2}\right)^{-2}$,$\dfrac{1}{1-x}$,$1 + \dfrac{x}{1-x} \cdot \dfrac{1}{(1-x)^2} = 1 + \dfrac{x}{(1-x)^3}$ である.$\left(1 - \dfrac{x}{2}\right)^2 - (1-x) = \dfrac{x^2}{4} > 0$ だから,$(0,1)$ で $\left(1 - \dfrac{x}{2}\right)^{-2} < \dfrac{1}{1-x}$ である.$(0,1)$ で $\left(1 + \dfrac{x}{(1-x)^3}\right) - \dfrac{1}{1-x} = \dfrac{x(1-(1-x)^2)}{(1-x)^3} > 0$ である.よって命題 1.4.4 よりしたがう.

2. (1) 1. で $x = \dfrac{1}{2}$ とすれば,$\dfrac{1}{2}\dfrac{4}{3} = \dfrac{2}{3} < -\log\dfrac{1}{2} = \log 2 < \dfrac{1}{2} + \dfrac{1}{2} = 1$ である.
(2) (1) より,$1 < \dfrac{1}{\log 2} = \log_2 e < \dfrac{3}{2}$ である.

2.2.6 1. $(\log x)' = \dfrac{1}{x}$ は単調減少だから,$\log x$ は凹関数である.

2. 1. より $\log x$ は凹関数だから,問題 1.4.3 より $x_1 = \cdots = x_n$ でなければ $\dfrac{\log x_1 + \cdots + \log x_n}{n} < \log\dfrac{x_1 + \cdots + x_n}{n}$ である.指数関数は単調増加だから,$\sqrt[n]{x_1\cdots x_n} = \exp\left(\dfrac{\log x_1 + \cdots + \log x_n}{n}\right) < \dfrac{x_1 + \cdots + x_n}{n}$ である.

3. $\log x$ は凹関数だから,問題 1.4.4.1 よりしたがう.

2.2.7 1. $\cosh' x = \sinh x$,$\sinh' x = \cosh x$ である.$(\cosh x)^2 - (\sinh x)^2 = 1$ だから,

$f(x) = \cosh x$ なら $f'(x)^2 - f(x)^2 = -1$, $f(x) = \sinh x$ なら $f'(x)^2 - f(x)^2 = 1$ である．

2. $x > 0$ なら $\cosh' x = \sinh x > 0$ だから $\cosh x$ は $x > 0$ で単調増加である．$\sinh' x = \cosh x > 0$ だから $\sinh x$ はいたるところ単調増加である．

3. 2. よりそれぞれ逆関数が定義される．$y = \dfrac{e^x + e^{-x}}{2}$ とおけば $y^2 - 1 = \left(\dfrac{e^x - e^{-x}}{2}\right)^2$ だから，$x > 0$ なら $y + \sqrt{y^2 - 1} = e^x$ であり $\cosh x$ の逆関数は $\log(x + \sqrt{x^2 - 1})$ である．定義域は $(1, \infty)$ である．

同様に，$\sinh x$ の逆関数は $\log(x + \sqrt{x^2 + 1})$ である．定義域は $(-\infty, \infty)$ である．

4. $f(x) = \cosh x$ なら 1. より $f'(x) = \sqrt{f(x)^2 - 1}$ だから，逆関数の微分より，$(\log(x + \sqrt{x^2 - 1}))' = \dfrac{1}{\sqrt{x^2 - 1}}$ である．同様に，$(\log(x + \sqrt{x^2 + 1}))' = \dfrac{1}{\sqrt{x^2 + 1}}$．
［別解］問題 2.2.2 (7) のように合成関数の微分を使ってもできる．

2.2.8 対数微分により，$(e^{-x} x^{s-1})' = e^{-x} x^{s-1} \left(-1 + \dfrac{s-1}{x}\right) = e^{-x} x^{s-2}(s - 1 - x)$ であり，$(e^{-x} x^{s-1})'' = e^{-x} x^{s-2}(s - 1 - x)\left(-1 + \dfrac{s-2}{x} - \dfrac{1}{s-1-x}\right) = e^{-x} x^{s-3}((s-2-x)\cdot(s-1-x) - x) = e^{-x} x^{s-3}((s-1-x)^2 - s + 1)$ である．$s < 1$ なら最後の項は > 0 であり，$s \geqq 1$ なら $(s - 1 + \sqrt{s-1} - x)(s - 1 - \sqrt{s-1} - x)$ である．

$s > 1$ なら，$0 < x < s - 1$ で単調増加，$x > s - 1$ で単調減少，$s - 1 - \sqrt{s-1} < x < s - 1 + \sqrt{s-1}$ で凹，$0 < x < s - 1 - \sqrt{s-1}$ と $s - 1 + \sqrt{s-1} < x$ で凸で，$x = s - 1$ で最大，$\lim_{x \to 0} e^{-x} x^{s-1} = 0$, $\lim_{x \to \infty} e^{-x} x^{s-1} = 0$ である．最大値は $x = s - 1$ のとき $\left(\dfrac{s-1}{e}\right)^{s-1}$．

$0 < s \leqq 1$ なら，$x > 0$ で単調減少，凸で，極値はなく，したがって最大値もない．$s = 1$ なら，$\lim_{x \to +0} e^{-x} = 1$, $\lim_{x \to \infty} e^{-x} = 0$ である．$0 < s < 1$ なら，$\lim_{x \to +0} e^{-x} x^{s-1} = \infty$, $\lim_{x \to \infty} e^{-x} x^{s-1} = 0$ である．図は 174 ページ．

2.2.9 1. $\lim_{x \to -0} f(x) = \lim_{x \to -0} 0 = 0$ であり，$\lim_{x \to +0} f(x) = \lim_{x \to +0} \dfrac{1}{e^x} = 0$ である．

2. $x < 0$ なら $f'(x) = 0$ である．$x > 0$ なら $f'(x) = \exp\left(-\dfrac{1}{x}\right) \cdot \dfrac{1}{x^2}$ である．系 2.2.6.2 より，$\lim_{x \to +0} f'(x) = \lim_{x \to \infty} \dfrac{x^2}{e^x} = 0$ である．よって $\lim_{x \to 0} f'(x) = 0$ である．

3. 1., 2. と問題 1.4.2 より，$f(x)$ は $x = 0$ で微分可能であり $f'(x)$ は $x = 0$ で連続である．$f'(x)$ は $x \neq 0$ でも連続だから，$f(x)$ はいたるところ連続微分可能である．

第3章 2変数関数とその微分

多変数関数の扱い方やその性質を解説する．3変数以上の関数も2変数関数と本質的な違いはないので，おもに2変数関数の場合を扱う．3.3節までの前半では，おもに用語や記号についての基本的なことがらを解説する．3.4節以降では多変数関数特有の性質も扱う．

3.1節で2変数関数とその連続性についての用語を準備する．2変数関数と1変数関数の合成関数を考えることは重要な方法であり，平面で定義された関数の曲線への制限と考えられる．

2変数関数を微分するとは，1変数関数の場合と同様に1次式で近似することである．この考えにもとづいて，3.2節で2変数関数の微分を定義する．2変数関数の微分係数は，片方の変数を定数と考えて得られる1変数関数を微分することで求められる．この操作を偏微分という．

1変数関数の導関数と同様に，偏微分係数を値とする関数として偏導関数を3.3節で定義する．偏導関数が連続ならもとの関数は微分可能であり，偏導関数の偏導関数が連続なら，それは微分する変数の順序によらない．2変数関数が極値をとるための条件を，2階の偏微分係数で判定する．

平面内の曲線はパラメータ表示で記述できるが，2変数関数の値が定数と等しいとおいた方程式でも定義できる．3.4節で解説する陰関数定理は，この曲線が1変数関数のグラフとして表わされるための十分条件を与え，その1変数関数の導関数をもとの2変数関数の偏導関数で表わす．その応用として，2変数関数の極値問題を曲線上で考える条件つき極値問題も扱う．

2変数関数の対は，平面の点を平面の点にうつす写像を定める．3.5節ではこの考え方を解説し，逆写像が存在するための偏微分についての条件を調べる．これは，導関数の符号が一定な1変数関数には微分可能な逆関数が存在することの，2変数関数での類似である．

3.1 2変数関数と連続性

この章では，2変数の関数を調べる．1変数の関数とは数直線の一部で定義された関数のことである．それに対応して2変数の関数は，平面の一部で定義された関数のことである．この節と次の節では，2変数関数についてそれぞれ1.2節と1.3節の内容に対応する用語や性質を解説する．

1.2節で定義したように，平面とは実数の対全体の集合である．平面の点の座標 (x, y) の**第1成分** (first component) を文字 x で，第2成分を文字 y で表わしているとき，平面を xy **平面** (xy-plane) とよび，第1成分を x **座標** (x-coordinate)，第2成分を y 座標とよぶ．平面の点 (x,y) を列ベクトルの記号 $\boldsymbol{x} = \begin{pmatrix} x \\ y \end{pmatrix}$ でも表わすことにする．平面の点とその位置ベクトルは，同じものを違う記号で表わしたものと考えるといってもよい．平面の2点 $P = \boldsymbol{x} = (x, y), A = \boldsymbol{a} = (a, b)$ の距離 $|\boldsymbol{x} - \boldsymbol{a}| = \sqrt{(x-a)^2 + (y-b)^2}$ を $d(P, A) = d((x,y),(a,b))$ や PA とも表わす．

1変数関数の定義域としては，開区間や閉区間を考えればだいたい十分だった．2変数ではそうはいかないが，2変数の場合にこれらにあたるものはやはり基本的である．実数 a, b, c, d に対し，不等式 $a \leqq x \leqq b,\ c \leqq y \leqq d$ で定まる長方形 $\{(x, y) \in \mathbf{R}^2 \mid a \leqq x \leqq b,\ c \leqq y \leqq d\}$ を2次元の**閉区間**といい，記号 $[a,b] \times [c,d]$ で表わす．その**内部** (interior) $\{(x,y) \in \mathbf{R}^2 \mid a < x < b,\ c < y < d\}$ を2次元の**開区間**とよび，$(a,b) \times (c,d)$ で表わす．

平面の点 (a, b) を中心とする半径 $r > 0$ の円の内部 $\{(x, y) \in \mathbf{R}^2 \mid (x-a)^2 + (y-b)^2 < r^2\}$ を $U_r(a, b)$ で表わし，**開円板** (open disk) とよぶ．$U_r(a, b)$ に円周をあわせたもの $\{(x, y) \in \mathbf{R}^2 \mid (x-a)^2 + (y-b)^2 \leqq r^2\}$ を $D_r(a, b)$ で表わし，**閉円板** (closed disk) とよぶ．

2次元の開区間や閉区間を少し一般化した縦線集合とよばれるものも，微積分ではわりとよく使われる．1次元の開区間 (a, b) で定義された連続関数 $k(x)$ と $l(x)$ によって，不等式 $a < x < b,\ k(x) < y < l(x)$ で定まる平面 $\mathbf{R}^2$ の部分集合を**縦線集合** (ordinate set) とよぶ．等号つきの不等号で定義されるものも縦線集合とよぶ．それほどは使わないが，x と y の役割をいれかえたものは横線集合とよぶ．

2変数関数の定義域としては，開円板や2次元の開区間ばかりでなくさまざまな集合を考える必要がある．開区間の2次元での類似をもっとも一般的な状況で考えたものが，これから定義する開集合である．開集合は，平面の点の集合 A で，A の各点に対しそのまわりの点がすべて A に含まれるものとして定義する．開集合は，関数の定義域としてよく使われる．開集合を表わす記号としては文字 U を使う習慣なので，この本でもそれにしたがう．

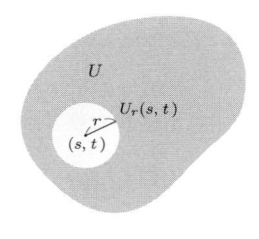

定義 3.1.1 U を平面の点の集合とする．U の任意の点 (s,t) に対し，実数 $r>0$ で開円板 $U_r(s,t)$ が U に含まれるものが存在するとき，U は平面の**開集合** (open set) であるという． ■

例題 3.1.2 $k(x)$ と $l(x)$ を開区間 (a,b) で定義された連続関数とする．等号なしの不等号で定義される縦線集合 $U=\{(x,y)\in\mathbf{R}^2 \mid a<x<b,\ k(x)<y<l(x)\}$ は開集合であることを示せ． ■

解 (s,t) を U の点とする．$q=\dfrac{1}{2}\min(t-k(s),l(s)-t)$ とおく．$k(s)<t<l(s)$ だから，$q>0$ である．$k(x)$ と $l(x)$ は $x=s$ で連続だから，実数 $p>0$ で，開区間 $(s-p,s+p)$ が (a,b) に含まれ $(s-p,s+p)$ で $|k(x)-k(s)|<q,\ |l(x)-l(s)|<q$ となるものが存在する．この p に対し，$r=\min(p,q)>0$ とおく．開円板 $U_r(s,t)$ は開区間 $(s-p,s+p)\times(t-q,t+q)$ に含まれ $(s-p,s+p)\times(t-q,t+q)$ は U に含まれるから，$U_r(s,t)$ は U に含まれる．したがって U は開集合である． □

開円板 $U_r(a,b)$ は等号なしの不等号 $a-r<x<a+r$, $b-\sqrt{r^2-(x-a)^2}<y<b+\sqrt{r^2-(x-a)^2}$ で定義される縦線集合だから，例題 3.1.2 より開集合である．2次元の開区間も開集合である．開集合とは，縁の点を含まない集合のことである．おおざっぱにいえば，開集合とは等号なしの不等式 $<$ で定義されるものである（命題 3.1.7, 4.1.5）．開集合という名前は，定義 4.1.1 で定義する閉集合の補集合であることから語呂あわせでつけられた．

定義 3.1.1 で開円板 $U_r(s,t)$ を開区間 $(s-r,s+r)\times(t-r,t+r)$ でおきかえても開集合の定義は変わらない．定義 3.1.1 の構文では，「U の任意の点

(s,t) に対し,実数 $r>0$ で××をみたすものが存在する」となっているので,この r は点 (s,t) によって変わってよい.

この章ではおもに,平面の開集合で定義された関数を考える.一般的な状況を考えるため開集合ということばを使うが,慣れないうちは開円板や 2 次元の開区間などを想定すれば十分である.4.1 節では,もっと一般の集合で定義された関数も扱う.

U を平面の開集合とする.定義 1.2.1 と同様に,U の任意の点 (x,y) に対し $z=f(x,y)$ をみたす実数 z がただ 1 つ存在するとき,$f(x,y)$ を U で定義された関数という.U の点 $\boldsymbol{a}=(a,b)$ での $f(x,y)$ の**値** $f(a,b)$ を $f(\boldsymbol{a})$ とも表わす.

2 変数関数のうちもっとも基本的なものが 1 次式で定義される 1 次関数である.実数 a,b を $\begin{pmatrix} a & b \end{pmatrix}$ のようによこにならべたものを**行ベクトル** (row vector) とよぶ.1 **次** (linear) **関数** $ax+by$ は行ベクトル $\boldsymbol{a}=\begin{pmatrix} a & b \end{pmatrix}$ と列ベクトル $\boldsymbol{x}=\begin{pmatrix} x \\ y \end{pmatrix}$ の**積**

$$\boldsymbol{a}\boldsymbol{x}=\begin{pmatrix} a & b \end{pmatrix}\begin{pmatrix} x \\ y \end{pmatrix}=ax+by \tag{3.1}$$

である.このように,線形代数の用語や記号は 2 変数関数のもっとも基本的な例の記述に現れるので,微分係数の定義(定義 3.2.5)にも使われるのは自然なことである.

2 変数関数のグラフは 3 次元空間内の面になる.1.2 節では,平面の点を実数の対として定義した.3 次元空間についても同様に,空間の点を実数の 3 つ組として定義する.実数を 3 つ (a,b,c) のように順にならべたものを実数の **3 つ組** (triple) とよぶ.実数の 3 つ組 (a,b,c) を空間の**点**という.(a,b,c) と (p,q,r) が等しいとは,成分ごとに等しい $a=p, b=q, c=r$ ということである.この定義では,空間の点 P は実数の 3 つ組 (a,b,c) と同じものだが,(a,b,c) を点 P の**座標**ともよぶ.実数の 3 つ組全体からなる集合 $\{(a,b,c) \mid a,b,c \in \mathbf{R}\}$ を**空間** (space) とよび,記号 $\mathbf{R}^3$(アールスリー)で表わす.

平面の開集合 U で定義された関数 $f(x,y)$ に対し,空間の点の集合 $\{(x,y,z) \mid (x,y) \in U, z=f(x,y)\}$ を関数 $z=f(x,y)$ の**グラフ**という.2 変数関数のグラフは面なので,それを紙や黒板で図示することはそう簡単

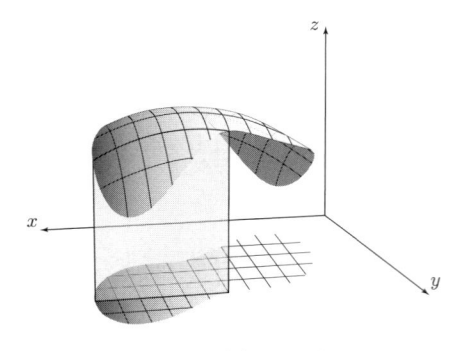

なことではない．グラフの平面 $x=a$ や $y=b$ での切り口をたくさん図示することで，感じを出すようにすることが多い．

開円板 $U_1(0,0)$ で定義された関数 $z=\sqrt{1-(x^2+y^2)}$ のグラフは原点を中心とする半径 1 の球の $z>0$ の部分である．1 次関数 $z=px+qy+r$ のグラフは，位置ベクトルが $x\begin{pmatrix}1\\0\\p\end{pmatrix}+y\begin{pmatrix}0\\1\\q\end{pmatrix}+\begin{pmatrix}0\\0\\r\end{pmatrix}$ のように表わされる点全体だから，$\begin{pmatrix}1\\0\\p\end{pmatrix}$ に平行なベクトルと $\begin{pmatrix}0\\1\\q\end{pmatrix}$ に平行なベクトルを含み点 $(0,0,r)$ をとおる平面である．

平面の開集合で定義された 2 変数関数の連続性も，1 変数関数の連続性と同様に定義する．

定義 3.1.3 U を平面の開集合とし，$f(x,y)$ を U で定義された関数とする．

1. (a,b) を U の点とする．任意の実数 $q>0$ に対し，実数 $r>0$ で，開円板 $U_r(a,b)$ が U に含まれ $U_r(a,b)$ で $|f(x,y)-f(a,b)|<q$ となるものが存在するとき，$f(x,y)$ は $(x,y)=(a,b)$ で**連続**であるという．

2. U のすべての点 (a,b) に対し，$f(x,y)$ が $(x,y)=(a,b)$ で連続であるとき，$f(x,y)$ は U で**連続**であるという．U が平面全体 $\mathbf{R}^2$ のときは，$\mathbf{R}^2$ で連続な関数を，**いたるところ連続**な関数とよぶ． ∎

点 (x,y) が (a,b) に近づくというと，(a,b) に近づく点の列や，(a,b) をとおる曲線上を (a,b) にむかって動く点という 0 次元や 1 次元の対象を思いうかべがちだが，開円板 $U_r(a,b)$ という 2 次元の対象を考えその半径を 0 に近づけるのが，2 変数関数の連続性の定義の考え方である．

定義 3.1.3 で開円板 $U_r(a,b)$ を開区間 $(a-r,a+r)\times(b-r,b+r)$ でおきかえても連続性の定義は変わらない．2 変数関数の連続性を示すには，補題

1.2.8 のように次の補題を使うのがわかりやすい．

補題 3.1.4 U を平面の開集合とし，$f(x,y)$ を U で定義された関数とする．$\boldsymbol{a} = (a,b)$ を U の点とする．$[0,\infty)$ で定義された関数 $k(t)$ で，$\lim_{t \to +0} k(t) = k(0) = 0$ であり，U の任意の点 $\boldsymbol{x} = (x,y)$ に対し $|f(x,y) - f(a,b)| \leqq k(|\boldsymbol{x} - \boldsymbol{a}|)$ となるものが存在するならば，$f(x,y)$ は $(x,y) = (a,b)$ で連続である． ∎

証明 $q > 0$ を実数とする．$\lim_{t \to +0} k(t) = k(0) = 0$ で (a,b) は開集合 U の点だから，実数 $r > 0$ で，$[0,r)$ で $k(t) < q$ であり開円板 $U_r(a,b)$ が U に含まれるものが存在する．この $r > 0$ に対し，開円板 $U_r(a,b)$ の任意の点 $\boldsymbol{x} = (x,y)$ で $|f(x,y) - f(a,b)| \leqq k(|\boldsymbol{x} - \boldsymbol{a}|) < q$ である．よって $f(x,y)$ は $(x,y) = (a,b)$ で連続である． □

例題 3.1.5 1. 関数 x と y はいたるところ連続であることを示せ．

2. 関数 $s(x,y) = x + y$ と関数 $m(x,y) = xy$ もいたるところ連続であることを示せ． ∎

解 1. $|x - a| \leqq |\boldsymbol{x} - \boldsymbol{a}|, |y - b| \leqq |\boldsymbol{x} - \boldsymbol{a}|$ だから，$k(t) = t$ と定義すれば，$|x - a| \leqq k(|\boldsymbol{x} - \boldsymbol{a}|), |y - b| \leqq k(|\boldsymbol{x} - \boldsymbol{a}|)$ である．$\lim_{t \to +0} t = 0$ だから，補題 3.1.4 より関数 x, y はいたるところ連続である．

2. $|(x+y) - (a+b)| \leqq |x - a| + |y - b| \leqq \sqrt{2} \cdot |\boldsymbol{x} - \boldsymbol{a}|$ だから，$k(t) = \sqrt{2}t$ と定義すれば，$|(x+y) - (a+b)| \leqq k(|\boldsymbol{x} - \boldsymbol{a}|)$ である．$\lim_{t \to +0} \sqrt{2}t = 0$ だから，補題 3.1.4 より関数 $x + y$ はいたるところ連続である．

$|xy - ab| \leqq |x - a| \cdot |b| + |a| \cdot |y - b| + |x - a| \cdot |y - b| \leqq (|a| + |b|)|\boldsymbol{x} - \boldsymbol{a}| + |\boldsymbol{x} - \boldsymbol{a}|^2$ だから，$k(t) = (|a| + |b|)t + t^2$ とおけば，同様に補題 3.1.4 より関数 xy もいたるところ連続である． □

1 変数の場合と同様，合成関数を考えることは重要である．$f(x,y)$ を平面の開集合 U で定義された関数とし，$g(x,y), h(x,y)$ を平面の開集合 V で定義された関数とする．V の任意の点 (x,y) に対し $(g(x,y), h(x,y))$ が U の点であるとき，**合成関数** $f(g(x,y), h(x,y))$ が V で定義される．1 変数の場合と同様，連続関数の合成関数は連続であるという重要な性質がなりたつ．

命題 3.1.6 $f(x,y)$ を平面の開集合 U で定義された関数とし，$g(x,y), h(x,y)$ を平面の開集合 V で定義された関数とする．V の任意の点 (x,y) に対し

$(g(x,y), h(x,y))$ が U の点であるとする．$f(x,y), g(x,y), h(x,y)$ がどれも連続関数ならば，合成関数 $f(g(x,y), h(x,y))$ も連続である． ∎

証明は 1 変数の場合（命題 1.2.9）と同様だから省略する．命題 3.1.6 では，2 変数関数と 2 変数関数 2 つの合成関数について定式化したが，ほかのくみあわせについても同様である．$f(x,y)$ を平面の開集合 U で定義された関数とし，$g(x)$ を開区間 (u,v) で定義された関数とする．U で $u < f(x,y) < v$ なら合成関数 $g(f(x,y))$ が定義される．命題 3.1.6 と同様に，$f(x,y)$ と $g(x)$ が連続関数なら，合成関数 $g(f(x,y))$ も連続である．$f(x,y) = x$ や $f(x,y) = y$ の場合は，1 変数の連続関数 $g(x)$ や $h(y)$ を 2 変数 x, y の関数と考えたものは連続であるということである．

1 変数の場合と同様に既知の連続関数をくみあわせて連続関数を構成できる．たとえば，例題 3.1.5 より $f(x,y) = x+y$ や $f(x,y) = xy$ は連続だから，これに命題 3.1.6 を適用すれば，2 つの連続関数 $g(x,y), h(x,y)$ の和 $g(x,y) + h(x,y)$ と積 $g(x,y) \cdot h(x,y)$ は連続関数である．2 変数の多項式が定める関数は連続関数である．x の y 乗 x^y なども，$x^y = e^{\log x \cdot y}$ と考えることで xy 平面の $x > 0$ の部分で定義された連続関数であることがわかる．

命題 3.1.7 $f(x,y)$ を平面のすべての点で定義されたいたるところ連続な関数とする．このとき，不等式で定義される平面の点の集合 $U = \{(x,y) \mid f(x,y) > 0\}$ は開集合である． ∎

証明 (a,b) を U の点とする．$q = f(a,b) > 0$ だから，実数 $r > 0$ で開円板 $U_r(a,b)$ で $|f(x,y) - f(a,b)| < f(a,b)$ となるものがある．この $r > 0$ に対し，$U_r(a,b)$ で $f(x,y) > 0$ だから，$U_r(a,b)$ は U に含まれる．よって U は開集合である． □

逆に，どんな開集合 U も $U = \{(x,y) \in \mathbf{R}^2 \mid f(x,y) > 0\}$ のようにいたるところ連続な関数 $f(x,y)$ で表わせることが命題 4.1.5 からしたがう．

はさみうちの原理は 2 変数でも基本的である．

命題 3.1.8 （**はさみうちの原理**）$f(x,y), g(x,y), h(x,y)$ を平面の開集合 U で定義された関数とし，U で $f(x,y) \leqq g(x,y) \leqq h(x,y)$ とする．(a,b) を U の点とし，$f(x,y)$ と $h(x,y)$ が $(x,y) = (a,b)$ で連続とする．$f(a,b) = h(a,b)$

ならば，$g(x,y)$ も $(x,y) = (a,b)$ で連続である． ∎

証明は 1 変数の場合（命題 1.2.10.1）と同様なので省略する．

2 変数関数 $f(x,y)$ を調べるときに，1 変数関数 2 つ $p(t), q(t)$ との合成関数 $f(p(t), q(t))$ として得られる 1 変数の関数を使うことは基本的な方法である．3.2 節で定義する偏微分や，2 変数関数の基本不等式（命題 3.2.13）はその典型的な例である．1 変数の連続関数 2 つで平面内の曲線が定まるので，平面内の曲線について用語を準備する．

定義 3.1.9 $a < b$ を実数とし，$p(t)$ と $q(t)$ を閉区間 $[a,b]$ で定義された連続関数とする．

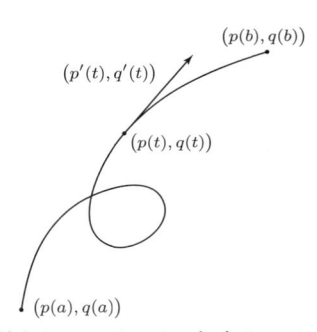

1. 関数の対 $\boldsymbol{p}(t) = (p(t), q(t))$ を $[a,b]$ で定義された**曲線** (curve) といい，点 $\boldsymbol{a} = (p(a), q(a))$ を $\boldsymbol{p}(t)$ の**始点** (initial point)，$\boldsymbol{b} = (p(b), q(b))$ を**終点** (terminal point) という．$p(t)$ と $q(t)$ が微分可能なとき，$\boldsymbol{p}(t)$ を**微分可能な曲線**という．

2. $\boldsymbol{p}(t)$ を $[a,b]$ で定義された微分可能な曲線とし，$a \leqq c \leqq b$ とする．ベクトル $\boldsymbol{p}'(c) = \begin{pmatrix} p'(c) \\ q'(c) \end{pmatrix}$ を $\boldsymbol{p}(t)$ の $t = c$ での**接ベクトル** (tangent vector) という．接ベクトル $\boldsymbol{p}'(c)$ が 0 でないとき，点 $\boldsymbol{p}(c) = (p(c), q(c))$ をとおり接ベクトル $\boldsymbol{p}'(c)$ に平行な直線を，曲線 $\boldsymbol{p}(t)$ の $t = c$ での**接線**という． ∎

(2.11) は，円の接線は半径と直交することを表わしている．

定義 3.1.9 では $p(t)$ と $q(t)$ の定義域を閉区間 $[a,b]$ としたが，開区間 (a,b) の場合なども考える．曲線 $\boldsymbol{p}(t) = (p(t), q(t))$ を記号 C で表わすことも多い．平面の点の集合 $\{(p(t), q(t)) \mid a \leqq t \leqq b\}$ を曲線とよび C で表わすこともある．$\boldsymbol{p}(t)$ を曲線 $C = \{(p(t), q(t)) \mid a \leqq t \leqq b\}$ の**パラメータ表示** (parametrization) とよび，C を**パラメータつき曲線** (parametrized curve) ということもある．このよび方では平面の点の集合 C を曲線と考え，それを座標が $(p(t), q(t))$ のように表わされる点全体の集合として表示したと考えている．

t を時間を表わす変数と考え平面上を動く点 P の時刻 t での座標を $(p(t), q(t))$ とすれば，P の軌跡が曲線を定めると考えられる．ただし時間は物理的な概

念なので，数学的には t は平面の点の座標 x, y とは別の変数を表わす文字と考え**パラメータ** (parameter) とよぶ．パラメータには**助変数**，**媒介変数**，**径数**といった訳語があるがあまり定着していない．

$\boldsymbol{p}(t)$ が微分可能な曲線であっても接ベクトルが 0 となる点では，曲線に角(かど)ができることがあり，そのような点では接線は定義できない．$p(t) = t$ のとき曲線 $(t, q(t))$ は，関数 $y = q(x)$ のグラフであり，$(t, q(t))$ の $t = c$ での接線は，$y = q(x)$ のグラフの $(c, q(c))$ での接線である．

平面の 2 点 $A = (a, b), B = (c, d)$ に対し，閉区間 $[0, 1]$ で定義された関数 $p(t) = (1-t)a + tc, q(t) = (1-t)b + td$ は線分 AB のパラメータ表示である．$[0, 2\pi]$ で定義された関数 $\cos t, \sin t$ は，原点を中心とする半径 1 の円のパラメータ表示である．

微分可能な曲線について，**基本不等式**は次のようになる．

命題 3.1.10 $\boldsymbol{p}(t) = (p(t), q(t))$ を閉区間 $[a, b]$ で定義された微分可能な曲線とし，始点を $\boldsymbol{a} = (p(a), q(a))$，終点を $\boldsymbol{b} = (p(b), q(b))$ とする．$[a, b]$ で $|\boldsymbol{p}'(t)| \leqq M$ ならば，$|\boldsymbol{b} - \boldsymbol{a}| \leqq M \cdot (b - a)$ である． ∎

証明 ベクトル $\boldsymbol{c}$ との内積が定める実数値関数 $\boldsymbol{c} \cdot \boldsymbol{p}(t)$ に対し $(\boldsymbol{c} \cdot \boldsymbol{p}(t))' = \boldsymbol{c} \cdot \boldsymbol{p}'(t)$ であり，$|(\boldsymbol{c} \cdot \boldsymbol{p}(t))'| \leqq |\boldsymbol{c}| \cdot |\boldsymbol{p}'(t)| \leqq M \cdot |\boldsymbol{c}|$ である．よって，基本不等式（系 1.4.5.1）より $|\boldsymbol{c} \cdot (\boldsymbol{b} - \boldsymbol{a})| \leqq M \cdot |\boldsymbol{c}|(b - a)$ である．$\boldsymbol{c} = \boldsymbol{b} - \boldsymbol{a}$ とおけば，$|\boldsymbol{b} - \boldsymbol{a}|^2 \leqq M \cdot |\boldsymbol{b} - \boldsymbol{a}|(b - a)$ である．$\boldsymbol{a} \neq \boldsymbol{b}$ なら両辺を $|\boldsymbol{b} - \boldsymbol{a}|$ でわればよい．$\boldsymbol{a} = \boldsymbol{b}$ なら $|\boldsymbol{b} - \boldsymbol{a}| = 0$ である． □

定義 3.1.11 U を平面の開集合とする．

1. $\boldsymbol{p}(t) = (p(t), q(t))$ を閉区間 $[a, b]$ で定義された曲線とする．$[a, b]$ で $\boldsymbol{p}(t)$ が U の点であるとき，$\boldsymbol{p}(t)$ は U **内の曲線**であるという．

2. U の任意の点 $\boldsymbol{a}, \boldsymbol{b}$ に対し $\boldsymbol{a}$ が始点で $\boldsymbol{b}$ が終点の U 内の曲線 $\boldsymbol{p}(t)$ が存在するとき，U は**連結** (connected) であるという． ∎

連結な開集合を領域とよぶ本も多い．$f(x, y)$ が平面の開集合 U で定義された関数で，閉区間 $[a, b]$ で定義された曲線 $\boldsymbol{p}(t) = (p(t), q(t))$ が U 内の曲線ならば，**合成関数** $f(p(t), q(t))$ が定義される．これは，関数 $f(x, y)$ を曲線 $C = \{\boldsymbol{p}(t) \mid a \leqq t \leqq b\}$ に制限したものと考えられる．

命題 3.1.12　$f(x,y)$ を平面の開集合 U で定義された関数とし，$\boldsymbol{p}(t) = (p(t), q(t))$ を開区間 (u,v) で定義された U 内の曲線とする．$u < c < v$ とする．$f(x,y)$ が $(p(c), q(c))$ で連続ならば，合成関数 $f(p(t), q(t))$ も $t = c$ で連続である． ∎

これも命題 3.1.6 と同じく，証明は 1 変数の場合（命題 1.2.9）と同様だから省略する．命題 3.1.12 の対偶をとれば，$p(t), q(t)$ が $t = c$ で連続で，合成関数 $f(p(t), q(t))$ が $t = c$ で連続でなければ，$f(x,y)$ は $(x,y) = (p(c), q(c))$ で連続でないことがわかる．$f(x,y)$ が U で連続で $p(t), q(t)$ も開区間 (u,v) で連続ならば，合成関数 $f(p(t), q(t))$ も (u,v) で連続である．命題 3.1.12 を連続関数 $f(x,y) = x + y$ と $f(x,y) = xy$（例題 3.1.5.2）に適用すれば，1 変数の連続関数の和と積も連続であるという命題 1.2.7 が得られる．

2 変数関数についても**中間値の定理**がなりたつ．

命題 3.1.13　$f(x,y)$ を平面の開集合 U で定義された連続関数とし，$\boldsymbol{a}, \boldsymbol{b}$ を U の点とする．$f(\boldsymbol{a}) \leqq f(\boldsymbol{b})$ とし，s を $f(\boldsymbol{a}) \leqq s \leqq f(\boldsymbol{b})$ をみたす実数とする．閉区間 $[a,b]$ で定義された U 内の曲線 $\boldsymbol{p}(t)$ で始点が $\boldsymbol{a}$，終点が $\boldsymbol{b}$ のものが存在するならば，$f(\boldsymbol{c}) = s$ をみたす U の点 $\boldsymbol{c}$ が存在する． ∎

証明　$\boldsymbol{p}(t) = (p(t), q(t))$ を閉区間 $[a,b]$ で定義された $\boldsymbol{a}$ が始点で $\boldsymbol{b}$ が終点の U 内の曲線とする．合成関数 $f(p(t), q(t))$ は命題 3.1.12 より連続だから，1 変数関数の中間値の定理（定理 1.2.5）より，$f(p(c), q(c)) = s$ をみたす $a \leqq c \leqq b$ が存在する．$\boldsymbol{c} = (p(c), q(c))$ とおけばよい． □

3 変数以上の変数の関数も，2 変数関数と同様に扱える．実数 $r > 0$ と 3 次元空間の点 $\boldsymbol{a} = (a, b, c)$ に対し，$|\boldsymbol{x} - \boldsymbol{a}| = \sqrt{(x-a)^2 + (y-b)^2 + (z-c)^2} < r$ をみたす点 $\boldsymbol{x} = (x, y, z)$ 全体のなす**開球** (open ball) を $U_r(\boldsymbol{a})$ で表わし，$B_r(\boldsymbol{a})$ で $|\boldsymbol{x} - \boldsymbol{a}| \leqq r$ をみたす点 $\boldsymbol{x}$ 全体のなす**閉球** (closed ball) を表わす．3 次元空間 $\mathbf{R}^3$ の部分集合 U が**開集合**であるとは，U の任意の点 $\boldsymbol{a}$ に対し実数 $r > 0$ で $U_r(\boldsymbol{a})$ が U に含まれるものが存在することである．V が平面の開集合で (u,v) が開区間であるとき，

$$V \times (u,v) = \{(x,y,t) \in \mathbf{R}^3 \mid (x,y) \text{ は } V \text{ の点で } u < t < v\} \tag{3.2}$$

は 3 次元空間の開集合である．

$f(x, y, z)$ が U で定義された関数であるとは，U の任意の点 (x, y, z) に対し $w = f(x, y, z)$ をみたす実数 w がただ1つ存在することである．3次元空間の開集合 U で定義された関数 $f(x, y, z)$ が**連続関数**であるとは，U の任意の点 $\boldsymbol{a}$ と任意の実数 $q > 0$ に対し，実数 $r > 0$ で $U_r(\boldsymbol{a})$ が U の部分集合で $U_r(\boldsymbol{a})$ で $|f(\boldsymbol{x}) - f(\boldsymbol{a})| < q$ となるものが存在することである．

閉区間 $[a, b]$ で定義された連続関数 $p(t), q(t), r(t)$ の組 $\boldsymbol{p}(t) = (p(t), q(t), r(t))$ を $[a, b]$ で定義された**曲線**という．3変数関数 $f(x, y, z)$ についても合成関数 $f(p(t), q(t), r(t))$ を考えることは基本的な方法である．

変数の個数が大きくなると記述に必要な文字がたりなくなってくるので添字を使う．n 個の実数 $x_1, \ldots, x_n$ の組を $(x_1, \ldots, x_n)$ で表わし n **次元空間の点**という．n 次元空間の点 $(x_1, \ldots, x_n)$ と $(y_1, \ldots, y_n)$ が等しいとは，その各成分が等しい $x_1 = y_1, \ldots, x_n = y_n$ ということである．n 次元空間の点全体のなす集合 $\{(x_1, \ldots, x_n) \mid x_1, \ldots, x_n \in \mathbf{R}\}$ を n 次元空間とよび，$\mathbf{R}^n$ で表わす．

n 次元空間の点 $\boldsymbol{x} = (x_1, \ldots, x_n)$ と $\boldsymbol{a} = (a_1, \ldots, a_n)$ に対し，その距離 $|\boldsymbol{x} - \boldsymbol{a}|$ を $\sqrt{\sum_{i=1}^{n}(x_i - a_i)^2}$ で定める．この距離を使って，$\boldsymbol{a}$ を中心とする半径 $r > 0$ の開球 $U_r(\boldsymbol{a})$ を3次元の場合と同様に定義する．さらにこの開球の定義を使って n 次元空間の開集合も定義する．

$f(x_1, \ldots, x_n)$ が n 次元空間の開集合 U で定義された関数であるとは，U の任意の点 $(x_1, \ldots, x_n)$ に対し $y = f(x_1, \ldots, x_n)$ をみたす実数 y がただ1つ存在することである．n 次元空間の開集合 U で定義された n 変数関数 $f(x_1, \ldots, x_n)$ のグラフは $n + 1$ 次元空間の部分集合 $\{(x_1, \ldots, x_n, x_{n+1}) \mid (x_1, \ldots, x_n) \in U, x_{n+1} = f(x_1, \ldots, x_n)\}$ である．

n 変数関数についても，その連続性を同様に定義する．連続関数の合成関数が連続であることなども2変数関数の場合と同様である．

> **まとめ**
> ・2変数関数の連続性をイプシロン・デルタ論法で定義した．
> ・円や長方形の内部のように，縁の点を含まない集合を開集合という．開区間の類似で，2変数関数の定義域としてよく使われる．

問題

A 3.1.1 $(x,y) \neq (0,0)$ で定義された関数 $f(x,y)$ を $f(x,y) = \dfrac{2xy}{x^2+y^2}$ で定義する.

1. $f(x,y)$ は $(x,y) \neq (0,0)$ で連続であることを示せ.

2. いたるところ定義された 2 変数の連続関数 $g(x,y)$ で $(x,y) \neq (0,0)$ で $f(x,y) = g(x,y)$ をみたすものは存在しないことを示せ.

B 3.1.2 開区間 (a,b) で定義された関数 $f(x)$ に対し，次の条件 (1) と (2) は同値であることを示せ.

(1) $f(x)$ は (a,b) で連続微分可能である.

(2) $(a,b) \times (a,b)$ で定義された連続関数 $g(x,y)$ で，$f(x) - f(y) = g(x,y) \cdot (x-y)$ をみたすものが存在する.

3.2　2 変数関数の微分

$f(x,y)$ を平面の開集合 U で定義された関数とし，$\boldsymbol{a} = (a,b)$ を U の点とする. 2 変数 x,y の一方を定数と考えて，1 変数関数 $g(x) = f(x,b), h(y) = f(a,y)$ が得られる. この 1 変数関数の微分係数として，偏微分係数を定義する.

定義 3.2.1　$f(x,y)$ を平面の開集合 U で定義された関数とし，(a,b) を U の点とする. $g(x) = f(x,b), h(y) = f(a,y)$ とおく. $g(x)$ が $x = a$ で微分可能であるとき，$f(x,y)$ は $(x,y) = (a,b)$ で x について**偏微分可能** (partially differentiable) であるといい，$g'(a)$ を $f(x,y)$ の $(x,y) = (a,b)$ での x についての**偏微分係数** (partial derivative) とよび，$\dfrac{\partial f}{\partial x}(a,b)$ で表わす.

同様に，$h(y)$ が $y = b$ で微分可能であるとき，$f(x,y)$ は $(x,y) = (a,b)$ で y について偏微分可能であるといい $h'(b)$ を $f(x,y)$ の $(x,y) = (a,b)$ での y についての偏微分係数とよび $\dfrac{\partial f}{\partial y}(a,b)$ で表わす. x についても y についても偏微分可能であるときは，単に偏微分可能であるという. ∎

偏微分係数 $\dfrac{\partial f}{\partial x}(a,b)$ を $f_x(a,b)$ や $D_x f(a,b)$ のように表わすこともある. 偏微分の偏は partial の訳語で，微分の一部だけという意味である. 微分の全体は，定義 3.2.5 で定義する. 記号 ∂ は偏微分であることを明示するために d とは違う字体を使ったものであり，読み方は d と同じである.

偏微分係数 $\dfrac{\partial f}{\partial x}(a,b)$, $\dfrac{\partial f}{\partial y}(a,b)$ は

$$\frac{\partial f}{\partial x}(a,b) = \lim_{x \to a} \frac{f(x,b) - f(a,b)}{x - a}, \quad \frac{\partial f}{\partial y}(a,b) = \lim_{y \to b} \frac{f(a,y) - f(a,b)}{y - b}$$

である．定義 3.2.1 の関数 $g(x)$ を，$f(x,y)$ で y を**定数** b **とおいた関数**とよぶ．その点以外は，偏微分係数の計算は 1 変数関数の場合と同じで目新しいものはない．偏微分係数は 1 変数関数の微分で定義されているので，1 変数関数の微分係数と同様な性質がなりたつ．

偏微分の定義では座標軸に平行な直線への制限を考えたが，ほかの方向も考えることができる．

定義 3.2.2 $f(x,y)$ を平面の開集合 U で定義された関数とし，(a,b) を U の点とする．$\boldsymbol{p} = \begin{pmatrix} p \\ q \end{pmatrix}$ をベクトルとする．$t = 0$ を含む開区間で定義された関数 $g(t) = f(a + pt, b + qt)$ が $t = 0$ で微分可能なとき，$f(x,y)$ は $(x,y) = (a,b)$ で $\boldsymbol{p}$ **方向に微分可能**であるといい，$g'(0)$ を $\boldsymbol{p}$ **方向の微分係数** (directional derivative) という． ∎

偏微分係数 $\dfrac{\partial f}{\partial x}(a,b)$, $\dfrac{\partial f}{\partial y}(a,b)$ は，それぞれ $\begin{pmatrix} 1 \\ 0 \end{pmatrix}, \begin{pmatrix} 0 \\ 1 \end{pmatrix}$ 方向の微分係数である．

偏微分係数や $\boldsymbol{p}$ 方向の微分係数は，2 変数関数を制限して定義した 1 変数関数の微分であり，2 変数関数としての微分としては不十分である．2 変数関数としての微分係数も，微分するとは 1 次関数で近似することであるという考えにもとづいて定義する．そのため，2 変数関数の極限を定義する．

定義 3.2.3 U を平面の開集合とし，(a,b) を U の点とする．$f(x,y)$ を $(x,y) = (a,b)$ をのぞき U で定義された関数とし，c を実数とする．

任意の実数 $q > 0$ に対し，実数 $r > 0$ で開円板 $U_r(a,b)$ が U に含まれ $(x,y) = (a,b)$ をのぞき $U_r(a,b)$ で $|f(x,y) - c| < q$ となるものが存在するとき，極限 $\lim_{(x,y) \to (a,b)} f(x,y)$ は c に**収束**するという．c を (x,y) が (a,b) に近づくときの $f(x,y)$ の**極限**とよび，$\lim_{(x,y) \to (a,b)} f(x,y)$ で表わす． ∎

U で定義された関数 $g(x,y)$ を，$(x,y) \neq (a,b)$ では $g(x,y) = f(x,y)$ で，$(x,y) = (a,b)$ では $g(a,b) = c$ で定義する．このとき $\lim_{(x,y) \to (a,b)} f(x,y) = c$ とは，$g(x,y)$ が $(x,y) = (a,b)$ で連続なことである．収束を確かめるには補

題 3.1.4 と同様に考えるとわかりやすいことが多い．$(x,y) \to (a,b)$ のとき $f(x,y) \to c$ であるともいうことや，極限 $\lim_{(x,y)\to(a,b)} f(x,y)$ が存在しないとき**発散**するということなどは，1 変数の場合と同様である．

2 変数関数の極限は 1 変数関数の極限をくりかえしたものではない．極限 $\lim_{(x,y)\to(a,b)} f(x,y) = c$ が存在すれば，$\lim_{x\to a} f(x,b) = \lim_{y\to b} f(a,y) = c$ だが，その逆はなりたたない．問題 3.1.1 の関数 $f(x,y)$ がそのような例である．

2 変数関数についても関数の大小と極限の関係がなりたつ．

命題 3.2.4 U を平面の開集合とし，(a,b) を U の点とする．$f(x,y), g(x,y)$ を $(x,y) = (a,b)$ をのぞき U で定義された関数とし，$(x,y) = (a,b)$ をのぞき U で $f(x,y) \leqq g(x,y)$ とする．極限 $\lim_{(x,y)\to(a,b)} f(x,y), \lim_{(x,y)\to(a,b)} g(x,y)$ が収束するならば，$\lim_{(x,y)\to(a,b)} f(x,y) \leqq \lim_{(x,y)\to(a,b)} g(x,y)$ である． ■

証明は 1 変数の場合（命題 1.3.2.1）と同様なので省略する．

$f(x,y)$ を平面の開集合 U で定義された関数とし，(a,b) を U の点とする．$(x,y) = (a,b)$ のまわりで $f(x,y)$ を 1 次関数 $l(x,y)$ で近似することを考える．1 変数関数のときは，1 次関数との差 $f(x) - l(x)$ を $x-a$ でわった関数も 0 に近づくという条件を考えた．2 変数の場合には $(x,y) \neq (a,b)$ でも $x-a = 0$ となりうるので，差 $f(x,y) - l(x,y)$ を $x-a$ でわることはできない．

1 変数の場合には，1 次関数との差 $f(x) - l(x)$ を $x-a$ でわった関数も 0 に近づくという条件は，$|x-a|$ でわった関数が 0 に近づくという条件と同値である．2 変数の場合に $|x-a|$ にあたるものは 2 点 $\boldsymbol{x} = (x,y)$ と $\boldsymbol{a} = (a,b)$ の間の距離 $|\boldsymbol{x} - \boldsymbol{a}| = \sqrt{(x-a)^2 + (y-b)^2}$ である．そこで，差 $f(x,y) - l(x,y)$ を $|\boldsymbol{x} - \boldsymbol{a}|$ でわったものが 0 に近づくという条件を考える．

定義 3.2.5 $f(x,y)$ を平面の開集合 U で定義された関数とし，$\boldsymbol{a} = (a,b)$ を U の点とする．

$$\lim_{(x,y)\to(a,b)} \frac{f(x,y) - \bigl(f(a,b) + p\cdot(x-a) + q\cdot(y-b)\bigr)}{|\boldsymbol{x}-\boldsymbol{a}|} = 0 \qquad (3.3)$$

をみたす実数の対 (p,q) が存在するとき，$f(x,y)$ は $(x,y) = (a,b)$ で**微分可能**であるという．このとき，行ベクトル $\begin{pmatrix} p & q \end{pmatrix}$ を $f(x,y)$ の $(x,y) = (a,b)$ での**微分係数**といい，$f'(a,b)$ で表わす．

1 次関数 $z = p\cdot(x-a) + q\cdot(y-b) + f(a,b)$ のグラフを $z = f(x,y)$ のグ

ラフの点 $(a, b, f(a, b))$ での**接平面** (tangent plane) という． ∎

例 3.2.6 1. 1次関数 $px + qy + r$ はすべての点 $(x, y) = (a, b)$ で微分可能で，微分係数は $\begin{pmatrix} p & q \end{pmatrix}$ である．

2. $xy - (ab + b(x-a) + a(y-b)) = (x-a)(y-b)$ であり，$\dfrac{|x-a| \cdot |y-b|}{|\boldsymbol{x} - \boldsymbol{a}|} \leq |\boldsymbol{x} - \boldsymbol{a}|$ だから，関数 xy はすべての点 $(x, y) = (a, b)$ で微分可能で，微分係数は $\begin{pmatrix} b & a \end{pmatrix}$ である． ∎

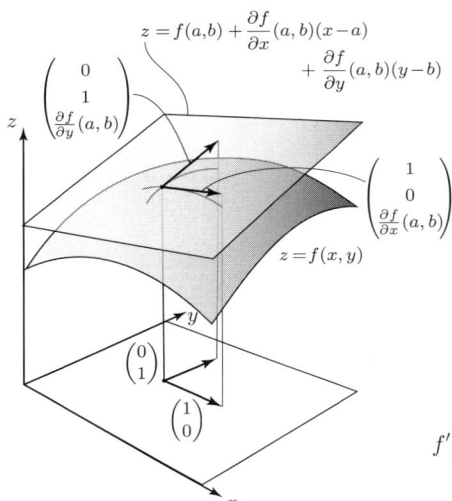

微分係数 $f'(a,b) = \begin{pmatrix} p & q \end{pmatrix}$ の成分 p, q は，偏微分係数である．

命題 3.2.7 $f(x, y)$ を平面の開集合 U で定義された関数とし，(a, b) を U の点とする．$f(x, y)$ が $(x, y) = (a, b)$ で微分可能ならば，$f(x, y)$ は $(x, y) = (a, b)$ で偏微分可能であり，

$$f'(a,b) = \begin{pmatrix} \dfrac{\partial f}{\partial x}(a,b) & \dfrac{\partial f}{\partial y}(a,b) \end{pmatrix}$$

である． ∎

証明 $r > 0$ を $U_r(a, b)$ が U に含まれる実数とする．開区間 $(a-r, a+r)$ で定義された関数 $g(x)$ を $g(x) = f(x, b)$ で定める．(3.3) で $y = b$ とおけば，$\displaystyle\lim_{x \to a} \dfrac{g(x) - (g(a) + p \cdot (x-a))}{|x-a|} = 0$ である．よって，$g(x)$ は $x = a$ で微分可能であり，$p = g'(a)$ である．

同様に，開区間 $(b-r, b+r)$ で定義された関数 $h(y)$ を $h(y) = f(a, y)$ で定めると，$h(y)$ は $y = b$ で微分可能で $q = h'(b)$ である． □

逆に偏微分可能でも微分可能とは限らない．偏微分可能だが連続ですらない例を簡単に構成できる．たとえば問題 3.1.1 の関数 $f(x, y)$ がそうである．偏微分の方法では，2変数関数を座標軸に平行な直線に制限したものしか調べていないのだからこれは意外なことではない．偏微分可能と区別するため

に，定義 3.2.5 で定義した微分可能を**全** (totally) **微分可能**ということもある．すべての方向に微分可能だとしても全微分可能とは限らない（問題 3.2.5）．微分可能であるための偏微分を使った十分条件としては，命題 3.3.2 がある．

微分可能な関数 $z = f(x,y)$ のグラフの $(a,b,f(a,b))$ での接平面は，$(x,y) = (a,b)$ のまわりで $f(x,y)$ をもっともよく近似する 1 次関数のグラフである．$P = (a,b,f(a,b))$, $Q = (s,b,f(s,b))$ $(s \neq a)$, $R = (a,t,f(a,t))$ $(t \neq b)$ とおくと，3 点 PQR をとおる平面は 1 次関数 $\dfrac{f(s,b) - f(a,b)}{s-a}(x-a) + \dfrac{f(a,t) - f(a,b)}{t-b}(y-b) + f(a,b)$ のグラフである．よって，$(a,b,f(a,b))$ での接平面は Q, R を P に近づけたときのこの平面の極限と考えられる．

(a,b) を平面の開集合 U の点とし，$h(x,y)$ を $(x,y) = (a,b)$ をのぞき U で定義された関数とする．$\displaystyle \lim_{(x,y) \to (a,b)} \dfrac{h(x,y)}{|\boldsymbol{x} - \boldsymbol{a}|} = 0$ のとき，$h(x,y)$ は $(x,y) = (a,b)$ で 1 位より高次の**無限小**であるといい，$h(x,y) = o(|\boldsymbol{x} - \boldsymbol{a}|)$ や $h(x,y) = o(\sqrt{(x-a)^2 + (y-b)^2})$ のように書く．この記号を使うと $f(x,y)$ が $(x,y) = (a,b)$ で微分可能であるとは，命題 3.2.7 より

$$f(x,y) = f(a,b) + \frac{\partial f}{\partial x}(a,b) \cdot (x-a) + \frac{\partial f}{\partial y}(a,b) \cdot (y-b) + o(|\boldsymbol{x} - \boldsymbol{a}|) \quad (3.4)$$

ということである．

1 変数の場合と同様に，微分可能な関数は連続である．

命題 3.2.8　$f(x,y)$ を平面の開集合 U で定義された関数とし，(a,b) を U の点とする．$f(x,y)$ が $(x,y) = (a,b)$ で微分可能ならば，$f(x,y)$ は $(x,y) = (a,b)$ で連続である．　■

証明　$p = \dfrac{\partial f}{\partial x}(a,b), q = \dfrac{\partial f}{\partial y}(a,b)$ とおき，U で定義された関数 $z(x,y)$ を $z(a,b) = 0$ と $(x,y) \neq (a,b)$ では $z(x,y) = \dfrac{1}{|\boldsymbol{x} - \boldsymbol{a}|}(f(x,y) - (f(a,b) + p \cdot (x-a) + q \cdot (y-b)))$ で定める．$z(x,y)$ は $(x,y) = (a,b)$ で連続だから，$f(x,y) = f(a,b) + p \cdot (x-a) + q \cdot (y-b) + z(x,y)|\boldsymbol{x} - \boldsymbol{a}|$ も $(x,y) = (a,b)$ で連続である．　□

定義 3.2.9　$f(x,y)$ を平面の開集合 U で定義された関数とする．$f(x,y)$ が U のすべての点 (a,b) に対し $(x,y) = (a,b)$ で微分可能であるとき，$f(x,y)$ は U で**微分可能**であるという．

平面のすべての点で定義された関数 $f(x,y)$ がすべての点 (a,b) に対し $(x,y) = (a,b)$ で微分可能であるとき，$f(x,y)$ は**いたるところ微分可能**であるという． ■

行ベクトルの和を $\begin{pmatrix} p & q \end{pmatrix} + \begin{pmatrix} u & v \end{pmatrix} = \begin{pmatrix} p+u & q+v \end{pmatrix}$ で定義する．定数倍は $k \begin{pmatrix} p & q \end{pmatrix} = \begin{pmatrix} kp & kq \end{pmatrix}$ で定義する．行ベクトル $\begin{pmatrix} p & q \end{pmatrix}$ と行列 $\begin{pmatrix} a & b \\ c & d \end{pmatrix}$ の積は行ベクトル $\begin{pmatrix} p & q \end{pmatrix} \begin{pmatrix} a & b \\ c & d \end{pmatrix} = \begin{pmatrix} pa+qc & pb+qd \end{pmatrix}$ として定義する．これらの演算について，2.1 節で紹介した列ベクトルの場合と同様な性質がなりたつ．

1 変数の場合の合成関数の微分（命題 1.3.7.2）と同様に，2 変数の合成関数の微分も基本的である．

命題 3.2.10 （**合成関数の微分**） $f(x,y)$ を平面の開集合 U で定義された関数とし，$\boldsymbol{a} = (a,b)$ を U の点とする．$f(x,y)$ が $(x,y) = (a,b)$ で微分可能とする．

1. $g(x,y), h(x,y)$ を平面の開集合 V で定義された関数とし，V で $(g(x,y), h(x,y))$ は U の点であるとする．$\boldsymbol{c} = (c,d)$ を V の点とし，$a = g(c,d), b = h(c,d)$ とする．$g(x,y), h(x,y)$ が $(x,y) = (c,d)$ で微分可能ならば，合成関数 $f(g(x,y), h(x,y))$ も $(x,y) = (c,d)$ で微分可能であり，その微分係数は行ベクトル $\dfrac{\partial f}{\partial x}(a,b) \cdot g'(c,d) + \dfrac{\partial f}{\partial y}(a,b) \cdot h'(c,d)$ である．

2. $p(t), q(t)$ を開区間 (u,v) で定義された関数とし，(u,v) で $(p(t),q(t))$ は U の点であるとする．$u < c < v$ とし，$a = p(c), b = q(c)$ とする．$p(t), q(t)$ が $t = c$ で微分可能ならば，合成関数 $f(p(t), q(t))$ も $t = c$ で微分可能であり，その微分係数は $\dfrac{\partial f}{\partial x}(a,b) \cdot p'(c) + \dfrac{\partial f}{\partial y}(a,b) \cdot q'(c)$ である． ■

合成関数を $f(g(x,y), h(x,y)) = w(x,y)$, $f(p(t),q(t)) = z(t)$ とおき，微分係数の行ベクトル $g'(c,d), h'(c,d)$ をたてにならべた行列を $\begin{pmatrix} g'(c,d) \\ h'(c,d) \end{pmatrix}$ で表わすと，命題 3.2.10 より

$$w'(c,d) = f'(a,b) \cdot \begin{pmatrix} g'(c,d) \\ h'(c,d) \end{pmatrix}, \quad z'(c) = f'(a,b) \cdot \begin{pmatrix} p'(c) \\ q'(c) \end{pmatrix} \tag{3.5}$$

が得られる．これも**連鎖律**という．このように合成関数の微分の公式をベクトルの積で表わせるのが，2 変数関数の微分係数を行ベクトルとして定義する 1 つの理由である．成分ごとに書けば

$$\frac{\partial w}{\partial x}(c,d) = \frac{\partial f}{\partial x}(a,b)\frac{\partial g}{\partial x}(c,d) + \frac{\partial f}{\partial y}(a,b)\frac{\partial h}{\partial x}(c,d), \tag{3.6}$$

$$\frac{\partial w}{\partial y}(c,d) = \frac{\partial f}{\partial x}(a,b)\frac{\partial g}{\partial y}(c,d) + \frac{\partial f}{\partial y}(a,b)\frac{\partial h}{\partial y}(c,d),$$

$$z'(c) = \frac{\partial f}{\partial x}(a,b)p'(c) + \frac{\partial f}{\partial y}(a,b)q'(c) \tag{3.7}$$

である．逆関数の微分は，3.5 節で解説する．

命題 3.2.10 は，考えている関数がすべて 1 次関数だったら，代入して計算すれば証明できる．実際には 1 次関数は近似なので，誤差が 1 位より高次の無限小 $o(|\boldsymbol{x}-\boldsymbol{c}|)$ であることを確認して証明する．

証明 1. $f'(a,b) = \begin{pmatrix} p & q \end{pmatrix}$, $g'(c,d) = \begin{pmatrix} k & l \end{pmatrix}$, $h'(c,d) = \begin{pmatrix} m & n \end{pmatrix}$ とおき，

$$f(x,y) = f(a,b) + p\cdot(x-a) + q\cdot(y-b) + u(x,y), \tag{3.8}$$

$$g(x,y) = a + k\cdot(x-c) + l\cdot(y-d) + v(x,y), \tag{3.9}$$

$$h(x,y) = b + m\cdot(x-c) + n\cdot(y-d) + w(x,y) \tag{3.10}$$

とおく．$u(x,y) = o(|\boldsymbol{x}-\boldsymbol{a}|)$, $v(x,y) = o(|\boldsymbol{x}-\boldsymbol{c}|)$, $w(x,y) = o(|\boldsymbol{x}-\boldsymbol{c}|)$ は 1 位より高次の無限小である．

(3.9), (3.10) を (3.8) に代入して移項すれば，

$$f(g(x,y), h(x,y)) - \Big(f(a,b) + (pk+qm)\cdot(x-c) + (pl+qn)\cdot(y-d)\Big)$$
$$= p\cdot v(x,y) + q\cdot w(x,y) + u(g(x,y), h(x,y))$$

である．右辺のはじめの 2 項はどちらも $o(|\boldsymbol{x}-\boldsymbol{c}|)$ である．最後の項 $u(g(x,y), h(x,y))$ も $o(|\boldsymbol{x}-\boldsymbol{c}|)$ であることを示す．

U で定義された関数 $z(x,y)$ を，$z(a,b) = 0$ と $(x,y) \neq (a,b)$ なら $z(x,y) = \dfrac{u(x,y)}{|\boldsymbol{x}-\boldsymbol{a}|}$ で定義する．$v(x,y) = o(|\boldsymbol{x}-\boldsymbol{c}|)$, $w(x,y) = o(|\boldsymbol{x}-\boldsymbol{c}|)$ だから，実数 $r > 0$ で $U_r(c,d)$ で $v(x,y) \leqq |\boldsymbol{x}-\boldsymbol{c}|$, $w(x,y) \leqq |\boldsymbol{x}-\boldsymbol{c}|$ となるものがある．$u(g(x,y), h(x,y)) = z(g(x,y), h(x,y))\sqrt{(g(x,y)-a)^2 + (h(x,y)-b)^2}$ だから，上の $r > 0$ に対し，(3.9), (3.10) より $U_r(c,d)$ で

$$\frac{|u(g(x,y),h(x,y))|}{|\boldsymbol{x}-\boldsymbol{c}|}$$

$$= |z(g(x,y),h(x,y))|$$

$$\cdot \frac{\sqrt{(k(x-c)+l(y-d)+v(x,y))^2 + (m(x-c)+n(y-d)+w(x,y))^2}}{|\boldsymbol{x}-\boldsymbol{c}|}$$

$$\leqq |z(g(x,y),h(x,y))| \cdot \sqrt{(|k|+|l|+1)^2 + (|m|+|n|+1)^2}$$

である．$\lim_{(x,y)\to(a,b)} z(x,y) = 0$ だから，命題 3.1.6 より $\lim_{(x,y)\to(c,d)} z(g(x,y),h(x,y)) = 0$ である．よって $u(g(x,y),h(x,y))$ も $o(|\boldsymbol{x}-\boldsymbol{c}|)$ である．

したがって合成関数 $f(g(x,y),h(x,y))$ は $(x,y)=(c,d)$ で微分可能であり，その微分係数は $\begin{pmatrix} pk+qm & pl+qn \end{pmatrix} = \begin{pmatrix} p & q \end{pmatrix} \begin{pmatrix} k & l \\ m & n \end{pmatrix}$ である．

2. も 1. と同様に証明できるので省略する． □

2 変数関数の合成関数の微分（命題 3.2.10）の証明が 1 変数の場合（命題 1.3.7.2）よりかなりこみいっているのは，変数の数が増えたほかに，微分が $x-a$ でわって極限をとるという単純な操作ではないからである．

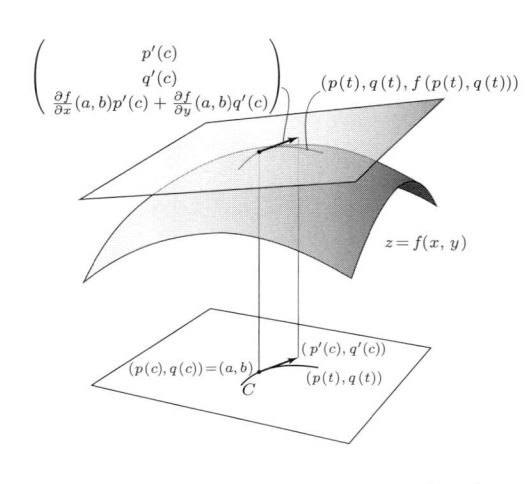

$f(x,y)$ が $(x,y)=(a,b)$ で微分可能なら，連鎖律 (3.5) より $f(x,y)$ は $(x,y)=(a,b)$ で $\boldsymbol{p}$ 方向に微分可能であり，$\boldsymbol{p}$ 方向の微分係数は行ベクトル $f'(a,b)$ との積 $f'(a,b)\cdot\boldsymbol{p}$ である．さらに連鎖律より，$\boldsymbol{p}(t)=(p(t),q(t))$ が $t=c$ で微分可能な曲線で $(a,b)=(p(c),q(c))$ なら，合成関数 $f(p(t),q(t))$ の $t=c$ での微分係数は，点 $(x,y)=(a,b)$ での接ベクトル $\boldsymbol{p}'(c) = \begin{pmatrix} p'(c) \\ q'(c) \end{pmatrix}$ 方向の微分係数 $f'(a,b)\cdot\boldsymbol{p}'(c)$ と等しい．

系 3.2.11　$f(x,y)$ を平面の開集合 U で定義された微分可能な関数とする.

1. $g(x,y), h(x,y)$ を平面の開集合 V で定義された微分可能な関数とする. V のすべての点 (s,t) に対し, $(g(s,t), h(s,t))$ は U の点であるとする. このとき, 合成関数 $f(g(x,y), h(x,y))$ は V で微分可能であり V のすべての点 (s,t) に対しその微分係数は $\dfrac{\partial f}{\partial x}(g(s,t), h(s,t)) \cdot g'(s,t) + \dfrac{\partial f}{\partial y}(g(s,t), h(s,t)) \cdot h'(s,t)$ である.

2. $\boldsymbol{p}(t) = (p(t), q(t))$ を開区間 (u,v) で定義された U 内の微分可能な曲線とする. このとき, 合成関数 $f(p(t), q(t))$ は (u,v) で微分可能であり, その導関数は $\dfrac{\partial f}{\partial x}(p(t), q(t)) \cdot p'(t) + \dfrac{\partial f}{\partial y}(p(t), q(t)) \cdot q'(t)$ である. ■

例 3.2.12　1.（**和の微分**）　$g(x,y)$ と $h(x,y)$ が $(x,y) = (a,b)$ で微分可能とする. $f(x,y) = x+y$ とすれば $g(x,y) + h(x,y) = f(g(x,y), h(x,y))$ だから, 命題 3.2.10 と例 3.2.6.1 より $g(x,y) + h(x,y)$ は $(x,y) = (a,b)$ で微分可能であり, その微分係数は $g'(a,b) + h'(a,b)$ である.

2.（**積の微分**）　同様に積 $g(x,y) \cdot h(x,y)$ も $(x,y) = (a,b)$ で微分可能であり, その微分係数は $h(a,b) \cdot g'(a,b) + g(a,b) \cdot h'(a,b)$ である. ■

2 変数関数についても**基本不等式**が, 2 点をむすぶ線分をパラメータつき曲線と考えることで, 1 変数の場合の基本不等式から導かれる. 行ベクトル $\boldsymbol{p} = \begin{pmatrix} p & q \end{pmatrix}$ に対し $|\boldsymbol{p}| = \sqrt{p^2 + q^2}$ とおくと, ベクトルの内積の場合 (2.1) と同様に, 列ベクトル $\boldsymbol{a}$ との積について,

$$|\boldsymbol{p}\boldsymbol{a}| \leqq |\boldsymbol{p}||\boldsymbol{a}| \tag{3.11}$$

がなりたつ.

命題 3.2.13　$f(x,y)$ を平面の開集合 U で定義された微分可能な関数とし, $\boldsymbol{a} = (a,b)$ を U の点とする. $\boldsymbol{x} = (x,y)$ を U の点とし, $\boldsymbol{x}$ と $\boldsymbol{a}$ をむすぶ線分 L が U に含まれるとする. 実数 $q \geqq 0$ と行ベクトル $\boldsymbol{p}$ が L で $|f'(x,y) - \boldsymbol{p}| \leqq q$ をみたすならば,

$$\left| f(x,y) - f(a,b) - \boldsymbol{p} \cdot (\boldsymbol{x} - \boldsymbol{a}) \right| \leqq q \cdot |\boldsymbol{x} - \boldsymbol{a}| \tag{3.12}$$

である. ■

証明 $x = a+h, y = b+k$ とおいて，閉区間 $[0,1]$ で定義された関数 $g(t)$ を $g(t) = f(a+th, b+tk)$ で定める．合成関数の微分（命題 3.2.10.2）より，$g'(t) = f'(a+th, b+tk) \cdot (\boldsymbol{x} - \boldsymbol{a})$ である．

仮定と (3.11) より，$[0,1]$ で $|g'(t) - \boldsymbol{p} \cdot (\boldsymbol{x} - \boldsymbol{a})| \leqq q \cdot |\boldsymbol{x} - \boldsymbol{a}|$ である．よって基本不等式（系 1.4.5.2）より，$|g(1) - g(0) - \boldsymbol{p} \cdot (\boldsymbol{x} - \boldsymbol{a})| \leqq q \cdot |\boldsymbol{x} - \boldsymbol{a}|$ である．$g(1) = f(x, y), g(0) = f(a, b)$ だから，(3.12) が得られる． □

1 変数関数と同様，すべての点で微分係数が 0 の関数は定数関数であることを示す．ただし，定義域の開集合は連結であることを仮定する必要がある．

系 3.2.14 $f(x, y)$ を平面の連結（定義 3.1.11）な開集合 U で定義された微分可能な関数とする．U で $f'(x, y) = 0$ ならば，$f(x, y)$ は U で定数関数である． ■

$f'(x, y) = 0$ の右辺の 0 は 0 **ベクトル** $\begin{pmatrix} 0 & 0 \end{pmatrix}$ を表わす．

証明 $\boldsymbol{s}$ を U の点とする．U は開集合だから，実数 $q > 0$ で開円板 $U_q(\boldsymbol{s})$ が U に含まれるものがある．この q に対し $U_q(\boldsymbol{s})$ の任意の点は $\boldsymbol{s}$ と U 内の線分でむすべる．したがって命題 3.2.13 より，$U_q(\boldsymbol{s})$ の任意の点 $\boldsymbol{x}$ に対し $|f(\boldsymbol{x}) - f(\boldsymbol{s})| \leqq 0 \cdot |\boldsymbol{x} - \boldsymbol{s}|$ である．よって $f(x, y)$ は $U_q(\boldsymbol{s})$ で定数関数である．

$\boldsymbol{x}$ と $\boldsymbol{a}$ を U の点とする．U は連結だから，閉区間 $[a, b]$ で定義された始点が $\boldsymbol{a}$ で終点が $\boldsymbol{x}$ の U 内の曲線 $\boldsymbol{p}(t)$ が存在する．合成関数 $f(\boldsymbol{p}(t))$ が定数関数であることを示す．$a \leqq s \leqq b$ とする．上で示したとおり実数 $q > 0$ で，$f(x, y)$ は $U_q(\boldsymbol{p}(s))$ で定数関数となるものがある．$\boldsymbol{p}(t)$ は連続だから，実数 $r > 0$ で $|t - s| < r$ なら $|\boldsymbol{p}(t) - \boldsymbol{p}(s)| < q$ となるものがある．この $r > 0$ に対し $f(\boldsymbol{p}(t))$ は $[a, b]$ と $(s-r, s+r)$ の共通部分で定数関数である．よって，$f(\boldsymbol{p}(t))$ は $[a, b]$ で微分可能で，その導関数は定数関数 0 である．したがって系 1.4.3.3 より，$f(\boldsymbol{p}(t))$ は定数関数であり，$f(\boldsymbol{x}) = f(\boldsymbol{p}(b)) = f(\boldsymbol{p}(a)) = f(\boldsymbol{a})$ である．よって $f(\boldsymbol{x})$ は U で定数関数である． □

3 変数以上の関数についても，極限や微分を 2 変数関数の場合と同様に扱える．$\boldsymbol{a}$ が 3 次元空間の開集合 U の点であるとき，$\boldsymbol{a}$ をのぞき U で定義された関数 $f(x, y, z)$ の**極限**も 2 変数関数の場合と同様に定義する．$\lim_{\boldsymbol{x} \to \boldsymbol{a}} f(\boldsymbol{x}) = b$ であるとは，任意の実数 $q > 0$ に対し，実数 $r > 0$ で $U_r(\boldsymbol{a})$ が U に含まれ

$x = a$ をのぞき $U_r(a)$ で $|f(x) - f(a)| < q$ となるものが存在することである．$\lim_{x \to a} \dfrac{f(x)}{|x - a|} = 0$ であるとき，$f(x)$ は $x - a$ で 1 次より高位の無限小であるといい $f(x) = o(|x - a|)$ と書くことも 2 変数の場合と同様である．

$f(x, y, z)$ を 3 次元空間の開集合 U で定義された関数とし，$a = (a, b, c)$ を U の点とする．$y = b, z = c$ を定数と考えて得られる 1 変数関数 $f(x, b, c)$ が $x = a$ で微分可能なとき，その微分係数として**偏微分係数** $\dfrac{\partial f}{\partial x}(a, b, c)$ を定義する．同様にして $\dfrac{\partial f}{\partial y}(a, b, c), \dfrac{\partial f}{\partial z}(a, b, c)$ も定義する．偏微分係数を $f_x(a, b, c), f_y(a, b, c), f_z(a, b, c)$ のようにも書くということも同様である．

$$f(x, y, z) = f(a, b, c) + f_x(a, b, c)(x - a) \\ + f_y(a, b, c)(y - b) + f_z(a, b, c)(z - c) + o(|x - a|)$$

であるとき，$x = a$ で**微分可能**であるということ，そしてこのとき 1 次関数のグラフ $w = f(a, b, c) + f_x(a, b, c)(x - a) + f_y(a, b, c)(y - b) + f_z(a, b, c)(z - c)$ を $w = f(x, y, z)$ の $(a, b, c, f(a, b, c))$ での**接空間**ということなども 2 変数の場合と同様である．全微分可能な関数の合成関数は全微分可能であり，連鎖律もなりたつ．連鎖律の式は省略する．4 変数以上の場合も変数の表示に添字が必要になる以外はまったく同様である．

> **まとめ**
> ・2 変数関数の微分係数も，その関数をもっともよく近似する 1 次関数の係数である．合成関数の微分について連鎖律がなりたつ．
> ・2 変数関数の偏微分係数は，もう一方の変数を定数と考えて得られる 1 変数関数を微分したものである．2 変数関数を曲線に制限することで定まる 1 変数関数の微分は，接ベクトル方向への微分である．
> ・2 変数の微分可能な関数についても基本不等式が，1 変数関数に帰着させることで示される．

問題

A 3.2.1 次の極限の収束，発散を判定し，収束するときは極限を求めよ．
(1) $\lim_{(x,y) \to (0,0)} \dfrac{|x|}{\sqrt{x^2 + y^2}}$, (2) $\lim_{(x,y) \to (0,0)} x \log(x^2 + y^2)$.

A 3.2.2　$f(x,y) = x^2 + y^2$ とする.

1. $\boldsymbol{a} = (1,2)$ とする. $f(x,y) - (5 + 2(x-1) + 4(y-2)) = o(|\boldsymbol{x} - \boldsymbol{a}|)$ を確かめよ.
2. $z = f(x,y)$ のグラフの $(x,y,z) = (1,2,5)$ での接平面の方程式を求めよ.

A 3.2.3　1. c, d, p, q, r, s を実数とし, $(a,b) = (pc + qd, rc + sd)$ とおく. $f(x,y)$ が $(x,y) = (a,b)$ で微分可能な関数ならば, $f(px + qy, rx + sy)$ は $(x,y) = (c,d)$ で微分可能であり $(x,y) = (c,d)$ での微分係数は $f'(a,b) \begin{pmatrix} p & q \\ r & s \end{pmatrix}$ であることを示せ.

2. $p(t), q(t)$ を $t = c$ で微分可能な関数とする. $f(x,y) = xy$ に連鎖律 (3.7) を適用して, $p(t)q(t)$ の $t = c$ での微分係数が $p(c)q'(c) + p'(c)q(c)$ であることを導け.

A 3.2.4　U を連結な開集合とし, $f(x,y)$ を U で定義され U で微分可能な関数とする. a, b を実数とし, U のすべての点 (p, q) に対し $f'(p,q) = \begin{pmatrix} a & b \end{pmatrix}$ であるとする. このとき, $f(x,y)$ は 1 次関数であることを示せ.

A 3.2.5　$g(t)$ をいたるところ定義された連続関数で, $g(t + \pi) = -g(t)$ をみたすものとする. 平面のいたるところ定義された関数 $f(x,y)$ を, 実数 r と t に対し $f(r\cos t, r\sin t) = rg(t)$ で定義する.

1. 実数 t に対し, $f(x,y)$ の $(x,y) = (0,0)$ での $\boldsymbol{p} = \begin{pmatrix} \cos t \\ \sin t \end{pmatrix}$ 方向の微分係数を求めよ.

2. 次の条件 (1) と (2) は同値であることを示せ.
(1) $f(x,y)$ は $(x,y) = (0,0)$ で全微分可能である.
(2) $g(t) = a\cos t + b\sin t$ をみたす実数 a, b が存在する.

3.3　偏導関数と関数の極値

1 変数の場合と同様に, 偏微分係数を値とする関数を考える.

定義 3.3.1　$f(x,y)$ を平面の開集合 U で定義された関数とする.

1. U のすべての点 (s,t) に対し $(x,y) = (s,t)$ で $f(x,y)$ が x に関して偏微分可能であるとき, $f(x,y)$ は U で x に関して**偏微分可能**であるという. $f(x,y)$ が U で x に関して偏微分可能であるとき, U で定義された関数 $\dfrac{\partial f}{\partial x}(x,y)$ を $f(x,y)$ の x に関する**偏導関数** (partially derived function) という.

y に関して偏微分可能であることと, y に関する偏導関数 $\dfrac{\partial f}{\partial y}(x,y)$ も同様に定義する. x に関しても y に関しても偏微分可能であるとき, **偏微分可能**であるという.

2. 関数 $f(x,y)$ が偏微分可能で偏導関数 $\frac{\partial f}{\partial x}(x,y), \frac{\partial f}{\partial y}(x,y)$ が両方とも連続なとき，$f(x,y)$ は**連続微分可能**であるという． ∎

偏導関数 $\frac{\partial f}{\partial x}(x,y)$ を $f_x(x,y), D_x f(x,y)$ のようにも表わす．$z = f(x,y)$ とおいているときは，$\frac{\partial z}{\partial x}$ や z_x とも表わす．偏微分の記号について注意しなくてはいけないことは，$\frac{\partial z}{\partial x}$ には x が現れているがもう1つの変数 y はでてこないことである．変数 x, y が明示されていない場合には何がもう1つの変数なのかを明らかにしないと，記号の意味がわからないばかりかその値も変わってくる．たとえば，x, y を変数として $z = x + y$ とすれば $\frac{\partial z}{\partial x} = 1$ だが，x, z を変数とすれば $\frac{\partial z}{\partial x} = 0$ となる．

$f(x,y)$ が連続微分可能であるとき，$f(x,y)$ は C^1 **級の関数** (function of class C^1) であるともいう．$f(x,y)$ が連続であるとき $f(x,y)$ は C^0 **級の関数**であるともいう．連続微分可能な関数は微分可能であることを示す．

命題 3.3.2 $f(x,y)$ を平面の開集合 U で定義された関数とし，$f(x,y)$ が U で偏微分可能であるとする．$\boldsymbol{a} = (a,b)$ を U の点とする．偏導関数 $\frac{\partial f}{\partial x}(x,y)$ と $\frac{\partial f}{\partial y}(x,y)$ が $(x,y) = (a,b)$ で連続ならば，$f(x,y)$ は $(x,y) = (a,b)$ で微分可能である． ∎

偏微分可能なことしか仮定してないので，基本不等式（命題 3.2.13）の証明のようには点 (a,b) と点 (x,y) を線分でつないでも合成関数の微分の連鎖律を適用できない．しかし座標軸に平行な線分上では微分できるので，2つの線分からなる折れ線でつないで証明する．

証明 $q > 0$ を実数とする．実数 $r > 0$ で開円板 $U_r(a,b)$ が U に含まれ，$U_r(a,b)$ で $\left|\frac{\partial f}{\partial x}(x,y) - \frac{\partial f}{\partial x}(a,b)\right| < q, \left|\frac{\partial f}{\partial y}(x,y) - \frac{\partial f}{\partial y}(a,b)\right| < q$ となるものが存在する．関数 $f(x,y)$ で y を定数と考えて定まる1変数関数と1変数関数 $f(a,y)$ に基本不等式（系 1.4.5.2）を適用すれば，この r に対し $U_r(a,b)$ で

$$\left|f(x,y) - f(a,y) - \frac{\partial f}{\partial x}(a,b)(x-a)\right| \leqq q|x-a|,$$

$$\left|f(a,y) - f(a,b) - \frac{\partial f}{\partial y}(a,b)(y-b)\right| \leqq q|y-b|$$

である．よって，

$$\left|f(x,y) - f(a,b) - \frac{\partial f}{\partial x}(a,b)(x-a) - \frac{\partial f}{\partial y}(a,b)(y-b)\right| \leqq q \cdot \sqrt{2}|\boldsymbol{x}-\boldsymbol{a}|$$

である．したがって左辺の絶対値のなかみは $o(|\boldsymbol{x}-\boldsymbol{a}|)$ だから，$f(x,y)$ は $(x,y)=(a,b)$ で微分可能である． □

連続微分可能な関数の合成関数は連続微分可能である．

系 3.3.3 系 3.2.11 で微分可能ということばをすべて連続微分可能でおきかえたものがなりたつ． ■

証明 系 3.2.11 より，合成関数 $w(x,y) = f(g(x,y), h(x,y))$ と $z(t) = f(p(t), q(t))$ は微分可能であり連鎖律

$$w_x(x,y) = f_x(g(x,y), h(x,y))g_x(x,y) + f_y(g(x,y), h(x,y))h_x(x,y), \quad (3.13)$$
$$w_y(x,y) = f_x(g(x,y), h(x,y))g_y(x,y) + f_y(g(x,y), h(x,y))h_y(x,y),$$
$$z'(t) = f_x(p(t), q(t))p'(t) + f_y(p(t), q(t))q'(t) \quad (3.14)$$

がなりたつ．命題 3.1.6 と命題 3.1.12 より，右辺は連続である． □

例 3.3.4 平面の点 (x,y) に対し，$(x,y) = (r\cos\theta, r\sin\theta)$ をみたす実数の対 (r,θ) を点 (x,y) の**極座標**という．U, V を平面の開集合とし，(r,θ) が V の点なら $(r\cos\theta, r\sin\theta)$ が U の点であるとする．$f(x,y)$ を U で定義された連続微分可能な関数とし，合成関数 $f(r\cos\theta, r\sin\theta)$ として定まる V で定義された連続微分可能な関数を $g(r,\theta)$ で表わす．

$$\begin{pmatrix} \dfrac{\partial r\cos\theta}{\partial r} & \dfrac{\partial r\cos\theta}{\partial \theta} \\ \dfrac{\partial r\sin\theta}{\partial r} & \dfrac{\partial r\sin\theta}{\partial \theta} \end{pmatrix} = \begin{pmatrix} \cos\theta & -r\sin\theta \\ \sin\theta & r\cos\theta \end{pmatrix} \quad (3.15)$$

だから連鎖律より，

$$f'(r\cos\theta, r\sin\theta) \begin{pmatrix} \cos\theta & -r\sin\theta \\ \sin\theta & r\cos\theta \end{pmatrix} = g'(r,\theta) \quad (3.16)$$

である．V で $r \neq 0$ とすると，両辺に右から逆行列 $\begin{pmatrix} \cos\theta & -r\sin\theta \\ \sin\theta & r\cos\theta \end{pmatrix}^{-1}$ を

かければ，$f'(r\cos\theta, r\sin\theta) = g'(r,\theta) \cdot \dfrac{1}{r}\begin{pmatrix} r\cos\theta & r\sin\theta \\ -\sin\theta & \cos\theta \end{pmatrix}$ であり，

$$\begin{cases} f_x(r\cos\theta, r\sin\theta) = \cos\theta \cdot g_r(r,\theta) - \dfrac{\sin\theta}{r} \cdot g_\theta(r,\theta), \\ f_y(r\cos\theta, r\sin\theta) = \sin\theta \cdot g_r(r,\theta) + \dfrac{\cos\theta}{r} \cdot g_\theta(r,\theta) \end{cases} \quad (3.17)$$

である． ∎

1 変数関数と同様に，導関数の微分をくりかえすことができる．

定義 3.3.5 $f(x,y)$ を平面の開集合 U で定義された関数とする．

1. $f(x,y)$ が偏微分可能であり，偏導関数 $\dfrac{\partial f}{\partial x}(x,y), \dfrac{\partial f}{\partial y}(x,y)$ も偏微分可能なとき，これらの偏導関数 $\dfrac{\partial}{\partial x}\left(\dfrac{\partial f}{\partial x}\right)(x,y), \dfrac{\partial}{\partial y}\left(\dfrac{\partial f}{\partial x}\right)(x,y), \dfrac{\partial}{\partial x}\left(\dfrac{\partial f}{\partial y}\right)(x,y),$ $\dfrac{\partial}{\partial y}\left(\dfrac{\partial f}{\partial y}\right)(x,y)$ を **2 階の偏導関数**という．

2. $f(x,y)$ が連続微分可能であり，偏導関数 $\dfrac{\partial f}{\partial x}(x,y), \dfrac{\partial f}{\partial y}(x,y)$ も連続微分可能なとき，$f(x,y)$ は **2 回連続微分可能**であるという． ∎

2 回連続微分可能な関数を C^2 **級の関数**ともいう．2 階の偏導関数を $\dfrac{\partial^2 f}{\partial x^2}(x,y), \dfrac{\partial^2 f}{\partial y \partial x}(x,y), \dfrac{\partial^2 f}{\partial x \partial y}(x,y), \dfrac{\partial^2 f}{\partial y^2}(x,y)$ のように略記する．これらをそれぞれ $f_{xx}(x,y), f_{xy}(x,y), f_{yx}(x,y), f_{yy}(x,y)$ や $D_x^2 f(x,y), D_y D_x f(x,y),$ $D_x D_y f(x,y), D_y^2 f(x,y)$ のように書くことも多い．$z = f(x,y)$ とおいているときは，$\dfrac{\partial^2 z}{\partial x^2}, \dfrac{\partial^2 z}{\partial x \partial y}, \dfrac{\partial^2 z}{\partial y^2}$ や z_{xx}, z_{xy}, z_{yy} とも表わす．

$f(x,y)$ が開集合 U で定義された 2 回連続微分可能な関数であるとき，関数 $\dfrac{\partial^2 f}{\partial x^2}(x,y) + \dfrac{\partial^2 f}{\partial y^2}(x,y)$ を記号 $\Delta f(x,y)$ で表わす．記号 Δ を**ラプラス作用素** (Laplacian) という．**ラプラス方程式** $\Delta f(x,y) = 0$ をみたす関数 $f(x,y)$ を**調和関数** (harmonic function) という．

2 階の偏導関数は 4 とおりあるが，次の命題で示すように実用上は 3 種類である．$f_{xy}(x,y)$ と $f_{yx}(x,y)$ の添字の順番は，文字 f に近いほうの変数から順に偏微分していくことになっているらしいが実は気にしなくてよい．

命題 3.3.6 $f(x,y)$ を平面の開集合 U で定義された連続微分可能な関数とし，(a,b) を U の点とする．偏導関数 $\dfrac{\partial f}{\partial x}(x,y)$ は U で y について偏微分可能

であり，$\dfrac{\partial^2 f}{\partial y \partial x}(x,y)$ は $(x,y) = (a,b)$ で連続であるとする．偏導関数 $\dfrac{\partial f}{\partial y}(x,y)$ も U で x について偏微分可能であり，$\dfrac{\partial^2 f}{\partial x \partial y}(x,y)$ も $(x,y) = (a,b)$ で連続であるとする．

このとき，$\dfrac{\partial^2 f}{\partial y \partial x}(a,b) = \dfrac{\partial^2 f}{\partial x \partial y}(a,b)$ である． ∎

証明

$$f_{xy}(a,b) = \lim_{t \to +0} \frac{f(a+t,b+t) - f(a+t,b) - f(a,b+t) + f(a,b)}{t^2} \quad (3.18)$$

を示す．$q > 0$ を実数とする．$f_{xy}(x,y)$ は $(x,y) = (a,b)$ で連続だから，実数 $r > 0$ で，開区間 $(a-r, a+r) \times (b-r, b+r)$ が U に含まれ，$(a-r, a+r) \times (b-r, b+r)$ で $|f_{xy}(x,y) - f_{xy}(a,b)| < q$ となるものが存在する．この r に対し，$0 < t < r$ とする．$a \leqq x \leqq a+t$ に対し，$[b, b+t]$ で定義された関数 $f_x(x,y)$ に基本不等式（系 1.4.5.2）を適用すれば，閉区間 $[a, a+t]$ で

$$|f_x(x, b+t) - f_x(x, b) - f_{xy}(a,b)t| \leqq q \cdot t \quad (3.19)$$

である．

区間 $[a, a+r]$ で定義された関数 $g(x)$ を $g(x) = f(x, b+t) - f(x, b)$ で定める．$g'(x) = f_x(x, b+t) - f_x(x, b)$ だから，(3.19) より閉区間 $[a, a+t]$ で $|g'(x) - f_{xy}(a,b)t| \leqq q \cdot t$ である．よって $g(x)$ に基本不等式（系 1.4.5.2）を適用すれば，$|g(a+t) - g(a) - f_{xy}(a,b)t^2| \leqq q \cdot t^2$ である．したがって，$0 < t < r$ なら

$$\left| \frac{f(a+t, b+t) - f(a+t, b) - f(a, b+t) + f(a,b)}{t^2} - f_{xy}(a,b) \right|$$
$$= \left| \frac{g(a+t) - g(a) - f_{xy}(a,b)t^2}{t^2} \right| \leqq q$$

である．よって (3.18) が示された．

(3.18) の左辺を $f_{yx}(a,b)$ でおきかえたものも x と y の役割をいれかえて同様に示されるから，$f_{xy}(a,b) = f_{yx}(a,b)$ である． □

命題 3.3.6 の証明の重積分による書き換えを問題 6.2.8 で紹介する．

2 変数関数の極値問題も，1 変数の場合（命題 1.4.12）と同様に微分して調べることができる．まず，2 変数関数の極値について定義する．

定義 3.3.7 $f(x,y)$ を平面の開集合 U で定義された関数とし, $\boldsymbol{a} = (a,b)$ を U の点とする.

1. 実数 $r > 0$ で, 開円板 $U_r(\boldsymbol{a})$ のすべての点 $\boldsymbol{x} = (x,y)$ に対し $f(x,y) \geqq f(a,b)$ となるものが存在するとき, $f(x,y)$ は $(x,y) = (a,b)$ で**極小値**をとるという. 実数 $r>0$ で, 開円板 $U_r(\boldsymbol{a})$ のすべての点 $\boldsymbol{x} = (x,y) \neq \boldsymbol{a}$ に対し $f(x,y) > f(a,b)$ となるものが存在するとき, $f(x,y)$ は $(x,y) = (a,b)$ で**強極小値**をとるという.

2. 定数 h,k,l,m で, 関数 $f(a+sh, b+sk)$ が $s=0$ で強極小値をとり, 関数 $f(a+tl, b+tm)$ が $t=0$ で強極大値をとるものが存在するとき, $z = f(x,y)$ は $(x,y) = (a,b)$ で**峠点**であるという. **鞍点**(あん)(saddle point) ともいう. ∎

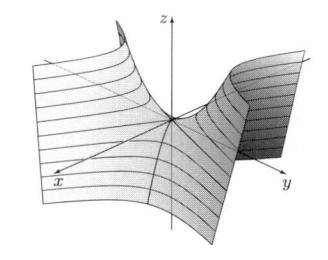

峠点は 1 変数ではなかった現象である. 峠は稜線上では極小点, 峠道上では極大点なのでこのようによばれる. 峠点では関数は極値をとらない.

1 変数関数と同様に, 強極大値, 極大値, 強極値, 極値なども定義されるが省略する. 1 変数関数と同様, 極値をとる点での微分は 0 である. まず, 2 変数関数を曲線に制限して得られる関数の極値を調べる. 曲線が方程式で定義されているときは, 命題 3.4.6 で扱う.

命題 3.3.8 $f(x,y)$ を平面の開集合 U で定義された微分可能な関数とし, c を含む開区間で定義された微分可能な関数 $p(t), q(t)$ が U 内の曲線を定めるとする. $(a,b) = (p(c), q(c))$, $(k,l) = (p'(c), q'(c))$ とおく.

1. 合成関数 $g(t) = f(p(t), q(t))$ が $t = c$ で極値をとるならば, $f_x(a,b)k + f_y(a,b)l = 0$ である.

2. $f(x,y), p(t), q(t)$ は 2 回連続微分可能(定義 3.3.5.2)であるとし, $f_x(a,b) = f_y(a,b) = 0$ とする.

$$D = f_{xx}(a,b)k^2 + 2f_{xy}(a,b)kl + f_{yy}(a,b)l^2 \qquad (3.20)$$

とおく. $g(t) = f(p(t), q(t))$ は, $D > 0$ ならば, $t = c$ で強極小値をとる. $D < 0$ ならば, $t = c$ で強極大値をとる. ∎

1. の結論は微分係数 $f'(a,b) = \begin{pmatrix} f_x(a,b) & f_y(a,b) \end{pmatrix}$ と接ベクトル $\begin{pmatrix} p'(c) \\ q'(c) \end{pmatrix}$ の積が 0 ということである．

証明 1. $g(t)$ は命題 3.2.10.2 より微分可能で連鎖律より $g'(c) = f_x(a,b)k + f_y(a,b)l$ だから，命題 1.4.12.1 よりしたがう．

2. $g(t)$ は系 3.3.3 より 2 回連続微分可能で，連鎖律より $g'(c) = f_x(a,b)k + f_y(a,b)l = 0$, $g''(c) = D + f_x(a,b)p''(c) + f_y(a,b)q''(c) = D$ である．よって，命題 1.4.12.2 よりしたがう． □

系 3.3.9 $f(x,y)$ を $(x,y) = (a,b)$ を含む開集合で定義され，$(x,y) = (a,b)$ で偏微分可能な関数とする．$f(x,y)$ が $(x,y) = (a,b)$ で極値をとるならば，$\dfrac{\partial f}{\partial x}(a,b) = \dfrac{\partial f}{\partial y}(a,b) = 0$ である． ∎

証明 $p(t) = t, q(t) = b$ とおけば関数 $f(t,b)$ は $t = a$ で極値をとるから，命題 3.3.8.1 より $\dfrac{\partial f}{\partial x}(a,b) = 0$ である．同様に $\dfrac{\partial f}{\partial y}(a,b) = 0$ である． □

2 変数関数が極値をとるための 2 階の偏導関数による十分条件を与える．そのために 2 次式の値の**符号** (sign) について復習する．

補題 3.3.10 u, v, w を実数とする．$q(x,y) = ux^2 + 2vxy + wy^2$ とおき，行列 $A = \begin{pmatrix} u & v \\ v & w \end{pmatrix}$ の**固有多項式** (characteristic polynomial) $\det(X\mathbf{1} - A) = (X-u)(X-w) - v^2$ の 2 根を $l = \dfrac{u+w-\sqrt{(u-w)^2+4v^2}}{2} \leqq m = \dfrac{u+w+\sqrt{(u-w)^2+4v^2}}{2}$ とする．$D = \begin{pmatrix} l & 0 \\ 0 & m \end{pmatrix}$ とおく．

1. 回転行列 P で，$A = PD{}^tP$ をみたすものが存在する．
2. $(x,y) \neq (0,0)$ で，$\dfrac{q(x,y)}{x^2+y^2}$ の最小値は l であり，最大値は m である．
3. $uw - v^2 = \det A > 0$ ならば，l, m は同符号であり u, w とも同符号である．$uw - v^2 < 0$ ならば，$l < 0 < m$ である． ∎

証明 1. $u = w, v = 0$ なら，$A = D$ だから $P = \mathbf{1}$ とすればよい．$u = w, v = 0$ ではないとする．$\begin{pmatrix} v \\ l-u \end{pmatrix}$ と $\begin{pmatrix} l-w \\ v \end{pmatrix}$ の少なくとも一方は 0 でない．0 でな

いものをとり $\boldsymbol{p}$ とおき, $\boldsymbol{q} = i\boldsymbol{p}$ とおいて回転行列 P を $P = \dfrac{1}{|\boldsymbol{p}|}\begin{pmatrix} \boldsymbol{p} & \boldsymbol{q} \end{pmatrix}$ で定める．根と係数の関係 $u+w=l+m,\ uw-v^2=lm$ より，$A\boldsymbol{p}=l\boldsymbol{p}, A\boldsymbol{q}=m\boldsymbol{q}$ である．よって $AP=PD$ であり $A=PD{}^tP$ である．

2. 1. の回転行列 P を $\begin{pmatrix} h & -k \\ k & h \end{pmatrix}$ とおく．ベクトル $\boldsymbol{x} = \begin{pmatrix} x \\ y \end{pmatrix}$ に対し，$q(x,y) = \boldsymbol{x}\cdot A\boldsymbol{x} = \boldsymbol{x}\cdot PD{}^tP\boldsymbol{x} = ({}^tP\boldsymbol{x})\cdot D({}^tP\boldsymbol{x}) = l\cdot(hx+ky)^2 + m\cdot(-kx+hy)^2$ である．P は回転行列だから補題 2.1.8.1 より $(hx+ky)^2 + (-kx+hy)^2 = |{}^tP\boldsymbol{x}|^2 = |\boldsymbol{x}|^2 = x^2+y^2$ である．よって，$(x,y) \neq (0,0)$ なら $\dfrac{q(x,y)}{x^2+y^2} = \dfrac{l\cdot(hx+ky)^2 + m\cdot(-kx+hy)^2}{(hx+ky)^2 + (-kx+hy)^2}$ は $(x,y)=(h,k)$ で最小値 l をとり，$(x,y)=(-k,h)$ で最大値 m をとる．

3. $uw-v^2=lm$ だから，$uw-v^2>0$ なら l,m は同符号であり，$uw-v^2<0$ なら l,m は異符号である．$uw-v^2>0$ なら，$uw>v^2\geqq 0$ だから u,w も同符号であり，$u+w=l+m$ だから l,m とも同符号である． □

命題 3.3.11 $f(x,y)$ を平面の開集合 U で定義された 2 回連続微分可能な関数とし，$\boldsymbol{a}=(a,b)$ を U の点とする．2 階偏導関数をそれぞれ $u(x,y) = \dfrac{\partial^2 f}{\partial x^2}(x,y)$, $v(x,y) = \dfrac{\partial^2 f}{\partial x \partial y}(x,y)$, $w(x,y) = \dfrac{\partial^2 f}{\partial y^2}(x,y)$ とおく．$f'(a,b) = \left(\dfrac{\partial f}{\partial x}(a,b) \quad \dfrac{\partial f}{\partial y}(a,b) \right) = 0$ とし，$u(a,b)\cdot w(a,b) - v(a,b)^2 \neq 0$ とする．

1. $u(a,b)\cdot w(a,b) - v(a,b)^2 > 0$ とする．$u(a,b) > 0$ ならば，$f(x,y)$ は $(x,y)=(a,b)$ で強極小値をとる．$u(a,b)<0$ ならば，$f(x,y)$ は $(x,y)=(a,b)$ で強極大値をとる．

2. $u(a,b)\cdot w(a,b) - v(a,b)^2 < 0$ ならば，$f(x,y)$ は $(x,y)=(a,b)$ で峠点であり，したがって極値をとらない． ■

証明 1. $u(a,b)>0$ とする．$u(x,y), v(x,y), w(x,y)$ は連続だから，実数 $r>0$ で開円板 $U_r(a,b)$ で $u(x,y)w(x,y) - v(x,y)^2 > 0$, $u(x,y) > 0$ となるものがある．この $r>0$ に対し，$(x,y)=(a,b)$ をのぞき $U_r(a,b)$ で $f(x,y) > f(a,b)$ となることを示す．$(h,k)\neq(0,0)$ とすると，補題 3.3.10 より $U_r(a,b)$ で $u(x,y)h^2 + 2v(x,y)hk + w(x,y)k^2 > 0$ である．

$(x,y)\neq(a,b)$ を $U_r(a,b)$ の点とする．$0 < s = \sqrt{(x-a)^2 + (y-b)^2} < r$ とし，$h = \dfrac{x-a}{s}, k = \dfrac{y-b}{s}$ とおく．開区間 $(-r,r)$ で定義された $U_r(a,b)$ 内の曲線を $(a+th, b+tk)$ で定める．合成関数 $g(t) = f(a+th, b+tk)$ は系 3.3.3 より

2回連続微分可能で，連鎖律 (3.14) より $g'(t) = f_x(a+th, b+tk)h + f_y(a+th, b+tk)k$ であり，$g''(t) = u(a+th, b+tk)h^2 + 2v(a+th, b+tk)hk + w(a+th, b+tk)k^2$ である．$g'(0) = 0$ であり，補題 3.3.10 より $(-r, r)$ で $g''(t) > 0$ だから，系 1.4.10.2 より $t = 0$ をのぞき $(-r, r)$ で $g(t) > g(0)$ であり，$f(x, y) = g(s) > g(0) = f(a, b)$ である．

$u(a, b) < 0$ の場合も同様なので省略する．

2. 補題 3.3.10 とその証明よりそこの記号で，$u(a,b)h^2 + 2v(a,b)hk + w(a,b)k^2 < 0$ であり，$u(a,b)k^2 - 2v(a,b)hk + w(a,b)h^2 > 0$ である．命題 3.3.8.2 より合成関数 $f(a+th, b+tk)$ は $t=0$ で強極大値をとる．同様に，合成関数 $f(a-tk, b+th)$ は $t=0$ で強極小値をとる． □

2次式 $u(a,b)x^2 + 2v(a,b)xy + w(a,b)y^2$ の判別式 $v(a,b)^2 - u(a,b) \cdot w(a,b)$ は，行列 $H = \begin{pmatrix} \dfrac{\partial^2 f}{\partial x^2}(a,b) & \dfrac{\partial^2 f}{\partial x \partial y}(a,b) \\ \dfrac{\partial^2 f}{\partial x \partial y}(a,b) & \dfrac{\partial^2 f}{\partial y^2}(a,b) \end{pmatrix}$ の行列式 $\det H$ の -1 倍である．行列 H を**ヘッセ行列** (Hessian matrix) といい，行列式 $\det H$ を**ヘッシアン** (Hessian) という．

極値問題の最大最小問題への応用は例題 4.1.15 で解説する．

3 変数以上の変数の関数についても，偏導関数を 2 変数関数の場合と同様に扱える．$f(x, y, z)$ を 3 次元空間の開集合 U で定義された関数とする．U の各点で x について偏微分可能なとき，偏導関数 $\dfrac{\partial f}{\partial x}(x, y, z)$ が定義される．同様に，y, z について偏微分可能なとき，$\dfrac{\partial f}{\partial y}(x, y, z), \dfrac{\partial f}{\partial z}(x, y, z)$ も定義される．偏導関数を $f_x(x, y, z), f_y(x, y, z), f_z(x, y, z)$ のようにも書くということも同様である．

偏導関数 $f_x(x, y, z), f_y(x, y, z), f_z(x, y, z)$ が連続なとき，$f(x, y, z)$ は連続微分可能であるという．連続微分可能なら全微分可能であることも，2 変数の場合と同様である．偏導関数の偏導関数が連続なとき 2 回連続微分可能ということ，さらにこのとき偏微分の順序は気にしなくてよいことなども同様である．4 変数以上の場合もまったく同様である．

空間の点 (x, y, z) に対し，$(x, y, z) = (r \sin\theta \cos\varphi, r \sin\theta \sin\varphi, r \cos\theta)$ をみたす実数の組 (r, θ, φ) を点 (x, y, z) の**極座標**という．**球座標** (spherical coordinates) ともいう．$(x, y, z) = (s \cos\varphi, s \sin\varphi, z)$ をみたす実数の組 (s, φ, z) を

点 (x,y,z) の**円柱座標** (cylindrical coordinates) という．

$f(x,y,z)$ が空間の開集合 U で定義された 2 回連続微分可能な関数であるとき，関数 $\dfrac{\partial^2 f}{\partial x^2}(x,y,z) + \dfrac{\partial^2 f}{\partial y^2}(x,y,z) + \dfrac{\partial^2 f}{\partial z^2}(x,y,z)$ を $\Delta f(x,y,z)$ で表わす．2 変数関数と同様に $\Delta f(x,y,z) = 0$ をみたす関数 $f(x,y,z)$ を**調和関数**という．

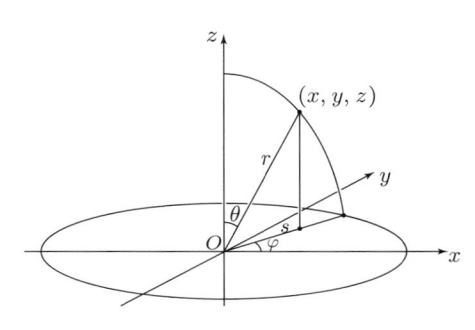

> **まとめ**
> ・偏導関数は偏微分係数を値とする関数である．
> ・偏導関数が連続なら，もとの関数は微分可能である．
> ・くりかえし偏微分するときの変数の順は気にしなくてよい．
> ・2 変数関数が極値をとる点で微分係数は 0 である．極値をとるための十分条件が，2 階偏微分係数からなる行列の行列式の符号で判定できる．

問題

A 3.3.1 次の (1), (2) の関数それぞれについて，下の問い 1.–3. に答えよ．
(1) $f(x,y) = \dfrac{x-y}{x+y}$, $p(t) = \cos t$, $q(t) = \sin t$, $g(s,t) = s^2 - t^2$, $h(s,t) = 2st$.
(2) $f(x,y) = \log(x^2 + y^2)$, $p(t) = e^t$, $q(t) = e^{-t}$, $g(s,t) = s + t$, $h(s,t) = s - t$.

1. $f(x,y)$ の偏導関数を求めよ．
2. 合成関数 $f(p(t), q(t))$ の導関数を連鎖律を使って求めよ．
3. 合成関数 $f(g(s,t), h(s,t))$ の偏導関数を連鎖律を使って求めよ．

A 3.3.2 $f(x,y)$ を $(x,y) \neq (0,0)$ で定義された微分可能な関数とする．

1. 合成関数 $g(r,\theta) = f(r\cos\theta, r\sin\theta)$ の偏導関数 $\dfrac{\partial g}{\partial r}(r,\theta)$, $\dfrac{\partial g}{\partial \theta}(r,\theta)$ を，偏導関数 $\dfrac{\partial f}{\partial x}(x,y)$, $\dfrac{\partial f}{\partial y}(x,y)$ を使って表わせ．

2. $[0, 2\pi)$ で定義された関数 $h(\theta)$ で，$(0,\infty) \times [0, 2\pi)$ のすべての点 (r,θ) に対し $f(r\cos\theta, r\sin\theta) = h(\theta)$ をみたすものが存在するための条件を，偏導関数 $\dfrac{\partial f}{\partial x}(x,y)$, $\dfrac{\partial f}{\partial y}(x,y)$ を使って表わせ．

A 3.3.3 $x > 0$ で定義された 2 回連続微分可能な関数 $f(x,y) = x^y$ に命題 3.3.6 を適用して，$(\log x)' = \dfrac{1}{x}$ を導け（循環論法になるので，この公式の証明にはならない）．

A 3.3.4 1. $(x,y) \neq (0,0)$ で定義された関数 $r(x,y) = \sqrt{x^2+y^2}$ の偏導関数と 2 階偏導関数を求めよ．

2. $x > 0$ で定義された関数 $\theta(x,y) = \arctan\dfrac{y}{x}$ の偏導関数と 2 階偏導関数を求めよ．

A 3.3.5 1. 関数 $f(x,t) = \cos x \cdot e^{-t}$ は**熱方程式** (heat equation)

$$\frac{\partial^2}{\partial x^2} f(x,t) = \frac{\partial}{\partial t} f(x,t) \tag{3.21}$$

をみたすことを示せ．

2. **熱核** (heat kernel) $f(x,t) = \dfrac{1}{\sqrt{t}} \exp\left(-\dfrac{x^2}{4t}\right)$ は熱方程式 (3.21) をみたすことを示せ．

A 3.3.6 $c \neq 0$ を定数とする．

1. $f(x,t) = \cos x \cos ct$ は**波動方程式** (wave equation)

$$\frac{\partial^2}{\partial x^2} f(x,t) = \frac{1}{c^2} \frac{\partial^2}{\partial t^2} f(x,t) \tag{3.22}$$

をみたすことを示せ．

2. $g(x)$ を 2 回連続微分可能な関数とする．$f(x,t) = g(x - ct)$ は波動方程式 (3.22) をみたすことを示せ．

A 3.3.7 $f(x,y)$ を 2 回連続微分可能な関数とし，$g(r,\theta) = f(r\cos\theta, r\sin\theta)$ とおく．

1. $f_{xx}(r\cos\theta, r\sin\theta)$ と $f_{yy}(r\cos\theta, r\sin\theta)$ を $g(r,\theta)$ の 2 階以下の偏導関数で表わせ．（ヒント：(3.17) を 2 回適用するとよい．）

2. $\Delta f(r\cos\theta, r\sin\theta)$ も $g(r,\theta)$ の 2 階以下の偏導関数で表わせ．

A 3.3.8 1. 次の関数 $f(x,y)$ は調和関数であることを示せ．

(1) $\log\sqrt{x^2+y^2}$ $((x,y) \neq (0,0))$. (2) $\arctan\dfrac{y}{x}$ $(x > 0)$.

2. a, b, c を定数とする．$f(x,y) = ax^2 + bxy + cy^2$ が調和関数であるための a, b, c についての条件を求めよ．

A 3.3.9 2 変数関数 $f(x,y) = x^3 + y^3 - 3xy$ の極大値，極小値，峠点をすべて求めよ．

A 3.3.10 $0 < a < b$ とし，$A = e^{-a^2}, B = e^{-b^2}, f(x,y) = Ax^2 + By^2 + \exp(-x^2-y^2)$ とおく．$f(x,y)$ の極値を求めよ．$f(x,y)$ には最大値がないことを示し最小値を求めよ．

A 3.3.11 $f(x,y,z)$ を連続微分可能な関数とし，合成関数 $f(r\sin\theta\cos\varphi, r\sin\theta\sin\varphi, r\cos\theta)$ を $g(r,\theta,\varphi)$ で表わす．

1. 合成関数 $f_x(r\sin\theta\cos\varphi, r\sin\theta\sin\varphi, r\cos\theta), f_y(r\sin\theta\cos\varphi, r\sin\theta\sin\varphi, r\cos\theta),$ $f_z(r\sin\theta\cos\varphi, r\sin\theta\sin\varphi, r\cos\theta)$ を $g(r,\theta,\varphi)$ の偏導関数で表わせ．

(ヒント：$f(s\cos\varphi, s\sin\varphi, z) = h(s,\varphi,z)$ とおいて (3.17) を 2 回適用する.)

2. $\Delta f(r\sin\theta\cos\varphi, r\sin\theta\sin\varphi, r\cos\theta)$ を $g(r,\theta,\varphi)$ の 2 階以下の偏導関数で表わせ.
(ヒント：1. と同様に問題 3.3.7.2 を 2 回適用する.)

A 3.3.12 1. 関数 $f(x,y,z,t) = \cos x \cos y \cos z \cdot e^{-3t}$ は**熱方程式**

$$\Delta f(x,y,z,t) = \frac{\partial}{\partial t} f(x,y,z,t) \tag{3.23}$$

をみたすことを示せ.

2. **熱核** $f(x,y,z,t) = \dfrac{\cdot}{\sqrt{t^3}} \exp\left(-\dfrac{x^2+y^2+z^2}{4t}\right)$ も熱方程式 (3.23) をみたすことを示せ.

A 3.3.13 $c \neq 0$ を定数とする.

1. $f(x,y,z,t) = \cos x \cos y \cos z \cos 3ct$ は**波動方程式**

$$\Delta f(x,y,z,t) = \frac{1}{c^2}\frac{\partial^2}{\partial t^2} f(x,y,z,t) \tag{3.24}$$

をみたすことを示せ.

2. $g(r)$ を 2 回連続微分可能な関数とし, $r = \sqrt{x^2+y^2+z^2}$ とおく. 関数 $f(x,y,z,t) = \dfrac{1}{r}\cdot g(r-ct)$ は波動方程式 (3.24) をみたすことを示せ.

A 3.3.14 $r = \sqrt{x^2+y^2+z^2}$ とおく.

1. $\Delta \dfrac{1}{r} = 0$ を示せ.

2. $g(r,t)$ を 2 回連続微分可能な関数とし, $f(x,y,z) = g\left(r, \dfrac{z}{r}\right)$ とおく. $\Delta f(x,y,z)$ を $g(r,t)$ の 2 回までの偏導関数で表わせ.

3. n を自然数とする. 2 回連続微分可能な関数 $h(t)$ が**ルジャンドルの微分方程式**

$$(t^2-1)h''(t) + 2th'(t) - n(n+1)h(t) = 0 \tag{3.25}$$

をみたすとし, $g(r,t) = r^n h(t)$ とおく. $f(x,y,z) = g\left(r, \dfrac{z}{r}\right)$ は調和関数であることを示せ.

3.4 陰関数定理

単位円はパラメータ表示 $(x,y) = (\cos t, \sin t)$ で表わせるが, 方程式 $x^2+y^2=1$ でも表わせる. 陰関数定理は, $f(x,y)$ を 2 変数の連続関数とし c を定数としたとき, 方程式 $f(x,y) = c$ が曲線を定めるための十分条件についての定理である. 方程式 $f(x,y) = c$ をみたす点 (x,y) 全体が連続関数 $y = g(x)$ のグラフと一致していれば, それは曲線を定めると考えられる.

陰関数定理 (implicit function theorem) という名前は，この関数 $y = g(x)$ が方程式 $f(x, y) = c$ で陰に定義されるといった時代のなごりである．

$x^2 + y^2 = 1$ の例では，$y \geqq 0$ の部分が関数 $y = \sqrt{1-x^2}$ のグラフであり，$y \leqq 0$ の部分が関数 $y = -\sqrt{1-x^2}$ のグラフである．このように，方程式 $f(x, y) = c$ が定めるもの全体が 1 つの関数のグラフとなるとは限らないので，関数の定義域をせばめて考える必要がある．

x, y を経度と緯度，$f(x, y)$ を標高や気圧と考えれば，方程式 $f(x, y) = c$ で定まる曲線は等高線や等圧線を表わしている．これらの場合のように，曲線 $f(x, y) = c$ はそれを単独で考えるよりも，いろいろな c の値に対し曲線が定まると考えることが多いので，ここではそのように陰関数定理を定式化する．

このように定式化するとき，陰関数定理は 1 変数関数の逆関数についての存在と連続性（命題 1.5.1）とその微分（命題 1.5.4）の類似である．陰関数定理もこのように存在と連続性についての部分（命題 3.4.1）と，微分についての部分（命題 3.4.2）にわけて定式化する．存在を示す部分では，曲線 $f(x, y) = c$ を $f(x, y) < c$ の部分と $f(x, y) > c$ の部分の境い目と考える．次節では 2 変数関数について 1.5 節の内容の別の類似を扱う．

命題 3.4.1 $f(x, y)$ を平面の開集合 U で定義された連続関数とする．$k(x) < l(x)$ を開区間 (v, w) で定義された連続関数とし，不等式 $v < x < w$, $k(x) \leqq y \leqq l(x)$ で定義される縦線集合 E が U に含まれるとする．開区間 (v, w) のすべての実数 s に対し，x を定数 s とおいて閉区間 $[k(s), l(s)]$ で定義された関数 $f(s, y)$ は単調増加であるとする．

1. $v < s < w$ とする．$f(s, k(s)) < u < f(s, l(s))$ ならば，$f(s, t) = u$ かつ $k(s) < t < l(s)$ をみたす実数 t がただ 1 つ存在する．

2. 不等式 $v < x < w$, $f(x, k(x)) < z < f(x, l(x))$ で定義される縦線開集合（例題 3.1.2）を W とする．W で定義された関数 $h(x, z)$ を，W の点 (s, u) に対し $f(s, t) = u$ と $k(s) < t < l(s)$ をみたすただ 1 つの実数 t を $h(s, u) = t$ とおくことで定める．このとき，$h(x, z)$ は W で連続である．■

前半 1. は命題 1.5.1.1 を適用して証明する．後半 2. は命題 1.5.1.2 の証明を 2 変数に修正することで証明する．E を考えることで定義域をせばめている．

証明 1. s を $v < s < w$ をみたす実数とし，定数と考える．関数 $f(s,y)$ は $[k(s), l(s)]$ で連続で単調増加だから，$f(s, k(s)) < u < f(s, l(s))$ ならば命題 1.5.1.1 より，$f(s,t) = u$ かつ $k(s) < t < l(s)$ をみたす実数 t がただ 1 つ存在する．

2. (s, u) を W の点とする．$h(x, z)$ が $(x, z) = (s, u)$ で連続なことを示す．$t = h(s, u)$ とおく．例題 3.1.2 の解と同様に，実数 $p > 0$ で，$s - p < x < s + p$, $t - p \leqq y \leqq t + p$ で定義される縦線集合 $E_p = (s - p, s + p) \times [t - p, t + p]$ が縦線集合 E に含まれるものがある．

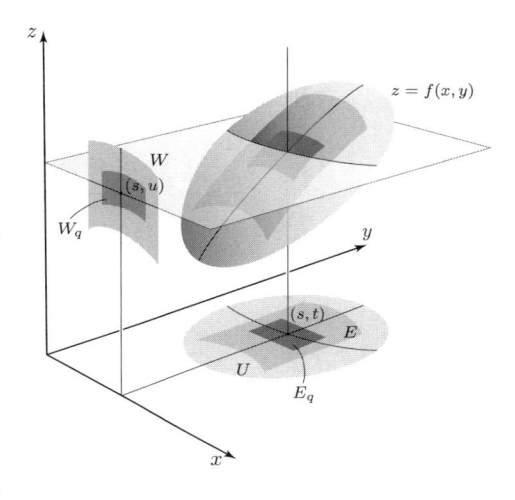

$q > 0$ を，この p に対し $q < p$ をみたす実数とする．縦線集合 $E_q = (s - p, s + p) \times [t - q, t + q]$ は E_p に含まれ，U に含まれる．W_q を $s - p < x < s + p$, $f(x, t - q) < z < f(x, t + q)$ で定義される縦線開集合とする．縦線集合 E_q に 1. を適用すれば，(x, z) が W_q の点ならば，$h(x, z)$ の定義より $t - q < h(x, z) < t + q$ である．よって，W_q で $|h(x, z) - h(s, u)| < q$ である．

(s, u) は開集合 W_q (例題 3.1.2) の点だから，実数 $r > 0$ で開円板 $U_r(s, u)$ が W_q に含まれるものがある．この r に対し，$U_r(s, u)$ で $|h(x, z) - h(s, u)| < q$ である．よって $h(x, z)$ は $(x, z) = (s, u)$ で連続である．したがって $h(x, z)$ は W で連続である． $\square$

命題 3.4.1 の関数 $y = h(x, z)$ を，方程式 $f(x, y) = z$ を y **について解いて定まる関数**という．命題 3.4.1 の仮定の，開区間 (v, w) のすべての実数 s に対し $f(s, y)$ は $[k(s), l(s)]$ で単調増加であるという条件がみたされるとき，$f(s, y)$ は E で y **について単調増加**であるという．y について単調増加という条件を y について単調減少という条件でおきかえても，$f(s, k(s))$ や $f(s, l(s))$ を含む不等式の向きを逆にしたものが同様になりたつ．

方程式 $f(x,y) = z$ を y について解いて定まる関数 $y = h(x,z)$ を微分する.

命題 3.4.2 U を平面の開集合とし, $f(x,y)$ を U で定義された微分可能な関数とする. U で $f_y(x,y) > 0$ とする. W を平面の開集合とし, W の任意の点 (s,u) に対し $f(s,t) = u$ をみたす U の点 (s,t) がただ1つ存在するとする. W で定義された関数 $h(x,z)$ を, W の点 (s,u) に対し $f(s,t) = u$ をみたす U のただ1つの点 (s,t) の座標 t を $h(s,u) = t$ とおくことで定める.

このとき, W で定義された関数 $h(x,z)$ は微分可能であり,

$$h_x(x,z) = -\frac{f_x(x,h(x,z))}{f_y(x,h(x,z))}, \quad h_z(x,z) = \frac{1}{f_y(x,h(x,z))} \tag{3.26}$$

である. $f(x,y)$ が連続微分可能ならば, $h(x,z)$ も連続微分可能である. ■

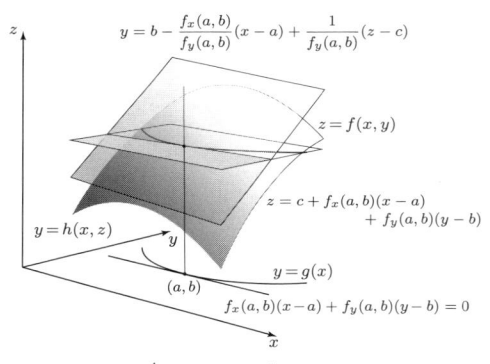

$y = h(x,z)$ のグラフは, $z = f(x,y)$ のグラフで y 軸と z 軸の役割をいれかえたものである. $z = f(x,y)$ のグラフの (a,b,c) での接平面が $z - c = A(x-a) + B(y-b)$ なら, $y = h(x,z)$ のグラフの (a,c,b) での接平面が $y - b = -\dfrac{A}{B}(x-a) + \dfrac{1}{B}(z-c)$ であることを確かめることで, (3.26) を証明する.

証明 まず $h(x,z)$ が W で連続なことを示す. (s,u) を W の点とする. W は (s,u) を含む開集合だから, 実数 $q > 0$ で $U_q(s,u)$ が W に含まれるものがある. $t = h(s,u)$ とおく. U は (s,t) を含む開集合で $f(x,y)$ は $(x,y) = (s,t)$ で連続で $f(s,t) = u$ だから, この $q > 0$ に対し, 実数 $r > 0$ で $U_r(s,t)$ は U に含まれ $U_r(s,t)$ で $(x,f(x,y))$ は $U_q(s,u) \subset W$ の点となるものがある. この $r > 0$ に対し $a = s - \dfrac{r}{2}$, $b = s + \dfrac{r}{2}$, $c = t - \dfrac{r}{2}$, $d = t + \dfrac{r}{2}$ とおけば, $a < x < b$, $c \leqq y \leqq d$ で定まる縦線集合 $E = (a,b) \times [c,d]$ は $U_r(s,t) \subset U$ に含まれ, E で $(x,f(x,y))$ は $U_q(s,u) \subset W$ の点となる. E で $f_y(x,y) > 0$ だ

から, $f(x,y)$ は E で y について単調増加である.

V で不等式 $a < x < b, f(x,c) < z < f(x,d)$ で定まる縦線開集合を表わす. 命題 3.4.1.2 より, $f(x,y) = z$ を y について解いて定まる関数 $y = k(x,z)$ が V で定義された連続関数として定まる. 関数 $k(x,z)$ は $h(x,z)$ の定義域を $V \subset W$ にせばめたものだから, $h(x,z)$ は V で連続である. よって $h(x,z)$ は W で連続である.

(s,u) を W の点とする. $h(x,z)$ が $(x,z) = (s,u)$ で微分可能なことを示す. $t = h(s,u)$ とし, $A = f_x(s,t), B = f_y(s,t)$ とおく. $f(x,y)$ は $(x,y) = (s,t)$ で微分可能で $f(s,t) = u$ だから,

$$f(x,y) - (u + A(x-s) + B(y-t)) = o(\sqrt{(x-s)^2 + (y-t)^2}) \quad (3.27)$$

である. よって $k = \dfrac{B}{2} > 0$ とおくと, 実数 $q > 0$ で開円板 $U_q(s,t)$ で

$$|f(x,y) - (u + A(x-s) + B(y-t))| \leqq k \cdot \sqrt{(x-s)^2 + (y-t)^2} \quad (3.28)$$

となるものがある. $l = -\dfrac{A}{B}, m = \dfrac{1}{B}, C = \sqrt{1 + (2|l|+1)^2 + 4m^2}$ とおき, この $q > 0$ に対し $U_q(s,t)$ で

$$\sqrt{(x-s)^2 + (y-t)^2} \leqq C \cdot \sqrt{(x-s)^2 + (f(x,y)-u)^2} \quad (3.29)$$

であることを示す.

(x,y) を $U_q(s,t)$ の点とし, $z = f(x,y)$ とおく. (3.28) より

$$B \cdot |y-t| \leqq (|z-u| + |A| \cdot |x-s|) + k \cdot (|x-s| + |y-t|)$$

である. $B = 2k, |A| = 2k|l|, 1 = 2km$ を代入して移項して両辺を k でわれば

$$|y-t| \leqq (2|l|+1) \cdot |x-s| + 2m \cdot |z-u|$$

である. 右辺は $\sqrt{(2|l|+1)^2 + 4m^2} \cdot \sqrt{(x-s)^2 + (z-u)^2}$ 以下だから, (3.29) がなりたつ.

$y = h(x,z)$ とおけば $f(x,y) = z$ で $l = -\dfrac{A}{B}, m = \dfrac{1}{B}$ だから,

$$h(x,z) - (t + l(x-s) + m(z-u)) \quad (3.30)$$
$$= \frac{1}{B}\bigl(f(x,y) - (u + A(x-s) + B(y-t))\bigr)$$

である．$h(x,z)$ は連続だから，実数 $r > 0$ で (x,z) が $U_r(s,u)$ の点なら $(x,h(x,z))$ が $U_q(s,t)$ の点となるものが存在する．この $r > 0$ に対し，$(x,z) \neq (s,u)$ が $U_r(s,u)$ の点なら (3.30) と (3.29) より

$$\left| \frac{h(x,z) - (t + l(x-s) + m(z-u))}{\sqrt{(x-s)^2 + (z-u)^2}} \right| \tag{3.31}$$
$$\leq \frac{C}{B} \cdot \left| \frac{f(x,y) - (u + A(x-s) + B(y-t))}{\sqrt{(x-s)^2 + (y-t)^2}} \right|$$

である．

(3.27) より，(3.31) の右辺の $(x,y) \to (s,t)$ での極限は 0 である．$h(x,z)$ は連続で $h(s,u) = t$ だから合成関数の連続性（命題 3.1.6）とはさみうちの原理（命題 3.1.8）より，(3.31) の左辺の $(x,z) \to (s,u)$ での極限も 0 である．よって $h(x,z)$ は (s,u) で微分可能で $h_x(s,u) = l = -\dfrac{f_x(s,t)}{f_y(s,t)}$, $h_z(s,u) = m = \dfrac{1}{f_y(s,t)}$ である．したがって $h(x,z)$ は W で微分可能であり (3.26) がなりたつ．

$f(x,y)$ が連続微分可能なら，(3.26) より偏導関数 $h_x(x,z), h_z(x,z)$ は連続であり，$h(x,z)$ は連続微分可能である． □

U で $f_y(x,y) < 0$ のときも，不等式の向きを変えて考えれば同様である．

例 3.4.3 U を vw 平面の縦線集合 $a < v < b, k(v) < w < l(v)$ とする．熱力学的な系 S の状態が体積 v と**エネルギー** w だけで定まるとし，系 S の**エントロピー**が U で定義された連続微分可能な関数 $s = f(v,w)$ で表わされるとする．熱力学の公理より，U で $f_w(v,w) > 0$ である．

陰関数定理（命題 3.4.1 と命題 3.4.2）より，$f(v,w) = s$ を w について解いて得られる関数 $w = h(v,s)$ が vs 平面の縦線集合 V で定義された連続微分可能な関数として定まる．よって，エネルギーを体積とエントロピーの関数として表わせて，系 S の状態は体積とエントロピーだけで定まる．偏導関数 $h_s(v,s)$ を**温度**，$-h_v(v,s)$ を**圧力**とよび，それぞれ $T(v,s), P(v,s)$ で表わす．V で $T(v,s) = \dfrac{1}{f_w(v,h(v,s))} > 0$ である． ■

方程式 $f(x,y) = c$ を y **について解いて定まる関数** $y = g(x)$ を調べる．

系 3.4.4 $f(x,y)$ を平面の開集合 U で定義された連続微分可能な関数とする．(a,b) を U の点とし $c = f(a,b)$ とおく．$f_y(a,b) \neq 0$ ならば，点 (a,b) を

含み U に含まれる開区間 $(a_-, a_+) \times (b_-, b_+)$ で,開区間 $(a_-, a_+) \times (b_-, b_+)$ 内の方程式 $f(x, y) = c$ で定まる部分が,開区間 (a_-, a_+) で定義された連続微分可能な関数 $y = g(x)$ のグラフと一致するものが存在する.

$$g'(x) = -\frac{f_x(x, g(x))}{f_y(x, g(x))} \tag{3.32}$$

である.$f(x, y)$ が 2 回微分可能ならば,$g(x)$ は 2 回微分可能である ∎

証明 $f_y(a, b) > 0$ とする.偏導関数 $f_y(x, y)$ は (a, b) を含む開集合 U で連続だから,命題 3.4.2 の証明のはじめの部分と同様に,実数 $e_- < a < e_+$, $b_- < b < b_+$ で,$e_- < x < e_+$, $b_- \leqq y \leqq b_+$ で定まる縦線集合 E が U に含まれ,E で $f_y(x, y) > 0$ となるものがある.$f(a, b_-) < c < f(a, b_+)$ だから,c_- と c_+ を $f(a, b_-) < c_- < c < c_+ < f(a, b_+)$ をみたすものとする.開区間 (e_-, e_+) で定義された関数 $f(x, b_-), f(x, b_+)$ は連続だから,実数 $e_- < a_- < a < a_+ < e_+$ で開区間 (a_-, a_+) で $f(x, b_-) < c_- < c < c_+ < f(x, b_+)$ となるものがある.

W で不等式 $a_- < x < a_+$, $f(x, b_-) < z < f(x, b_+)$ で定まる縦線開集合を表わす.命題 3.4.1.2 より,$f(x, y) = z$ を y について解いて定まる関数 $y = h(x, z)$ が W で定義された連続関数として定まり,W で $b_- < h(x, z) < b_+$ である.命題 3.4.2 より $h(x, z)$ は $(a_-, a_+) \times (c_-, c_+) \subset W$ で連続微分可能である.

$z = c$ とおいて開区間 (a_-, a_+) で定義された関数 $g(x)$ を $g(x) = h(x, c)$ で定める.$g(x)$ は z を定数とおいて得られる関数だから連続微分可能であり,$y = g(x)$ のグラフは開区間 $(a_-, a_+) \times (b_-, b_+)$ 内の方程式 $f(x, y) = c$ で定まる部分と一致する.

合成関数 $f(x, g(x))$ は定数関数 c だから,連鎖律 (3.14) より,

$$f_x(x, g(x)) + f_y(x, g(x)) g'(x) = 0 \tag{3.33}$$

である.これより,(3.32) が得られる.

$f(x, y)$ が 2 回微分可能ならば,(3.32) の右辺も微分可能である.

$f_y(a, b) < 0$ の場合も同様である. □

ここまでの陰関数定理に関する話は,x と y の役割をいれかえたものもまったく同様になりたつ.(3.32) は,方程式 $f(x, y) = c$ で定まる曲線 C の点 $P = (a, b)$ での接線 l の方程式が,x, y の役割が対称な式

$$f_x(a,b)(x-a) + f_y(a,b)(y-b) = 0 \tag{3.34}$$

であることを表わしている．これは $z = f(x,y)$ のグラフの $(x,y,z) = (a,b,c)$ での接平面 $z = c + f_x(a,b)(x-a) + f_y(a,b)(y-b)$ の平面 $z = c$ での切り口を z 軸方向に平行移動して xy 平面にうつしたものである（114 ページの図）．方程式 (3.34) は，ベクトル $\boldsymbol{n} = \begin{pmatrix} f_x(a,b) \\ f_y(a,b) \end{pmatrix}$ が接線 l に直交することを表わしている．ベクトル $\boldsymbol{n}$ を，曲線 C の点 P での**法ベクトル** (normal vector) という．

2 階導関数 $g''(x)$ を計算するには，(3.32) の右辺に商の微分の公式を適用するよりも，(3.33) に連鎖律を適用する方が楽なことが多い．

平面の開集合 U で定義された関数に対し，U での極値問題を考えるのではなく，U 内の曲線上での極値問題を考えることもある．曲線がパラメータ表示されているときには命題 3.3.8 を適用できる．方程式で定義されているときには陰関数定理を応用する．条件つき極値問題についての用語を定義する．

定義 3.4.5　$f(x,y)$ と $p(x,y)$ を平面の開集合 U で定義された連続関数とする．C を $p(x,y) = 0$ で定義された曲線とし，(a,b) を C の点とする．

実数 $r > 0$ で，開円板 $U_r(a,b)$ と C の共通部分のすべての点 (x,y) に対し $f(x,y) \geqq f(a,b)$ となるものがあるとき，関数 $f(x,y)$ は $(x,y) = (a,b)$ で**条件** (constraint) $p(x,y) = 0$ **のもとでの** (conditional) **極小値**をとるという．$U_r(a,b)$ と C の共通部分のすべての点 $(x,y) \neq (a,b)$ に対し $f(x,y) > f(a,b)$ であるとき，関数 $f(x,y)$ は $(x,y) = (a,b)$ で**条件** $p(x,y) = 0$ **のもとでの強極小値**をとるという．　∎

条件つき極大値や強極大値についても同様に定義する．

命題 3.4.6　$f(x,y)$ と $p(x,y)$ を平面の開集合 U で定義された連続微分可能な関数とし，(3.2) の $U \times (-\infty, \infty)$ で定義された連続微分可能な関数 $F(x,y,t)$ を $F(x,y,t) = f(x,y) - t \cdot p(x,y)$ で定義する．(a,b) を U の点とする．

1. 関数 $f(x,y)$ が $(x,y) = (a,b)$ で条件 $p(x,y) = 0$ のもとでの極値をとるならば，次の (1) か (2) のどちらかがなりたつ．

(1)
$$F_x(a,b,c) = F_y(a,b,c) = F_t(a,b,c) = 0 \tag{3.35}$$

をみたす実数 c が存在する．

(2) $p_x(a,b) = p_y(a,b) = 0$ である．

2. $(p_x(a,b), p_y(a,b)) \neq (0,0)$ であり $f(x,y), p(x,y)$ が 2 回連続微分可能とする．(3.35) がなりたつとし，

$$D = F_{xx}(a,b,c)p_y(a,b)^2 \tag{3.36}$$
$$- 2F_{xy}(a,b,c)p_x(a,b)p_y(a,b) + F_{yy}(a,b,c)p_x(a,b)^2$$

とおく．$D > 0$ ならば，関数 $f(x,y)$ は $(x,y) = (a,b)$ で条件 $p(x,y) = 0$ のもとでの強極小値をとる．$D < 0$ ならば，強極大値をとる． ∎

t という変数を係数として関数 $F(x,y,t)$ を定めているので，命題 3.4.6 を**ラグランジュの未定係数法** (method of Lagrange multiplier) という．

証明 1. $f(x,y)$ が $(x,y) = (a,b)$ で条件 $p(x,y) = 0$ のもとでの極値をとり，$(p_x(a,b), p_y(a,b)) \neq (0,0)$ であると仮定して，(3.35) をみたす c が存在することを示せばよい．(3.35) は

$$f_x(a,b) = c \cdot p_x(a,b), \quad f_y(a,b) = c \cdot p_y(a,b), \quad p(a,b) = 0 \tag{3.37}$$

ということである．

$p_y(a,b) \neq 0$ とする．陰関数定理（系 3.4.4）より，(a,b) を含む開区間で $p(x,y) = 0$ で定まる曲線 C の連続微分可能なパラメータ表示 $(x,y) = (t, g(t))$ が定まり，$(x,y) = (a,b)$ での接ベクトルは $\dfrac{1}{p_y(a,b)}\begin{pmatrix} p_y(a,b) \\ -p_x(a,b) \end{pmatrix}$ である．$f(x,y)$ が $(x,y) = (a,b)$ で条件 $p(x,y) = 0$ のもとでの極値をとるならば，命題 3.3.8.1 より $f_x(a,b)p_y(a,b) - f_y(a,b)p_x(a,b) = 0$ である．よって，$c = \dfrac{f_y(a,b)}{p_y(a,b)}$ は (3.37) をみたす．$p_x(a,b) \neq 0$ のときも同様である．

2. $g(x,y) = f(x,y) - c \cdot p(x,y)$ とおく．(3.35) より $g_x(a,b) = g_y(a,b) = 0$ である．(3.36) は (3.20) で $f(x,y)$ として $g(x,y)$ をおき，$k = -p_y(a,b)$, $l = p_x(a,b)$ とおいたものである．よって 1. の証明と同様に，陰関数定理（系 3.4.4）

と命題 3.3.8.2 より，$D > 0$ ならば関数 $g(x,y)$ は条件 $p(x,y) = 0$ のもとでの $(x,y) = (a,b)$ で強極小値をとり，$D < 0$ ならば $(x,y) = (a,b)$ で強極大値をとる．曲線 C 上の点 (x,y) に対しては $f(x,y) = g(x,y)$ だから，$g(x,y)$ を $f(x,y)$ でおきかえてよい． □

例題 3.4.7 $f(x,y) = x^3 + y^3 - 3xy$ とおく．$f(x,y) = 80$ で定まる曲線 C の概形を書け． ■

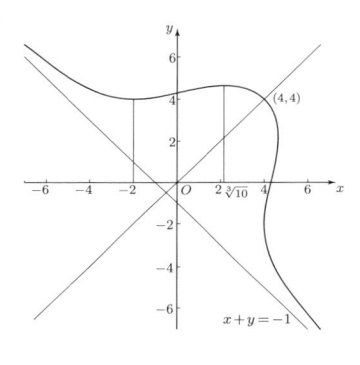

略解 $f(x,y)$ の対称性より，$y \geqq x$ の部分を考えればよい．$y = x$ とおくと，$f(x,x) = 2x^3 - 3x^2$ であり，$(f(x,x))' = 0$ をみたす x は $x = 0, 1$ である．$f(0,0) = 0$ だから，$2x^3 - 3x^2 = 80$ をみたす実数は $x = 4$ だけである．$x < 4$ なら $f(x,x) < 80$ であり $x > 4$ なら $f(x,x) > 80$ である．

$f_y(x,y) = 3(y^2 - x)$ だから，$s \leqq 0$ なら $f(s,y)$ は $[s, \infty)$ で単調増加であり，$0 < s < 1$ なら $f(s,y)$ は $[s, \sqrt{s}]$ で単調減少で $[\sqrt{s}, \infty)$ で単調増加であり，$1 \leqq s$ なら $f(s,y)$ は $[s, \infty)$ で単調増加である．よって，$s \leqq 4$ なら $f(s,y) = 80$ をみたす $y \geqq s$ はただ 1 つであり，$4 < s$ なら $f(s,y) = 80$ をみたす $y \geqq s$ は存在しない．

$y = g(x) \geqq x$ を $f(x,y) = 80$ で定まる $(-\infty, 4]$ で定義された関数とする．$f_x(x,y) = 3(x^2 - y)$ だから (3.32) より $g'(x) = \dfrac{g(x) - x^2}{g(x)^2 - x}$ である．したがって，$y - x^2$ と $y^2 - x$ が同符号なら $g'(x) > 0$ であり，異符号なら $g'(x) < 0$ である．$y = x^2$ とおくと $f(x, x^2) = x^6 - 2x^3$ だから，$g'(x) = 0$ をみたす x は $x^6 - 2x^3 = 80$ の解 $x = -2, \sqrt[3]{10}$ である．よって，$g(x)$ は $x \leqq -2$ で単調減少，$-2 \leqq x \leqq \sqrt[3]{10}$ で単調増加，$\sqrt[3]{10} \leqq x \leqq 4$ で単調減少である．

$y = -x - 1$ とおくと $f(x, -x - 1) = -1$ であり，$y = -x$ とおくと，$f(x, -x) = 3x^2$ だから，$x < -\dfrac{2}{\sqrt{3}}$ なら $-x - 1 < g(x) < -x$ である．さらに，$x < 0$ なら $f_y(x,y) \geqq -3x$ だから基本不等式より $|g(x) - (-x - 1)| < \dfrac{4 - (-1)}{-3x}$ である．よって，$\displaystyle\lim_{x \to -\infty} |g(x) - (-x - 1)| = 0$ であり，直線 $x + y = -1$ は曲線 C の漸近線である． □

陰関数定理の応用として，曲線の族の包絡線を調べる．U を平面の開集合とし，$u < v$ を実数とする．$f(x, y, z)$ を (3.2) の $U \times (u, v)$ で定義された連続微分可能な関数とする．$U \times (u, v)$ の点で $f(x, y, z) = f_x(x, y, z) = f_y(x, y, z) = 0$ をみたすものはないと仮定する．陰関数定理より，開区間 (u, v) の任意の実数 s に対し，方程式 $f(x, y, s) = 0$ は U 内の曲線 C_s を定める．これを開区間 (u, v) で定義された**曲線の族** (family) とよび，$(C_z)_{u<z<v}$ のように表わす．

$C = (p(t), q(t))$ を開区間 (u, v) で定義された連続微分可能な関数 $p(t), q(t)$ が定める U 内の曲線とする．開区間 (u, v) のすべての実数 s に対し点 $(p(s), q(s))$ で曲線 C が C_s に接するとき，C は曲線の族 $(C_z)_{u<z<v}$ の**包絡線** (envelop) であるという．

命題 3.4.8 U を平面の開集合とし，$u < v$ を実数とする．$f(x, y, z)$ を $U \times (u, v)$ で定義された連続微分可能な関数とする．開区間 (u, v) で定義された連続微分可能な曲線 $\boldsymbol{p}(t) = (p(t), q(t))$ を C で表わす．$U \times (u, v)$ で $(f(x, y, z), f_x(x, y, z), f_y(x, y, z)) \neq (0, 0, 0)$ であり，(u, v) で $\boldsymbol{p}'(t) \neq 0$ であるとする．このとき，$f(x, y, z) = 0$ で定まる曲線の族 $(C_z)_{u<z<v}$ と曲線 C について，次の条件 (1) と (2) は同値である．

(1) 曲線 C は曲線の族 $(C_z)_{u<z<v}$ の包絡線である．

(2) (u, v) で $f(p(t), q(t), t) = f_z(p(t), q(t), t) = 0$ である． ■

証明 $u < s < v$ に対し，$f(p(s), q(s), s) = 0$ とは，C と C_s がどちらも点 $\boldsymbol{p}(s) = (p(s), q(s))$ をとおるということである．

(u, v) で $f(p(t), q(t), t) = 0$ とする．連鎖律より $f_x(p(t), q(t), t)p'(t) + f_y(p(t), q(t), t)q'(t) + f_z(p(t), q(t), t) = 0$ である．したがって $u < s < v$ に対し，$f_z(p(s), q(s), s) = 0$ とは C の点 $\boldsymbol{p}(s)$ での接ベクトル $\boldsymbol{p}'(s) \neq 0$ が曲線 C_s の法ベクトル $\begin{pmatrix} f_x(p(s), q(s), s) \\ f_y(p(s), q(s), s) \end{pmatrix} \neq 0$ と直交するということである． □

C の方程式は，$f(x, y, z) = f_z(x, y, z) = 0$ から z を消去して得られる．

3 変数以上の場合にも陰関数定理がなりたつが，その定式化と証明は省略する．

まとめ

・偏導関数が 0 でなければ，2 変数関数の値を定数とおくことで曲線が定まりそれは関数のグラフとなる．この 1 変数関数の導関数をもとの関数の偏導関数で表わせる．

・2 変数関数を定数とおいて定まる曲線上で関数が極値をとる点では，2 つの関数の微分係数のベクトルが平行である．

問題

A 3.4.1 1. 関数 $f(x,y) = xy$ に (3.32) を適用して，関数 $\dfrac{1}{x}$ の導関数を求めよ．

2. 関数 $f(x,y) = x^2 + y^2$ に (3.32) を適用して，関数 $\sqrt{1-x^2}$ の導関数を求めよ．

3. $x > 0, x \neq 1, y > 0$ で定義された関数 $f(x,y) = \log_x y = \dfrac{\log y}{\log x}$ に (3.26) を適用して，関数 x^z の偏導関数を求めよ．

A 3.4.2 U を平面の縦線開集合とし，$f(x,y)$ を U で定義された 2 回連続微分可能な関数とする．U で $f_{yy}(x,y) > 0$ であるとし，方程式 $p = f_y(x,y)$ を y について解くことにより平面の縦線開集合 V で定義された関数 $y = g(x,p)$ が定まるとする．

1. V で定義された関数 $h(x,p)$ を $h(x,p) = p \cdot g(x,p) - f(x,g(x,p))$ で定める．$h(x,p)$ は連続微分可能であり，

$$h_p(x,p) = g(x,p), \quad h_x(x,p) = -f_x(x,g(x,p)) \tag{3.38}$$

であることを示せ．

2. $h_{pp}(x,p) > 0$ を示せ．方程式 $y = h_p(x,p)$ を p について解くことにより定まる関数は関数 $p = f_y(x,y)$ であり，$f(x,y) = y \cdot f_y(x,y) - h(x,f_y(x,y))$ であることを示せ．

問題 3.4.2.1 の関数 $h(x,p)$ を $f(x,y)$ の**ルジャンドル変換** (Legendre transformation) という．問題 3.4.2.2 より，$h(x,p)$ のルジャンドル変換は $f(x,y)$ に戻る．

A 3.4.3 ラグランジュの未定係数法を使って，次の問いに答えよ．

1. $(a,b) \neq (0,0)$ とし $c > 0$ を実数とする．直線 $ax + by = c$ に原点からおろした垂線の足の座標を求めよ．この直線と原点の距離も求めよ．

2. $a \neq b, c$ を正の実数とする．点 $(c,0)$ と楕円 $\dfrac{x^2}{a^2} + \dfrac{y^2}{b^2} = 1$ 上の点の距離の最大値と最小値を求めよ．

3. $a > 1$ とする．双曲線 $xy = 1$ と点 $A = (a,a)$ の距離の最小値を，a の関数として求めよ．

A 3.4.4 曲線 $x^2 + y^2 = 1, x > 0$ で定義された関数 $36x + 25y^3$ を考える．

1. ラグランジュの未定係数法を使って極値をとりうる点をすべて求めよ．

2. 1. で求めた各点で，極大値をとるか極小値をとるか極値をとらないか判定せよ．

A 3.4.5 方程式 $3x^2y - y^3 = 8$ で定まる曲線の，第 1 象限の部分を C とする．

1. C 上の点 $(\sqrt{3}, 1)$ での，C の法ベクトルと接線の方程式を求めよ．
2. C 上の点で，その点での C の接線が y 軸と平行となる点の座標を求めよ．
3. C の概形を図示せよ．

A 3.4.6 xy 平面の原点を O とする．

1. x 軸の $x > 0$ の部分にある点 P と y 軸の $y > 0$ の部分にある点 Q が $OP + OQ = 1$ という条件を保って動くときの直線 PQ の族の包絡線を求めよ．
2. x 軸の $x > 0$ の部分にある点 P と y 軸の $y > 0$ の部分にある点 Q が $PQ = 1$ という条件を保って動くときの直線 PQ の族の包絡線を求めよ．

3.5 平面の写像

陰関数定理では，1 つの方程式で定まる平面内の曲線を扱った．多変数関数が複数あるときにそれが定める連立方程式の解を扱うことは，理論上も応用上も重要である．ここでは，2 つの 2 変数関数が定める連立方程式を考える．

$f(x,y), g(x,y)$ を平面の開集合 U で定義された連続微分可能な関数とし，$\boldsymbol{a} = (a,b)$ を U の点とする．$f(a,b) = c$, $g(a,b) = d$ とおき，$f'(a,b) \neq 0$, $g'(a,b) \neq 0$ とする．陰関数定理より，方程式 $f(x,y) = c$ と $g(x,y) = d$ は点 $\boldsymbol{a}$ を含む開区間でそれぞれ曲線 C, C' を定める．

曲線 C と C' の交点 $\boldsymbol{a}$ の座標 (a,b) は，連立方程式 $f(x,y) = c$, $g(x,y) = d$ の解である．C と C' の $\boldsymbol{a}$ での接線が等しくないとき，C と C' は $\boldsymbol{a}$ で**横断的に交わる** (intersect transversally) という．C と C' が $\boldsymbol{a}$ で横断的に交わるという条件は，それぞれの法ベクトルが平行でないということだから，$f_x(a,b)g_y(a,b) - f_y(a,b)g_x(a,b) \neq 0$ で表わされる．

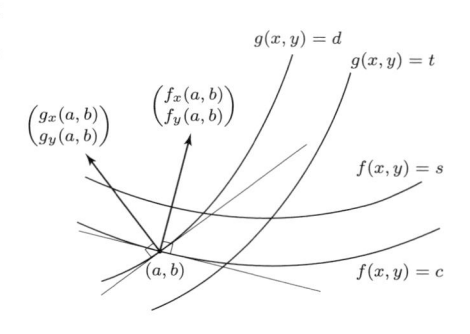

さらに陰関数定理によれば，s と t をそれぞれ c と d に十分近い実数とすると，方程式 $f(x,y) = s$, $g(x,y) = t$ はそれぞれ C と C' を少しずらした曲線 C_s と C'_t を定める．C と C' が $\boldsymbol{a}$ で横断的に交わるならば，C_s と C'_t の交

点が a の近くにただ 1 つあることを示し，この交点の座標として定まる s, t の関数を調べる．

命題 3.5.1 $f(x, y), g(x, y)$ を平面の開集合 U で定義された連続微分可能な関数とし，$J(x, y) = f_x(x, y)g_y(x, y) - f_y(x, y)g_x(x, y)$ とおく．(a, b) を U の点とし，$J(a, b) \neq 0$ とする．

このとき，(a, b) を含み U に含まれる開区間 W と $(c, d) = (f(a, b), g(a, b))$ を含む開区間 V と V で定義された連続微分可能な関数 $p(s, t), q(s, t)$ で次の条件をみたすものが存在する：V の任意の点 (k, l) に対し，$(u, v) = (p(k, l), q(k, l))$ は $f(u, v) = k$, $g(u, v) = l$ をみたす W のただ 1 つの点である． ■

方程式を定める (k, l) の範囲を V に限ることは c, d を少しずらした s, t を考えることを表わし，範囲を W に限ることで a の近くの解 (u, v) だけを考えている．V と W がどのくらいの大きさかの記述がないという意味で，命題 3.5.1 は点 $(a, b), (c, d)$ のまわりでの局所的な性質である．

$p(s, t)$ と $q(s, t)$ は陰関数定理（命題 3.4.1 と命題 3.4.2）を 2 回適用して構成する．$J(a, b) > 0$, $g_y(a, b) > 0$ とする．$g(x, y) = t$ を y について解いて得られる関数を $y = h(x, t)$ とする．さらに合成関数 $j(x, t) = f(x, h(x, t))$ に陰関数定理を適用し，$j(x, t) = s$ を x について解いて定まる関数を $x = p(s, t)$ とし，$q(s, t) = h(p(s, t), t)$ とおく．(x, y) と (s, t) の間に

$$(x, y) \quad \longleftarrow \quad \longrightarrow \quad (x, t) \quad \longrightarrow \quad (s, t)$$
$$y = h(x, t), \quad t = g(x, y) \qquad s = j(x, t) = f(x, h(x, t))$$

のように (x, t) をはさんで構成することになる．

証明 まず $J(a, b) > 0$, $g_y(a, b) > 0$ の場合に示す．$J(x, y)$ と $g_y(x, y)$ は連続だから，命題 3.4.2 の証明のはじめの部分と同様に実数 $e_- < a < e_+$, $b_- < b < b_+$ で縦線集合 $E = (e_-, e_+) \times [b_-, b_+]$ が U に含まれ E で $J(x, y) > 0$, $g_y(x, y) > 0$ となるものがある．

この e_-, e_+, b_-, b_+ に対し，$e_- < x < e_+$, $g(x, b_-) < t < g(x, b_+)$ で定義された縦線開集合を Z で表わす．陰関数定理（命題 3.4.1 と命題 3.4.2）より，$g(x, y) = t$ を y について解いて定まる関数 $y = h(x, t)$ は Z で定義された連続微分可能な関数であり，Z で $b_- < h(x, t) < b_+$ をみたす．Z で定義された関数 $j(x, t)$ を $j(x, t) = f(x, h(x, t))$ で定める．$h(x, t)$ は連続微分可能だか

ら，系 3.3.3 より $j(x,t)$ は連続微分可能である．連鎖律 (3.13) と (3.26) より

$$j_x(x,t) = f_x(x,h(x,t)) + f_y(x,h(x,t))h_x(x,t) \tag{3.39}$$
$$= f_x(x,h(x,t)) + f_y(x,h(x,t))\frac{-g_x(x,h(x,t))}{g_y(x,h(x,t))} = \frac{J(x,h(x,t))}{g_y(x,h(x,t))} > 0$$

である．

$g(a,b_-) < d = g(a,b) < g(a,b_+)$ で $g(x,y)$ は連続だから，系 3.4.4 の証明と同様に，$g(a,b_-) < l_- < d < l_+ < g(a,b_+)$ をみたす l_-, l_+ と $e_- < a_- < a < a_+ < e_+$ で $[a_-, a_+]$ で $g(x,b_-) < l_- < d < l_+ < g(x,b_+)$ となるものが存在する．$j(x,t)$ も連続だから，$c_- < c < c_+$ と $l_- < d_- < d < d_+ < l_+$ で，(d_-, d_+) で $j(a_-,t) < c_-$，$c_+ < j(a_+,t)$ となるものが存在する．

$W = (a_-, a_+) \times (b_-, b_+)$，$V = (c_-, c_+) \times (d_-, d_+)$ とおく．(3.39) より $j(x,t)$ に陰関数定理（命題 3.4.1 と命題 3.4.2）を適用できて，$j(x,t) = s$ を x について解いて定まる関数 $x = p(s,t)$ は V で定義された連続微分可能な関数であり V で $a_- < p(s,t) < a_+$ をみたす．V で定義された関数 $q(s,t)$ を $q(s,t) = h(p(s,t),t)$ で定める．$h(x,t)$ は連続微分可能だから，系 3.3.3 より $q(s,t)$ も連続微分可能である．

$W, V, p(s,t), q(s,t)$ が条件をみたすことを示す．V で $a_- < p(s,t) < a_+$ だから，$(p(s,t),t)$ は $(a_-, a_+) \times (d_-, d_+) \subset Z$ の点である．Z で $b_- < h(x,t) < b_+$ だから，V で $(p(s,t), q(s,t)) = (p(s,t), h(p(s,t),t))$ は W の点である．よって (k,l) が V の点なら，$(u,v) = (p(k,l), q(k,l))$ は W の点である．$v = h(p(k,l), l) = h(u,l)$ だから $l = g(u,v)$ である．さらに $u = p(k,l)$ だから $k = j(u,l) = f(u, h(u,l)) = f(u,v)$ である．

逆に (u,v) を $f(u,v) = k, g(u,v) = l$ をみたす W の点とすると，$v = h(u,l)$ である．さらに $j(u,l) = f(u, h(u,l)) = k$ だから $u = p(k,l)$ である．よって，$f(u,v) = k, g(u,v) = l$ をみたす W の点 (u,v) は $(p(k,l), q(k,l))$ ただ 1 つである．

$J(a,b) < 0$ や $g_y(a,b) < 0$ の場合も同様である．$g_y(a,b) = 0$ の場合は仮定 $J(a,b) \neq 0$ より $f_y(a,t) \neq 0$，$g_x(a,b) \neq 0$ である．よって x と y の役割をいれかえれば同様である．$f(x,y)$ と $g(x,y)$ の役割をいれかえてもよい． □

これから解説する写像のことばを使うと命題 3.5.1 の関数 $p(s,t), q(s,t)$ は $f(x,y), g(x,y)$ が定める写像の逆写像を定めるので，$p(s,t), q(s,t)$ の偏導関数

についての命題 3.5.3 とあわせて**逆写像定理** (inverse mapping theorem) という．命題 3.5.1 は，逆写像が少なくとも局所的には定義されるための十分条件を，その点での偏微分係数のなす行列に逆行列があるという条件で与えている．これは 1 次近似に逆があればもとの写像にも逆があるということで，微分が 1 次近似であるという考えを端的に表わしている性質である．

1 変数関数の対 $(p(t),q(t))$ が平面内の曲線を表わすように，2 変数関数の対 $(f(x,y),g(x,y))$ は平面から平面への写像を定めると考える．2 変数関数の対をベクトル値の関数と考えることもできるが，これは 7.4 節で扱う．

$f(x,y),g(x,y)$ を平面の開集合 U で定義された関数とする．U の点 $P=(u,v)$ に対し点 $(f(u,v),g(u,v))$ を $F(P)=F(u,v)$ で表わし，U の点 P に対し平面 $\mathbf{R}^2$ の点 $F(P)$ が定まると考える．このとき，$F(x,y)=(f(x,y),g(x,y))$ は U から $\mathbf{R}^2$ への**写像** (mapping) を定めるといい，$F:U\to\mathbf{R}^2$ で表わす．$f(x,y),g(x,y)$ が連続関数であるとき $F(x,y)$ は**連続写像**であるという．

連続写像 $F:U\to\mathbf{R}^2$ のグラフは 4 次元空間内の曲面なので，簡単には視覚化できない．写像を図示するには次のような方法がある．1 つは，定義域のなかの座標軸と平行な直線の $F(x,y)$ による像を図示するものである．2 変数関数 $f(x,y),g(x,y)$ で y を定数 b とおいたものは 1 変数関数の対 $f(x,b),g(x,b)$ だから，これは曲線のパラメータ表示を与える．この曲線を，写像 $F(x,y)$ による直線 $y=b$ の**像** (image) という（問題 3.5.3.3 の略解の図）．

もう 1 つは，$f(x,y)$ や $g(x,y)$ の値が一定という条件で定まる定義域内の曲線を図示するものである．陰関数定理が適用できる場合には，方程式 $f(x,y)=c$ や $g(x,y)=d$ は xy 平面内の曲線を定める（問題 3.5.3.2 の略解の図）．

$f(x,y),g(x,y)$ が点 $(x,y)=(a,b)$ で微分可能であるとき写像 $F(x,y)$ は $(x,y)=(a,b)$ で**微分可能**であるという．行列 $\begin{pmatrix} f_x(a,b) & f_y(a,b) \\ g_x(a,b) & g_y(a,b) \end{pmatrix}$ を $(x,y)=(a,b)$ での $F(x,y)$ の**微分係数**とよび，$F'(a,b)$ で表わす．$L(x,y)=F(a,b)+F'(a,b)\begin{pmatrix} x-a \\ y-b \end{pmatrix}=\begin{pmatrix} f(a,b)+f_x(a,b)(x-a)+f_y(a,b)(y-b) \\ g(a,b)+g_x(a,b)(x-a)+g_y(a,b)(y-b) \end{pmatrix}$ は $F(x,y)$ をもっともよく近似する **1 次写像** (affine mapping) である．

$f(x,y),g(x,y)$ が定義域 U の各点で微分可能であるとき，$F(x,y)$ は U で微分可能であるといい，各成分が関数の行列 $\begin{pmatrix} f_x(x,y) & f_y(x,y) \\ g_x(x,y) & g_y(x,y) \end{pmatrix}$ を $F(x,y)$

の**導関数**とよび, $F'(x,y)$ で表わす. $F'(x,y)$ の各成分が連続なとき, $F(x,y)$ は**連続微分可能**であるという. 導関数 $F'(x,y)$ は, 値が行列の関数と考えることもできる. $F'(x,y)$ の行列式

$$J(x,y) = \det F'(x,y) = f_x(x,y)g_y(x,y) - f_y(x,y)g_x(x,y) \tag{3.40}$$

を $F(x,y)$ の**ヤコビアン** (Jacobian) という.

$p(s,t), q(s,t)$ を平面の開集合 V で定義された関数とし, $P(s,t) = (p(s,t), q(s,t))$ とおく. V の任意の点 (u,v) に対し, $P(u,v)$ が $F(x,y) = (f(x,y), g(x,y))$ の定義域 U の点であるとする. このとき, 合成関数の対が定める写像 $F(P(s,t)) = (f(p(s,t),q(s,t)), g(p(s,t),q(s,t)))$ を $F(x,y)$ と $P(s,t)$ の**合成写像** (composition) とよぶ. $F(x,y)$ と $P(s,t)$ が微分可能なら合成写像 $G(s,t) = F(P(s,t))$ も微分可能で, 連鎖律 (3.13) よりその導関数は行列の積

$$G'(s,t) = F'(P(s,t)) \cdot P'(s,t) \tag{3.41}$$

である. これも**連鎖律**とよぶ.

平面の写像に対しても**基本不等式**がなりたつ. 行列 $A = \begin{pmatrix} a & b \\ c & d \end{pmatrix}$ に対し, 2.1 節のように $|A| = \sqrt{a^2+b^2+c^2+d^2}$ とおく.

命題 3.5.2 $F(x,y) = (f(x,y), g(x,y))$ を平面の開集合 U で定義された連続微分可能な写像とし, 線分 PQ が U に含まれるとする. 線分 PQ 上で $|F'(x,y)| \leqq M$ ならば, $d(F(P), F(Q)) \leqq M \cdot d(P,Q)$ である. ∎

証明 P, Q の位置ベクトルをそれぞれ $\boldsymbol{a}, \boldsymbol{b}$ で表わし, $F(P)$ を始点, $F(Q)$ を終点とする $[0,1]$ で定義された曲線を $\boldsymbol{p}(t) = F((1-t)\boldsymbol{a} + t\boldsymbol{b})$ で定める. 連鎖律 (3.14) より, $\boldsymbol{p}'(t) = F'((1-t)\boldsymbol{a} + t\boldsymbol{b})(\boldsymbol{b} - \boldsymbol{a})$ である. 補題 2.1.8.1 より $|\boldsymbol{p}'(t)| \leqq |F'((1-t)\boldsymbol{a} + t\boldsymbol{b})||\boldsymbol{b} - \boldsymbol{a}| \leqq M \cdot d(P,Q)$ だから, 基本不等式 (命題 3.1.10) より $d(F(P), F(Q)) = |\boldsymbol{p}(1) - \boldsymbol{p}(0)| \leqq M \cdot d(P,Q)$ である. □

平面の写像のもっとも基本的な例が 1 次変換である. a,b,c,d を定数とし, $f(x,y) = ax+by$, $g(x,y) = cx+dy$ とする. $A = \begin{pmatrix} a & b \\ c & d \end{pmatrix}$ とすれ

ば $\begin{pmatrix} f(x,y) \\ g(x,y) \end{pmatrix} = A \begin{pmatrix} x \\ y \end{pmatrix}$ である．この本では，$(ax+by, cx+dy)$ を記号 $F_A(x,y)$ で表わすことにする．$F_A(x,y)$ は平面の点を平面の点にうつす写像 $F_A \colon \mathbf{R}^2 \to \mathbf{R}^2$ を定める．これを行列 A が定める **1 次変換** (linear transformation) とよぶ．A が回転行列 $R(\theta) = \begin{pmatrix} \cos\theta & -\sin\theta \\ \sin\theta & \cos\theta \end{pmatrix}$ のときは，1 次変換 $F_{R(\theta)} \colon \mathbf{R}^2 \to \mathbf{R}^2$ は原点を中心とする角 θ の**回転**である．

1 次変換 $F_A(x,y) = (f(x,y), g(x,y))$ は連続微分可能で，導関数 $F_A'(x,y)$ は定数行列 A である．ヤコビアンは行列式 $\det A = ad - bc$ である．

A が単位行列 $\mathbf{1}$ のときは，1 次変換 $F_1 \colon \mathbf{R}^2 \to \mathbf{R}^2$ はどの点も動かさない**恒等** (identity) **写像**である．B も行列ならば，$F_A \colon \mathbf{R}^2 \to \mathbf{R}^2$ と $F_B \colon \mathbf{R}^2 \to \mathbf{R}^2$ の合成写像 $F_A(F_B(x,y))$ は，行列とベクトルの積の結合則 $A(B\boldsymbol{x}) = (AB)\boldsymbol{x}$ より，行列の積 AB が定める 1 次変換 $F_{AB} \colon \mathbf{R}^2 \to \mathbf{R}^2$ である．

A が可逆行列なら $\det A \neq 0$ である．A の逆行列 $A^{-1} = \dfrac{1}{\det A} \begin{pmatrix} d & -b \\ -c & a \end{pmatrix}$ が定める 1 次変換 $F_{A^{-1}} \colon \mathbf{R}^2 \to \mathbf{R}^2$ は，$F_{A^{-1}}(F_A(x,y)) = F_A(F_{A^{-1}}(x,y)) = F_1(x,y) = (x,y)$ をみたす．これは $F_{A^{-1}} \colon \mathbf{R}^2 \to \mathbf{R}^2$ が $F_A \colon \mathbf{R}^2 \to \mathbf{R}^2$ の**逆写像**であることを表わしている．

$\boldsymbol{a}$ と $\boldsymbol{b}$ が線形独立なベクトルならば，$\boldsymbol{a}$ と $\boldsymbol{b}$ がはる平行 4 辺形は，1 次変換 $F_A \colon \mathbf{R}^2 \to \mathbf{R}^2$ によってベクトル $A\boldsymbol{a}$ と $A\boldsymbol{b}$ がはる平行 4 辺形にうつされる．直線 $y=k$ の $F_A(x,y)$ による像は，点 (bk, dk) をとおりベクトル $\begin{pmatrix} a \\ c \end{pmatrix}$ に平行な直線である．$f(x,y) = l$ で定まる曲線は直線 $ax+by = l$ である．

実数を直線の点と考えたように，複素数を平面の点と考えることができる．**複素数** (complex number) $a + b\sqrt{-1}$ を実数の対 (a,b) と考え，それをさらに平面 $\mathbf{R}^2$ の点と考える．このように平面の点を複素数と考えるとき，平面 $\mathbf{R}^2$ を**複素平面** (complex plane) とよび $\mathbf{C}$ で表わす．**ガウス平面**とよぶこともある．$a + b\sqrt{-1}$ 倍が定める複素平面から複素平面への写像は，$(a + b\sqrt{-1})(x + y\sqrt{-1}) = (ax - by) + (ay + bx)\sqrt{-1}$ だから，行列 $a\mathbf{1} + b\boldsymbol{i} = \begin{pmatrix} a & -b \\ b & a \end{pmatrix}$ が定める 1 次変換である．このように，複素数 $a + b\sqrt{-1}$ は行列 $a\mathbf{1} + b\boldsymbol{i}$ のことであると考えることもできる．

極座標を定める写像も平面の写像の重要な例である．st 平面の $s > 0$ で定まる部分 U で定義された関数を $f(s,t) = s\cos t, g(s,t) = s\sin t$ で定める．$f(s,t), g(s,t)$ は U の点 (s,t) を xy 平面の点 $F(s,t) = (s\cos t, s\sin t)$ にうつす写像 $F\colon U \to \mathbf{R}^2$ を定める．$F(s,t)$ は連続微分可能であり，導関数は

$$F'(s,t) = \begin{pmatrix} \cos t & -s\sin t \\ \sin t & s\cos t \end{pmatrix} \tag{3.42}$$

で，ヤコビアンは $s > 0$ である．U 内の半直線 $s > 0,\ t = b$ の写像 $F(s,t)$ による像は原点を始点とする半直線 $(s\cos b, s\sin b)\ (s > 0)$ であり，直線 $s = a > 0$ の像は原点を中心とする半径 a の円 $x^2 + y^2 = a^2$ である．

$F(x,y) = (f(x,y), g(x,y))$ を平面の開集合 U で定義された連続微分可能な写像とする．命題 3.5.1 では $F(P(s,t)) = (s,t)$ をみたす連続微分可能な写像 $P(s,t) = (p(s,t), q(s,t))$ を調べた．連鎖律 (3.41) より，$F'(P(s,t))P'(s,t) = \mathbf{1}$ であり $J(P(s,t)) \det P'(s,t) = 1$ だから，ヤコビアンが 0 でないという条件は $P(s,t)$ が存在するための必要条件である．

一方，極座標の例が示すように，この条件は十分条件ではない．しかし命題 3.5.1 によれば，$J(a,b) \neq 0$ なら少なくとも $(s,t) = (f(a,b), g(a,b))$ の近くでは逆写像 $P(s,t)$ が存在する．これはヤコビアンが 0 でないという条件が，$P(s,t)$ が局所的には存在するための十分条件であることを表わしている．

命題 3.5.3 $f(x,y), g(x,y)$ を平面の開集合 U で定義された連続微分可能な関数とし，$J(x,y) = f_x(x,y)g_y(x,y) - f_y(x,y)g_x(x,y)$ とおく．U で $J(x,y) \neq 0$ であるとする．

1. 写像 $F(x,y) = (f(x,y), g(x,y))$ による U の**像** $F(U) = \{F(x,y) \mid (x,y)\ \text{は}\ U\ \text{の点}\}$ は平面の開集合である．

2. 平面の開集合 V の任意の点 (k,l) に対し，$f(u,v) = k, g(u,v) = l$ をみたす U の点 (u,v) がただ 1 つ存在するとする．V で定義された関数 $p(s,t), q(s,t)$ を，V の点 (k,l) に対し $f(u,v) = k,\ g(u,v) = l$ をみたす U の点 (u,v) の座標を $u = p(k,l),\ v = q(k,l)$ とおくことで定める．

このとき，$p(s,t), q(s,t)$ は V で連続微分可能であり

$$\begin{pmatrix} p_s(s,t) & p_t(s,t) \\ q_s(s,t) & q_t(s,t) \end{pmatrix} = \begin{pmatrix} f_x(p(s,t),q(s,t)) & f_y(p(s,t),q(s,t)) \\ g_x(p(s,t),q(s,t)) & g_y(p(s,t),q(s,t)) \end{pmatrix}^{-1} \quad (3.43)$$
$$= \frac{1}{J(p(s,t),q(s,t))} \begin{pmatrix} g_y(p(s,t),q(s,t)) & -f_y(p(s,t),q(s,t)) \\ -g_x(p(s,t),q(s,t)) & f_x(p(s,t),q(s,t)) \end{pmatrix}$$

である. ∎

命題 3.5.3.2 は,逆関数の微分の公式(命題 1.5.4)の類似である.

証明 1. (k,l) を $F(U)$ の点とし,(u,v) を $(k,l) = F(u,v)$ をみたす U の点とする.$J(u,v) \neq 0$ である.命題 3.5.1 より,(u,v) を含み U に含まれる開区間 W と (k,l) を含む開区間 V で,命題 3.5.1 の条件をみたすものがある.この V は $F(U)$ に含まれる.よって,$F(U)$ は開集合である.

2. (k,l) を V の点とする.命題 3.5.1 より,$(u,v) = (p(k,l), q(k,l))$ を含み U に含まれる開区間 W と (k,l) を含む開区間 V' で,命題 3.5.1 の条件をみたすものがある.共通部分 $V'' = V \cap V'$ は (k,l) を含む開集合であり,V'' の任意の点 (s,t) に対し $(s,t) = F(x,y)$ をみたす U のただ 1 つの点 $(x,y) = (p(s,t), q(s,t))$ は W に含まれる.命題 3.5.1 より $p(s,t), q(s,t)$ は V'' で連続微分可能である.よって $p(s,t), q(s,t)$ は V で連続微分可能である.

$f(p(s,t), q(s,t)) = s$, $g(p(s,t), q(s,t)) = t$ だから,連鎖律 (3.41) より

$$\begin{pmatrix} f_x(p(s,t),q(s,t)) & f_y(p(s,t),q(s,t)) \\ g_x(p(s,t),q(s,t)) & g_y(p(s,t),q(s,t)) \end{pmatrix} \begin{pmatrix} p_s(s,t) & p_t(s,t) \\ q_s(s,t) & q_t(s,t) \end{pmatrix} = \begin{pmatrix} 1 & 0 \\ 0 & 1 \end{pmatrix}$$

である.よって,(3.43) がなりたつ. □

関数の対 $(f(x,y), g(x,y))$ は写像を定めるが,命題 3.5.3.2 の条件がみたされさらに $V = F(U)$ であるときには,U の点の新しい座標を定めると考えることもできる.U の点 (u,v) は実数の対 $(f(u,v), g(u,v))$ を定め,逆に (k,l) が $V = F(U)$ の点なら,U の点 $(p(k,l), q(k,l))$ が定まる.このとき,(k,l) を U の点 $(p(k,l), q(k,l))$ の新しい座標と考えられる.

方程式 $f(x,y) = k$ や $g(x,y) = l$ で定まる U の部分は曲線なので,このようにして定まる座標を**曲線座標** (curvilinear coordinates) ともいう.関数の対が写像を定めると考えるときは関数の対は点を点にうつすと考えるのに対し,関数の対が座標を定めると考えるときは同じ点の違う表示と考える.

例 3.5.4 1. a を実数とし, $f(s,t) = s\cos t, g(s,t) = s\sin t$ の定義域を開区間 $U_a = (0,\infty) \times (a, a+2\pi)$ と考える. 平面から半直線 $\{(s\cos a, s\sin a) \mid s \geqq 0\}$ をのぞいたものを V_a とすると, 系 2.1.10.2 より V_a の任意の点 (k,l) に対し $(k,l) = (f(u,v), g(u,v))$ をみたす U_a の点 (u,v) がただ 1 つ存在する.

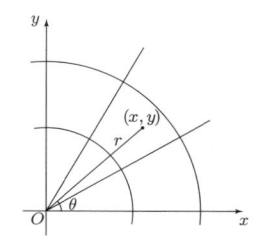

$r(k,l) = u, \theta(k,l) = v$ とおくことで V_a で定義された関数 $r(x,y), \theta(x,y)$ を定めると, $x = r(x,y)\cos\theta(x,y), y = r(x,y)\sin\theta(x,y)$ であり, 逆写像定理より $r(x,y), \theta(x,y)$ は連続微分可能である. $r(x,y) = \sqrt{x^2+y^2}$ である. $-\frac{3}{2}\pi \leqq a \leqq -\frac{1}{2}\pi$ なら $x > 0$ に対し $\theta(x,y) = \arctan\frac{y}{x}$ である. $r(x,y), \theta(x,y)$ は点 (x,y) の極座標である.

(3.43) と (3.42) より

$$\begin{pmatrix} r_x(x,y) & r_y(x,y) \\ \theta_x(x,y) & \theta_y(x,y) \end{pmatrix} = \begin{pmatrix} \cos\theta(x,y) & -r(x,y)\sin\theta(x,y) \\ \sin\theta(x,y) & r(x,y)\cos\theta(x,y) \end{pmatrix}^{-1} \quad (3.44)$$

$$= \frac{1}{r(x,y)} \begin{pmatrix} r(x,y)\cos\theta(x,y) & r(x,y)\sin\theta(x,y) \\ -\sin\theta(x,y) & \cos\theta(x,y) \end{pmatrix} = \begin{pmatrix} \dfrac{x}{\sqrt{x^2+y^2}} & \dfrac{y}{\sqrt{x^2+y^2}} \\ -\dfrac{y}{x^2+y^2} & \dfrac{x}{x^2+y^2} \end{pmatrix}$$

である.

2. $\boldsymbol{a}, \boldsymbol{b}$ を線形独立なベクトルとし, $A = \begin{pmatrix} \boldsymbol{a} & \boldsymbol{b} \end{pmatrix}$ を $\boldsymbol{a}, \boldsymbol{b}$ をならべて得られる可逆行列とする. 平面の点 (x,y) に対し, $\begin{pmatrix} s \\ t \end{pmatrix} = A^{-1}\begin{pmatrix} x \\ y \end{pmatrix}$ とおくと, (s,t) は $(x,y) = s\boldsymbol{a} + t\boldsymbol{b}$ をみたすただ 1 つの実数の対である. このとき, (s,t) を基底 $\boldsymbol{a}, \boldsymbol{b}$ に関する点 (x,y) の座標と考える. 行列 A を, 標準基底 $\begin{pmatrix} 1 \\ 0 \end{pmatrix}, \begin{pmatrix} 0 \\ 1 \end{pmatrix}$ から $\boldsymbol{a}, \boldsymbol{b}$ への**底の変換行列**という. ∎

3 変数以上の場合にも, 多変数関数の組は空間から空間への写像を定め, 逆写像定理もなりたつ.

> **まとめ**
> ・2変数関数の対は，平面の点を平面の点にうつす写像を定める．写像の導関数は偏導関数をならべて得られる行列であり，連鎖律がなりたつ．
> ・写像の導関数の行列式をヤコビアンという．ヤコビアンが 0 でなければ，連続微分可能な逆写像が局所的には存在する．そのとき，それぞれの関数を定数とおいて定まる曲線は横断的に交わる．逆写像の導関数は，もとの写像の導関数の逆行列で表わせる．

問題

A 3.5.1 いたるところ定義された 2 変数関数 $f(x,y)$ と $g(x,y)$ を，$f(x,y) = xy$, $g(x,y) = -x + y$ で定める．$J(x,y) = f_x(x,y)g_y(x,y) - f_y(x,y)g_x(x,y)$ とおく．

1. 開区間 $(0,\infty) \times (-\infty,\infty)$ で定義された連続関数 $h(x,t)$ で $g(x,h(x,t)) = t$ をみたすものを求めよ．

2. $j(x,t) = f(x,h(x,t))$ とおく．$j_x(x,t) = \dfrac{J(x,h(x,t))}{g_y(x,h(x,t))}$ を示し，$j(x,t)$ は $x > -\dfrac{t}{2}$ では x について単調増加であることを示せ．

3. st 平面の $s > -\dfrac{t^2}{4}$ で定まる部分で定義された連続関数 $p(s,t) > -\dfrac{t}{2}$ で，$j(p(s,t),t) = s$ をみたすものを求めよ．

4. $q(s,t) = h(p(s,t),t)$ を求め，$f(p(s,t),q(s,t)) = s$, $g(p(s,t),q(s,t)) = t$ を示せ．

5. 偏導関数 $p_s(s,t)$, $p_t(s,t)$, $q_s(s,t)$, $q_t(s,t)$ を求め，(3.43) を確かめよ．

6. U を $1 < x < y < 2$ で定まる xy 平面の開集合とし，V を $0 < t < s-1, s+2t < 4$ で定まる st 平面の開集合とする．写像 $F(x,y) = (f(x,y),g(x,y))$ は U の点と V の点の間に 1 対 1 対応を定めることを示せ．

A 3.5.2 st 平面で定義された写像 $F(s,t)$ を $F(s,t) = (s+t, 4st)$ で定める．U を st 平面の $s > t$ の部分とし，V を xy 平面の部分 $x^2 > y$ とする．

1. V で定義された連続微分可能な写像 $P(x,y)$ で，V の任意の点 (x,y) に対し $P(x,y)$ は U の点であり $(x,y) = F(P(x,y))$ をみたすものを求めよ．

2. $F(s,t)$ は U の点を V の点に 1 対 1 にうつすことを示せ．

3. (3.43) を使って $P'(x,y)$ を求めよ．

A 3.5.3 いたるところ定義された関数 $f(x,y) = x^2 - y^2$, $g(x,y) = 2xy$ が定める写像を $F(x,y) = (f(x,y),g(x,y))$ で表わす．

st 平面から s 軸の $s \leqq 0$ の部分をのぞいたものを V とする．V で定義された関数 $p(s,t), q(s,t)$ を，$p(s,t) = \sqrt{\dfrac{\sqrt{s^2+t^2}+s}{2}}$, $q(s,t) = \dfrac{t}{|t|}\sqrt{\dfrac{\sqrt{s^2+t^2}-s}{2}}$ で定める．$t = 0$ のときは $q(s,0) = 0$ とおく．

1. $f(p(s,t),q(s,t)) = s$, $g(p(s,t),q(s,t)) = t$ を示せ．

2. 実数 $k \neq 0, l \neq 0$ に対し，それぞれ $f(x,y) = k$, $g(x,y) = l$ で定まる曲線を求めよ．$k = \pm 1, l = \pm 1$ のものを図示せよ．

3. 直線 $x = a$ の写像 $F(x,y)$ による像を求めよ．直線 $y = b$ の写像 $F(x,y)$ による像も求めよ．$a = 1, 2, b = 1, 2$ のものを図示せよ．

4. U を xy 平面の $-x < y < x$ で定まる部分とし，W を st 平面の $s > 0$ で定まる部分とする．写像 $(s,t) = F(x,y)$ により，U の点と W の点は 1 対 1 に対応することを示せ．

5. $O = (0,0)$, $A = (1,0)$, $B = \left(\sqrt{\frac{\sqrt{2}+1}{2}}, \sqrt{\frac{\sqrt{2}-1}{2}}\right)$, $C = \left(\frac{1}{\sqrt{2}}, \frac{1}{\sqrt{2}}\right)$ とおく．線分 OA と，双曲線 $x^2 - y^2 = 1$ の A と B の間の部分と，双曲線 $2xy = 1$ の B と C の間の部分と，線分 CO でかこまれた部分を D で表わす．閉区間 $E = [0,1] \times [0,1]$ の任意の点 (z,w) に対し D の点 (u,v) で $(f(u,v), g(u,v)) = (z,w)$ をみたすものがただ 1 つ存在することを示せ．

A 3.5.4 1. 複素平面 **C** から **C** への写像 $F(x,y) = (f(x,y), g(x,y))$ を $f(x,y) + g(x,y)i = (x+yi)^2$ で定める．写像 $F(x,y)$ を $\mathbf{R}^2$ としての座標を使って表わせ．

2. 複素平面 **C** の原点をのぞいて定義された **C** への写像を $\dfrac{1}{x+yi}$ で定める．この写像を $\mathbf{R}^2$ としての座標を使って表わせ．

B 3.5.5 $f(x,y), g(x,y)$ を平面の開集合 U で定義された連続微分可能な関数とし，$f_x(x,y)g_y(x,y) - f_y(x,y)g_x(x,y) = 0$ とする．(a,b) を U の点とし，$g_y(a,b) \neq 0$ とする．このとき，(a,b) を含み U に含まれる開区間 V と，$c = g(a,b)$ を含む開区間で定義された連続微分可能な関数 $F(z)$ で，V で $f(x,y) = F(g(x,y))$ をみたすものが存在することを示せ．

第 3 章の問題の略解

3.1.1 1. 多項式 $x^2 + y^2, 2xy$ が定める関数はいたるところ連続である．$(x,y) \neq (0,0)$ なら $x^2 + y^2 \neq 0$ だから $f(x,y) = \dfrac{2xy}{x^2+y^2}$ も連続である．

2. そのような $g(x,y)$ が存在したとすると $g(0,0) = \lim_{x \to 0} g(x,0) = 0$ でなくてはいけないが，$g(0,0) = \lim_{t \to 0} g(t,t) = 1$ でなくてもいけないから矛盾である．

3.1.2 (1)$\Rightarrow$(2)：$g(x,y)$ を．$x \neq y$ なら $g(x,y) = \dfrac{f(x) - f(y)}{x - y}$ と $g(x,x) = f'(x)$ で定義する．$f(x)$ は連続だから，$x \neq y$ なら $g(x,y) = \dfrac{f(x) - f(y)}{x - y}$ も連続である．$a < c < b$ とし $g(x,y)$ が (c,c) で連続なことを示す．$q > 0$ とし，開区間 $(c-r, c+r)$ で $|f'(x) - f'(c)| \leqq q$ とし，(x,y) を $(c-r, c+r) \times (c-r, c+r)$ の点とすると，基本不等式 (系 1.4.5.2) より $|f(x) - f(y) - f'(c)(x-y)| \leqq q|x-y|$ である．よって，$x \neq y$ とすると $|g(x,y) - f'(c)| = \left|\dfrac{f(x) - f(y)}{x - y} - f'(c)\right| \leqq q$ であり，$x = y$ のときも $|g(x,x) - f'(c)| = |f'(x) - f'(c)| \leqq q$ である．

(2)⇒(1)：$x \neq y$ なら $g(x,y) = \dfrac{f(x)-f(y)}{x-y}$ だから，$f'(x) = g(x,x)$ である．よって，$f(x)$ は微分可能で $f'(x)$ は連続関数である．

3.2.1 (1) $\lim_{x \to 0} \dfrac{|x|}{\sqrt{x^2+0^2}} = 1$ であり，$\lim_{y \to 0} \dfrac{0}{\sqrt{0^2+y^2}} = 0$ だから収束しない．

(2) $0 < \sqrt{x^2+y^2} < r$ なら $|x\log(x^2+y^2)| < 2r|\log r|$ である．$\lim_{r \to +0} 2r\log r = 0$ だから，補題 3.1.4 より $\lim_{(x,y) \to (0,0)} x\log(x^2+y^2) = 0$ である．

3.2.2 1. $x^2+y^2-(5+2(x-1)+4(y-2)) = (x-1)^2+(y-2)^2 = o(\sqrt{(x-1)^2+(y-2)^2})$.

2. 1. より $z = 2(x-1) + 4(y-2) + 5 = 2x + 4y - 5$．

3.2.3 1. 合成関数の微分（命題 3.2.10.1）を $g(x,y) = px+qy$, $h(x,y) = rx+sy$ に適用すれば $f(px+qy, rx+sy)$ は $(x,y) = (c,d)$ で微分可能である．$g'(c,d) = \begin{pmatrix} p & q \end{pmatrix}$, $h'(c,d) = \begin{pmatrix} r & s \end{pmatrix}$ だから，連鎖律より求める微分係数は $f'(a,b) \begin{pmatrix} p & q \\ r & s \end{pmatrix}$．

2. $(p(c), q(c)) = (a,b)$ とする．$f'(a,b) = \begin{pmatrix} b & a \end{pmatrix}$ だから，連鎖律より $(p(t)q(t))'|_{t=c} = f'(a,b) \begin{pmatrix} p'(c) \\ q'(c) \end{pmatrix} = a \cdot q'(c) + b \cdot p'(c)$ である．

3.2.4 $g(x,y) = f(x,y) - (ax+by)$ とおく．U のすべての点 (p,q) に対し $g'(p,q) = \begin{pmatrix} 0 & 0 \end{pmatrix}$ だから，系 3.2.14 より，$g(x,y)$ は定数関数である．

3.2.5 1. $\dfrac{d}{dr} f(r\cos t, r\sin t) = \dfrac{d}{dr}(rg(t)) = g(t)$ である．

2. (1)⇒(2)：$f'(0,0) = \begin{pmatrix} a & b \end{pmatrix}$ とすると，1. と連鎖律より $g(t) = a\cos t + b\sin t$.
(2)⇒(1)：$g(t) = a\cos t + b\sin t$ なら $f(x,y) = ax + by$ である．

3.3.1 1. (1) $\dfrac{\partial}{\partial x} \dfrac{x-y}{x+y} = \dfrac{2y}{(x+y)^2}$, $\dfrac{\partial}{\partial y} \dfrac{x-y}{x+y} = \dfrac{-2x}{(x+y)^2}$.

(2) $\dfrac{\partial}{\partial x} \log(x^2+y^2) = \dfrac{2x}{x^2+y^2}$, $\dfrac{\partial}{\partial y} \log(x^2+y^2) = \dfrac{2y}{x^2+y^2}$.

2. (1) $f(\cos t, \sin t)' = \dfrac{2\sin t}{(\cos t + \sin t)^2} \cdot (-\sin t) + \dfrac{-2\cos t}{(\cos t + \sin t)^2} \cdot \cos t = \dfrac{-2}{(\cos t + \sin t)^2}$. (2) $f(e^t, e^{-t})' = \dfrac{2e^t}{e^{2t}+e^{-2t}} \cdot e^t + \dfrac{2e^{-t}}{e^{2t}+e^{-2t}} \cdot (-e^{-t}) = \dfrac{2e^{2t} - 2e^{-2t}}{e^{2t}+e^{-2t}}$.

3. (1) $\dfrac{\partial}{\partial s} f(s^2-t^2, 2st) = \dfrac{4st}{(s^2-t^2+2st)^2} \cdot 2s + \dfrac{-2(s^2-t^2)}{(s^2-t^2+2st)^2} \cdot 2t = \dfrac{4(s^2+t^2)t}{(s^2-t^2+2st)^2}$,

$\dfrac{\partial}{\partial t} f(s^2-t^2, 2st) = \dfrac{4st}{(s^2-t^2+2st)^2} \cdot (-2t) + \dfrac{-2(s^2-t^2)}{(s^2-t^2+2st)^2} \cdot 2s = \dfrac{-4(s^2+t^2)s}{(s^2-t^2+2st)^2}$.

(2) $\dfrac{\partial}{\partial s} f(s+t, s-t) = \dfrac{2(s+t)}{(s+t)^2+(s-t)^2} + \dfrac{2(s-t)}{(s+t)^2+(s-t)^2} = \dfrac{2s}{s^2+t^2}$,

$\dfrac{\partial}{\partial t} f(s+t, s-t) = \dfrac{2(s+t)}{(s+t)^2+(s-t)^2} - \dfrac{2(s-t)}{(s+t)^2+(s-t)^2} = \dfrac{2t}{s^2+t^2}$.

第 3 章の問題の略解 | 135

3.3.2 1. (3.16) より $\dfrac{\partial g}{\partial r}(r,\theta) = \dfrac{\partial f}{\partial x}(r\cos\theta, r\sin\theta)\cdot\cos\theta + \dfrac{\partial f}{\partial y}(r\cos\theta, r\sin\theta)\cdot\sin\theta$, $\dfrac{\partial g}{\partial \theta}(r,\theta) = -\dfrac{\partial f}{\partial x}(r\cos\theta, r\sin\theta)\cdot r\sin\theta + \dfrac{\partial f}{\partial y}(r\cos\theta, r\sin\theta)\cdot r\cos\theta$ である.

2. 問題の条件は，すべての $0 \leqq \varphi < 2\pi$ に対し $r > 0$ で定義された関数 $g(r,\varphi)$ が定数関数ということである．これは $\dfrac{\partial g}{\partial r}(r,\theta)$ が定数関数 0 ということだから，1. より $\dfrac{\partial f}{\partial x}(x,y)\cdot x + \dfrac{\partial f}{\partial y}(x,y)\cdot y = 0$ と同値である．

3.3.3 命題 3.3.6 より，$\dfrac{\partial}{\partial x}\dfrac{\partial}{\partial y}(x^y) = \dfrac{\partial}{\partial x}(x^y\cdot\log x) = yx^{y-1}\cdot\log x + x^y\cdot(\log x)'$ と $\dfrac{\partial}{\partial y}\dfrac{\partial}{\partial x}(x^y) = \dfrac{\partial}{\partial y}(yx^{y-1}) = x^{y-1} + yx^{y-1}\cdot\log x$ は等しい．よって $(\log x)' = x^{-1}$ である．

3.3.4 1. (3.17) を $f(x,y) = \sqrt{x^2+y^2}, g(r,\theta) = r$ に適用すれば，$\dfrac{\partial}{\partial x}\sqrt{x^2+y^2} = \cos\theta = \dfrac{x}{\sqrt{x^2+y^2}}, \dfrac{\partial}{\partial y}\sqrt{x^2+y^2} = \sin\theta = \dfrac{y}{\sqrt{x^2+y^2}}$ であり，(3.17) をもう 1 度適用すれば，$\dfrac{\partial^2}{\partial x^2}\sqrt{x^2+y^2} = \dfrac{\sin^2\theta}{r} = \dfrac{y^2}{\sqrt{x^2+y^2}^3}, \dfrac{\partial^2}{\partial y^2}\sqrt{x^2+y^2} = \dfrac{\cos^2\theta}{r} = \dfrac{x^2}{\sqrt{x^2+y^2}^3}, \dfrac{\partial^2}{\partial x\partial y}\sqrt{x^2+y^2} = -\dfrac{\sin\theta}{r}\cdot\cos\theta = -\dfrac{xy}{\sqrt{x^2+y^2}^3}$ である.

2. 1. と同様に $\dfrac{\partial}{\partial x}\arctan\dfrac{y}{x} = -\dfrac{\sin\theta}{r} = \dfrac{-y}{x^2+y^2}, \dfrac{\partial}{\partial y}\arctan\dfrac{y}{x} = \dfrac{\cos\theta}{r} = \dfrac{x}{x^2+y^2}$ であり，$\dfrac{\partial^2}{\partial x^2}\arctan\dfrac{y}{x} = \dfrac{2\cos\theta\sin\theta}{r^2} = \dfrac{2xy}{(x^2+y^2)^2}, \dfrac{\partial^2}{\partial y^2}\arctan\dfrac{y}{x} = -\dfrac{2\cos\theta\sin\theta}{r^2} = \dfrac{-2xy}{(x^2+y^2)^2}, \dfrac{\partial^2}{\partial x\partial y}\arctan\dfrac{y}{x} = \cos\theta\cdot\dfrac{-\cos\theta}{r^2} - \dfrac{\sin\theta}{r}\cdot\dfrac{-\sin\theta}{r} = \dfrac{y^2-x^2}{(x^2+y^2)^2}$ である.

3.3.5 1. $\dfrac{\partial^2}{\partial x^2}(\cos x\cdot e^{-t}) = -\cos x\cdot e^{-t}$ であり，$\dfrac{\partial}{\partial t}(\cos x\cdot e^{-t}) = -\cos x\cdot e^{-t}$ である．

2. $\dfrac{\partial^2}{\partial x^2}f(x,t) = \dfrac{\partial}{\partial x}\left(\left(-\dfrac{x}{2t}\right)\cdot f(x,t)\right) = \left(\left(-\dfrac{x}{2t}\right)^2 - \dfrac{1}{2t}\right)\cdot f(x,t)$ であり，$\dfrac{\partial}{\partial t}f(x,t) = \left(\dfrac{x^2}{4t^2} - \dfrac{1}{2t}\right)\cdot f(x,t)$ である．

3.3.6 1. $\dfrac{\partial^2}{\partial x^2}(\cos x\cos ct) = -\cos x\cos ct$ であり，$\dfrac{\partial^2}{\partial t^2}(\cos x\cos ct) = -c^2\cos x\cos ct$ である．

2. $\dfrac{\partial^2}{\partial x^2}g(x-ct) = \dfrac{\partial}{\partial x}g'(x-ct) = g''(x-ct)$ であり，$\dfrac{\partial^2}{\partial t^2}g(x-ct) = \dfrac{\partial}{\partial t}(-cg'(x-ct)) = c^2g''(x-ct)$ である．

3.3.7 1. (3.17) を 2 回適用すれば，

$$f_{xx}(r\cos\theta,\ r\sin\theta) = \cos\theta\cdot\dfrac{\partial}{\partial r}\left(\cos\theta\cdot g_r(r,\theta) - \dfrac{\sin\theta}{r}\cdot g_\theta(r,\theta)\right) \quad (3.45)$$

$$-\dfrac{\sin\theta}{r}\cdot\dfrac{\partial}{\partial\theta}\left(\cos\theta\cdot g_r(r,\theta) - \dfrac{\sin\theta}{r}\cdot g_\theta(r,\theta)\right)$$

$$= \cos^2\theta\cdot g_{rr}(r,\theta) - \dfrac{2\cos\theta\sin\theta}{r}\cdot g_{r\theta}(r,\theta) + \dfrac{\sin^2\theta}{r^2}\cdot g_{\theta\theta}(r,\theta)$$

$$+ \dfrac{\sin^2\theta}{r}\cdot g_r(r,\theta) + \dfrac{2\cos\theta\sin\theta}{r^2}\cdot g_\theta(r,\theta),$$

$$f_{yy}(r\cos\theta,\ r\sin\theta) = \sin^2\theta \cdot g_{rr}(r,\theta) + \frac{2\cos\theta\sin\theta}{r} \cdot g_{r\theta}(r,\theta) \qquad (3.46)$$
$$+ \frac{\cos^2\theta}{r^2} \cdot g_{\theta\theta}(r,\theta) + \frac{\cos^2\theta}{r} \cdot g_r(r,\theta) - \frac{2\cos\theta\sin\theta}{r^2} \cdot g_\theta(r,\theta).$$

2. 1. より $\quad \Delta f(r\cos\theta, r\sin\theta) = g_{rr}(r,\theta) + \dfrac{1}{r^2} \cdot g_{\theta\theta}(r,\theta) + \dfrac{1}{r} \cdot g_r(r,\theta). \qquad (3.47)$

3.3.8 1. (1) (3.47) より，$\Delta(\log\sqrt{x^2+y^2}) = \dfrac{\partial^2}{\partial r^2}\log r + \dfrac{1}{r}\dfrac{\partial}{\partial r}\log r = -\dfrac{1}{r^2} + \dfrac{1}{r^2} = 0.$
(2) 同様に $\Delta\left(\arctan\dfrac{y}{x}\right) = \dfrac{1}{r^2}\dfrac{\partial^2}{\partial\theta^2}\theta = 0.$
2. $\Delta(ax^2 + bxy + cy^2) = 2(a+c)$ だから，求める条件は $a+c=0$.

3.3.9 $f_x(x,y) = 3x^2 - 3y,\ f_y(x,y) = 3y^2 - 3x$ である．$f_x(x,y) = f_y(x,y) = 0$ の解は $(0,0),(1,1)$ の 2 点であり，極値をとる点あるいは峠点はこの 2 点に限る．

$f_{xx}(x,y) = 6x,\ f_{yy}(x,y) = 6y,\ f_{xy}(x,y) = -3$ だから，$(0,0)$ でのヘッセ行列は $\begin{pmatrix} 0 & -3 \\ -3 & 0 \end{pmatrix}$ である．$0^2 - (-3)^2 < 0$ だから，$(0,0)$ は峠点である．

$(1,1)$ では，$\begin{pmatrix} 6 & -3 \\ -3 & 6 \end{pmatrix}$ であり，$6^2 - (-3)^2 > 0$ だから，$(1,1)$ で極小値をとる．

3.3.10 $f_x(x,y) = 2x(A - \exp(-x^2-y^2)),\ f_y(x,y) = 2y(B - \exp(-x^2-y^2))$ であり，$f_{xx}(x,y) = 2(A - \exp(-x^2-y^2)) + 4x^2\exp(-x^2-y^2),\ f_{xy}(x,y) = f_{yx}(x,y) = 4xy\exp(-x^2-y^2),\ f_{yy}(x,y) = 2(B - \exp(-x^2-y^2)) + 4y^2\exp(-x^2-y^2)$ である．

連立方程式 $f_x(x,y) = 2x(e^{-a^2} - \exp(-x^2-y^2)) = 0,\ f_y(x,y) = 2y(e^{-b^2} - \exp(-x^2-y^2)) = 0$ の解は，$(x,y) = (0,0), (0,\pm b), (\pm a, 0)$ の 5 つである．$1 > A > B$ だから $f_{xx}(0,0) = 2(A-1) < 0,\ f_{xy}(0,0) = 0,\ f_{yy}(0,0) = 2(B-1) < 0$ で，$(0,0)$ で極大値 1 をとる．$f_{xx}(\pm a, 0) = 4a^2 A > 0,\ f_{xy}(\pm a, 0) = 0,\ f_{yy}(\pm a, 0) = 2(B-A) < 0$ だから $(\pm a, 0)$ で極値をとらない．$f_{xx}(0,\pm b) = 2(A-B) > 0,\ f_{xy}(0,\pm b) = 0,\ f_{yy}(0,\pm b) = 4b^2 B > 0$ だから，$(0,\pm b)$ で極小値 $B(1+b^2)$ をとる．

$f(x,y) \geqq B(x^2 + y^2)$ だから $\lim\limits_{(x,y)\to\infty} f(x,y) = \infty$ であり，$f(x,y)$ の最大値はない．$\sqrt{x^2+y^2} \geqq R$ なら $f(x,y) \geqq 1$ とする．最大値の定理（定理 4.1.3）より閉円板 $\sqrt{x^2+y^2} \leqq R$ で $f(x,y)$ は最小値をとり，最小値をとりうる点は $(0,\pm b)$ だけである．よって最小値は $f(0,\pm b) = B(1+b^2)$ である．

3.3.11 1. (3.17) を 2 回適用すれば

$$f_x(r\sin\theta\cos\varphi, r\sin\theta\sin\varphi, r\cos\theta) \qquad (3.48)$$
$$= \cos\varphi \cdot h_s(r\sin\theta, \varphi, r\cos\theta) - \frac{\sin\varphi}{r\sin\theta} \cdot h_\varphi(r\sin\theta, \varphi, r\cos\theta)$$
$$= \cos\varphi \cdot \left(\sin\theta \cdot g_r(r,\theta,\varphi) + \frac{\cos\theta}{r} \cdot g_\theta(r,\theta,\varphi)\right) - \frac{\sin\varphi}{r\sin\theta} \cdot g_\varphi(r,\theta,\varphi),$$

$$f_y(r\sin\theta\cos\varphi, r\sin\theta\sin\varphi, r\cos\theta) \tag{3.49}$$
$$= \sin\varphi \cdot \left(\sin\theta \cdot g_r(r,\theta,\varphi) + \frac{\cos\theta}{r} \cdot g_\theta(r,\theta,\varphi)\right) + \frac{\cos\varphi}{r\sin\theta} \cdot g_\varphi(r,\theta,\varphi),$$
$$f_z(r\sin\theta\cos\varphi, r\sin\theta\sin\varphi, r\cos\theta) = \cos\theta \cdot g_r(r,\theta,\varphi) - \frac{\sin\theta}{r} \cdot g_\theta(r,\theta,\varphi). \tag{3.50}$$

2. (3.47) を 2 回適用すれば

$$\Delta f(r\sin\theta\cos\varphi, r\sin\theta\sin\varphi, r\cos\theta) \tag{3.51}$$
$$= h_{ss}(r\sin\theta,\varphi,r\cos\theta) + \frac{1}{r^2\sin^2\theta} \cdot h_{\varphi\varphi}(r\sin\theta,\varphi,r\cos\theta)$$
$$+ \frac{1}{r\sin\theta} \cdot h_s(r\sin\theta,\varphi,r\cos\theta) + h_{zz}(r\sin\theta,\varphi,r\cos\theta)$$
$$= g_{rr}(r,\theta,\varphi) + \frac{1}{r^2} \cdot g_{\theta\theta}(r,\theta,\varphi) + \frac{1}{r} \cdot g_r(r,\theta,\varphi)$$
$$+ \frac{1}{r\sin\theta} \cdot \left(\sin\theta \cdot g_r(r,\theta,\varphi) + \frac{\cos\theta}{r} \cdot g_\theta(r,\theta,\varphi)\right) + \frac{1}{r^2\sin^2\theta} \cdot g_{\varphi\varphi}(r,\theta,\varphi)$$
$$= g_{rr}(r,\theta,\varphi) + \frac{2}{r} \cdot g_r(r,\theta,\varphi)$$
$$+ \frac{1}{r^2} \cdot \left(g_{\theta\theta}(r,\theta,\varphi) + \frac{1}{\tan\theta} \cdot g_\theta(r,\theta,\varphi) + \frac{1}{\sin^2\theta} \cdot g_{\varphi\varphi}(r,\theta,\varphi)\right).$$

3.3.12 1. 問題 3.3.5.1 と同様な計算により，$\Delta(\cos x \cos y \cos z \cdot e^{-3t})$ も $\frac{\partial}{\partial t}(\cos x \cos y \cos z \cdot e^{-3t})$ も $-3\cos x \cos y \cos z \cdot e^{-3t}$ である．

2. 問題 3.3.5.2 と同様な計算により，$\Delta f(x,y,z,t)$ も $\frac{\partial}{\partial t} f(x,y,z,t)$ も $\left(\frac{x^2+y^2+z^2}{4t^2} - \frac{3}{2t}\right) \cdot f(x,y,z,t)$ である．

3.3.13 1. 問題 3.3.6.1 と同様な計算により，$\Delta(\cos x \cos y \cos z \cdot \cos 3ct)$ も $\frac{1}{c^2}\frac{\partial}{\partial t}(\cos x \cos y \cos z \cdot \cos 3ct)$ も $-3\cos x \cos y \cos z \cos 3ct$ である．

2. (3.51) より $\Delta\left(\frac{1}{r} \cdot g(r-ct)\right) = \frac{\partial^2}{\partial r^2}\left(\frac{1}{r} \cdot g(r-ct)\right) + \frac{2}{r}\frac{\partial}{\partial r}\left(\frac{1}{r} \cdot g(r-ct)\right) = \frac{1}{r} \cdot g''(r-ct) - \frac{2}{r^2} \cdot g'(r-ct) + \frac{2}{r^2} \cdot g'(r-ct) + \frac{2}{r^3} \cdot g(r-ct) - \frac{2}{r^3} \cdot g(r-ct) = \frac{1}{r} \cdot g''(r-ct)$ であり，$\frac{\partial^2}{\partial t^2}\left(\frac{1}{r} \cdot g(r-ct)\right) = c^2 \frac{1}{r} \cdot g''(r-ct)$ である．

3.3.14 1. (3.51) より $\Delta \frac{1}{r} = \frac{\partial^2}{\partial r^2}\frac{1}{r} + \frac{2}{r}\frac{\partial}{\partial r}\frac{1}{r} = \frac{2}{r^3} - \frac{2}{r}\frac{1}{r^2} = 0$ である．

2. $q(r,\theta) = g(r,\cos\theta)$ とおき $(x,y,z) = (r\sin\theta\cos\varphi, r\sin\theta\sin\varphi, r\cos\theta)$ とすると $f(x,y,z) = q(r,\theta)$ である．よって (3.51) より $\Delta f = q_{rr} + \frac{2}{r} \cdot q_r + \frac{1}{r^2}\left(q_{\theta\theta} + \frac{1}{\tan\theta} \cdot q_\theta\right)$ である．$q_r = g_r, q_{rr} = g_{rr}, q_\theta = g_t \cdot (-\sin\theta), q_{\theta\theta} = g_{tt} \cdot \sin^2\theta - g_t \cdot \cos\theta = g_{tt} \cdot (1-t^2) - g_t \cdot t$ で，$\frac{\sin\theta}{\tan\theta} = \cos\theta = t$ だから，

$$\Delta f = g_{rr} + \frac{2}{r} \cdot g_r + \frac{1}{r^2}\left(g_{tt} \cdot (1-t^2) - 2t \cdot g_t\right). \tag{3.52}$$

3. $g(r,t) = r^n h(t)$ なら (3.52) の右辺は $r^{n-2}\left(n(n-1)h(t) + 2nh(t) + (1-t^2)h''(t) - \right.$

$2th'(t)$) である．よって 2. より，$h(t)$ が (3.25) をみたすなら $f(x,y,z) = g(r, \frac{z}{r})$ は $\Delta f = 0$ をみたす．

3.4.1 1. $g(x) = \dfrac{1}{x}$ は $xy = 1$ で定まる関数であり $f_x(x,y) = y, f_y(x,y) = x$ だから，(3.32) より，$g'(x) = -\dfrac{g(x)}{x} = -\dfrac{1}{x^2}$．

2. $g(x) = \sqrt{1-x^2}$ は $x^2 + y^2 = 1$ で定まる関数であり $f_x(x,y) = 2x, f_y(x,y) = 2y$ だから，(3.32) より，$g'(x) = -\dfrac{2x}{2g(x)} = -\dfrac{x}{\sqrt{1-x^2}}$．

3. $h(x,z) = x^z$ は $\dfrac{\log y}{\log x} = z$ で定まる関数であり $f_x(x,y) = -\dfrac{\log y}{x(\log x)^2}, f_y(x,y) = \dfrac{1}{y\log x}$ だから，(3.26) より，$h_x(x,z) = \dfrac{\log h(x,z)}{x(\log x)^2} \cdot h(x,z) \log x = \dfrac{z\log x \cdot x^z}{x \cdot \log x} = zx^{z-1}$，$h_z(x,z) = h(x,z) \log x = x^z \cdot \log x$．

3.4.2 1. $f_y(x, g(x,p)) = p$ だから，連鎖律より $h_p(x,p) = g(x,p) + p \cdot g_p(x,p) - f_y(x, g(x,p))g_p(x,p) = g(x,p)$，$h_x(x,p) = p \cdot g_x(x,p) - f_x(x, g(x,p)) - f_y(x, g(x,p))g_x(x,p) = -f_x(x, g(x,p))$ である．

2. $p = f_y(x, g(x,p)) = f_y(x, h_p(x,p))$ だから，連鎖律より $1 = f_{yy}(x, h_p(x,p)) \cdot h_{pp}(x,p)$ である．$f_{yy}(x, h_p(x,p)) > 0$ だから $h_{pp}(x,p) > 0$ である．V で $p = f_y(x, h_p(x,p))$ だから，x を定数と考えれば $y = h_p(x,p)$ は $p = f_y(x,y)$ の逆関数である．$p = f_y(x,y)$ とおけば，$y = g(x,p)$ であり $f(x,y) = p \cdot y - h(x,p) = y \cdot f_y(x,y) - h(x, f_y(x,y))$ である．

3.4.3 1. 条件 $ax + by = c$ のもとでの関数 $x^2 + y^2$ の最小値を求める．直線 $ax + by = c$ は閉集合だから命題 4.1.5 より最小値が存在する．$a = b = ax + by - c = 0$ をみたす点はない．$F(x,y,t) = x^2 + y^2 - t(ax + by - c)$ とおくと，$F_x(x,y,t) = 2x - at$，$F_y(x,y,t) = 2y - bt$，$F_t(x,y,t) = -(ax + by - c)$ である．ラグランジュの未定係数法より，垂線の足の座標 (x,y) ははじめの 2 式を 0 とおき t を消去すれば $bx = ay$ をみたす．したがって，$(x,y) = \left(\dfrac{ac}{a^2+b^2}, \dfrac{bc}{a^2+b^2}\right)$ である．この点と原点との距離は $\dfrac{c}{\sqrt{a^2+b^2}}$ である．

2. 楕円 $\dfrac{x^2}{a^2} + \dfrac{y^2}{b^2} = 1$ は有界閉集合だから，最大値の定理（定理 4.1.3）より，連続関数 $(x-c)^2 + y^2$ の最大値と最小値が存在する．$\dfrac{2x}{a^2} = \dfrac{2y}{b^2} = \dfrac{x^2}{a^2} + \dfrac{y^2}{b^2} - 1 = 0$ をみたす点はない．$F(x,y,t) = (x-c)^2 + y^2 - t\left(\dfrac{x^2}{a^2} + \dfrac{y^2}{b^2} - 1\right)$ とおくと，$F_x(x,y,t) = 2(x-c) - 2t\dfrac{x}{a^2}$，$F_y(x,y,t) = 2y - 2t\dfrac{y}{b^2}$，$F_t(x,y,t) = -\left(\dfrac{x^2}{a^2} + \dfrac{y^2}{b^2} - 1\right)$ である．ラグランジュの未定係数法より，条件 $\dfrac{x^2}{a^2} + \dfrac{y^2}{b^2} = 1$ のもとでの関数 $(x-c)^2 + y^2$ の極値をとる点は，はじめの 2 式を 0 とおいて t を消去すれば $\dfrac{xy}{a^2} = \dfrac{y(x-c)}{b^2}$ をみたす．したがって $y = 0$ または $x = \dfrac{a^2 c}{a^2 - b^2}$ である．$y = 0$ となる楕円上の点は $(\pm a, 0)$ であり，点 $(\pm a, 0)$ と $(c, 0)$ との距離は $a + c$ と $|a - c|$ である．

$x = \dfrac{a^2 c}{a^2 - b^2}$ となる点 Q が楕円上にあるための条件は $c \leq \dfrac{|a^2 - b^2|}{a}$ であり，その座

標は $\left(\dfrac{a^2c}{a^2-b^2}, \pm b\sqrt{1-\dfrac{a^2c^2}{(a^2-b^2)^2}}\right)$, 点 Q と $(c,0)$ との距離は $b\sqrt{\dfrac{a^2-b^2-c^2}{a^2-b^2}}$ である.

$c \geqq \dfrac{|a^2-b^2|}{a}$ のときに, 最大値 $a+c$, 最小値 $|a-c|$ である. $c < \dfrac{|a^2-b^2|}{a}$ とする. $(a \pm c)^2(a^2-b^2) - b^2(a^2-b^2-c^2) = a^2c^2 \pm 2ac(a^2-b^2) + (a^2-b^2)^2 = (ac \pm (a^2-b^2))^2 \geqq 0$ だから, $a > b$ のときは最大値 $a+c$, 最小値 $b\sqrt{\dfrac{a^2-b^2-c^2}{a^2-b^2}}$ であり, $a < b$ のときは, 最大値 $b\sqrt{\dfrac{b^2+c^2-a^2}{b^2-a^2}}$, 最小値 $|a-c|$ である.

3. 条件 $xy=1$ のもとで, 関数 $(x-a)^2+(y-a)^2$ の最小値を求める. $y = x = xy - 1 = 0$ をみたす点はない. $f(x,y) = (x-a)^2 + (y-a)^2$, $p(x,y) = xy - 1$ とおき, $F(x,y,t) = f(x,y) - t \cdot p(x,y)$ とおく. $F_x = 2(x-a) - ty$, $F_y = 2(y-a) - tx$, $F_t = 1 - xy$ だから, 連立方程式 $F_x = F_y = F_t = 0$ は $2(x-a) = ty$, $2(y-a) = tx$, $xy = 1$ となる. はじめの2式から t を消去すれば $x(x-a) = y(y-a)$ である. 両辺に x^2 をかけて $xy = 1$ を代入し移項してまとめれば $x^4 - 1 - a(x^3 - x) = 0$ となる. 因数分解すれば $(x^2-1)(x^2-ax+1) = 0$ となり, 解は $x = \pm 1$, $\frac{1}{2}(a \pm \sqrt{a^2-4})$ $(a>2$ のとき$)$ である. したがって最小値をとる可能性のある点は, $(1,1)$, $(-1,-1)$, $\left(\frac{1}{2}(a \pm \sqrt{a^2-4}), \frac{1}{2}(a \mp \sqrt{a^2-4})\right)$ $(a>2$ のとき$)$ の2点または4点である.

$1 < a \leqq 2$ のときは $(1,1)$ で最小値 $\sqrt{2}(a-1)$ をとる. $a > 2$ とする. $\left(a - \frac{1}{2}(a+\sqrt{a^2-4})\right)^2 + \left(a - \frac{1}{2}(a-\sqrt{a^2-4})\right)^2 = \frac{1}{4}\left((a-\sqrt{a^2-4})^2 + (a+\sqrt{a^2-4})^2\right) = \frac{1}{2}\left(a^2 + a^2 - 4\right) = a^2 - 2$ である. $a > 2$ なら $\sqrt{a^2-2} < \sqrt{2}(a-1)$ だから, 最小値は $\sqrt{a^2-2}$ である.

3.4.4 1. $p(x,y) = x^2 + y^2 - 1$, $F(x,y,t) = (36x + 25y^3) - t(x^2+y^2-1)$ とおく. $p_x(x,y) = 2x$, $p_y(x,y) = 2y$ であり, $2x = 2y = x^2 + y^2 - 1 = 0$ をみたす点はない. $F_x(x,y,t) = 36 - 2tx$, $F_y(x,y,t) = 75y^2 - 2ty$, $F_t(x,y,t) = -(x^2+y^2-1)$ である. $F_x(x,y,t) = F_y(x,y,t) = F_t(x,y,t) = 0$ とすると, $y = 0$ または $2t = 75y$ である. $y = 0$ とすると, $x = 1, t = 18$ である. $2t = 75y$ とすると, $36 = 75xy$ だから $xy = \dfrac{12}{25}$ である. これと $x^2 + y^2 = 1$ より, $(x,y,t) = \left(\dfrac{3}{5}, \dfrac{4}{5}, 30\right), \left(\dfrac{4}{5}, \dfrac{3}{5}, \dfrac{45}{2}\right)$ である. よって, 極値をとりうる点は $(1,0), \left(\dfrac{3}{5}, \dfrac{4}{5}\right), \left(\dfrac{4}{5}, \dfrac{3}{5}\right)$ の3つである.

2. $F_{xx}(x,y,t) = -2t$, $F_{yy}(x,y,t) = 150y - 2t$, $F_{xy}(x,y,t) = 0$ であり, $F_{xx}(x,y,t)p_y(x,y)^2 - 2F_{xy}(x,y,t)p_x(x,y)p_y(x,y) + F_{yy}(x,y,t)p_x(x,y)^2 = -2t(2y)^2 + (150y - 2t)(2x)^2 = -8t(x^2+y^2) + 600x^2y$ である. $(x,y,t) = (1,0,18), \left(\dfrac{3}{5}, \dfrac{4}{5}, 30\right), \left(\dfrac{4}{5}, \dfrac{3}{5}, \dfrac{45}{2}\right)$ に対しこの値は $-8 \cdot 18 < 0$, $-8 \cdot 30 + 600 \cdot \dfrac{36}{125} = 24\left(-10 + \dfrac{36}{5}\right) < 0$, $-8 \cdot \dfrac{45}{2} + 600 \cdot \dfrac{48}{125} = 4\left(-45 + \dfrac{6}{5} \cdot 48\right) > 0$ だから, それぞれ極大, 極大, 極小である.

3.4.5 1. $f(x,y) = 3x^2y - y^3$ とおく. $f_x(x,y) = 6xy$, $f_y(x,y) = 3(x^2-y^2)$ だから, 法ベクトルは $\begin{pmatrix} f_x(\sqrt{3},1) \\ f_y(\sqrt{3},1) \end{pmatrix} = \begin{pmatrix} 6\sqrt{3} \\ 6 \end{pmatrix}$. 接線の方程式は $6\sqrt{3}(x-\sqrt{3}) + 6(y-1) = 0$,

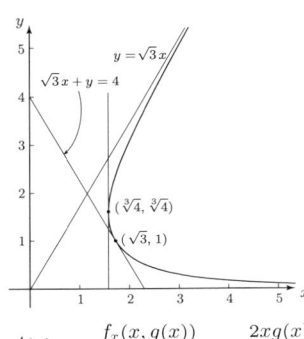

つまり $\sqrt{3}x+y=4$.

2. 接線が y 軸と平行となる条件は $f_y(x,y)=3(x^2-y^2)=0$ だから, $3x^2y-y^3=8$ に $y=x$ を代入して, $(x,y)=(\sqrt[3]{4},\sqrt[3]{4})$.

3. $y>x$ で $f_y(x,y)=3(x^2-y^2)<0$ で, $y<x$ で $f_y(x,y)>0$ である. $y=x$ では $x>\sqrt[3]{4}$ なら $f(x,x)=2x^3>8$ で, $x<\sqrt[3]{4}$ なら $f(x,x)<8$ である. よって陰関数定理より, C は $[\sqrt[3]{4},\infty)$ で定義され $(\sqrt[3]{4},\infty)$ で連続微分可能な関数 $g(x)\geqq x\geqq h(x)$ のグラフの合併である. さらに陰関数定理より, $(\sqrt[3]{4},\infty)$ で $g'(x)=-\dfrac{f_x(x,g(x))}{f_y(x,g(x))}=\dfrac{2xg(x)}{g(x)^2-x^2}>0$ だから $g(x)$ は単調増加であり, $h(x)$ は単調減少である.

3.4.6 1. $0<t<1$ に対し $(t,0)$ と $(0,1-t)$ をとおる直線の方程式は $(1-t)x+ty=t(1-t)$ である. $f(x,y,t)=(1-t)x+ty-t(1-t)$ とおく. $f_t(x,y,t)=-x+y-(1-2t)$ だから, 連立方程式 $f(x,y,t)=f_t(x,y,t)=0$ の解は $x=t^2$, $y=(1-t)^2$ である. よって, 包絡線は $\sqrt{x}+\sqrt{y}=1$ である (下図左).

2. $0<t<1$ に対し $(t,0)$ と $(0,\sqrt{1-t^2})$ をとおる直線の方程式は $\sqrt{1-t^2}x+ty=t\sqrt{1-t^2}$ である. $f(x,y,t)=\sqrt{1-t^2}x+ty-t\sqrt{1-t^2}$ とおく. $f_t(x,y,t)=\dfrac{1}{2}\dfrac{-2t}{\sqrt{1-t^2}}x+y-\left(\sqrt{1-t^2}-\dfrac{t^2}{\sqrt{1-t^2}}\right)=\dfrac{-tx+\sqrt{1-t^2}y-(1-2t^2)}{\sqrt{1-t^2}}$ だから, 連立方程式 $f(x,y,t)=f_t(x,y,t)=0$ の解は $x=t^3$, $y=\sqrt{1-t^2}^3$ である. よって, 包絡線は $\sqrt[3]{x^2}+\sqrt[3]{y^2}=1$ である (下図右).

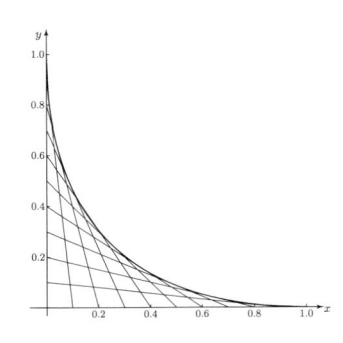

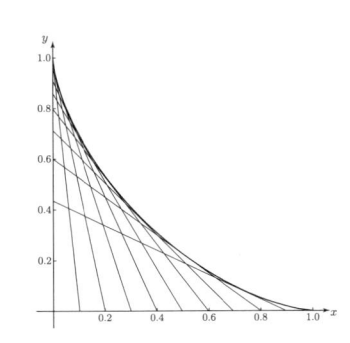

3.5.1 1. $-x+y=t$ を y について解けば $y=h(x,t)=x+t$ である.

2. $j(x,t)=x(x+t)=x^2+tx$ である. $f_x(x,y)=y$, $f_y(x,y)=x$, $g_x(x,y)=-1$, $g_y(x,y)=1$ だから, $J(x,y)=x+y$ である. $j_x(x,t)=2x+t=\dfrac{x+(x+t)}{1}=$

$\dfrac{J(x,h(x,t))}{g_y(x,h(x,t))}$ である. $x > -\dfrac{t}{2}$ なら $j_x(x,t) > 0$ だから, $j(x,t)$ は x について単調増加である.

3. $j(x,t) = s$ とおけば, $x^2 + tx - s = 0$ だから $x = \dfrac{-t \pm \sqrt{t^2 + 4s}}{2}$ である. $p(s,t) > -\dfrac{t}{2}$ だから, $p(s,t) = \dfrac{-t + \sqrt{t^2 + 4s}}{2}$ である.

4. $q(s,t) = p(s,t) + t = \dfrac{t + \sqrt{t^2 + 4s}}{2}$ である.

$f(p(s,t), q(s,t)) = \dfrac{-t + \sqrt{t^2 + 4s}}{2} \cdot \dfrac{t + \sqrt{t^2 + 4s}}{2} = \dfrac{(t^2 + 4s) - t^2}{4} = s$ であり,

$g(p(s,t), q(s,t)) = -\dfrac{-t + \sqrt{t^2 + 4s}}{2} + \dfrac{t + \sqrt{t^2 + 4s}}{2} = t$ である.

5. $p_s(s,t) = q_s(s,t) = \dfrac{1}{2} \dfrac{4}{2\sqrt{t^2 + 4s}} = \dfrac{1}{\sqrt{t^2 + 4s}}$, $p_t(s,t) = \dfrac{1}{2}\left(-1 + \dfrac{2t}{2\sqrt{t^2 + 4s}}\right)$
$= -\dfrac{p(s,t)}{\sqrt{t^2 + 4s}}$, $q_t(s,t) = \dfrac{1}{2}\left(1 + \dfrac{2t}{2\sqrt{t^2 + 4s}}\right) = \dfrac{q(s,t)}{\sqrt{t^2 + 4s}}$ である. よって,
$\begin{pmatrix} p_s(s,t) & p_t(s,t) \\ q_s(s,t) & q_t(s,t) \end{pmatrix} = \dfrac{1}{\sqrt{t^2 + 4s}} \begin{pmatrix} 1 & -p(s,t) \\ 1 & q(s,t) \end{pmatrix}$ である. $p(s,t) + q(s,t) = \sqrt{t^2 + 4s}$
だから, これは $\begin{pmatrix} q(s,t) & p(s,t) \\ -1 & 1 \end{pmatrix}^{-1} = \begin{pmatrix} f_x(p(s,t), q(s,t)) & f_y(p(s,t), q(s,t)) \\ g_x(p(s,t), q(s,t)) & g_y(p(s,t), q(s,t)) \end{pmatrix}^{-1}$.

6. (x,y) を U の点とする. $x < y$ だから $t = -x + y > 0$ である. $x > 1, y > 1$ だから $(x-1)(y+1) > 0$ であり $t = -x + y < s - 1 = xy - 1$ である. $x > 1, y < 2$ だから $(x+2)(y-2) < 0$ であり, $s + 2t = xy - 2x + 2y < 4$ である. よって, 写像 $F(x,y)$ は U の点を V の点にうつす.

(s,t) を V の点とする. $t > 0$ だから $q(s,t) - p(s,t) = t > 0$ である. $(p(s,t) - 1) \cdot (q(s,t) + 1) = s - t - 1 > 0$ であり, $s > 1$ より $q(s,t) > 0$ だから, $p(s,t) > 1$ である. $(p(s,t) + 2)(q(s,t) - 2) = s + 2t - 4 < 0$ であり, $p(s,t) > 1$ だから, $q(s,t) < 2$ である. よって, 写像 $P(s,t) = (p(s,t), q(s,t))$ は V の点を U の点にうつす. $F(x,y)$ と $P(s,t)$ はたがいに逆写像だから, 1対1対応を定める.

3.5.2 1. V で定義された写像 $P(x,y)$ を2次方程式の解の公式を使って $P(x,y) = \left(\dfrac{x + \sqrt{x^2 - y}}{2}, \dfrac{x - \sqrt{x^2 - y}}{2}\right)$ で定める. V の点 (x,y) に対し $(s,t) = P(x,y)$ とおくと, $s > t$ だから (s,t) は U の点である. 解と係数の関係より $(x,y) = F(s,t)$ である.

2. $(s+t)^2 - 4st = (s-t)^2$ だから, $F(s,t)$ は平面を V にうつす. (s,t) を U の点とし $(x,y) = F(s,t)$ とおくと, $s > t$ だから解と係数の関係より $(s,t) = P(x,y)$ である. よって, $F(s,t)$ は U から V への1対1対応を定める.

3. $F'(s,t) = \begin{pmatrix} 1 & 1 \\ 4t & 4s \end{pmatrix}$ だから, 逆行列 $F'(s,t)^{-1} = \dfrac{1}{4(s-t)} \begin{pmatrix} 4s & -1 \\ -4t & 1 \end{pmatrix}$ に $(s,t) = P(x,y)$ を代入して $P'(x,y) = \dfrac{1}{4\sqrt{x^2 - y}} \begin{pmatrix} 2(x + \sqrt{x^2 - y}) & -1 \\ -2(x - \sqrt{x^2 - y}) & 1 \end{pmatrix}$ である.

3.5.3 1. $f(p(s,t),q(s,t)) = \dfrac{\sqrt{s^2+t^2}+s}{2} - \dfrac{\sqrt{s^2+t^2}-s}{2} = s$, $g(p(s,t),q(s,t)) = 2\sqrt{\dfrac{\sqrt{s^2+t^2}+s}{2}} \cdot \dfrac{t}{|t|}\sqrt{\dfrac{\sqrt{s^2+t^2}-s}{2}} = t$ である.

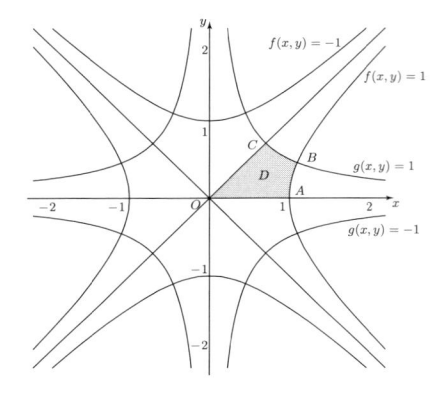

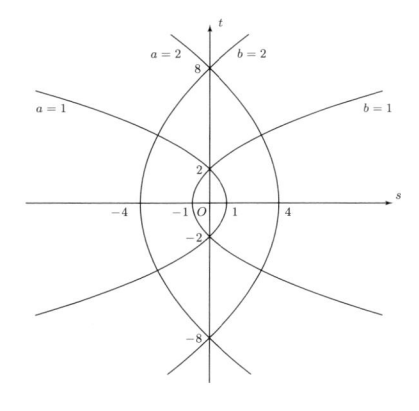

2. $f(x,y) = k$ で定まる曲線は $y = \pm x$ を漸近線とする直角双曲線である. $g(x,y) = l$ で定まる曲線は $x = 0, y = 0$ を漸近線とする直角双曲線である（左図上）.

3. $a^2 - y^2 = s$, $2ay = t$ とすれば, $s = a^2 - \dfrac{t^2}{4a^2}$ である. 逆に $s = a^2 - \dfrac{t^2}{4a^2}$ なら $s = f\left(a, \dfrac{t}{2a}\right)$ だから直線 $x = a$ の像は放物線 $s = a^2 - \dfrac{t^2}{4a^2}$ である.

同様に, 直線 $y = b$ の像は放物線 $s = \dfrac{t^2}{4b^2} - b^2$ である（左図下）.

4. (x,y) が U の点なら $f(x,y) = x^2 - y^2 > 0$ だから $F(x,y)$ は W の点である. (s,t) が W の点なら $p(s,t) > |q(s,t)|$ だから $P(s,t) = (p(s,t), q(s,t))$ は U の点である. $F(x,y)$ と $P(s,t)$ はたがいに逆写像だから, 1対1対応を定める.

5. D は $x^2 - y^2 \leqq 1$, $2xy \leqq 1$, $0 \leqq y \leqq x$ で定まる. (z,w) を E の点とし, $(u,v) = (p(z,w), q(z,w))$ とおくと $F(u,v) = (z,w)$ だから (u,v) は D の点であり, $(f(u,v), g(u,v)) = (z,w)$ をみたす. 逆に D の点 (u,v) が $F(u,v) = (z,w)$ をみたすなら $(u,v) = (p(z,w), q(z,w))$ だから, $F(u,v) = (z,w)$ をみたす D の点 (u,v) はただ1つである.

3.5.4 1. $(x+yi)^2 = (x^2 - y^2) + 2xyi$ だから, $(x^2 - y^2, 2xy)$ である.

2. $\dfrac{1}{x+yi} = \dfrac{x-yi}{x^2+y^2}$ だから, $\left(\dfrac{x}{x^2+y^2}, \dfrac{-y}{x^2+y^2}\right)$ である.

3.5.5 陰関数定理より, (a,c) を含む開区間 W と W で定義された連続微分可能な関数 $y = p(x,z)$ で $g(x, p(x,z)) = z$ をみたすものが存在する. $j(x,z) = f(x, p(x,z))$ とおくと, 逆写像定理の証明と同様に $j_x(x,z) = 0$ である. よって, $F(z) = j(a,z)$ とおけば, $j(x,z) = F(z)$ である. したがって $f(x,y) = j(x, g(x,y)) = F(g(x,y))$ である.

第 4 章 不定積分と微分方程式

　1 変数の関数の積分には，その導関数がもとの関数になるという不定積分としての側面と，グラフの下の面積を表わすという定積分としての側面がある．この 2 つの側面が 1 つのものに備わっていることは，微積分の根幹をなす重要な事実である．この章では，おもに不定積分としての積分の性質を調べる．面積としての性質は第 6 章で扱う．

　4.3 節で不定積分の存在を証明する．その基礎にあるのは，数列の収束についてのコーシーの判定法と，閉区間で定義された連続関数の一様連続性である．4.1 節では平面の有界閉集合で定義された連続関数に対する最大値の定理を実数の連続性を使って証明し，そこから一様連続性を導く．4.2 節で証明するコーシーの判定法は，実数はいくらでも精密に近似することで定まるという実数の完備性を表わす．

　4.3 節では，不定積分の 2 点での値の差として定積分も定義する．不定積分の計算法のほか，定積分の近似計算の誤差評価も解説する．

　有限な閉区間で定義された連続関数にはその定積分が定義されるが，開区間や無限区間ではそうとは限らない．4.4 節では広義積分とよばれるこれらの積分を扱う．ベータ関数やガンマ関数とよばれる関数を，広義積分を使って定義する．級数の和の収束についての広義積分による判定法も証明する．

　導関数がみたす関係式によってもとの関数を特定する方法は，もっと一般に微分方程式として定式化される．微分方程式とその解について，基本的な用語を 4.5 節で定義する．正規形の 1 階の微分方程式の初期値問題の解が一意的に存在するという定理を，折れ線近似法により証明する．この証明は不定積分の存在証明を一般化したものであり，最大値の定理や実数の完備性にもとづくものである．不定積分で微分方程式の解を表示する求積法も紹介する．

4.1 最大値の定理

微分係数は各点での極限として定義される局所的な対象であるのに対し,積分は定義域全体に関わる大域的な対象である.そこでその存在を証明するには,最大値の定理や一様連続性といった準備が必要となる.この節では,これを定式化し証明する.2変数関数の場合をおもに扱うが,1変数関数についても3変数以上でも同様になりたつ.

この本では扱わないが,このような大域的性質の基礎には有界閉集合のコンパクト性がある.これは2進小数展開の収束(公理 1.1.1.2)の帰結である.

この節では平面の点の集合 A について,A で定義された関数と A の性質の関係を調べる.そのための用語を定義する.平面の点を $\boldsymbol{x}, \boldsymbol{a}$ などのベクトルと同じ記号で表わす.$\boldsymbol{x} = (x, y), \boldsymbol{a} = (a, b)$ のとき,2点 $\boldsymbol{x}, \boldsymbol{a}$ の**距離**は $d(\boldsymbol{x}, \boldsymbol{a}) = |\boldsymbol{x} - \boldsymbol{a}| = \sqrt{(x-a)^2 + (y-b)^2}$ である.実数 $r > 0$ に対し $\boldsymbol{a}$ を中心とする半径 r の**開円板** $\{\boldsymbol{x} \in \mathbf{R}^2 \mid d(\boldsymbol{x}, \boldsymbol{a}) < r\}$ を $U_r(\boldsymbol{a})$ で表わし,$r \geqq 0$ に対し**閉円板** $\{(x,y) \in \mathbf{R}^2 \mid d(\boldsymbol{x}, \boldsymbol{a}) \leqq r\}$ を $D_r(\boldsymbol{a})$ で表わす.

最大値の定理を定式化するための用語を定義する.

定義 4.1.1　A を平面の点の集合とする.

1. B も平面の点の集合であるとき,A と B の**共通部分** $\{(x,y) \in \mathbf{R}^2 \mid (x,y) \in A$ かつ $(x,y) \in B\}$ を $A \cap B$ で表わす.$A \cap B$ が空集合 $\varnothing$ であるとき A と B は**交わらない**といい,そうでないとき A と B は**交わる**という.

B が A の部分集合であるとき,B の点ではない A の点すべてからなる集合 $\{(x,y) \in A \mid (x,y) \notin B\}$ を A での B の**補集合**といい $A - B$ で表わす.

2. A の点ではない平面の任意の点 $\boldsymbol{x}$ に対し $U_r(\boldsymbol{x}) \cap A = \varnothing$ となる実数 $r > 0$ が存在するとき,A は**閉集合** (closed set) であるという.

3. 原点 $\boldsymbol{o}$ を中心とする半径 $R \geqq 0$ の閉円板 $D_R(\boldsymbol{o})$ で A を含むものが存在するとき,A は**有界集合** (bounded set) であるという.　■

2. の $r > 0$ は $\boldsymbol{x}$ によって変わってよい.この本では定義しないが,閉集合は点列の極限をとるという操作で閉じているのでそのようによばれる.あとで例題 4.1.8 でも示すように,閉円板 $D_r(\boldsymbol{a})$ や 2 次元の閉区間 $[a,b] \times [c,d] = \{(x,y) \in \mathbf{R}^2 \mid a \leqq x \leqq b, c \leqq y \leqq d\}$ は有界閉集合であ

る．A と B が閉集合なら，共通部分 $A \cap B$ も閉集合である．

A が閉集合であるとは，A の補集合 $\mathbf{R}^2 - A$ が開集合（定義 3.1.1）となることである．これは A が閉集合であるとは A が開集合でないという意味ではない．たとえば，$a < b, c < d$ ならば条件 $a \leqq x < b, c \leqq x < d$ で定義される集合 $[a,b) \times [c,d)$ は，開集合でも閉集合でもない．開集合であり閉集合でもある集合は平面全体 $\mathbf{R}^2$ と空集合 $\emptyset$ の 2 つだけである．

第 3 章ではおもに平面の開集合で定義された関数を扱ったが，この節ではおもに閉集合で定義された関数を考える．平面の点の集合で定義された関数が連続であるとはどういうことか定義する．

定義 4.1.2 $f(x,y)$ を平面の点の集合 A で定義された関数とする．

1. $\boldsymbol{a} = (a,b)$ を A の点とする．任意の実数 $q > 0$ に対し，実数 $r > 0$ で共通部分 $A \cap U_r(\boldsymbol{a})$ で $|f(x,y) - f(a,b)| < q$ となるものが存在するとき，$f(x,y)$ は $(x,y) = (a,b)$ で**連続**であるという．

2. A のすべての点 (a,b) に対し $f(x,y)$ が $(x,y) = (a,b)$ で連続であるとき，$f(x,y)$ は A で**連続**であるという． ∎

A が開集合のときは，この定義は定義 3.1.3 と一致する．1 変数関数の場合と同様に，連続関数の和と積や合成関数なども連続である．A で定義された関数 $f(x,y)$ の A の点 $\boldsymbol{a} = (a,b)$ での値 $f(a,b)$ を $f(\boldsymbol{a})$ とも表わす．

定理 4.1.3 平面の点の空でない集合 A について，次の条件 (1) と (2) はたがいに同値である．

(1) A は有界閉集合である．

(2) A で定義された任意の連続関数 $f(x,y)$ に対し，A の点 $\boldsymbol{c}$ で A の任意の点 $\boldsymbol{x}$ に対し $f(\boldsymbol{x}) \leqq f(\boldsymbol{c})$ をみたすものが存在する． ∎

定理 4.1.3 の (1)⇒(2) を**最大値の定理** (extreme value theorem) という．条件 (2) の点 $\boldsymbol{c}$ は，関数 $f(x,y)$ によって変わってよい．

A を平面の点の空でない集合とし，$f(x,y)$ を A で定義された関数とする．平面の点の集合 S に対し，最大値の定理の証明の中だけで使う記号 $A \leqq S$ と $A > S$ を定義する．A の任意の点 (x,y) に対し，S に含まれる A の点 (s,t) で $f(x,y) \leqq f(s,t)$ をみたすものが存在するとき，$A \leqq S$ と書く．A の点 (x,y) で，S に含まれる A の任意の点 (s,t) に対し $f(x,y) > f(s,t)$ となるものが

存在するとき，$A > S$ と書く．記号 $A \leqq S$ と $A > S$ の意味は関数 $f(x,y)$ によって決まるものだが，記号からは省略した．

A が S の部分集合ならば $A \leqq S$ である．A は空集合ではないから，A と S が交わらないならば $A > S$ である．$A \leqq S$ ならば $f(x,y)$ の最大値をとる A の点で S に含まれるものがあるはずであり，$A > S$ ならば $f(x,y)$ の A での最大値をとる点は S には含まれない．この記号について次の性質がなりたつ．

補題 4.1.4 A を平面の点の空でない集合とし，$f(x,y)$ を A で定義された関数とする．平面の点の集合 S, T に対し次がなりたつ．

1. 条件 $A \leqq S$ の否定は，$A > S$ である．
2. $A \leqq S$ かつ $A > T$ なら，$A \leqq S - (S \cap T)$ である． ■

証明 1. $A \leqq S$ を定義する条件の否定は，A に含まれる点 (x,y) で $A \cap S$ の任意の点 (s,t) に対し $f(x,y) \leqq f(s,t)$ の否定をみたすものが存在する，である．$f(x,y) \leqq f(s,t)$ の否定は $f(s,t) < f(x,y)$ だから，これは $A > S$ の定義の条件である．

2. A の点 (u,v) が，T に含まれる A の任意の点 (w,z) に対し $f(u,v) > f(w,z)$ をみたすとする．(x,y) を A の点とする．S に含まれる A の点 (s,t) で $\max(f(u,v), f(x,y)) \leqq f(s,t)$ をみたすものがある．(s,t) は T の点ではないから，$S - (S \cap T)$ の点である． □

定理 4.1.3 の証明 $(1) \Rightarrow (2)$：A を空でない有界閉集合とし，$f(x,y)$ を A で定義された連続関数とする．A の点 (k,l) で $f(k,l)$ が $f(x,y)$ の最大値となるものがあることを，次の順に証明する．

1. 次の条件 (k) をみたす実数 k を構成する．
(k) 任意の実数 $r > 0$ に対し，$A \leqq [k-r, k+r] \times (-\infty, \infty)$ である．
2. 次の条件 (l) をみたす実数 l を構成する．
(l) 任意の実数 $r > 0$ に対し，$A \leqq U_r(k,l)$ である．
3. (k,l) は A の点である．
4. A で $f(x,y) \leqq f(k,l)$ である．

1. 実数の集合 B と C を

$$B = \{s \in \mathbf{R} \mid A \leqq [s, \infty) \times (-\infty, \infty)\}, \quad C = \{t \in \mathbf{R} \mid A > [t, \infty) \times (-\infty, \infty)\}$$

で定義する．補題 4.1.4.1 を $S = [s, \infty) \times (-\infty, \infty)$ に適用すれば，B の補集合 $\mathbf{R} - B$ は C である．A が閉円板 $D_R(o)$ に含まれるとする．A は $[-R, \infty) \times (-\infty, \infty)$ に含まれ $[R+1, \infty) \times (-\infty, \infty)$ と交わらないから，$-R$ は B の元であり $R+1$ は C の元である．したがって，B も C も空集合ではない．B と C が定理 1.1.5 の条件 (D1), (D2) をみたすことを示す．

x が B の元なら，x より小さい実数はすべて B の元である．したがって，$x \in B, y \in C$ なら $y \leqq x$ ということはありえず $x < y$ である．よって B と C は (D1) をみたす．

B と C は空でないから，(D2) をみたさなかったとすると命題 1.1.6 より，実数 $b < c$ で $B \subset (-\infty, b], [c, \infty) \supset C$ となるものがある．これは C が B の補集合であることに矛盾するから (D2) もみたされる．よって定理 1.1.5 より B と C の境い目 k が存在する．

k が 1. の条件 (k) をみたすことを示す．$r > 0$ を実数とする．$S = [k-r, \infty) \times (-\infty, \infty)$, $T = [k+r, \infty) \times (-\infty, \infty)$ とおく．$k-r$ は B の元で $k+r$ は C の元だから，$A \leqq S$, $A > T$ である．よって補題 4.1.4.2 より $A \leqq S - (S \cap T) = [k-r, k+r) \times (-\infty, \infty)$ である．

2. 実数の集合 D と E を

$D = \{s \in \mathbf{R} \mid$ 任意の実数 $r > 0$ に対し $A \leqq [k-r, k+r) \times [s, \infty)$ である $\}$,

$E = \{t \in \mathbf{R} \mid A > [k-r, k+r) \times [t, \infty)$ をみたす実数 $r > 0$ が存在する $\}$

で定義する．上と同様に補題 4.1.4.1 より，E は D の補集合 $\mathbf{R} - D$ である．

$A \subset D_R(o)$ とする．$A \cap ([k-r, k+r) \times (-\infty, \infty))$ は $A \cap ([k-r, k+r) \times [-R, \infty))$ と等しいから，1. で示した条件 (k) より $-R$ は D の元である．$A \cap ([k-R, k+R) \times [R+1, \infty)) = \emptyset$ だから，$R+1$ は E の元である．よって D も E も空でなく，D, E も B, C と同様に定理 1.1.5 の条件 (D1), (D2) をみたす．したがって定理 1.1.5 より D と E の境い目 l が存在する．

l が 2. の条件 (l) をみたすことを示す．$r > 0$ を実数とする．$l + \dfrac{r}{2}$ は E の元だから，実数 $q > 0$ で $A > [k-q, k+q) \times \left[l + \dfrac{r}{2}, \infty\right)$ となるものがある．この $q > 0$ に対し $p = \min\left(q, \dfrac{r}{2}\right) > 0$ とおく．$l - \dfrac{r}{2}$ は D の元だから，$A \leqq [k-p, k+p) \times \left[l - \dfrac{r}{2}, \infty\right)$ である．

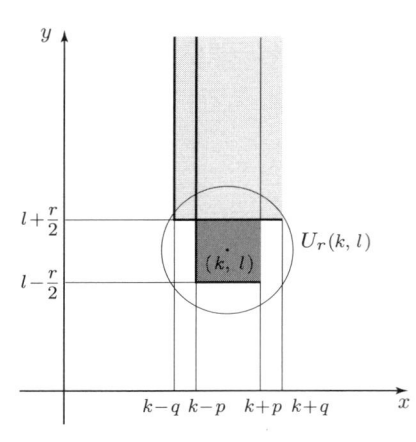

$S = [k-p, k+p] \times \left[l - \dfrac{r}{2}, \infty\right)$
と $T = [k-q, k+q] \times \left[l + \dfrac{r}{2}, \infty\right)$
に補題 4.1.4.2 を適用すれば, $A \leqq S - (S \cap T)$ である. $S - (S \cap T) = [k-p, k+p) \times \left[l - \dfrac{r}{2}, l + \dfrac{r}{2}\right) \subset U_r(k,l)$ だから, $A \leqq U_r(k,l)$ である.

3. A が空でない閉集合であることと条件 (1) を使って, 背理法で示す. (k,l) が A の点でないとする. A は閉集合だから, 実数 $r > 0$ で開円板 $U_r(k,l)$ が A と交わらないものがある. A は空でないから, これは (1) に矛盾する. よって (k,l) は A の点である.

4. 任意の実数 $q > 0$ に対し A で $f(x,y) < f(k,l) + q$ であることを示す. $q > 0$ を実数とする. $f(x,y)$ は連続だから, 実数 $r > 0$ で $A \cap U_r(k,l)$ で $f(x,y) < f(k,l) + q$ となるものがある. 条件 (1) より, この $r > 0$ と A の任意の点 (x,y) に対し, 共通部分 $A \cap U_r(k,l)$ の点 (u,v) で $f(x,y) \leqq f(u,v) < f(k,l) + q$ となるものがある. 補題 1.2.6 より, A で $f(x,y) \leqq f(k,l)$ である.

(2)⇒(1): A が (2) をみたすとする. A で定義された連続関数 $f(x,y) = \sqrt{x^2 + y^2}$ の最大値を $r \geqq 0$ とすれば, A の任意の点 $\boldsymbol{x}$ に対し $f(\boldsymbol{x}) = |\boldsymbol{x}| \leqq r$ である. よって, A は閉円板 $D_r(\boldsymbol{o})$ に含まれ有界集合である.

$\boldsymbol{s}$ を A の点ではない平面の点とする. $\dfrac{1}{d(\boldsymbol{x}, \boldsymbol{s})} > 0$ は A で定義された連続関数である. $m > 0$ をその最大値とする. A のすべての点 $\boldsymbol{x}$ に対し, $d(\boldsymbol{x}, \boldsymbol{s}) \geqq \dfrac{1}{m} > 0$ である. よって, 開円板 $U_{\frac{1}{m}}(\boldsymbol{s})$ と A の共通部分は空集合である. したがって A は閉集合である. □

平面の点の集合が閉集合であるための条件を調べる.

命題 4.1.5　1. A を平面の閉集合とし, $f(x,y)$ を A で定義された連続関数とする. このとき, A の部分集合 $B = \{(x,y) \in A \mid f(x,y) = 0\}$ は平面の閉集合である.

2. 平面の点の空でない集合 A について, 次の条件 (1)–(4) はすべてたがい

に同値である．

(1) A は閉集合である．

(2) 平面のすべての点で定義された連続関数 $f(x,y)$ で，$A = \{(x,y) \in \mathbf{R}^2 \mid f(x,y) = 0\}$ となるものが存在する．

(3) 平面のすべての点で定義された連続関数 $f(x,y)$ で，$A = \{(x,y) \in \mathbf{R}^2 \mid f(x,y) \leqq 0\}$ となるものが存在する．

(4) 平面の任意の点 s に対し，最小値 $\min_{\boldsymbol{x} \in A} |\boldsymbol{x} - \boldsymbol{s}|$ が存在する． ∎

証明 1. $\boldsymbol{y}$ を B の点ではない平面の点とする．A は閉集合だから $\boldsymbol{y}$ が A の点でなければ，実数 $r > 0$ で開円板 $U_r(\boldsymbol{y})$ との共通部分 $A \cap U_r(\boldsymbol{y})$ が空集合となるものがある．この $r > 0$ に対して $B \cap U_r(\boldsymbol{y}) = \varnothing$ である．

$\boldsymbol{y}$ が A の点であるとする．B の定義より $f(\boldsymbol{y}) \neq 0$ である．$f(x,y)$ は A で連続だから，実数 $r > 0$ で，$A \cap U_r(\boldsymbol{y})$ で $|f(\boldsymbol{x}) - f(\boldsymbol{y})| < |f(\boldsymbol{y})|$ となるものがある．この r に対し，$A \cap U_r(\boldsymbol{y})$ で $f(\boldsymbol{x}) \neq 0$ だから，このときも $B \cap U_r(\boldsymbol{y}) = \varnothing$ である．よって B は閉集合である．

2. (1)⇒(4)：$\boldsymbol{a}$ を A の点とする．閉円板 $D_{|\boldsymbol{a}-\boldsymbol{s}|}(\boldsymbol{s})$ は有界閉集合だから，共通部分 $B = A \cap D_{|\boldsymbol{a}-\boldsymbol{s}|}(\boldsymbol{s})$ も有界閉集合である．B は $\boldsymbol{a}$ を含むから空でない．よって最大値の定理より，B で定義された連続関数 $|\boldsymbol{x} - \boldsymbol{s}|$ の最小値 $\min_{\boldsymbol{x} \in B} |\boldsymbol{x} - \boldsymbol{s}|$ が存在する．これは最小値 $\min_{\boldsymbol{x} \in A} |\boldsymbol{x} - \boldsymbol{s}|$ である．

(4)⇒(2)：(4) の文字 $\boldsymbol{x}$ と $\boldsymbol{s}$ をいれかえて，いたるところ定義された関数 $d(\boldsymbol{x}, A)$ を，$d(\boldsymbol{x}, A) = \min_{\boldsymbol{s} \in A} |\boldsymbol{x} - \boldsymbol{s}| \geqq 0$ で定める．平面の点 $\boldsymbol{x}$ に対し，$\boldsymbol{x}$ が A の点であることと $d(\boldsymbol{x}, A) = 0$ は同値である．よって，$A = \{(x,y) \in \mathbf{R}^2 \mid d(\boldsymbol{x}, A) = 0\}$ である．

$d(\boldsymbol{x}, A)$ が連続であることを示す．3 角不等式 $|\boldsymbol{x} - \boldsymbol{s}| \leqq |\boldsymbol{x} - \boldsymbol{y}| + |\boldsymbol{y} - \boldsymbol{s}|$ より，左辺から先に最小値を考えて $d(\boldsymbol{x}, A) \leqq |\boldsymbol{x} - \boldsymbol{y}| + d(\boldsymbol{y}, A)$ である．$\boldsymbol{x}, \boldsymbol{y}$ をいれかえれば $d(\boldsymbol{y}, A) \leqq |\boldsymbol{x} - \boldsymbol{y}| + d(\boldsymbol{x}, A)$ だから，$|d(\boldsymbol{x}, A) - d(\boldsymbol{y}, A)| \leqq |\boldsymbol{x} - \boldsymbol{y}|$ である．よってはさみうちの原理（命題 1.2.10.2）と同様に，$d(\boldsymbol{x}, A)$ は連続である．

(2)⇔(3)：関数 $f(x,y)$ に対し，$g(x,y) = |f(x,y)|$ とおけば，定義域の各点 (x,y) に対し $f(x,y) = 0$ と $g(x,y) \leqq 0$ は同値である．$h(x,y) = \max(0, f(x,y))$ とおけば $f(x,y) \leqq 0$ は $h(x,y) = 0$ と同値である．$f(x,y)$ が連続なら $g(x,y)$ も $h(x,y)$ も連続だから，(2) と (3) は同値である．

(2)⇒(1)：1. を A と B がそれぞれ $\mathbf{R}^2$ と A の場合に適用すればよい． □

U を平面の開集合とすると，補集合 A に命題 4.1.5.2 (1)⇒(3) を適用すれば，いたるところ連続な関数 $f(x,y)$ で $U = \{(x,y) \in \mathbf{R}^2 \mid f(x,y) > 0\}$ となるものが存在することがわかる．

最大値の定理（定理 4.1.3）や閉集合であるための条件（命題 4.1.5）は，2 変数以外の場合も同様になりたつ．たとえば，A を平面の空でない有界閉集合とすると 4 次元空間の部分集合 $A \times A = \{(x,y,s,t) \in \mathbf{R}^4 \mid (x,y) \in A, (s,t) \in A\}$ は空でない有界閉集合であり，$A \times A$ で定義された連続関数 $d((x,y),(s,t))$ の最大値が存在する．これを A の**直径**とよび $d(A)$ で表わす．3 変数以上の場合は省略するが，1 変数の場合の最大値の定理を定式化しておく．

定義 4.1.6 A を実数の集合とする．

1. A の元ではない実数すべてからなる集合 $\{x \in \mathbf{R} \mid x \notin A\}$ を A の**補集合**といい，$\mathbf{R} - A$ で表わす．

2. A の元である任意の実数 x に対し，実数 $r > 0$ で開区間 $(x-r, x+r)$ が A に含まれるものが存在するとき，A は**開集合**であるという．A の補集合 $\mathbf{R} - A$ が開集合であるとき，A は**閉集合**であるという．

3. 実数 $R \geqq 0$ で閉区間 $[-R, R]$ が A を含むものが存在するとき，A は**有界集合**であるという．

4. $f(x)$ を A で定義された関数とする．任意の実数 $q > 0$ と A の任意の点 s に対し，実数 $r > 0$ で共通部分 $A \cap (s-r, s+r)$ で $|f(x) - f(s)| < q$ となるものが存在するとき，$f(x)$ は A で**連続**であるという． ■

閉区間 $[a,b]$ は有界閉集合である．

定理 4.1.7 実数の空でない集合 A について，次の条件 (1) と (2) はたがいに同値である．

(1) A は有界閉集合である．

(2) A で定義された任意の連続関数 $f(x)$ に対し，実数 $c \in A$ で A の任意の元 x に対し $f(x) \leqq f(c)$ をみたすものが存在する． ■

証明は 2 変数の場合（定理 4.1.3）を少し簡単にしたものなので省略する．2 変数の場合を $A \times \{0\} = \{(x,0) \mid x \in A\}$ に適用してもよい．A が閉区間の

場合がもっともよく使われる．

例題 4.1.8 $a \leqq b$ とし，$k(x) \leqq l(x)$ を閉区間 $[a,b]$ で定義された連続関数とする．等号つきの不等号で定義される縦線集合 $D = \{(x,y) \in \mathbf{R}^2 \mid a \leqq x \leqq b,\ k(x) \leqq y \leqq l(x)\}$ は有界閉集合であることを示せ． ■

解 $A = [a,b] \times (-\infty, \infty)$ とおく．$A = \{(x,y) \in \mathbf{R}^2 \mid (x-a)(x-b) \leqq 0\}$ だから，A は命題 4.1.5.2 (3)⇒(1) より閉集合である．$g(x,y) = \max(0, (y-k(x))(y-l(x)))$ は A で定義された連続関数で，$D = \{(x,y) \in A \mid g(x,y) = 0\}$ だから，命題 4.1.5.1 より D も閉集合である．

最大値の定理（定理 4.1.7）より，$[a,b]$ で定義された連続関数 $k(x)$ の最小値 m と，$l(x)$ の最大値 M が存在する．D は 2 次元の閉区間 $[a,b] \times [m,M]$ に含まれるから有界集合である． □

定理 4.1.3 の理論的な応用を 2 つ証明する．1 つは，閉区間で定義された連続関数の一様連続性である．これは 4.3 節で証明する不定積分の存在の基礎である．もう 1 つは，有界閉集合の連続写像による像が有界閉集合となることである．これは 6.3 節の重積分の変数変換公式の証明で使う．

定義 4.1.9 $f(x)$ を閉区間 $[a,b]$ で定義された関数とする．任意の実数 $q > 0$ に対し，実数 $r > 0$ で $|x-y| < r$ をみたす閉区間 $[a,b]$ のすべての実数 x, y に対し $|f(x) - f(y)| < q$ となるものが存在するとき，$f(x)$ は**一様連続** (uniformly continuous) であるという． ■

一様連続とただの連続の差をみわけるのは慣れないと難しい．連続関数の定義では x と a の役割が非対称で x が a にどのくらい近いかを表わす $r > 0$ は a によって変われるが，一様連続性の定義では x と y の役割が対称で $r > 0$ は y によって変わってはいけない．一様ということばはこの差を表わす．

導関数の定義では定義域の各点での極限を考えるのに対し，積分は定義域全体の分割を細かくしたときの極限として構成する．上の差によって定義域全体に関わる極限を扱える．この点について，定理 4.3.1 の証明のあとでもうひとことだけつけくわえる．

命題 4.1.10 閉区間 $[a,b]$ で定義された連続関数 $f(x)$ は一様連続である． ■

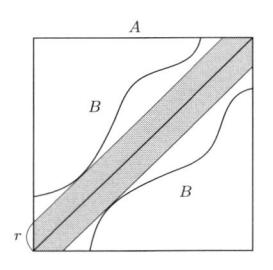

証明 $q > 0$ を実数とする．$|f(x) - f(y)|$ は閉区間 $A = [a,b] \times [a,b]$ で定義された連続関数である．よって命題 4.1.5.1 より，A の部分集合 $B = \{(x,y) \in A \mid |f(x) - f(y)| \geqq q\}$ は平面の有界閉集合である．

B が空集合ならば，閉区間 $[a,b]$ のすべての実数 x,y に対し $|f(x) - f(y)| < q$ である．B が空でないとする．最大値の定理（定理 4.1.3(1)⇒(2)）より B で定義された連続関数 $|x - y|$ の最小値 $r = \min_{(x,y) \in B} |x - y|$ がある．B は定義より A の対角線 $\{(x,x) \mid a \leqq x \leqq b\}$ と交わらないから，$r > 0$ である．

$\{(x,y) \in A \mid |x - y| < r\}$ は B と交わらない．したがって，$|x - y| < r$ をみたす閉区間 $[a,b]$ のすべての実数 x,y に対し $|f(x) - f(y)| < q$ である．よって $f(x)$ は $[a,b]$ で一様連続である． □

2 変数以上の場合も同様である．

定義 4.1.11 $f(x,y)$ を平面の点の集合 A で定義された関数とする．任意の実数 $q > 0$ に対し，実数 $r > 0$ で $d(\boldsymbol{s}, \boldsymbol{t}) < r$ をみたす A のすべての点 $\boldsymbol{s}, \boldsymbol{t}$ に対し $|f(\boldsymbol{s}) - f(\boldsymbol{t})| < q$ となるものが存在するとき，$f(x,y)$ は**一様連続**であるという． ∎

例 4.1.12 A を平面の点の空でない閉集合とする．いたるところ定義された連続関数 $d(\boldsymbol{x}, A)$ を命題 4.1.5.2 (4)⇒(2) の証明のとおりに定める．そこで示したとおり平面の任意の点 $\boldsymbol{x}, \boldsymbol{y}$ に対し $|d(\boldsymbol{x}, A) - d(\boldsymbol{y}, A)| \leqq |\boldsymbol{x} - \boldsymbol{y}|$ だから，いたるところ定義された関数 $d(\boldsymbol{x}, A)$ は一様連続である．

$A = \{\boldsymbol{a}\}$ とすれば $d(\boldsymbol{x}, A) = |\boldsymbol{x} - \boldsymbol{a}|$ だから，任意の点 $\boldsymbol{x}, \boldsymbol{y}$ に対し $||\boldsymbol{x} - \boldsymbol{a}| - |\boldsymbol{y} - \boldsymbol{a}|| \leqq |\boldsymbol{x} - \boldsymbol{y}|$ であり，いたるところ定義された関数 $|\boldsymbol{x} - \boldsymbol{a}|$ は一様連続である． ∎

2 変数の場合を，微分方程式の解の存在定理（定理 4.5.5）や重積分の定義（定理 6.2.4）の証明で使うので定式化しておく．

命題 4.1.13 平面の有界閉集合 A で定義された連続関数 $f(x,y)$ は一様連続である． ∎

証明は，4 変数関数の最大値の定理を適用すれば 1 変数の場合（命題 4.1.10）と同様だから省略する．3 変数以上の場合も同様である．

2 変数関数の対は，その定義域の点に対し平面の点を次のように定める．$f(x,y)$ と $g(x,y)$ を平面の点の集合 A で定義された 2 変数 x,y の関数とする．A の点 $P = (x,y)$ に対し，$F(x,y) = (f(x,y), g(x,y))$ は平面の点である．このように定義域 A の点に対し平面の点が定まるとき，A から平面への**写像** $F(x,y)$ が定められたといい，$F\colon A \to \mathbf{R}^2$ のようにも表わす．$f(x,y)$ と $g(x,y)$ がどちらも連続（定義 4.1.2）であるとき $F(x,y)$ は**連続**であるという．

命題 4.1.14 A を平面の点の集合とし，$F\colon A \to \mathbf{R}^2$ を A で定義された連続写像とする．A が有界閉集合ならば，連続写像 $F(x,y)$ による A の**像** $F(A) = \{F(x,y) \mid (x,y)\ \text{は}\ A\ \text{の点}\}$ も有界閉集合である． ■

証明 A が空なら $F(A)$ も空だから，A が空でない場合に示せばよい．

$f(x,y)$ を $F(A)$ で定義された連続関数とする．合成関数 $f(F(x,y))$ は A で定義された連続関数である．A は空でない有界閉集合だから，最大値の定理（定理 4.1.3(1)⇒(2)）より，A の点 (a,b) で $f(F(a,b))$ が合成関数 $f(F(x,y))$ の最大値となるものが存在する．このとき，$f(F(a,b))$ は $F(A)$ で定義された関数 $f(x,y)$ の最大値である．よって定理 4.1.3(2)⇒(1) より，$F(A)$ も有界閉集合である． □

2 変数関数 $f(x,y)$ の最大値の求め方を例で解説する．

例題 4.1.15 3 辺の長さの和が一定の 3 角形の面積の最大値を求めよ． ■

略解 3 角形の 3 辺の長さを x,y,z とおく．まず，$s = \frac{1}{2}(x+y+z)$ とおくと，3 角形の面積 S の 2 乗は $s(s-x)(s-y)(s-z)$ であることを示す．長さが y,z の辺のはさむ角を t とすれば，$2S = yz|\sin t|$ である．

$16s(s-x)(s-y)(s-z) = (y+z+x)(y+z-x)(x-(y-z))(x+(y-z))$
$= ((y+z)^2 - x^2)(x^2 - (y-z)^2) = (y^2+z^2-x^2+2yz)(x^2-y^2-z^2+2yz)$

である．余弦定理より $x^2 = y^2 + z^2 - 2yz\cos t$ だから，右辺は $(2yz)^2(1+\cos t)(1-\cos t) = (2yz\sin t)^2 = 16S^2$ である．

$x > 0,\ y > 0,\ z > 0$ を 3 辺とする 3 角形が存在するための条件は，$x < y+z,\ y < z+x,\ z < x+y$ である．$s > 0$ を定数とし，$2s = x+y+z$ とする．

$z = 2s-(x+y)$ だから，上の条件は $x < s$, $y < s$, $x+y > s$ となる．この不等式が定める平面の開集合を U とし，平面の有界閉集合 A を $x \leqq s$, $y \leqq s$, $x+y \geqq s$ で定める．A で定義された関数 $f(x,y) = s(s-x)(s-y)(x+y-s)$ の最大値を求めればよい．

$f(x,y)$ が極値をとりうる U の点を求める．$f(x,y)$ は U で微分可能だから系 3.3.9 より，U の点 (x,y) で極値をとるなら $f_x(x,y) = f_y(x,y) = 0$ である．$f_x(x,y) = s(s-y)((s-x)-(x+y-s))$ だから，$f_x(x,y) = 0$ なら $s-x = x+y-s$ である．同様に $f_y(x,y) = 0$ なら $s-y = x+y-s$ である．よって，極値をとりうる U の点は $(x,y) = (\frac{2}{3}s, \frac{2}{3}s)$ だけである．

U 以外の A の点では $f(x,y) = 0$ である．最大値の定理（定理 4.1.3 (1)⇒(2)）より，$f(x,y)$ が最大値をとる A の点が存在する．この最大値は 0 より大きいから，最大値をとる点は U の点でありしたがって $(x,y) = (\frac{2}{3}s, \frac{2}{3}s)$ だけである．よって，最大値をとるときの 3 角形は正 3 角形であり，そのときの面積は $\sqrt{s \cdot \left(\frac{s}{3}\right)^3} = \dfrac{s^2}{3\sqrt{3}}$ である． □

例題 4.1.15 では，極値をとりうる U の点が 1 つしかなかったので，このことと最大値の定理を使ってその点で実際に最大値をとることを導いた．一般には，極値をとりうる点 $(x,y) = (a,b)$ で実際に極値をとるか，命題 3.3.11 を使いヘッシアン $f_{xx}(a,b)f_{yy}(a,b) - f_{xy}(a,b)^2$ の符号で判定する．

例題 4.1.15 では，A の縁での値が定数 0 だったのでこれを調べる必要がなかったが，一般にはラグランジュの未定係数法（命題 3.4.6）を使って調べる．以上の方法で扱いきれない例外的な部分が残ることもありうるが，それは個別に調べることになる．これが最大値を求める基本的な方法である．

例題 4.1.15 では，実際に求めたいのは関数 $f(x,y)$ の U での最大値であるが，最大値の定理（定理 4.1.3）を適用できる連続関数の定義域は有界閉集合なので，これを適用するためには U ではなく A で考えることが必要である．

まとめ

・有界閉集合は閉区間の類似であり，連続関数について最大値の定理がなりたつ．

・有界閉集合で定義された連続関数は一様連続である．有界閉集合の連続写像による像は有界閉集合である．

問題

A 4.1.1 最大値の定理（定理 4.1.3 (1)⇒(2)）の証明について，次の問いに答えよ．

1. A が有界集合であるという条件を使っている部分をすべてみつけよ．
2. A が閉集合であるという条件を使っている部分をすべてみつけよ．
3. A が空でないという条件を使っている部分をすべてみつけよ．
4. $f(x,y)$ が連続であるという条件を使っている部分をみつけよ．
5. A の部分集合 F を $F = \{(x,y) \in A \mid f(x,y) = f(k,l)\}$ で定める．k は F で定義された連続関数 x の最大値であることを示せ．k は B の元であるか C の元であるか判定せよ．

A 4.1.2 $a \leqq b$ とし，$f(x)$ を閉区間 $[a,b]$ で定義された連続関数とする．数列 (d_n) を
$d_n = \max_{i=1,\ldots,n} \Big(\max \Big(\Big| f(x) - f\Big(a + \dfrac{i-1}{n}(b-a)\Big) \Big| : a + \dfrac{i-1}{n}(b-a) \leqq x \leqq a + \dfrac{i}{n}(b-a) \Big) \Big)$
で定める．$\lim_{n \to \infty} d_n = 0$ を示せ．

B 4.1.3 $a \leqq b, c \leqq d$ とし，$f(x,y)$ を閉区間 $[a,b] \times [c,d]$ で定義された連続関数とする．$g(x)$ を閉区間 $[a,b]$ で定義された連続関数とする．

1. $[a,b]$ で定義された関数 $F(x)$ を，$F(x) = \max(f(x,y) : c \leqq y \leqq d)$ で定義する．$F(x)$ は $[a,b]$ で連続であることを示せ．
2. $[0, b-a]$ で定義された関数 $d(s)$ と $e(s)$ を $d(s) = \max(|g(x+s) - g(x)| : a \leqq x \leqq b-s)$，$e(s) = \max(|g(y) - g(x)| : a \leqq x \leqq y \leqq b, y - x \leqq s)$ で定める．$d(s)$ と $e(s)$ は $[0, b-a]$ で連続であることを示せ．
3. $e(s)$ が $s=0$ で右連続であることから，$g(x)$ が一様連続であることを導け．

A 4.1.4 外接円の半径が 1 の 3 角形の 3 辺の長さの和の最大値を求めよ．

4.2 実数の完備性

不定積分の存在や微分方程式の解の存在定理の証明の基礎となる実数の完備性を解説する．これは，実数はいくらでも精密に近似することで定まるという性質である．まず，定式化のための用語を定義する．

定義 4.2.1 次の条件 (Ca) をみたす数列 (c_n) を**コーシー列** (Cauchy sequence) という．

(Ca) 任意の実数 $q > 0$ に対し，自然数 m で，任意の自然数 $n \geqq m$ に対し $|c_n - c_m| < q$ となるものが存在する． ∎

コーシー列を，見ためが違う同値な条件で定義することもある (問題 4.2.2)．条件 (Ca) の不等式の c_m を c でおきかえると，収束 $\lim_{n\to\infty} c_n = c$ の定義 (定義 1.5.7.1) の条件になる．定義 1.5.7.1 と同様に，関数 $k(t) \geqq 0$ が $\lim_{t\to+0} k(t) = 0$ をみたすなら，定義 4.2.1 の中の不等式 $|c_n - c_m| < q$ の右辺の q を $k(q)$ でおきかえたものがなりたてば数列 (c_n) はコーシー列である．

コーシー列は必ず収束する．これを**実数の完備性** (completeness) という．条件 (Ca) がなりたてば，数列の各項 c_n を極限の近似値と考えると，誤差の許容範囲 q をいくら小さくしても，番号を大きくしていけば近似値はその倍の幅の区間におさまる．そのような数列 (c_n) は収束するというのが，実数の完備性である．

定理 4.2.2 （**コーシーの判定法** (Cauchy's criterion)） 数列 (c_n) に対し次の条件 (1) と (2) は同値である．
  (1) (c_n) は収束する．
  (2) (c_n) はコーシー列である． ■

定理 4.2.2 によれば，数列が収束するかどうかはコーシー列かどうかで判定できる．収束の定義 (定義 1.5.7) は，数列が収束するとはどういうことかを記述するのに対し，条件 (Ca) は収束するのはどういうときかを記述する．収束の定義ではその極限をあらかじめ指定する必要があるが，定理 4.2.2 によれば極限の値を知らなくても，数列が収束するかどうかを判定できる．

証明 (2)⇒(1)：(c_n) をコーシー列とする．実数の集合 A, B を

$$A = \{x \mid c_n \leqq x \text{ をみたす自然数 } n \text{ は有限個 }\},$$
$$B = \{y \mid c_n \geqq y \text{ をみたす自然数 } n \text{ は有限個 }\}$$

で定義する．A, B が定理 1.1.5 の条件 (D1), (D2) をみたすことを示す．x を A の元，y を B の元とする．$c_n \leqq x$ と $c_n \geqq y$ の少なくともどちらか一方をみたす自然数 n は有限個である．m をそれ以外の自然数とすると，$x < c_m < y$ である．よって，A, B は定理 1.1.5 の条件 (D1) をみたす．

$q > 0$ を実数とする．条件 (Ca) より，自然数 m ですべての自然数 $n \geqq m$ に対し $|c_n - c_m| < q$ をみたすものがある．この m に対し $c_m - q$ は A の元で $c_m + q$ は B の元であり，$(c_m + q) - (c_m - q) = 2q$ である．$\lim_{q\to+0} 2q = 0$ だ

から，補題 1.2.8 のあとの注意より A, B は定理 1.1.5 の条件 (D2) もみたす．よって定理 1.1.5 より，A と B の境い目となる実数 c がただ 1 つ存在する．

$(-\infty, c) \subset A$ を示す．$x < c$ とする．B の任意の元 y に対し $x \leqq y$ であり，x は A と B の境い目ではないから，$x < a$ をみたす A の元 a が存在する．$c_n \leqq a$ をみたす自然数 n は有限個だから，$c_n \leqq x$ をみたす自然数 n も有限個であり，$x < c$ は A の元である．よって，$(-\infty, c) \subset A$ である．同様に $(c, \infty) \subset B$ である．

(c_n) が c に収束することを示す．$q > 0$ を実数とする．$c - q$ は A の元で $c + q$ は B の元だから，c_k が $(c - q, c + q)$ の元とならない自然数 k は有限個である．そのような k があればその最大値を m とし，なければ $m = 0$ とする．$n \geqq m + 1$ をみたすすべての自然数 n に対し，$c - q < c_n < c + q$ であり $|c_n - c| < q$ である．よって $c = \lim_{n \to \infty} c_n$ である．

(1)⇒(2)：$c = \lim_{n \to \infty} c_n$ とする．$q > 0$ を実数とする．自然数 m で任意の $n \geqq m$ に対し $|c_n - c| < q$ となるものが存在する．この m に対し，$n \geqq m$ ならば $|c_n - c_m| \leqq |c_n - c| + |c_m - c| < 2q$ である．よって，定義 4.2.1 のあとの注意より (c_n) はコーシー列である． □

条件 (Ca) よりも場合によっては確かめやすい条件がある．

系 4.2.3 次の条件 (C) をみたす数列 (c_n) は収束する．

(C) 0 に収束する数列 (d_n) で，$n \geqq m$ ならば $|c_n - c_m| \leqq d_m$ となるものが存在する． ■

証明 コーシーの判定法（定理 4.2.2）より，条件 (C) をみたす数列 (c_n) は条件 (Ca) をみたすことを示せばよい．$q > 0$ を実数とする．$\lim_{n \to \infty} d_n = 0$ だから，自然数 m で，任意の自然数 $n \geqq m$ に対し $|d_n| \leqq q$ をみたすものが存在する．この m に対し，$n \geqq m$ ならば $|c_n - c_m| \leqq d_m \leqq q < 2q$ である．よって，定義 4.2.1 のあとの注意より (c_n) は条件 (Ca) をみたす． □

2 進小数展開の収束は系 4.2.3 で $d_n = \dfrac{1}{2^n}$ とした特別の場合から導かれる．したがって，1.1 節のおわりで注意したように，アルキメデスの公理のもとで，系 4.2.3 は実数の連続性と同値である．

> **まとめ**
> ・数列が収束するための条件はコーシー列であることである．

問題

A 4.2.1 (c_n) を数列とし，数列 (s_n) を $s_n = \frac{1}{n}(c_{n+1} + \cdots + c_{2n})$ で定義する．(c_n) がコーシー列なら (s_n) もコーシー列であることを示せ．

A 4.2.2 数列 (c_n) について，コーシー列の定義の条件 (Ca) は次の条件 (Ca′) と同値であることを示せ．

(Ca′) 任意の実数 $q > 0$ に対し，自然数 m で，任意の自然数 $n \geqq m$ と $l \geqq m$ に対し $|c_n - c_l| < q$ となるものが存在する．

A 4.2.3 数列 (a_n) と (b_n) は次の条件 (C′) をみたすとする．

(C′) すべての自然数 n に対し $a_n \leqq a_{n+1} \leqq b_{n+1} \leqq b_n$ であり，$\lim_{n \to \infty}(b_n - a_n) = 0$ である．

数列 (a_n) と (b_n) は同じ極限に収束することを示せ．

条件 (C′) は閉区間の減少列 $[a_n, b_n]$ の幅が限りなく小さくなっていくことを表わしているので，条件 (C′) をみたす数列は収束するという命題を，カントルの**区間縮小法** (argument of nested interval) という．2 進小数の収束（公理 1.1.1.2）は区間縮小法から導かれるので，アルキメデスの公理（公理 1.1.1.1）のもとではたがいに同値である．

4.3 不定積分と定積分

連続関数の不定積分を近似する関数でグラフが折れ線であるものの列を構成し，その極限として不定積分が得られることを証明する．

定理 4.3.1 $f(x)$ を閉区間 $[a, b]$ で定義された連続関数とし，c を実数とする．$[a, b]$ で定義された微分可能な関数 $F(x)$ で，$F'(x) = f(x)$ と $F(a) = c$ をみたすものがただ 1 つ存在する． ∎

証明 $n \geqq 1$ を自然数とし，$i = 0, \ldots, n$ に対し $a_i = a + \frac{i}{n}(b - a)$ とおく．$[a, b]$ で定義された連続関数 $F_n(x)$ を，$[a_i, a_{i+1}]$ では

$$F_n(x) = c + \big(f(a_0) + \cdots + f(a_{i-1})\big) \cdot \frac{b - a}{n} + f(a_i) \cdot (x - a_i) \tag{4.1}$$

とおいて定める．次の順に証明する．

1. $[a, b]$ の各点 x に対し，数列 $(F_n(x))$ は収束する．

2. $[a,b]$ で定義された関数 $F(x) = \lim_{n\to\infty} F_n(x)$ は微分可能であり, $F'(x) = f(x)$ である. $F(a) = c$ である.

3. $[a,b]$ で定義された微分可能な関数で, 導関数が $f(x)$ で $x = a$ での値が c であるものは, $F(x)$ ただ 1 つである.

1. $q > 0$ を実数とする. 命題 4.1.10 より $f(x)$ は一様連続だから, 実数 $r > 0$ で, $|x - y| < r$ をみたす $[a,b]$ の任意の実数 x, y に対し $|f(x) - f(y)| < q$ となるものが存在する. この r に対し $m = \left[\dfrac{b-a}{r}\right] + 1$ とおく. $n \geq m$ なら $[a,b]$ で $|F_n(x) - F_m(x)| \leq q \cdot (x - a)$ であることを示す.

$a_i = a + \dfrac{i}{n}(b-a)\ (i = 0,\ldots,n)$ と $b_j = a + \dfrac{j}{m}(b-a)\ (j = 0,\ldots,m)$ をあわせて, 小さい順にならべ直し $a = c_0 < \cdots < c_p = b$ とする. $k = 1, \ldots, p$ に対し, $a_{i-1} \leq c_{k-1} < c_k \leq a_i$ となる $i = 1,\ldots,n$ を i_k とおき, 同様に j_k を定める. $0 \leq c_{k-1} - a_{i_k-1} \leq \dfrac{b-a}{n} < r$, $0 \leq c_{k-1} - b_{j_k-1} \leq \dfrac{b-a}{m} < r$ だから, $|a_{i_k-1} - b_{j_k-1}| < r$ でありしたがって $|f(a_{i_k-1}) - f(b_{j_k-1})| < q$ である.

$a \leq x \leq b$ とする. 区間 $[a,x]$ と $[c_{k-1}, c_k]$ の共通部分の長さを l_k とおくと

$$|F_n(x) - F_m(x)| = \left|\sum_{k=1}^{p}(f(a_{i_k-1}) - f(b_{j_k-1})) \cdot l_k\right| \leq q \cdot \sum_{k=1}^{p} l_k = q \cdot (x - a)$$

である. よって定義 4.2.1 のあとの注意より, $[a,b]$ の任意の実数 x に対し $(F_n(x))$ はコーシー列であり, 実数の完備性(定理 4.2.2)より収束する.

2. $a \leq s < b$ なら, $F'_+(s) = f(s)$ であることを示す. $q > 0$ を実数とする. 実数 $r > 0$ と自然数 $m \geq 1$ を 1. のとおりに定める. $a \leq s < t \leq b$ とし $t - s + \dfrac{b-a}{m} < r$ とする. $n \geq m$ ならば, 区間 $[s,t]$ と $[a_{i-1}, a_i]$ の共通部分の長さを h_i とおくと, 1. の証明と同様に

$$|F_n(t) - F_n(s) - f(s) \cdot (t-s)| = \left|\sum_{i=1}^{n}(f(a_{i-1}) - f(s)) \cdot h_i\right| \leq \sum_{i=1}^{n} q \cdot h_i = q \cdot (t-s)$$

である. $n \to \infty$ の極限をとると $|F(t) - F(s) - f(s) \cdot (t-s)| \leq q \cdot (t-s)$ である. 両辺を $t - s$ でわれば, $F'_+(s) = \lim_{t \to s+0} \dfrac{F(t) - F(s)}{t-s} = f(s)$ である.

同様に $a < t \leq b$ なら $F'_-(t) = f(t)$ だから, $F(x)$ は $[a,b]$ で微分可能であり, $F'(x) = f(x)$ である.

すべての自然数 $n \geq 1$ に対し $F_n(a) = c$ だから, $F(a) = c$ である.

3. $G(x)$ も $[a,b]$ で微分可能で $G'(x) = f(x)$, $G(a) = c$ とすると, 系 1.4.3.3 より, $F(x) - G(x)$ は定数関数 $F(a) - G(a) = c - c = 0$ である. □

定理 4.3.1 の証明では，差 $f(a_{i_k-1}) - f(b_{j_k-1})$ の絶対値が番号 k によらずに q 以下であることが本質的である．ここで，閉区間で定義された連続関数の一様連続性が使われている．

定義 4.3.2　$f(x)$ を閉区間 $[a,b]$ で定義された連続関数とする．$[a,b]$ で定義された微分可能な関数 $F(x)$ で $F'(x) = f(x)$ をみたすものを，$\overset{インテグラル}{\int} f(x)dx$ で表わし，$f(x)$ の**原始関数** (primitive function) あるいは**不定積分** (indefinite integral) とよぶ．積分される関数 $f(x)$ を**被積分関数** (integrand) という．■

$F_1(x)$ と $F_2(x)$ を $f(x)$ の原始関数とすると，$F_1'(x) - F_2'(x) = 0$ だから系 1.4.3.3 より $F_1(x) - F_2(x)$ は定数関数である．したがって，$\int f(x)dx$ は，定数関数の差だけのあいまいさのある記号である．それを表わすために $\int f(x)dx + C$ のように書くこともある．C を**積分定数** (constant of integration) とよぶ．積分定数を書くのを省略することも多いが，そのとき不定積分を含む等式は両辺の差が定数であるという意味になるので，注意がいる．

基本的な関数の不定積分は次の表のようになる．積分定数は省いた．この表を確かめるには，下の行の関数を微分して上の行のものになることを確かめればよい．

$f(x)$	e^x	$\cos x$	$\sin x$	x^a ($a \neq -1$ は定数)	$\dfrac{1}{x}$	$\log x$
$\int f(x)dx$	e^x	$\sin x$	$-\cos x$	$\dfrac{x^{a+1}}{a+1}$	$\log x$	$x\log x - x$

$\dfrac{1}{\sqrt{x^2 \pm 1}}$	$\sqrt{x^2 \pm 1}$	$\dfrac{1}{x^2-1}$
$\log(x + \sqrt{x^2 \pm 1})$	$\dfrac{1}{2}\left(x\sqrt{x^2 \pm 1} \pm \log(x + \sqrt{x^2 \pm 1})\right)$	$\dfrac{1}{2}\log\dfrac{x-1}{x+1}$

$\dfrac{1}{\sqrt{1-x^2}}$	$\sqrt{1-x^2}$	$\dfrac{1}{1+x^2}$	$\dfrac{g'(x)}{g(x)}$	$\dfrac{g'(x)}{\sqrt{g(x)}}$
$\arcsin x$	$\dfrac{1}{2}\left(x\sqrt{1-x^2} + \arcsin x\right)$	$\arctan x$	$\log g(x)$	$2\sqrt{g(x)}$

この節の後半で，これ以外の不定積分の計算法をいくつか紹介する．

高校で学んだように，次の性質がなりたつ．

命題 4.3.3　（**積分の線形性** (linearity)）　$f(x)$ と $g(x)$ を連続関数とする．
$$\int (f(x) + g(x))dx = \int f(x)dx + \int g(x)dx \tag{4.2}$$
がなりたつ．c を実数とすると，

$$\int (c \cdot f(x))dx = c \cdot \int f(x)dx \qquad (4.3)$$

がなりたつ. ∎

積分の線形性は，導関数の線形性の帰結である．証明は省略する．

$F(x) = \int f(x)dx$ が $f(x)$ の不定積分ならば，$[F(x)]_a^b = F(b) - F(a)$ は，系 1.4.3.3 より原始関数 $F(x)$ によらずに定まる．この共通の値を $\int_a^b f(x)dx$ で表わし，**定積分** (definite integral) とよぶ．$(F(x) - F(a))' = f(x)$ だから，

$$\frac{d}{dx}\int_a^x f(t)dt = f(x) \qquad (4.4)$$

である．連続関数の不定積分の存在（定理 4.3.1）より，$\log x = \int_1^x \frac{1}{t}dt$ と $\arcsin x = \int_0^x \frac{1}{\sqrt{1-t^2}}dt$, $\arctan x = \int_0^x \frac{1}{1+t^2}dt$ をそれぞれ左辺を定義する式と考えることもできる.

$F(x) - F(a)$ を表わすには，同じ文字を違う意味で使うことにならないよう，$\int_a^x f(t)dt$ のように別の文字を使う必要がある．ここで t は x, a, f, d 以外の文字なら何でもよい．これは，束縛変数を表わすのにどの文字を使っても文の意味は変わらないことと似ている．$a \leqq q < p \leqq b$ のときも，$[F(x)]_p^q = F(q) - F(p)$ を $\int_p^q f(x)dx$ で表わす．

命題 4.3.4 $f(x)$ と $g(x)$ を閉区間 $[a,b]$ で定義された連続関数とする．

1. (**積分の正値性** (positivity)) $[a,b]$ で $f(x) \leqq g(x)$ ならば，$\int_a^b f(x)dx \leqq \int_a^b g(x)dx$ である．さらに $a < b$ ならば，$\int_a^b f(x)dx = \int_a^b g(x)dx$ がなりたつことと $[a,b]$ で $f(x) = g(x)$ であることは同値である．

2. (**積分の加法性** (additivity)) $a \leqq c \leqq b$ ならば，$\int_a^b f(x)dx = \int_a^c f(x)dx + \int_c^b f(x)dx$ である． ∎

証明 1. $F(x) = \int f(x)dx$ と $G(x) = \int g(x)dx$ を不定積分とする．$[a,b]$ で $F'(x) = f(x) \leqq g(x) \leqq G'(x)$ ならば，命題 1.4.4 より $\int_a^b f(x)dx = F(b) - F(a) \leqq G(b) - G(a) = \int_a^b g(x)dx$ である．

$\int_a^b f(x)dx = \int_a^b g(x)dx$ とすると，さらに命題 1.4.4 より (a,b) で $f(x) = g(x)$ である．$a < b$ ならば $[a,b]$ で $f(x) = g(x)$ である．逆に，$[a,b]$ で $f(x) = g(x)$

ならば $\int_a^b f(x)dx = \int_a^b g(x)dx$ である．

2. $F(x) = \int f(x)dx$ とすると，$\int_a^b f(x)dx = F(b) - F(a) = (F(c) - F(a)) + (F(b) - F(c)) = \int_a^c f(x)dx + \int_c^b f(x)dx$ である． □

$f(x) \leqq |f(x)|$ と $-f(x) \leqq |f(x)|$ に積分の正値性を適用すれば，

$$\left|\int_a^b f(x)dx\right| \leqq \int_a^b |f(x)|dx \tag{4.5}$$

が得られる．

系 4.3.5 （**平均値の定理** (mean value theorem)） $a < b$ とし，$f(x)$ を閉区間 $[a,b]$ で定義された連続関数とする．

1. $\int_a^b f(x)dx = f(c) \cdot (b-a)$ をみたす実数 $a \leqq c \leqq b$ が存在する．
2. さらに $g(x)$ を $[a,b]$ で定義された連続関数で，$[a,b]$ で $g(x) \geqq 0$ となるものとする．このとき，$\int_a^b f(x)g(x)dx = f(c) \cdot \int_a^b g(x)dx$ をみたす実数 $a \leqq c \leqq b$ が存在する． ∎

証明 1. 最大値の定理（定理 4.1.7）より，閉区間 $[a,b]$ で定義された連続関数 $f(x)$ の最大値 M と最小値 m がある．$[a,b]$ で $m \leqq f(x) \leqq M$ だから，積分の正値性（命題 4.3.4.1）より $m(b-a) \leqq \int_a^b f(x)dx \leqq M(b-a)$ であり，$m \leqq \dfrac{1}{b-a}\int_a^b f(x)dx \leqq M$ である．$f(x)$ は連続だから，中間値の定理（定理 1.2.5）より，$\dfrac{1}{b-a}\int_a^b f(x)dx = f(c)$ をみたす実数 $a \leqq c \leqq b$ が存在する．

2. 1.の証明の記号を使う．$[a,b]$ で $m \cdot g(x) \leqq f(x) \cdot g(x) \leqq M \cdot g(x)$ だから積分の正値性（命題 4.3.4.1）より，$m\int_a^b g(x)dx \leqq \int_a^b f(x)g(x)dx \leqq M\int_a^b g(x)dx$ である．$\int_a^b g(x)dx = 0$ ならば，$c = a$ とすればよい．$\int_a^b g(x)dx \neq 0$ ならば，各辺を $\int_a^b g(x)dx$ でわり，あとは 1. の証明と同様である． □

高校で学んだように部分積分の公式と置換積分の公式がなりたつ．

命題 4.3.6 （**部分積分** (integration by parts)） $f(x), g(x)$ が開区間 (a,b) で定義された連続微分可能な関数ならば，(a,b) で

$$\int f'(x)g(x)dx = f(x)g(x) - \int f(x)g'(x)dx \tag{4.6}$$

である. ∎

証明 (4.6) の両辺を微分して移項すれば, ライプニッツの公式 $(f(x)g(x))' = f(x)g'(x) + f'(x)g(x)$ である. □

(4.6) で $f(x) = x, g(x) = \log x$ とおけば, $\int \log x dx = x \log x - \int x \cdot \frac{1}{x} dx = x \log x - x$ である. (4.6) で区間の両端での値の差をとることで, 定積分についての部分積分の公式が得られる.

定積分の近似計算とその誤差の評価を紹介する. $f(x)$ を閉区間 $[a,b]$ で定義された連続関数とする. $n \geqq 1$ を自然数とし, $i = 0, 1, \ldots, n$ に対し $a_i = a + \frac{i}{n}(b-a)$ とおく. $R_n = \sum_{i=0}^{n-1} f(a_i) \cdot \frac{b-a}{n}$ とおくと, 不定積分の構成 (4.1) より $\int_a^b f(x)dx = \lim_{n \to \infty} R_n$ である. よって, R_n は定積分 $\int_a^b f(x)dx$ の近似値である. しかし, 次の命題の近似値 $T_n = R_n + \frac{f(b)-f(a)}{2} \cdot \frac{b-a}{n}$ のほうが精度がよい.

閉区間 $[a,b]$ で定義された関数 $p(x)$ を, $i = 0, 1, \ldots, n$ に対し $f(a_i) = p(a_i)$ であり, $i = 1, \ldots, n$ に対し $p(x)$ は $[a_{i-1}, a_i]$ で 1 次関数であるという条件で定めると, (4.7) の T_n は $\int_a^b p(x)dx$ である. 右の図では, 関数のグラフとそれを近似する折れ線が見分けられないくらいくっついている. これは台形公式による近似の精度のよさを表わしている.

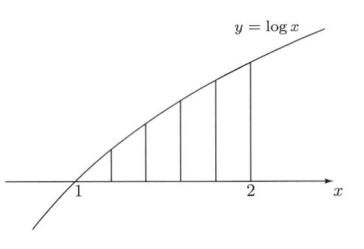

命題 4.3.7 (**台形公式** (trapezoidal rule)) $f(x)$ を閉区間 $[a,b]$ で定義された 2 回連続微分可能な関数とする. $n \geqq 1$ を自然数とし, $h = \frac{b-a}{n}$ とおく. $i = 0, 1, \ldots, n$ に対し $a_i = a + hi$ とおき,

$$T_n = \left(\frac{1}{2}f(a) + \sum_{i=1}^{n-1} f(a_i) + \frac{1}{2}f(b)\right) \cdot h \tag{4.7}$$

とおく. 実数 $M_2 \geqq 0$ が $[a,b]$ で $|f''(x)| \leqq M_2$ をみたすならば,

$$\left|\int_a^b f(x)dx - T_n\right| \leqq \frac{M_2}{12}(b-a)\cdot h^2 \tag{4.8}$$

である. ■

証明 閉区間 $[a,b]$ で定義された連続関数 $P(x)$ を, $i=1,\ldots,n$ に対し閉区間 $[a_{i-1}, a_i]$ で $P(x) = \frac{1}{2}(x-a_{i-1})(x-a_i)$ で定める. $P(a_i) = 0$, $P'_-(a_i) = -P'_+(a_i) = \frac{h}{2}$, $P''(x) = 1$ だから, 部分積分をくりかえすと

$$\int_{a_{i-1}}^{a_i} P(x)f''(x)dx = [P(x)f'(x)]_{a_{i-1}}^{a_i} - \int_{a_{i-1}}^{a_i} P'(x)f'(x)dx$$
$$= -[P'(x)f(x)]_{a_{i-1}}^{a_i} + \int_{a_{i-1}}^{a_i} P''(x)f(x)dx = -\frac{f(a_{i-1})+f(a_i)}{2}\cdot h + \int_{a_{i-1}}^{a_i} f(x)dx$$

である. よって, 積分の加法性（命題 4.3.4.2）より

$$\int_a^b f(x)dx - T_n = \sum_{i=1}^n \int_{a_{i-1}}^{a_i} P(x)f''(x)dx \tag{4.9}$$

である.

部分積分より, $\int_{a_{i-1}}^{a_i} P(x)dx = \frac{1}{2}\int_0^h x(x-h)dx = -\int_0^h \frac{x^2}{4}dx = -\frac{h^3}{12}$ である. よって $[a,b]$ で $|f''(x)| \leqq M_2$ なら, 積分の正値性より (4.9) の右辺の絶対値は $\frac{h^3}{12}\cdot nM_2 = \frac{M_2}{12}(b-a)\cdot h^2$ 以下である. □

例 4.3.8 台形公式（命題 4.3.7）を $a=1$, $b=2$, $f(x) = \log x$ に適用する. T_n は $\sum_{i=1}^{n-1}\log\left(1+\frac{i}{n}\right) + \frac{1}{2}\log 2 = \log\frac{(2n)!}{n!\cdot n^n} - \frac{1}{2}\log 2$ の $\frac{1}{n}$ 倍であり, $\int_1^2 \log x\, dx = [x\log x - x]_1^2 = 2\log 2 - 1$ である.

$f''(x) = -\frac{1}{x^2}$ だから $M_2 = 1$ であり, (4.8) より自然数 $n \geqq 1$ に対し, $\left|(2\log 2 - 1) - \left(\log\frac{(2n)!}{n!\cdot n^n} - \frac{1}{2}\log 2\right)\cdot\frac{1}{n}\right| \leqq \frac{1}{12n^2}$ である. 両辺を n 倍して極限をとれば $\lim_{n\to\infty}\left(n(\log e - 2\log 2) + \log\frac{(2n)!}{n!\cdot n^n} - \frac{1}{2}\log 2\right) = 0$ であり, $\lim_{n\to\infty}\log\frac{e^n\cdot(2n)!}{2^{2n}\cdot n!\cdot n^n} = \frac{1}{2}\log 2$ である. $\frac{(2n)!}{n!\cdot 2^n} = 1\cdot 3\cdot 5\cdots(2n-1)$ だから,

$$\lim_{n\to\infty}\frac{(2n)!\cdot e^n}{n!\cdot n^n\cdot 2^{2n}} = \lim_{n\to\infty}\frac{1\cdot 3\cdot 5\cdots(2n-1)\cdot e^n}{(2n)^n} = \sqrt{2} \tag{4.10}$$

である．　　　　　　　　　　　　　　　　　　　　　　　　　　■

命題 4.3.9 （**置換積分** (integration by substitution)）　$f(x)$ を開区間 (a,b) で定義された連続関数とし，$g(t)$ を開区間 (c,d) で定義された連続微分可能な関数とする．(c,d) で $a < g(t) < b$ ならば，

$$\int f(x)dx = \int f(g(t))g'(t)dt \tag{4.11}$$

である．　　　　　　　　　　　　　　　　　　　　　　　　　　■

証明　等式 (4.11) は，$F(x)$ を $f(x)$ の原始関数とすると，$F(g(t)) = \int f(g(t))g'(t)dt$ という意味である．合成関数の微分より $\dfrac{d}{dt}F(g(t)) = f(g(t))g'(t)$ だから，(4.11) がなりたつ．　　　　　　　　　　□

例 4.3.10　1.　$f(x,y)$ が 2 変数関数，$ax^2 + bx + c$ が 2 次式のときは，$\int f(x, \sqrt{ax^2+bx+c})dx$ を次のように置換積分によって計算する．

$a > 0$ のときは，平方完成して $ax^2 + bx + c = (px+q)^2 - r$ とおき，$t = px + q + \sqrt{ax^2+bx-c}$ とおく．t は**双曲線** (hyperbola) $y^2 = (px+q)^2 - r$ の漸近線の一方の方程式 $y + (px+q) = 0$ の左辺で $y = \sqrt{ax^2+bx+c}$ とおいたものである．$px + q - \sqrt{ax^2+bx+c} = \dfrac{r}{t}$ だから，$px+q = \dfrac{1}{2}\Big(t + \dfrac{r}{t}\Big)$，$\sqrt{ax^2+bx+c} = \dfrac{1}{2}\Big(t - \dfrac{r}{t}\Big)$ であり，$p\dfrac{dx}{dt} = \dfrac{1}{2}\Big(1 - \dfrac{r}{t^2}\Big) = \dfrac{1}{t}\sqrt{ax^2+bx+c}$ となる（下図左）．これを使って置換積分する．

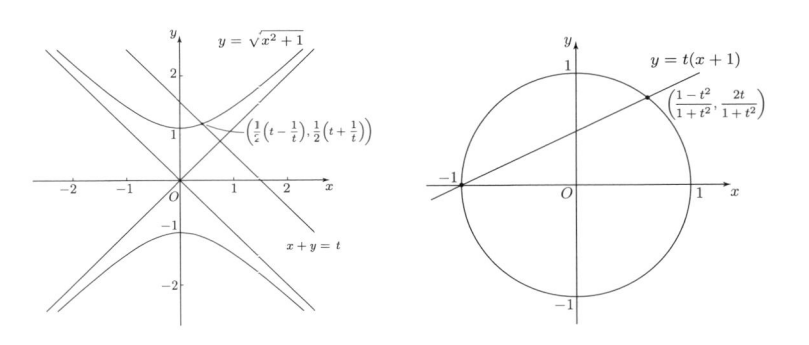

$a < 0$ のときは，**楕円** (ellipse) $y^2 = ax^2 + bx + c$ 上の点 $P = (p,q)$ をとる．P をとおる傾き t の直線 $y = t(x-p) + q$ と楕円のもう 1 つの交点の座標は，

次のようにして求められる．$y^2 = ax^2 + bx + c$ の両辺から $q^2 = ap^2 + bp + c$ をそれぞれ引いて $y - q = t(x - p)$ で両辺をわれば，$y + q = \dfrac{1}{t}(a(x+p) + b)$ である．この 2 式を連立させれば，x も $y = \sqrt{ax^2 + bx + c}$ も t の 2 次式を $t^2 - a$ でわったものとなる（前ページ右図）．したがって，$\dfrac{dx}{dt}$ も t の 3 次式を $(t^2 - a)^2$ でわったものとなるから，これを使って置換積分する．

2. $f(x, y)$ が 2 変数関数のとき，$\displaystyle\int f(\cos\theta, \sin\theta) d\theta$ を置換積分によって次のように計算する．$t = \tan\dfrac{\theta}{2}$ は，点 $(-1, 0)$ と $(\cos\theta, \sin\theta)$ をとおる直線 $y = t(x+1)$ の傾きである．よって，$(\cos\theta, \sin\theta) = \left(\dfrac{1-t^2}{1+t^2}, \dfrac{2t}{1+t^2}\right)$ である（前ページ右図）．$\theta = 2\arctan t$ だから，$\dfrac{d\theta}{dt} = \dfrac{2}{1+t^2}$ となるので，これを使って置換積分する．

3. $f(x, y)$ を 2 変数関数とし，$n > 1$ を自然数，a, b, c, d を $ad - bc \neq 0$ をみたす実数とする．$\displaystyle\int f\left(x, \sqrt[n]{\dfrac{ax+b}{cx+d}}\right) dx$ を置換積分によって次のように計算する．$t = \sqrt[n]{\dfrac{ax+b}{cx+d}}$ とおけば，$x = \dfrac{dt^n - b}{-ct^n + a}$ だから $\dfrac{dx}{dt}$ も t の有理式で表わせる．これを使って置換積分する． ∎

$p(x) \neq 0$ と $q(x)$ が x の多項式であるとき，$f(x) = \dfrac{q(x)}{p(x)}$ で定義される関数を**有理関数** (rational function) という．有理関数の不定積分は次のように計算できる．まず，特別な場合を考える．

例 4.3.11 1. a を実数とし $n \geqq 1$ を自然数とする．$\displaystyle\int \dfrac{1}{(x-a)^n} dx$ は $n \geqq 2$ なら $-\dfrac{1}{(n-1)(x-a)^{n-1}}$ であり，$n = 1$ なら $\log|x - a|$ である．

2. b と $c > 0$ を実数とし $n \geqq 1$ を自然数とする．$\displaystyle\int \dfrac{1}{((x-b)^2 + c^2)^n} dx$，$\displaystyle\int \dfrac{x}{((x-b)^2 + c^2)^n} dx$ の計算は $x = ct + b$ とおいて置換積分すれば，$b = 0, c = 1$ の場合に帰着できる．$\displaystyle\int \dfrac{x}{(x^2+1)^n} dx$ は $n \geqq 2$ なら $-\dfrac{1}{2(n-1)(x^2+1)^{n-1}}$ であり，$n = 1$ なら $\dfrac{1}{2}\log(x^2 + 1)$ である．$\displaystyle\int \dfrac{1}{x^2+1} dx = \arctan x$ である．$\left(\dfrac{x}{(x^2+1)^n}\right)' = \dfrac{1}{(x^2+1)^n} - \dfrac{2nx^2}{(x^2+1)^{n+1}}$ だから，漸化式 $\displaystyle\int \dfrac{1}{(x^2+1)^{n+1}} dx = \dfrac{1}{2n}\dfrac{x}{(x^2+1)^n} + \dfrac{2n-1}{2n}\displaystyle\int \dfrac{1}{(x^2+1)^n} dx$ が得られる．よって，$n \geqq 2$ の場合も帰納的に $\arctan x$ と分母が $(x^2+1)^{n-1}$ の有理関数で表わせる． ∎

7.3 節で証明する代数学の基本定理により，多項式 $p(x) \neq 0$ は，1 次式と例 4.3.11.2 の型の 2 次式の積 $p(x) = a \cdot (x - a_1)^{m_1} \cdots (x - a_k)^{m_k} \cdot ((x - b_1)^2 + c_1^2)^{n_1} \cdots ((x - b_l)^2 + c_l^2)^{n_l}$ に因数分解される．このとき有理関数 $\dfrac{q(x)}{p(x)}$ は，$\dfrac{1}{(x - a_i)^j}$ $(1 \leqq i \leqq k,\ 1 \leqq j \leqq m_i)$ や $\dfrac{1}{((x - b_i)^2 + c_i^2)^j}$, $\dfrac{x}{((x - b_i)^2 + c_i^2)^j}$ $(1 \leqq i \leqq l,\ 1 \leqq j \leqq n_i)$ の実数係数の和と多項式の和として表わすことができる．これを**部分分数分解** (partial fraction decomposition) という．この部分分数分解と例 4.3.11 を使えば，一般の有理関数の不定積分を原理的には計算できる．部分分数分解に現れる係数は，それを未知数とおいて得られる連立 1 次方程式を解くことで求められる．これを**未定係数法** (method of undetermined coefficients) という．

> **まとめ**
> ・不定積分は微分するともとの関数になる関数である．一様連続性と実数の完備性を使ってその存在を証明した．計算法には部分積分や置換積分がある．有理関数の不定積分は既知の関数で表わせる．
> ・関数の定積分は区間の両端での不定積分の値の差である．定積分の近似計算とその誤差評価ができる．

問題

A 4.3.1 $f(x)$ を閉区間 $[a, b]$ で定義された連続関数とする．$p(t), q(t)$ を開区間 $[c, d]$ で定義された微分可能な関数とし，$[c, d]$ で $a \leqq p(t) \leqq b, a \leqq q(t) \leqq b$ となるものとする．$\dfrac{d}{dt} \displaystyle\int_{p(t)}^{q(t)} f(x) dx = f(q(t)) q'(t) - f(p(t)) p'(t)$ を示せ．

A 4.3.2 次の関数の不定積分を求めよ．
 (1) $\tan x$. (2) $\cot x = \dfrac{1}{\tan x}$. (3) $\dfrac{1}{\cos^2 x}$. (4) $\dfrac{1 + x}{1 + x^2}$. (5) $\dfrac{1}{\sqrt{x(1 - x)}}$.

A 4.3.3 $a < b$ とする．閉区間 $[a, b]$ で定義された連続関数 $f(x), g(x)$ に対し，$(f, g) = \displaystyle\int_a^b f(x) g(x) dx$ とおき，$\|f\| = \sqrt{(f, f)}$ とおく．
 1. $(f, g) \leqq \|f\| \cdot \|g\|$ を示せ．
 2. $\|f + g\| \leqq \|f\| + \|g\|$ を示せ．
 3. $\|f\| = 0$ ならば，$[a, b]$ で $f(x) = 0$ であることを示せ．
 4. $a = 0, b = 2\pi$ とする．$f(x), g(x)$ が $\cos mx, \sin nx$ $(m \geqq 0, n > 0$ は自然数$)$ であるとき，そのすべてのくみあわせに対し (f, g) を求めよ．

A 4.3.4 次の関数の不定積分を部分積分を使って求めよ．
(1) $x\log x$. (2) $\log(x^2+1)$. (3) $\arctan x$. (4) $\arcsin x$. (5) $e^x\cos x$.

A 4.3.5 次の極限を定積分で表わし，その値を求めよ．
(1) $\displaystyle\lim_{n\to\infty}\sum_{k=1}^{n}\frac{n}{n^2+k^2}$. (2) $\displaystyle\lim_{n\to\infty}\sum_{k=1}^{n}\frac{k}{n^2+k^2}$. (3) $\displaystyle\lim_{n\to\infty}\frac{1}{n}\sqrt[n]{\frac{(2n)!}{n!}}$.

B 4.3.6 (**シンプソンの公式** (Simpson's rule)) $f(x)$ を閉区間 $[a,b]$ で定義された 4 回連続微分可能な関数（定義 5.1.1）とする．自然数 $n\geqq 1$ に対し $a=a_0\leqq\cdots\leqq a_n=b$ と $h=\dfrac{b-a}{n}$ を台形公式（命題 4.3.7）のとおりとする．

$$S_n=\Big(\frac{1}{6}f(a)+\frac{1}{3}\sum_{i=1}^{n-1}f(a_i)+\frac{2}{3}\sum_{i=1}^{n}f\Big(\frac{a_{i-1}+a_i}{2}\Big)+\frac{1}{6}f(b)\Big)\cdot h \qquad (4.12)$$

とおく．

1. $i=1,\ldots,n$ に対し，$c_i=\dfrac{a_{i-1}+a_i}{2}$ とおく．$[a,b]$ で定義された関数 $Q(x)$ を，$[a_{i-1},c_i]$ では $Q(x)=\dfrac{(x-a_{i-1})^3}{24}\cdot\Big(x-\dfrac{a_{i-1}+2a_i}{3}\Big)$，$[c_i,a_i]$ では $Q(x)=\dfrac{(x-a_i)^3}{24}\cdot\Big(x-\dfrac{2a_{i-1}+a_i}{3}\Big)$ で定める．

$$\int_a^b f(x)dx-S_n=\sum_{i=1}^{n}\int_{a_{i-1}}^{a_i}Q(x)f^{(4)}(x)dx \qquad (4.13)$$

であることを示せ．

2. 実数 $M_4\geqq 0$ が $[a,b]$ で $|f^{(4)}(x)|\leqq M_4$ をみたすならば，$\left|\int_a^b f(x)dx-S_n\right|\leqq\dfrac{M_4}{2880}(b-a)\cdot h^4$ であることを示せ．

3. $f(x)$ が $[a,b]$ で 5 回連続微分可能とする．実数 $M_5\geqq 0$ が $[a,b]$ で $|f^{(5)}(x)|\leqq M_5$ をみたすならば，$\left|\int_a^b f(x)dx-S_n+\dfrac{f'''(b)-f'''(a)}{2880}\cdot h^4\right|\leqq\dfrac{M_5}{2880}(b-a)\cdot h^5$ であることを示せ．

4. $[a,b]$ で定義された関数 $q(x)$ を，$i=0,1,\ldots,n$ に対し $f(a_i)=q(a_i)$ であり，$i=1,\ldots,n$ に対し $q(x)$ は $a_{i-1}\leqq x\leqq a_i$ で 2 次関数であり $f(c_i)=q(c_i)$ であるという条件で定める．$S_n=\displaystyle\int_a^b q(x)dx$ を示せ．

A 4.3.7 次の定積分にそれぞれ積分区間を 10^n 等分して台形公式とシンプソンの公式を適用したとき，命題 4.3.7 と問題 4.3.6 からそれぞれ小数点以下何桁まで正しい値が得られると期待されるか求めよ．
(1) $\log 2=\displaystyle\int_1^2\frac{1}{x}dx$. (2) $\dfrac{\pi}{4}=\displaystyle\int_0^1\frac{1}{1+x^2}dx$.

A 4.3.8 例 4.3.10 の方法で次の不定積分を求めよ．
(1) $\displaystyle\int\sqrt{x^2+1}\,dx$. (2) $\displaystyle\int\sqrt{1-x^2}\,dx$. (3) $\displaystyle\int\frac{1}{\cos\theta}d\theta$. (4) $\displaystyle\int\frac{\sqrt{1-x}}{x}dx$.

A 4.3.9 次の有理関数の不定積分を部分分数分解を使って求めよ．
(1) $\dfrac{1}{x^2-1}$. (2) $\dfrac{x}{x^2-1}$. (3) $\dfrac{1}{x^3-1}$. (4) $\dfrac{x^2+1}{x^4+1}$. (5) $\dfrac{1}{x^6+x^4-x^2-1}$.

4.4 広義積分と級数

有限な閉区間 $[a,b]$ で定義された連続関数 $f(x)$ に対しては定積分 $\int_a^b f(x)dx$ が定義される．しかし定義域が開区間 (a,b) や無限区間 $[a,\infty)$ などの場合は，積分 $\int_a^b f(x)dx$ や $\int_a^\infty f(x)dx$ が定義されるとは限らない．これらは積分範囲を縮めれば有限閉区間となり積分が定義されるので，積分範囲をひろげたときの極限が収束するとき，その極限を積分の値として定義する．

不定積分の存在（定理 4.3.1）の証明の鍵は一様連続性だから，関数の定義域が閉区間であることが重要である．閉区間と開区間の違いは両端の 2 点だけだが，それが積分の収束と発散に大きな違いをもたらしている．開区間だと両端を考える必要があるので，まず半開区間の場合に定義する．

定義 4.4.1 $a < b$ とし，$f(x)$ を半開区間 $[a,b)$ で定義された連続関数とする．極限 $\lim_{x \to b-0} \int_a^x f(t)dt$ が収束するとき，**広義積分** (improper integral) $\int_a^b f(x)dx$ は収束するといい，極限 $\lim_{x \to b-0} \int_a^x f(t)dt$ を $\int_a^b f(x)dx$ で表わす．広義積分 $\int_a^b f(x)dx$ が収束しないときは，**発散**するという． ∎

定義域が半開区間 $(a,b]$ や無限閉区間 $[a,\infty)$ の場合も同様に定義する．開区間 (a,b) の場合は $a < c < b$ をみたす実数 c をとり，$(a,c]$ と $[c,b)$ にわけてそれぞれの和として定義する．無限開区間 (a,∞) や数直線全体の場合も同様に $(a,c]$ と $[c,\infty)$ や $(-\infty,c]$ と $[c,\infty)$ にわけて考えればよい．これらの収束とその値は c の選び方によらない．

収束する広義積分については，通常の積分と同様に，線形性，正値性，加法性などがなりたつ．これらは，通常の積分の対応する性質から極限をとることにより示されるので，その定式化と証明は省略する．また，部分積分や置換積分の公式も同様になりたつ．

例 4.4.2 $c>0$ とする.

1. $\displaystyle\lim_{x\to +0}\frac{1}{x^c}=\infty$ である. $c\neq 1$ なら $0<x<1$ に対し $\displaystyle\int_x^1\frac{1}{t^c}dt=\left[\frac{t^{1-c}}{1-c}\right]_x^1$ である. $x\to +0$ のとき, これは $c>1$ なら発散し, $0<c<1$ なら $\dfrac{1}{1-c}$ に収束する. $c=1$ のときは, $\displaystyle\int_x^1\frac{1}{t}dt=[\log t]_x^1$ は $x\to +0$ のとき発散する. よって, 広義積分 $\displaystyle\int_0^1\frac{1}{x^c}dx$ は $c\geqq 1$ なら発散し, $0<c<1$ なら $\dfrac{1}{1-c}$ に収束する.

2. $c\neq 1$ なら $x>1$ に対し $\displaystyle\int_1^x\frac{1}{t^c}dt=\left[\frac{t^{1-c}}{1-c}\right]_1^x$ である. $x\to\infty$ のとき, これは $0<c<1$ なら発散し, $c>1$ なら $\dfrac{1}{c-1}$ に収束する. $c=1$ のときは, $\displaystyle\int_1^x\frac{1}{t}dt=[\log t]_1^x$ は $x\to\infty$ のとき発散する. よって, 広義積分 $\displaystyle\int_1^\infty\frac{1}{x^c}dx$ は $0<c\leqq 1$ なら発散し, $c>1$ なら $\dfrac{1}{c-1}$ に収束する.

3. $c\neq 1$ なら $x>0$ に対し $\displaystyle\int_0^x c^{-t}dt=\left[-\frac{c^{-t}}{\log c}\right]_0^x$ である. $x\to\infty$ のとき, これは $0<c<1$ なら発散し, $c>1$ なら $\dfrac{1}{\log c}$ に収束する. $c=1$ のときは, $\displaystyle\int_0^x 1^{-t}dt=[t]_1^x$ は $x\to\infty$ のとき発散する. よって, 広義積分 $\displaystyle\int_0^\infty c^{-x}dx$ は $0<c\leqq 1$ なら発散し, $c>1$ なら $\dfrac{1}{\log c}$ に収束する. ∎

上の例のように広義積分の値が求められる場合もあるが, そのような場合は限られる. 値がわからなくても広義積分の収束, 発散を判定することは重要である. 広義積分の収束がわかっている関数と比較することで, 広義積分の収束, 発散を判定できる. そのために, 実数の完備性 (系 4.2.3) から関数の極限が収束するための十分条件を導く.

補題 4.4.3 $F(t),G(t)$ を開区間 (a,∞) で定義された関数とする. $a<s\leqq t$ をみたす任意の実数 s,t に対し, $|F(t)-F(s)|\leqq G(t)-G(s)$ であるとする. このとき, 極限 $\displaystyle\lim_{t\to\infty}G(t)$ が収束すれば $\displaystyle\lim_{t\to\infty}F(t)$ も収束する. ∎

証明 まず $\displaystyle\lim_{n\to\infty}F(n)$ が収束することを示す. $p=\displaystyle\lim_{t\to\infty}G(t)$ とおき, 数列 (c_n) と (d_n) を $c_n=F(n),\ d_n=p-G(n)$ で定める. $\displaystyle\lim_{n\to\infty}d_n=0$ であり, 関数 $G(t)$ は単調弱増加だから $d_n\geqq 0$ である. 自然数 $n\geqq m$ に対し, $|c_n-c_m|\leqq G(n)-G(m)=d_m-d_n\leqq d_m$ である. よって実数の完備性 (系

4.2.3) より，$\lim_{n\to\infty} F(n)$ は収束する．

$c = \lim_{n\to\infty} F(n)$ とおき，$\lim_{t\to\infty} F(t) = c$ を示す．$n \geq t$ を自然数とすると $|F(n) - F(t)| \leq G(n) - G(t)$ である．極限 $n \to \infty$ をとれば，$|c - F(t)| \leq p - G(t)$ である．よってはさみうちの原理より $\lim_{t\to\infty} F(t) = c$ である． □

命題 4.4.4 $f(x)$ と $g(x)$ を無限区間 $[a, \infty)$ で定義された連続関数とする．$[a, \infty)$ で $|f(x)| \leq g(x)$ であり広義積分 $\int_a^\infty g(x)dx$ が収束するならば，広義積分 $\int_a^\infty f(x)dx$ も収束し，$\left|\int_a^\infty f(x)dx\right| \leq \int_a^\infty g(x)dx$ である． ■

証明 $F(t) = \int_a^t f(x)dx, G(t) = \int_a^t g(x)dx$ とおく．仮定 $|f(x)| \leq g(x)$ と積分の正値性 (4.5) より $|F(t) - F(s)| = \left|\int_s^t f(x)dx\right| \leq \int_s^t |f(x)|dx \leq \int_s^t g(x)dx = G(t) - G(s)$ である．よって補題 4.4.3 より，極限 $\lim_{t\to\infty} G(t)$ が収束すれば，$\lim_{t\to\infty} F(t)$ も収束する． □

命題 4.4.4 では無限区間の場合に定式化したが，開区間や半開区間についても同様である．命題 4.4.4 を適用して広義積分 $\int_a^\infty f(x)dx$ の収束が証明できるとき，$g(x)$ を $f(x)$ の**優関数** (dominant function) といい，このようにして広義積分の収束を証明する方法を優関数の方法という．優関数としては例 4.4.2 の関数がよく使われる．

優関数の方法が適用できるときは，広義積分 $\int_a^\infty |f(x)|dx$ が収束する．このように，広義積分 $\int_a^\infty |f(x)|dx$ が収束するとき，広義積分 $\int_a^\infty f(x)dx$ は**絶対収束** (absolute convergence) するという．命題 4.4.4 より広義積分 $\int_a^\infty f(x)dx$ は絶対収束すれば収束する．$\int_0^\infty \dfrac{\sin x}{x}dx$ のように，絶対収束はしないが収束する広義積分もある．絶対収束ということばには必ず収束するという響きがあるが，そういう意味ではなく，絶対値の絶対である．

広義積分の応用としてベータ関数とガンマ関数を定義する．s, t を実数とする．積分 $\int_0^1 x^{s-1}(1-x)^{t-1}dx$ は $s \geq 1$ かつ $t \geq 1$ なら定積分だが，それ以外の場合には広義積分になる．例 4.4.2.1 と優関数の方法（命題 4.4.4）により，$s > 0, t > 0$ のときこの広義積分は収束する．

定義 4.4.5 $s>0, t>0$ に対し積分 $\int_0^1 x^{s-1}(1-x)^{t-1}dx$ を $\overset{\text{ベータ}}{B}(s,t)$ で表わし，$(0,\infty)\times(0,\infty)$ で定義された関数と考えて**ベータ関数** (beta function) とよぶ．■

$t=1$ とすれば，例 4.4.2.1 より $s>0$ に対し $B(s,1)=\int_0^1 x^{s-1}dx=\dfrac{1}{s}$ である．$y=1-x$ とおいて置換積分すれば

$$B(s,t)=\int_0^1 x^{s-1}(1-x)^{t-1}dx=-\int_1^0 (1-y)^{s-1}y^{t-1}dy=B(t,s) \quad (4.14)$$

である．$x=\cos^2\theta$ とおいて置換積分すれば

$$B(s,t)=\int_{\frac{\pi}{2}}^0 \cos^{2s-2}\theta\sin^{2t-2}\theta(-2\sin\theta\cos\theta)d\theta$$
$$=2\int_0^{\frac{\pi}{2}} \cos^{2s-1}\theta\sin^{2t-1}\theta d\theta \quad (4.15)$$

である．右辺も $0<s<\dfrac{1}{2}$ か $0<t<\dfrac{1}{2}$ なら広義積分である．

$0<s\leqq s', 0<t\leqq t'$ なら，開区間 $(0,1)$ で $x^{s-1}(1-x)^{t-1}\geqq x^{s'-1}(1-x)^{t'-1}$ だから，積分の正値性より $B(s,t)\geqq B(s',t')$ である．さらに等号がなりたつなら $s'=s, t'=t$ である．

積分の線形性より $B(s,t)=B(s+1,t)+B(s,t+1)$ である．さらに部分積分より $B(s,t+1)=\int_0^1 x^{s-1}(1-x)^t dx=\dfrac{1}{s}\left([x^s(1-x)^t]_0^1+t\int_0^1 x^s(1-x)^{t-1}dx\right)=\dfrac{t}{s}B(s+1,t)$ だから，

$$B(s+1,t)=\dfrac{s}{s+t}B(s,t) \quad (4.16)$$

である．自然数 $m\geqq 0$ に対し，(4.14) と (4.15) より

$$\int_0^\pi \sin^m x dx = B\left(\dfrac{m+1}{2},\dfrac{1}{2}\right) \quad (4.17)$$

である．(4.16) を使って (4.17) の値を求め，ウォリスの公式を証明する．

命題 4.4.6 1. 自然数 $n\geqq 0$ に対し，

$$B\left(n+1,\dfrac{1}{2}\right)=\dfrac{2\cdot 4\cdots 2n}{3\cdot 5\cdots(2n+1)}\cdot 2,\ B\left(n+\dfrac{1}{2},\dfrac{1}{2}\right)=\dfrac{1\cdot 3\cdots(2n-1)}{2\cdot 4\cdots 2n}\cdot \pi \quad (4.18)$$

である．

2. （**ウォリスの公式** (Wallis's formula)）

$$\lim_{n\to\infty}\left(1-\frac{1}{2^2}\right)\left(1-\frac{1}{4^2}\right)\cdots\left(1-\frac{1}{(2n)^2}\right) \tag{4.19}$$
$$=\lim_{n\to\infty}\frac{1\cdot 3\cdot 3\cdot 5\cdots(2n-1)\cdot(2n+1)}{2\cdot 2\cdot 4\cdot 4\cdots 2n\cdot 2n}=\frac{2}{\pi}$$

である． ∎

証明 1. $n\geqq 0$ に関する帰納法で示す．$n=0$ のときは，(4.17) で $m=0,1$ とおけば $B\left(\frac{1}{2},\frac{1}{2}\right)=\int_0^\pi 1 dx=\pi$, $B\left(1,\frac{1}{2}\right)=\int_0^\pi \sin x dx=2$ である．(4.16) より $B\left(s+1,\frac{1}{2}\right)=\frac{s}{s-\frac{1}{2}}B\left(s,\frac{1}{2}\right)=\frac{2s}{2s+1}B\left(s,\frac{1}{2}\right)$ である．これを漸化式と考えれば，n に関する帰納法により (4.18) が得られる．

2. 1. より，

$$\frac{2}{\pi}\frac{B(n+\frac{1}{2},\frac{1}{2})}{B(n+1,\frac{1}{2})}=\frac{1\cdot 3\cdot 3\cdot 5\cdots(2n-1)\cdot(2n+1)}{2\cdot 2\cdot 4\cdot 4\cdots 2n\cdot 2n} \tag{4.20}$$
$$=\left(1-\frac{1}{2^2}\right)\left(1-\frac{1}{4^2}\right)\cdots\left(1-\frac{1}{(2n)^2}\right)$$

である．$B(n,\frac{1}{2})>B(n+\frac{1}{2},\frac{1}{2})>B(n+1,\frac{1}{2})$ だから，1. の証明と同様に (4.16) より $1+\frac{1}{2n}=\frac{B(n,\frac{1}{2})}{B(n+1,\frac{1}{2})}>\frac{B(n+\frac{1}{2},\frac{1}{2})}{B(n+1,\frac{1}{2})}>1$ である．よってはさみうちの原理より (4.20) の左辺の $n\to\infty$ での極限は $\frac{2}{\pi}$ である． □

系 4.4.7 （**スターリングの公式** (Stirling's formula)）

$$\lim_{n\to\infty}\frac{e^n n!}{n^n\sqrt{n}}=\sqrt{2\pi} \tag{4.21}$$

である． ∎

証明 (4.19) の 2 行め左辺の分数は，$\frac{((2n)!)^2(2n+1)}{(2^n\cdot n!)^4}$ だから，平方根をとって移項すれば (4.19) より $\lim_{n\to\infty}\frac{(2^n\cdot n!)^2}{(2n)!\sqrt{n}}=\sqrt{\pi}$ である．これと (4.10) をかければ (4.21) が得られる． □

s を実数とする．$\int_0^1 e^{-x}x^{s-1}dx$ は $0<s<1$ なら広義積分だが，例 4.4.2.1 と優関数の方法 (命題 4.4.4) により収束する．$e^{-x}x^{s-1}=e^{-x}x^{s+1}\cdot x^{-2}$ であ

り，系 2.2.6.2 より $\lim_{x\to\infty}e^{-x}x^{s+1}=0$ である．例 4.4.2.2 より $\int_1^\infty \frac{1}{x^2}dx$ は収束するから，優関数の方法により広義積分 $\int_1^\infty e^{-x}x^{s-1}dx$ も収束する．よって，$s>0$ なら広義積分 $\int_0^\infty e^{-x}x^{s-1}dx$ は収束する．

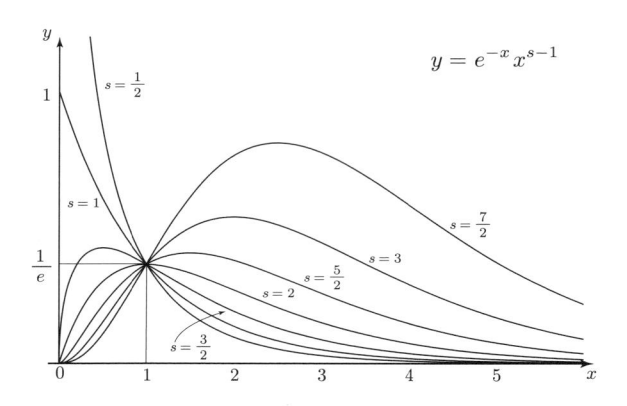

定義 4.4.8 $s>0$ に対し広義積分 $\int_0^\infty e^{-x}x^{s-1}dx$ を $\Gamma(s)$ で表わし，$s>0$ で定義された関数と考えて**ガンマ関数** (gamma function) とよぶ． ∎

$s>0$ に対し，部分積分より

$$\Gamma(s+1)=\int_0^\infty e^{-x}x^s dx=\lim_{\substack{u\to 0\\ v\to\infty}}[-e^{-x}x^s]_u^v+\int_0^\infty e^{-x}sx^{s-1}dx=s\Gamma(s) \quad (4.22)$$

である．例 4.4.2.3 より $\Gamma(1)=\int_0^\infty e^{-x}dx=1$ だから，(4.22) と自然数 $n\geqq 0$ に関する帰納法により $\Gamma(n+1)=n!$ である．ガンマ関数とベータ関数は公式 $B(s,t)=\dfrac{\Gamma(s)\Gamma(t)}{\Gamma(s+t)}$ でむすびついていることを，例 6.4.7.2 で 2 変数の広義積分の変数変換公式から導く．x を x^2 とおいて置換積分すれば，

$$\Gamma\left(\frac{1}{2}\right)=\int_0^\infty e^{-x}x^{-\frac{1}{2}}dx=2\int_0^\infty e^{-x^2}dx=\int_{-\infty}^\infty e^{-x^2}dx \quad (4.23)$$

である．広義積分 $\int_{-\infty}^\infty e^{-x^2}dx$ を**ガウス積分** (Gaussian integral) という．$\int_{-\infty}^\infty e^{-x^2}dx=\sqrt{\pi}$ であることは，2 変数の広義積分の変数変換公式の応用として例 6.4.7.1 で示す．これは例 6.4.7.2 の公式 $\Gamma(\frac{1}{2})^2=B(\frac{1}{2},\frac{1}{2})\Gamma(1)=\pi$

からも導けるし，問題 4.4.4 のようにしても示せる．

広義積分による級数の収束判定法を紹介する．まず，級数の和についての用語を定義する．

定義 4.4.9 (a_n) を数列とする．$s_n = \sum_{k=0}^{n} a_k$ で定まる数列 (s_n) を $\sum_{n=0}^{\infty} a_n$ の**部分和** (partial sum) の数列という．部分和の数列 (s_n) が収束するとき，**級数** (series) $\sum_{n=0}^{\infty} a_n$ は**収束**するという．極限 $s = \lim_{n \to \infty} s_n$ を，級数 $\sum_{n=0}^{\infty} a_n$ の**和**とよび同じ記号 $\sum_{n=0}^{\infty} a_n$ で表わす．a_n を級数 $\sum_{n=0}^{\infty} a_n$ の**一般項** (general term) ともいう．級数 $\sum_{n=0}^{\infty} a_n$ が収束しないとき，級数 $\sum_{n=0}^{\infty} a_n$ は**発散**するという． ■

有限個の和は加法の交換法則よりどの順にたしても変わらないが，無限個の和はそうとは限らないので前から順にたしていくというのが級数の和の定義である．絶対収束する級数（定義 4.4.11）についてはたしていく順序を気にしなくてよいが，一般にはそうではない．

級数 $\sum_{n=0}^{\infty} a_n$ が収束するならば，$\lim_{n \to \infty} a_n = \lim_{n \to \infty} \left(\sum_{k=0}^{n} a_n - \sum_{k=0}^{n-1} a_k \right) = \sum_{n=0}^{\infty} a_n - \sum_{n=0}^{\infty} a_n = 0$ である．このことの逆はなりたたない．たとえば，$\lim_{n \to \infty} \frac{1}{n} = 0$ だが $\sum_{n=0}^{\infty} \frac{1}{n}$ は発散する（問題 4.4.5）．

実数の完備性（系 4.2.3）から級数が収束するための十分条件を導く．

命題 4.4.10 (a_n) と (b_n) を数列とする．級数 $\sum_{n=0}^{\infty} b_n$ が収束し，$|a_n| \leqq b_n$ をみたさない自然数 n が有限個ならば，級数 $\sum_{n=0}^{\infty} a_n$ も収束する．すべての自然数 n に対し $|a_n| \leqq b_n$ がなりたつならば，$\left| \sum_{n=0}^{\infty} a_n \right| \leqq \sum_{n=0}^{\infty} b_n$ である． ■

級数 $\sum_{n=0}^{\infty} a_n$ に対し，収束する級数 $\sum_{n=0}^{\infty} b_n$ で有限個の n 以外では $|a_n| \leqq b_n$ をみたすものを**優級数** (dominant series) とよぶ．級数の収束を命題 4.4.10 を使って示す方法を優級数の方法という．公理 1.1.1.2 は，命題 4.4.10 で $b_n = \frac{1}{2^n}$ とした特別な場合の帰結である．

証明　級数の有限個の項をとりかえたものが収束すればもとの級数も収束するから，すべての自然数 n に対し $|a_n| \leqq b_n$ である場合に証明すればよい．

部分和の数列 (s_n) を $s_n = \sum_{k=0}^{n} a_k$ で定める．数列 (d_n) を $d_n = \sum_{k=n+1}^{\infty} b_k = \sum_{k=0}^{\infty} b_k - \sum_{k=0}^{n} b_k$ で定める．$n \geqq m$ とすると $|s_n - s_m| \leqq \sum_{k=m+1}^{n} |a_k| \leqq \sum_{k=m+1}^{n} b_k \leqq d_m$ である．$\lim_{n \to \infty} d_n = \lim_{n \to \infty} \left(\sum_{k=0}^{\infty} b_k - \sum_{k=0}^{n} b_k \right) = 0$ だから，実数の完備性（系 4.2.3）より数列 (s_n) は収束する．

すべての n に対し $|a_n| \leqq b_n$ ならば，$-\sum_{k=0}^{n} b_k \leqq \sum_{k=0}^{n} a_k \leqq \sum_{k=0}^{n} b_k$ だから，はさみうちの原理より $-\sum_{n=0}^{\infty} b_k \leqq \sum_{n=0}^{\infty} a_k \leqq \sum_{n=0}^{\infty} b_k$ であり $\left| \sum_{n=0}^{\infty} a_k \right| \leqq \sum_{n=0}^{\infty} b_k$ である．　□

定義 4.4.11　級数 $\sum_{n=0}^{\infty} |a_n|$ が収束するとき，もとの級数 $\sum_{n=0}^{\infty} a_n$ は**絶対収束**するという．$\sum_{n=0}^{\infty} a_n$ が収束するが絶対収束しないとき，$\sum_{n=0}^{\infty} a_n$ は**条件収束** (conditional convergence) するという．　■

命題 4.4.10 より，絶対収束する級数は収束する．命題 4.4.10 を適用して収束を証明できる級数は絶対収束する．$\sum_{n=0}^{\infty} a_n$ が絶対収束するとき，項の順序をいれかえた級数も収束し，その和はもとの級数の和に等しい（問題 4.4.7）．絶対収束の絶対は絶対値の絶対だが，もとはどんな順序でたしてもという意味だったらしい．条件収束する級数は項の順序をいれかえて，発散するようにもできるし，任意の実数に対しその値に収束するようにもできるが，この本ではそれにはふれない．条件収束する級数の例は 5.3 節で扱う．

無限区間上の広義積分の収束と，級数の収束の関係を調べる．

命題 4.4.12　$f(x)$ を $[1, \infty)$ で定義された単調弱減少な連続関数とし，$\lim_{x \to \infty} f(x) = 0$ とする．数列 (a_n) を $a_n = f(n)$ で定める．
1. 極限 $\lim_{n \to \infty} \left(\sum_{k=1}^{n} a_k - \int_{1}^{n} f(x) dx \right)$ は収束する．
2. 次の条件 (1) と (2) は同値である．

(1) 広義積分 $\int_1^\infty f(x)dx$ は収束する．

(2) 級数 $\sum_{n=1}^\infty a_n$ は収束する． ∎

証明 1. 数列 (b_n) を $b_n = a_{n-1} - \int_{n-1}^n f(x)dx$ で定める．$f(x)$ は単調弱減少だから，$a_n \leqq \int_{n-1}^n f(x)dx \leqq a_{n-1}$ であり $0 \leqq b_n \leqq a_{n-1} - a_n$ である．仮定 $\lim_{x\to\infty} f(x) = 0$ より $\sum_{n=2}^\infty (a_{n-1} - a_n) = \lim_{n\to\infty}(a_1 - a_n)$ は a_1 に収束する．よって優級数の方法（命題 4.4.10）より $\sum_{n=2}^\infty b_n$ も収束する．$\sum_{k=1}^n a_k - \int_1^n f(x)dx = a_n + \sum_{k=2}^n b_k$ だから，$\lim_{n\to\infty}\left(\sum_{k=1}^n a_k - \int_1^n f(x)dx\right)$ は $\sum_{k=2}^\infty b_k$ に収束する．

2. $F(t) = \int_1^t f(x)dx$ とおく．1. より (2) は $\lim_{n\to\infty} F(n)$ が収束することと同値である．$f(x) \geqq \lim_{x\to\infty} f(x) = 0$ だから，$n \leqq t \leqq n+1$ なら $F(n) \leqq F(t) \leqq F(n+1)$ である．よってはさみうちの原理より，$\lim_{n\to\infty} F(n)$ が収束することと $\lim_{t\to\infty} F(t)$ が収束することは同値であり，(1) と同値である． □

命題 4.4.12.1 で $f(x) = \dfrac{1}{x}$ とおけば $\lim_{n\to\infty}\left(1 + \dfrac{1}{2} + \cdots + \dfrac{1}{n} - \log n\right)$ は収束する．この極限を**オイラーの定数** (Euler's constant) という．

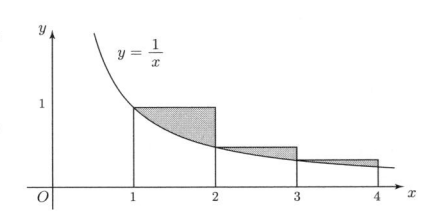

まとめ

・開区間や無限区間で定義された連続関数の積分は，少し縮めた閉区間の積分の極限として定義する．

・ベータ関数とガンマ関数を広義積分として定義し，階乗の大きさについてのスターリングの公式を示した．

・級数の収束判定法には，優級数の方法や広義積分を使うものがある．

問題

A 4.4.1 次の広義積分を求めよ．(1) $\int_0^1 \frac{1}{\sqrt{x(1-x)}}dx$. (2) $\int_0^1 \frac{1}{\sqrt{1-x}}dx$.
(3) $\int_0^\infty xe^{-x^2}dx$. (4) $\int_0^\infty xe^{-x}dx$. (5) $\int_0^{\frac{\pi}{2}} \cos x \sin^{s-1}x\, dx$ $(0 < s < 1)$.
(6) $\int_0^\infty \frac{dx}{1+x^2}$. (7) $\int_1^\infty \frac{dx}{x\sqrt{x-1}}$. (8) $\int_0^1 \frac{dx}{\sqrt{x(x+1)}}$.

A 4.4.2 自然数 $m, n \geqq 0$ に対し，$\frac{1}{B(m+1, n+1)} = (m+n+1)\binom{m+n}{m}$ を示せ．

A 4.4.3 $n \geqq 1$ を自然数とする．（かっこの中はヒント．）
 1. $\int_0^1 (1-x^2)^n dx = \frac{1}{2}B\left(n+1, \frac{1}{2}\right)$ を示せ．$(x = \sin t$ とおいて置換積分．$)$
 2. $\int_0^\infty \frac{1}{(1+x^2)^n}dx = \frac{1}{2}B\left(n-\frac{1}{2}, \frac{1}{2}\right)$ を示せ．$(x = \tan t$ とおいて置換積分．$)$
 3. $\int_0^\infty e^{-nx^2}dx = \frac{1}{2}\frac{\Gamma(\frac{1}{2})}{\sqrt{n}}$ を示せ．$(x = \sqrt{\frac{t}{n}}$ とおいて置換積分．$)$
 4. $\sqrt{n}B\left(n+1, \frac{1}{2}\right) \leqq \Gamma\left(\frac{1}{2}\right) \leqq \sqrt{n}B\left(n-\frac{1}{2}, \frac{1}{2}\right)$ を示せ．

B 4.4.4 1. $B\left(n+\frac{1}{2}, \frac{1}{2}\right) \cdot B\left(n+1, \frac{1}{2}\right) = \frac{2\pi}{2n+1}$ を示せ．
 2. $\lim_{n \to \infty} \sqrt{n} \cdot B\left(n+1, \frac{1}{2}\right)$ と $\lim_{n \to \infty} \sqrt{n} \cdot B\left(n+\frac{1}{2}, \frac{1}{2}\right)$ を求めよ．
 3. $\int_{-\infty}^\infty e^{-x^2}dx = \Gamma\left(\frac{1}{2}\right) = \sqrt{\pi}$ を示せ．

A 4.4.5 s を実数とする．級数 $\sum_{n=1}^\infty \frac{1}{n^s}$ が収束するための s の条件を求めよ．

A 4.4.6 $[1, \infty)$ で定義された関数 $p(x)$ を，すべての自然数 $n \geqq 1$ に対し $p(n) = \log n$ であり $n \leqq x \leqq n+1$ で 1 次関数であるという条件で定義する．$n \geqq 2$ で定義された数列 (a_n) を，$a_n = \int_{n-1}^n (\log x - p(x))dx$ で定める．
 1. $\sum_{k=2}^n a_k = 1 + \log \frac{n^n \sqrt{n}}{e^n n!}$ であり，$\sum_{k=2}^\infty a_k = 1 - \log \sqrt{2\pi}$ であることを示せ．
 2. $n \geqq 2$ なら $0 < a_n \leqq \frac{1}{12}\frac{1}{(n-1)^2} < \frac{1}{6}\left(\frac{1}{2n-3} - \frac{1}{2n-1}\right)$ であることを示せ．
 $0 < \sum_{k=n+1}^\infty a_k < \frac{1}{6}\frac{1}{2n-1}$ も示せ．
 3. 自然数 $n \geqq 1$ に対し，$\sqrt{2\pi} < \frac{e^n n!}{n^n \sqrt{n}} < \sqrt{2\pi} \cdot \exp\frac{1}{6(2n-1)}$ を示せ．
 4. n が 10 進法で表わしたとき m 桁の自然数ならば，$n!$ を 10 進法で表わすとおよそ $n(m - \log_{10} e)$ 桁の数になることを示せ．
 5. $100!$ が何桁の数か求めよ．（ヒント：$\log_{10} e = 0.434294\cdots, \log_{10} 2\pi = 0.798179\cdots$ である．）

B 4.4.7 (a_n) を数列とし，(b_n) を (c_n) の順序をならべかえて得られる数列とする．$\sum_{n=0}^{\infty} a_n$ が絶対収束するならば，$\sum_{n=0}^{\infty} b_n$ も収束し $\sum_{n=0}^{\infty} a_n = \sum_{n=0}^{\infty} b_n$ であることを示せ．

4.5 微分方程式

1 変数関数に関する微分方程式を**常微分方程式** (ordinary differential equation) とよび，多変数関数に関する微分方程式を**偏** (partial) **微分方程式**とよぶ．ここでは常微分方程式だけを扱うので，常ということばは省略する．関数とその導関数と独立変数に関する方程式として表わされる方程式を，**1 階** (of first order) の微分方程式という．高次導関数を含む微分方程式も重要だが，おもに 1 階の微分方程式だけを扱う．

定義 4.5.1 U を 3 次元空間の開集合とし，$F(x, y, z)$ を U で定義された連続関数とする．$f(x)$ を開区間 (u, v) で定義された微分可能な関数とする．

1. 開区間 (u, v) で $(x, f(x), f'(x))$ は U の点であり $F(x, f(x), f'(x)) = 0$ がなりたつとき，$y = f(x)$ は 1 階の微分方程式

$$F(x, y, y') = 0 \tag{4.24}$$

の**解** (solution) であるという．

2. $u < a < v$ とし，c を実数とする．開区間 (u, v) で定義された微分可能な関数 $y = f(x)$ が方程式 (4.24) の解であり，$f(a) = c$ をみたすとき，$y = f(x)$ は方程式 (4.24) の**初期条件** (initial condition)

$$y(a) = c \tag{4.25}$$

をみたす解であるという． ■

定義 4.5.1 では開区間で定義された解について定義したが，閉区間や半開区間についても同様である．独立変数を x のかわりに t で表わし時間と考えれば，初期条件は時刻 $t = a$ での値 $f(a) = c$ を指定することになるので，このようによばれる．初期条件 (4.25) をみたす微分方程式 (4.24) の解を求めるという問題を，微分方程式の**初期値問題** (initial value problem) という．

関数の組 $(x, f(x), f'(x))$ は 3 次元空間内の曲線 C を定める．$f(x)$ が微分方程式 $F(x, y, y') = 0$ の解であるとは，C が $F(x, y, z) = 0$ で定まる曲面 S

上にあるということである．このとき C を方程式 $F(x,y,y')=0$ の**解曲線** (integral curve) という．さらに $y=f(x)$ が初期条件 $y(a)=c$ をみたすとは，C が S と直線 $x=a, y=c$ の交点をとおるということである．

 $F(x,y,z)$ を 3 次元空間の開集合 U で定義された連続関数とする．2 次元開区間 $(u,v) \times (p,q)$ で定義された連続微分可能な関数 $f(x,t)$ が，$F(x,f(x,t),f_x(x,t))=0$ をみたすとする．$p < r \leqq s < q$ に対し，(u,v) で $f(x,r)=f(x,s)$ なら $r=s$ であるとき，$f(x,t)$ は t を任意定数とする (4.24) の**一般解** (general solution) であるという．t を定数 c とおいて得られる解 $f(x,c)$ を**特殊解** (special solution) という．特殊解としては得られない解を**特異解** (singular solution) という．

例 4.5.2 $F(x,y,z) = 4y - z^2$ とすると，微分方程式 (4.24) は $y'^2 = 4y$ となる．実数 c に対し $y=(x-c)^2$ は $y'^2 = 4y$ の解だから，$f(x,t) = (x-t)^2$ は $y'^2 = 4y$ の一般解であり，$t=0$ とおいた $y=x^2$ は特殊解である．解 $y=0$ は $(x-t)^2$ の t に定数を代入しても得られない特異解である．■

平面の開集合 W で定義された 2 変数の連続微分可能な関数 $k(x,y)$ が，(4.24) のすべての解 $y=f(x)$ に対し $k(x,f(x))$ が定数であるという条件をみたすとき，関数 $k(x,y)$ は (4.24) の**第 1 積分** (first integral) であるという．この定義だと定数関数も第 1 積分となるがこれをのぞくため W で $k_y(x,y) \neq 0$ と仮定すると，(4.24) の初期値問題 $f(a)=c$ は陰関数定理のように方程式 $k(x,y)=k(a,c)$ で定まる関数 $y=f(x)$ を求めることに帰着される．このため，方程式 (4.24) の第 1 積分が求まれば (4.24) が解けたと考えることが多い．

 $f(x,y)$ を平面の開集合 U で定義された連続微分可能な関数とする．微分方程式

$$f_x(x,y) + f_y(x,y)y' = 0 \qquad (4.26)$$

を，**完全微分形** (complete differential form) の微分方程式という．$y=g(x)$ を (4.26) の解とすると連鎖律 (3.14) より $\dfrac{d}{dx}f(x,g(x)) = f_x(x,g(x)) + f_y(x,g(x))g'(x) = 0$ だから，$f(x,y)$ は (4.26) の第 1 積分である．逆に，$f(x,g(x))$ が定数となる微分可能な関数 $g(x)$ は (4.26) の解だから，陰関数定理は微分方程式 (4.26) と同等である．

 (4.26) の左辺で $y' = \dfrac{dy}{dx}$ とおき形式的に分母をはらうと，左辺は $f_x(x,y)dx + f_y(x,y)dy$ となる．7.4 節で定義する微分形式の用語を使うとこれは $f(x,y)$

の微分であり，完全微分形式 (exact differential form) である．和訳だとどちらも完全だが，もとは違う用語のようである．

微分方程式の解や第 1 積分を不定積分で表わすことを**求積法** (quadrature) という．求積法で解ける微分方程式の例に変数分離形の方程式がある．連続関数 $p(x)$ と $q(y) \neq 0$ に対し，微分方程式

$$y' = p(x)q(y) \tag{4.27}$$

を**変数分離形** (separable) の方程式という．$y = f(x)$ を (4.27) の解とすると，$\dfrac{f'(x)}{q(f(x))} = p(x)$ だから置換積分の公式より，$\displaystyle\int \dfrac{1}{q(y)} dy = \int p(x)dx$ である．よって，$k(x, y) = \displaystyle\int \dfrac{1}{q(y)} dy - \int p(x)dx$ は方程式 (4.27) の第 1 積分である．

例題 4.5.3 方程式 $y' = 1 + y^2$ の初期値問題 $y(0) = c$ を求積法で解け．■

略解 両辺を $1 + y^2$ でわれば $\dfrac{y'}{1 + y^2} = 1$ である．両辺積分して $\arctan y = x + C$ である．加法定理より，$y = \tan(x + C) = \dfrac{\tan x + \tan C}{1 - \tan x \tan C}$ である．$c = \tan C$ とおけば $y = \dfrac{\tan x + c}{1 - c \tan x}$ である． □

求積法で解ける微分方程式は限られるが，問題 5.2.2 のようにほかの方法で解を表示したり定理 4.5.5 の証明のように近似解を求めたり，いろいろな方法で解の性質が調べられる．

$F(x, y, z) = 0$ で定まる曲面が平面の開集合 U で定義された 2 変数関数 $z = G(x, y)$ のグラフであるとき，微分方程式 (4.24) は

$$y' = G(x, y) \tag{4.28}$$

と書き換えられる．(4.28) を**正規形** (normal form) の微分方程式とよぶ．

閉区間 $[a, b]$ で定義された連続関数 $f(x)$ の不定積分は，1 階の正規形の微分方程式 $y' = f(x)$ の解である．これから証明する正規形の微分方程式の解の存在定理（定理 4.5.5）は不定積分を使わなくても証明できるので，不定積分の存在定理（定理 4.3.1）はその特別な場合とも考えられる．

例 4.5.4 1. $G(x, y) = y$ とすると，正規形の方程式 (4.28) は $y' = y$ となる．いたるところ定義された関数 $y = f(x)$ が方程式 $y' = y$ の解ならば，

$\left(\dfrac{f(x)}{e^x}\right)' = \dfrac{f'(x)e^x - f(x)e^x}{e^{2x}} = 0$ だから $\dfrac{f(x)}{e^x}$ は定数関数である．したがって，c を定数とし初期条件を $y(0) = c$ とおくと，$f(x) = c \cdot e^x$ はこの初期値問題のいたるところ定義されたただ 1 つの解である．

2. a を実数とする．$G(x, y)$ を開区間 $(-1, 1) \times (-\infty, \infty)$ で定義された関数 $G(x, y) = \dfrac{ay}{1 + x}$ とすると，正規形の方程式 (4.28) は $(1 + x)y' = ay$ となる．$(-1, 1)$ で定義された関数 $y = f(x)$ が方程式 $(1 + x)y' = ay$ の解ならば，$\left(\dfrac{f(x)}{(1 + x)^a}\right)' = \dfrac{f'(x)(1 + x)^a - f(x)a(1 + x)^{a-1}}{(1 + x)^{2a}} = 0$ だから $\dfrac{f(x)}{(1 + x)^a}$ は定数関数である．したがって，初期条件を $y(0) = 1$ とおくと，$f(x) = (1 + x)^a$ はこの初期値問題の $(-1, 1)$ で定義されたただ 1 つの解である． ■

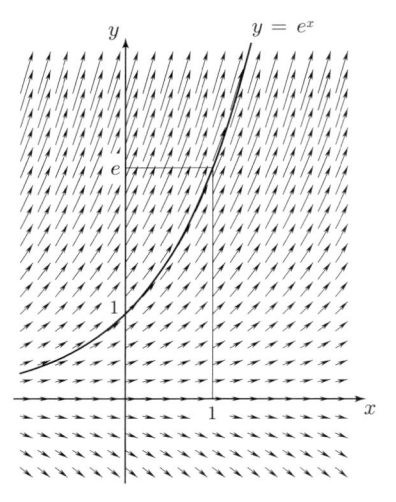

例 4.5.4.1 より，微分方程式 $y' = y$ の初期値問題 $y(0) = 1$ のただ 1 つの解として指数関数 e^x を定義することもできる．

$y = f(x)$ が正規形の微分方程式 $y' = G(x, y)$ の解であるとき，関数 $y = f(x)$ のグラフを $y' = G(x, y)$ の**解曲線**という．このような微分方程式の解曲線としての表示も，平面内の曲線を記述する方法の 1 つである．

$G(x, y)$ の定義域 U の各点 (x, y) に対し，ベクトル $\boldsymbol{t}(x, y) = \begin{pmatrix} 1 \\ G(x, y) \end{pmatrix}$ を定める．このように，平面の開集合 U の各点にベクトルを定めたものを，U で定義された**ベクトル場** (vector field) という．$y = f(x)$ のグラフ C が $y' = G(x, y)$ の解曲線であるとは，U 内の曲線 C の接ベクトル $\begin{pmatrix} 1 \\ f'(x) \end{pmatrix}$ が，C の各点でベクトル $\boldsymbol{t}(x, f(x))$ に等しいということである．

1 階の正規形微分方程式 $y' = G(x, y)$ の初期値問題の解がただ 1 つ存在するという定理を証明する．解曲線とベクトル場の関係にもとづいて解を近似する関数を定義し，その極限として解を構成することで存在を証明する．

定理 4.5.5　$a < b$ と c を実数とし，$G(x,y)$ を平面の開集合 U で定義された連続関数とする．$G(x,y)$ は y について偏微分可能であり，偏導関数 $G_y(x,y)$ も U で連続であるとする．下の条件 (M) をみたす実数 $M > 0$ と $N \geqq 0$ が存在するならば，閉区間 $[a,b]$ で定義された微分可能な関数 $f(x)$ で，方程式

$$y' = G(x,y) \tag{4.29}$$

の解であり初期条件 $y(a) = c$ をみたすものがただ 1 つ存在する．

(M)　縦線集合 D を $a \leqq x \leqq b$ と

$$|y - c| \leqq M \cdot \begin{cases} \dfrac{e^{N(x-a)} - 1}{N}, & N \neq 0 \text{ のとき}, \\ (x - a), & N = 0 \text{ のとき} \end{cases} \tag{4.30}$$

で定める．D は $G(x,y)$ の定義域 U に含まれ，$G(x,y)$ は D で

$$|G(x,y)| \leqq M + N \cdot |y - c| \tag{4.31}$$

をみたす．
さらに，$y = f(x)$ のグラフは D に含まれる．　■

閉区間 $[a,b]$ を半開区間 $[a,b)$ や無限区間 $[a,\infty)$ でおきかえたものもなりたつことが定理から導かれるが省略する．また定理やその変種で a と b の役割を入れかえたものも同様になりたつがこれも省略する．

定理 4.5.5 には仮定 (4.31) があるため，解の存在については局所的な性質しかわからないことがある．方程式 $y' = y$ については，$G(x,y) = y$ は $|y| \leqq |c| + |y - c|$ をみたすので解 $y = c \cdot e^{x-a}$ はいたるところ定義される．一方，方程式 $y' = 1 + y^2$ の初期条件 $y(0) = 0$ をみたす解は $y = \tan x$ だけであり（例題 4.5.3），これの定義域を $\pm \dfrac{\pi}{2}$ をこえてひろげることはできない．

定理 4.5.5 は次のように証明する．方程式 (4.29) の解を近似する関数で，グラフが折れ線であるものの列 $(f_n(x))$ を構成する．関数 $f_n(x)$ が方程式 (4.29) の解に近い性質をみたすことを補題 4.5.7 で示す．このことと次の補題 4.5.6 も使って，関数の列 $(f_n(x))$ は収束しその極限が方程式 (4.29) の解であることを証明する．この証明は不定積分の存在定理（定理 4.3.1）の証明の方法を一般化したものである．

まず折れ線による近似解のグラフが縦線集合 D からはみ出さないことを確かめるために使う補題を示す．

補題 4.5.6 $a \leqq v$ と $A \geqq 0, B \geqq 0$ を実数とする．閉区間 $[a,v]$ で定義された関数 $h(x)$ が次の条件 (1) と (2) のどちらかをみたすならば，$[a,v]$ で

$$\left|h(x) - h(a)\right| \leqq A \cdot \begin{cases} \dfrac{e^{B(x-a)} - 1}{B}, & B \neq 0 \text{ のとき}, \\ (x-a), & B = 0 \text{ のとき} \end{cases} \tag{4.32}$$

がなりたつ．

(1) $a \leqq u \leqq v$ をみたす実数 u で，$[a,u]$ で (4.32) がなりたち，$[u,v]$ で

$$|h(x) - h(u)| \leqq (A + B|h(u) - h(a)|)(x - u) \tag{4.33}$$

であるものが存在する．

(2) $[a,v]$ で $h(x)$ は連続であり

$$|h(x) - h(a)| \leqq \int_a^x (A + B|h(t) - h(a)|) dt \tag{4.34}$$

がなりたつ．■

証明 (4.32) の右辺を $p(x)$ とし，$k(x) = |h(x) - h(a)| - p(x)$ とおく．$[a,v]$ で $k(x) \leqq 0$ を示せばよい．

$h(x)$ が条件 (1) をみたすとする．$p'(x) = A \cdot e^{B(x-a)} = A + B \cdot p(x)$ である．$p'(x) = A \cdot e^{B(x-a)}$ は単調弱増加だから命題 1.4.4 より，$[u,v]$ で $p(x) - p(u) \geqq p'(u) \cdot (x-u) = (A + B \cdot p(u)) \cdot (x-u)$ である．これと (4.33) より，$[u,v]$ で $k(x) \leqq k(u) + |h(x) - h(u)| - (p(x) - p(u)) \leqq k(u) + B \cdot k(u) \cdot (x-u)$ である．仮定より $k(u) \leqq 0$ だから，右辺は 0 以下である．

$h(x)$ が条件 (2) をみたすとする．$p(x)$ は方程式 $y' = A + By$ の初期条件 $y(a) = 0$ をみたす解だから，$p(x) = \displaystyle\int_a^x (A + Bp(t)) dt$ である．よって (4.34) より $[a,v]$ で $k(x) \leqq B \displaystyle\int_a^x k(t) dt$ である．$q(x) = e^{-Bx} \displaystyle\int_a^x k(t) dt$ とおくと，$[a,v]$ で $q'(x) = e^{-Bx} \left(k(x) - B \displaystyle\int_a^x k(t) dt \right) \leqq 0$ である．よって，$[a,v]$ で $q(x) \leqq q(a) = 0$ であり $k(x) \leqq B \displaystyle\int_a^x k(t) dt = Be^{Bx} q(x) \leqq 0$ である．□

関数の列 $(f_n(x))$ を定義する．$n \geqq 1$ を自然数とする．閉区間 $[a,b]$ を n 等分して $i = 0, \ldots, n$ に対し $a_i = a + \dfrac{i}{n}(b-a)$ とおく．$f_n(x)$ を $k = 0, 1, \ldots, n$ に関して帰納的に $[a, a_k]$ で定義する．$k = 0$ のときは，$f_n(a) = c$ とおく．$k = 1, \ldots, n$ とし，$f_n(x)$ が $[a, a_{k-1}]$ でグラフが D に含まれるように定まっているとする．このとき $f_n(x)$ を $[a_{k-1}, a_k]$ では x の 1 次式

$$f_n(x) = f_n(a_{k-1}) + G(a_{k-1}, f_n(a_{k-1}))(x - a_{k-1}) \tag{4.35}$$

で定義する．

$(a_{k-1}, f_n(a_{k-1}))$ は D の点だから，(4.35) と (4.31) より $[a_{k-1}, a_k]$ で $|f_n(x) - f_n(a_{k-1})| \leqq (M + N|f_n(a_{k-1}) - f_n(a)|)(x - a_{k-1})$ である．よって補題 4.5.6 を $a \leqq a_{k-1} \leqq a_k$ と $f_n(x)$ に適用すれば，$[a, a_k]$ で $f_n(x)$ のグラフは D に含まれる．よって，k に関して帰納的に，関数 $f_n(x)$ は $[a,b]$ で定義されそのグラフは D 内の折れ線である．

関数の列 $(f_n(x))$ は (4.29) の解に収束することを示す．この近似解の構成法を**折れ線近似** (polygonal approximation) という．$f(x)$ が初期条件 $y(a) = c$ をみたす (4.29) の解であるとは，積分で書き直せば $f(x) = c + \displaystyle\int_a^x G(t, f(t))dt$ である．まず，$f_n(x)$ がこの条件に近い条件をみたすことを示す．

補題 4.5.7 仮定を定理 4.5.5 のとおりとする．任意の実数 $q > 0$ に対し，自然数 $m \geqq 1$ で，任意の自然数 $n \geqq m$ に対し $f_n(x)$ が $[a,b]$ で

$$\left| f_n(x) - c - \int_a^x G(t, f_n(t))dt \right| \leqq q(x - a) \tag{4.36}$$

をみたすものが存在する． ∎

証明 $q > 0$ を実数とする．$M_1 = M \cdot e^{N(b-a)}$ とおく．(4.30) と (4.31) より D で $|G(x, y)| \leqq M + N \cdot |y - c| \leqq M_1$ である．命題 4.1.13 より有界閉集合 D (例題 4.1.8) で定義された連続関数 $G(x, y)$ は一様連続だから，実数 $p > 0$ で，$d((x, y), (x', y')) < p$ ならば $|G(x, y) - G(x', y')| < q$ となるものが存在する．この p に対し $r = \dfrac{p}{\sqrt{1 + M_1^2}}$，$m = \left[\dfrac{b-a}{r}\right] + 1$ とおく．

$n \geqq m$ を自然数とする．$i = 0, \ldots, n$ に対し，$a_i = a + \dfrac{i}{n}(b-a)$ とおく．$f_n(x)$ の定義より $[a_{i-1}, a_i]$ で $|f_n(x) - f_n(a_{i-1})| \leqq M_1(x - a_{i-1})$ であり，$d((a_{i-1}, f_n(a_{i-1})), (x, f_n(x))) \leqq \sqrt{1 + M_1^2} \cdot |x - a_{i-1}| < \sqrt{1 + M_1^2} \cdot r = p$ で

ある．よって $[a_{i-1}, a_i]$ で $|G(a_{i-1}, f_n(a_{i-1})) - G(x, f_n(x))| < q$ である．

$a < x \leqq b$ とし，$1 \leqq k \leqq n$ を $a_{k-1} < x \leqq a_k$ となるように定める．$i = 0, \ldots, k-1$ に対し $s_i = a_i$ とおき，$s_k = x$ とおく．(4.36) の左辺は

$$\sum_{i=1}^{k} \left| f_n(s_i) - f_n(s_{i-1}) - \int_{s_{i-1}}^{s_i} G(t, f_n(t)) dt \right|$$
$$\leqq \sum_{i=1}^{k} \int_{s_{i-1}}^{s_i} |G(a_{i-1}, f_n(a_{i-1})) - G(t, f_n(t)))| dt \leqq \sum_{i=1}^{k} q \cdot (s_i - s_{i-1}) = q \cdot (x - a)$$

以下である．$x = a$ なら (4.36) は両辺とも 0 である． □

定理 4.5.5 の証明 次の順に証明する．

1. $[a, b]$ の各点 x に対し数列 $(f_n(x))$ は収束する．
2. $[a, b]$ で定義された関数 $f(x) = \lim_{n \to \infty} f_n(x)$ のグラフは D に含まれ，$y = f(x)$ は方程式 $y' = G(x, y)$ の解である．
3. 方程式 $y' = G(x, y)$ の初期条件 $y(a) = c$ をみたす解は，2. で定めた $f(x)$ だけである．

最大値の定理（定理 4.1.3）より，連続関数 $|G_y(x, y)|$ の有界閉集合 D（例題 4.1.8）での最大値 L が存在する．基本不等式（系 1.4.5.1）より，D で

$$|G(x, z) - G(x, y)| \leqq L|z - y| \tag{4.37}$$

がなりたつ．$[a, b]$ で定義された関数 $l(x)$ を，$L \neq 0$ なら $l(x) = \dfrac{e^{L(x-a)} - 1}{L}$，$L = 0$ なら $l(x) = x - a$ で定める．

1. $[a, b]$ の各点 x に対し数列 $(f_n(x))$ はコーシー列であることを示す．$q > 0$ を実数とする．補題 4.5.7 より，自然数 $m \geqq 1$ で，すべての自然数 $n \geqq m$ に対し，$f_n(x)$ が $[a, b]$ で (4.36) をみたすものが存在する．この m と任意の $n \geqq m$ に対し，$[a, b]$ で

$$|f_n(x) - f_m(x)| \leqq 2q \cdot l(x) \tag{4.38}$$

がなりたつことを示す．$h(x) = f_n(x) - f_m(x)$ とおく．(4.36) と (4.37) より $|h(x)| \leqq 2q(x - a) + \int_a^x |G(t, f_n(t)) - G(t, f_m(t))| dt \leqq \int_a^x (2q + L|h(t)|) dt$ である．よって補題 4.5.6 より，$[a, b]$ で (4.38) がなりたつ．

よって定義 4.2.1 のあとの注意より $a \leqq x \leqq b$ ならば $(f_n(x))$ はコーシー列であり，実数の完備性（定理 4.2.2）より数列 $(f_n(x))$ は収束する．

2. $[a,b]$ で定義された関数 $f(x)$ を $f(x) = \lim_{n \to \infty} f_n(x)$ で定める．$n \geqq 1$ ならば $f_n(x)$ のグラフは D に含まれるから，$f(x)$ のグラフも D に含まれる．

$a \leqq s \leqq b$ とし，$f(x)$ が $x = s$ で連続なことを示す．$q > 0$ を実数とする．自然数 $m \geqq 1$ を 1. の証明のとおりとする．(4.38) で $n \to \infty$ の極限をとれば，$[a,b]$ で

$$|f(x) - f_m(x)| \leqq 2q \cdot l(x) \leqq 2q \cdot l(b) \tag{4.39}$$

である．$f_m(x)$ は連続だから, 実数 $r > 0$ で $|x-s| < r$ ならば $|f_m(x) - f_m(s)| < q$ となるものがある．この $r > 0$ に対し，$|x - s| < r$ ならば (4.39) より $|f(x) - f(s)| \leqq |f_m(x) - f_m(s)| + |f(x) - f_m(x)| + |f(s) - f_m(s)| \leqq q \cdot (1 + 4l(b))$ である．よって補題 1.2.8 より $f(x)$ は $x = s$ で連続である．したがって $f(x)$ は $[a,b]$ で連続である．

$[a,b]$ で $f(x)$ は連続だから，$G(x, f(x))$ も $[a,b]$ で連続である．$q > 0$ を実数とする．自然数 $m \geqq 1$ を 1. の証明のとおりとする．(4.36), (4.39) と (4.37) より $[a,b]$ で

$$\left| f(x) - c - \int_a^x G(t, f(t))dt \right| \leqq \left| f_m(x) - c - \int_a^x G(t, f_m(t))dt \right|$$
$$+ |f(x) - f_m(x)| + \int_a^x |G(t, f(t)) - G(t, f_m(t))|dt$$
$$\leqq q(b-a) + 2ql(b) + \int_a^b L|f(t) - f_m(t)|dt \leqq q((b-a) + 2l(b)(1 + L(b-a)))$$

である．よって補題 1.2.8 のあとの注意より $[a,b]$ で $f(x) = c + \int_a^x G(t, f(t))dt$ である．したがって $f(x)$ は $[a,b]$ で微分可能であり，両辺を微分すれば $f'(x) = G(x, f(x))$ である．

3. $[a,b]$ で微分可能な関数 $g(x)$ も初期条件 $y(a) = c$ をみたす方程式 $y' = G(x, y)$ の解であるとして，$[a,b]$ で $f(x) = g(x)$ であることを示す．

まず $y = g(x)$ のグラフが D に含まれると仮定して示す．$[a,b]$ で $f(x) - g(x) = \int_a^x (f'(t) - g'(t))dt = \int_a^x (G(t, f(t)) - G(t, g(t)))dt$ だから，(4.37) より $|f(x) - g(x)| \leqq \int_a^x L|f(t) - g(t)|dt$ である．よって補題 4.5.6 より，$[a,b]$ で $f(x) - g(x) = 0$ である．

一般の場合を示す．閉区間 $[a,b]$ の部分集合 C を $C = \{s \in [a,b] \mid [a,s]$ で $f(x) = g(x)\}$ で定める．C は定理 1.1.4 の条件 (D) をみたすから，C の終点となる実数 p が存在する．$f(a) = g(a)$ で，C の定義より $[a,p)$ で $f(x) = g(x)$ であり $f(x)$ と $g(x)$ は $x = p$ で連続だから，$[a,p]$ で $f(x) = g(x)$ である．

$p = b$ を示せばよい．$y = g(x)$ のグラフが D に含まれる場合に帰着させることで，背理法で $p = b$ を証明する．$a \leqq p < b$ とする．$K = |G(p,f(p))| + 1$ とおく．$G(x,y)$ は開集合 U で連続だから，実数 $0 < q < b - p$ で開区間 $V = (p-q, p+q) \times (f(p)-q, f(p)+q)$ が U に含まれ V で $|G(x,y)| < K$ となるものがある．$f(x)$ と $g(x)$ も連続だから，この q に対し実数 $0 < r < \dfrac{q}{K} < q$ で，$[p, p+r]$ で $|f(x) - f(p)| < q$, $|g(x) - g(p)| < q$ となるものがある．

この r に対し，定理 4.5.5 を a, b, M, N として $p, p+r, K, 0$ に適用する．縦線集合 E を $p \leqq x \leqq p+r$, $|y - f(p)| \leqq K(x-p)$ で定める．$r < \dfrac{q}{K}$ より E は V に含まれるから，条件 (M) がみたされる．

$[p, p+r]$ で $|f'(x)| = |G(x,f(x))| \leqq K$, $|g'(x)| = |G(x,g(x))| \leqq K$ だから基本不等式（系 1.4.5.2）より，$f(x)$ と $g(x)$ の定義域を $[p, p+r]$ にせばめたもののグラフは縦線集合 E に含まれる．この場合にはすでに $[p, p+r]$ で $f(x) = g(x)$ であることを示した．よって $p < p+r \in C$ となり p が C の終点であることに矛盾するから，背理法により $p = b$ が示された． $\square$

5.3 節の用語を使うと，不等式 (4.39) は関数の列 $(f_n(x))$ が $f(x)$ に $[a,b]$ で一様収束することを表わしている（問題 5.3.3.1）．このことから，$f(x) = \lim_{n \to \infty} f_n(x)$ が $[a,b]$ で連続で，極限と積分の順序をいれかえられること $\lim_{n \to \infty} \int_a^x G(t, f_n(t))dt = \int_a^x G(t, \lim_{n \to \infty} f_n(t))dt$（命題 5.3.2）を導いている．

高次の導関数を含む微分方程式も同様に考えられる．5.2 節の演習問題で，定数係数線形常微分方程式や超幾何微分方程式をとりあげる．この節では，次の例だけ紹介する．

例 4.5.8 いたるところ定義された 2 回連続微分可能な関数 $f(x)$ が微分方程式 $y'' = -y$ の解であるとする．$g(x) = -f'(x)$ とおくと $g'(x) = f(x)$ である．よって，$f(0) = a$, $f'(0) = b$ とおくと，命題 2.1.9 より，$f(x) = a\cos x + b\sin x$ である． ∎

例 4.5.8 より，$\cos x$ と $\sin x$ を $y'' = -y$ の初期値問題 $y(0) = 1, y'(0) = 0$ と $y(0) = 0, y'(0) = 1$ のそれぞれただ 1 つの解として定義することもできる．

例 4.5.9 U を平面の開集合とし，$L(x,y,t)$ を (3.2) の $U \times (u,v)$ で定義された 2 回連続微分可能な関数とする．開区間 (u,v) で定義された微分可能な関数 $x = q(t)$ が**オイラーの方程式**

$$\frac{d}{dt} L_y(q(t), q'(t), t) = L_x(q(t), q'(t), t) \tag{4.40}$$

をみたすための必要十分条件は，微分方程式

$$L_{yx}(x, x', t)x' + L_{yy}(x, x', t)x'' + L_{yt}(x, x', t) = L_x(x, x', t) \tag{4.41}$$

の解であることである（問題 4.5.7.1）．$L(x,y,t)$ を**ラグランジアン**といい，偏導関数 $L_y(x,y,t)$ を**運動量**という．

U が縦線集合であり，$U \times (u,v)$ で $L_{yy}(x,y,t) > 0$ であるとする．方程式 $p = L_y(x,y,t)$ を y について解いて得られる関数を $y = g(x,p,t)$ とおく．ラグランジアンの**ルジャンドル変換** $H(x,p,t) = p \cdot g(x,p,t) - L(x, g(x,p,t), t)$ を**ハミルトニアン**という．連立方程式

$$\frac{dx}{dt} = H_p(x,p,t), \quad \frac{dp}{dt} = -H_x(x,p,t) \tag{4.42}$$

を，**ハミルトンの方程式**という．

$x = q(t)$ がオイラーの方程式 (4.40) の解であることと，$x = q(t)$, $p = L_y(q(t), q'(t), t)$ がハミルトンの方程式 (4.42) の解であることは同値である（問題 4.5.7.2）．$H_t(x,p,t) = 0$ とすると，$x = q(t)$, $p = r(t)$ がハミルトンの方程式の解なら連鎖律より $\frac{d}{dt} H(q(t), r(t), t) = 0$ である．これを**エネルギー保存則**という．

$V(x)$ を 2 回連続微分可能な関数とし，$L(x,y,t) = \frac{1}{2} y^2 - V(x)$ とする．このとき，オイラーの方程式 (4.40) は

$$\frac{d^2 q(t)}{dt^2} = -\frac{dV}{dx}(q(t)) \tag{4.43}$$

となる．これを**ニュートンの運動方程式**という．このとき，$y = g(x,p,t) = p$ であり，ハミルトニアンは $H(x,p,t) = \frac{1}{2} p^2 + V(x)$ である．ラグランジアン

が $L(x,y,t) = \frac{1}{2}y^2 - \frac{1}{2}x^2$ のときのニュートンの運動方程式 $\frac{d^2x}{dt^2} = -x$ を，**単振動** (simple ocsillation) **の方程式**という． ∎

> **まとめ**
> ・関数とその変数と導関数を含む方程式を微分方程式といい，それをみたす関数をその解という．変数分離形の微分方程式は求積法で解ける．
> ・正規形の微分方程式の初期値問題の解がただ 1 つ存在する．解は折れ線近似の極限として得られる．

問題

A 4.5.1 次の変数分離形の微分方程式の一般解を求めよ．初期値問題の解も求めよ．
(1) $y' = -2xy$; $y(0) = 1$. (2) $yy' = \cos x \sin x$; $y(\frac{\pi}{2}) = 1$.
(3) $y' = 2(1+y^2)x$; $y(0) = 1$. (4) $y'^2 = e^{2x}(1-y^2)$; $y(0) = 1$.

A 4.5.2 正規形の微分方程式 $y' = y^2$ の初期値問題 $y(a) = c$ を解き，いたるところ定義された解は $y = 0$ だけであることを示せ．

A 4.5.3 1. 完全微分形の微分方程式 $y + xy' = 0$ の第 1 積分を求めよ．
2. 初期条件 $y(1) = 1$ をみたす解を求めよ．

A 4.5.4 微分方程式 $y' = y$ の初期値問題の解の一意性（例 4.5.4.1）を使って指数法則 $e^{x+y} = e^x e^y$ を導け．

A 4.5.5 微分方程式 $y' = y$ の初期値問題 $y(0) = 1$ を考える．$a = 0$, $b = 1$ とし，定理 4.5.5 の証明のように，自然数 $n \geqq 1$ に対し関数 $f_n(x)$ を定義する．
1. 関数 $f_n(x)$ を求めよ．
2. $q > 0$ を実数とする．$n > \frac{2\sqrt{1+e^2}}{q}$ なら $f_n(x)$ は $[0,1]$ で $|f_n(x) - e^x| \leqq 2q \cdot (e^x - 1)$ をみたすことを示せ．
3. $\lim_{n\to\infty} f_n(x) = e^x$ を示せ．$e = \lim_{n\to\infty} \left(1 + \frac{1}{n}\right)^n$ も示せ．

A 4.5.6 $p(x)$ と $q(x)$ を閉区間 $[a,b]$ で定義された連続関数とする．
1. 微分方程式 $y' = q(x)y$ の初期値問題 $y(a) = c$ を求積法で解け．
2. $u(x)$ を微分方程式 $y' = q(x)y$ の解とする．$f(x)$ が微分方程式 $y' = p(x) + q(x)y$ の解であるとき $\frac{f(x)}{u(x)}$ がみたす微分方程式を求め，微分方程式 $y' = p(x) + q(x)y$ の初期値問題 $y(a) = c$ を解け．

A 4.5.7 1. $x = q(t)$ が微分方程式 (4.41) の解であることは，オイラーの方程式 (4.40) をみたすことと同値であることを示せ．

2. $x = q(t)$ がオイラーの方程式 (4.40) の解であることと，$x = q(t), p = L_y(q(t), q'(t), t)$ がハミルトンの方程式 (4.42) の解であることは同値であることを示せ．

3. $L(x, y, t) = \frac{1}{2}y^2 - \frac{1}{2}x^2$ とし，$x = q(t)$ をニュートンの運動方程式 (4.43) の解とする．$H(q(t), q'(t), t)$ は定数であることを示せ．初期条件 $x(0) = a, p(0) = b$ をみたす解を求めよ．

第 4 章の問題の略解

4.1.1 1. B, C, D, E が空集合ではないことを示すところ．

2. (k, l) が A の点でないとすると，実数 $r > 0$ で開円板 $U_r(k, l)$ が A と交わらないものがあるというところ．

3. C, E が空でないところと，実数 $r > 0$ で開円板 $U_r(k, l)$ が A と交わらないものがあるとすると矛盾するところ．

4. 実数 $r > 0$ で $A \cap U_r(k, l)$ で $f(x, y) < f(k, l) + q$ となるものをみつけるところ．

5. F は A の閉部分集合であり (k, l) を含むから空ではない．したがって最大値の定理より，F で定義された連続関数 x の最大値をとる F の点 (a, b) が存在する．$f(a, b)$ は A で定義された関数 $f(x, y)$ の最大値 $f(k, l)$ である．したがって，$s \leqq a$ なら s は B の元であり $(-\infty, a] \subset B$ である．$x > a$ をみたす A の任意の点 (x, y) は F の点ではないから $f(x, y) < f(a, b)$ である．したがって，$a < t$ なら t は C の元であり $(a, \infty) \subset C$ である．よって $B = (-\infty, a]$, $C = (a, \infty)$ であり，$k = a$ は B の元である．

4.1.2 $q > 0$ を実数とする．命題 4.1.10 より $f(x)$ は一様連続だから，実数 $r > 0$ で，$|x - y| < r$ なら $|f(x) - f(y)| < q$ となるものが存在する．この r に対し，$m = [\frac{b-a}{r}] + 1$ とおく．$n \geqq m$ ならば，$\frac{b-a}{n} < r$ だから $i = 1, \ldots, n$ に対し $[a + \frac{i-1}{n}(b-a), a + \frac{i}{n}(b-a)]$ で $|f(x) - f(a + \frac{i-1}{n}(b-a))| < q$ であり，$0 \leqq d_n < q$ である．よって $\lim_{n \to \infty} d_n = 0$．

4.1.3 1. $a \leqq s \leqq b$ とする．t を $F(s) = f(s, t)$ をみたす実数 $c \leqq t \leqq d$ とする．$q > 0$ を実数とする．有界閉集合 A を $A = \{(x, y) \in [a, b] \times [c, d] \mid f(x, y) \geqq F(s) + q\}$ で定める．A が空集合なら，$[a, b] \times [c, d]$ で $f(x, y) < F(s) + q$ であり $[a, b]$ で $F(x) < F(s) + q$ である．A が空集合でなければ，A で定義された連続関数 $|x - s|$ の最小値 r が存在する．A と $\{(s, y) \mid c \leqq y \leqq d\}$ は交わらないから $r > 0$ である．$(s - r, s + r) \times [c, d]$ と A は交わらないから，$(s - r, s + r) \times [c, d]$ と $[a, b] \times [c, d]$ の共通部分で $f(x, y) < F(s) + q$ であり，$(s - r, s + r)$ と $[a, b]$ の共通部分で $F(x) < F(s) + q$ である．

$f(x, t)$ は $(x, y) = (s, t)$ で連続だから，実数 $p > 0$ で $U_p(s, t)$ と $[a, b] \times [c, d]$ の共通部分で $|f(x, y) - f(s, t)| < q$ となるものが存在する．この p に対し $(s - p, s + p)$ と $[a, b]$ の共通部分で $F(x) > F(s) - q$ である．よって $F(x)$ は $x = s$ で連続である．したがって $F(x)$ は $[a, b]$ で連続である．

2. $[0, b-a] \times [0, 1]$ で定義された関数 $h(s,t) = |g((1-t)a+t(b-s)+s) - g((1-t)a +t(b-s))|$ は連続である．よって，1. より $d(s) = \max(h(s,t) : 0 \leqq t \leqq 1)$ は $[0, b-a]$ で連続である．$[0, b-a] \times [0, 1]$ で定義された関数 $d(st)$ も連続だから，1. より $e(s) = \max(d(st) : 0 \leqq t \leqq 1)$ も $[0, b-a]$ で連続である．

3. $q > 0$ を実数とする．実数 $r > 0$ で $[0, r)$ で $e(s) < q$ となるものが存在する．この $r > 0$ に対し，$|x-y| < r$ なら $|g(x) - g(y)| \leqq e(|x-y|) < q$ である．

4.1.4 3角形の頂点を A, B, C とし，外接円の中心を O とする．$\angle AOB = x, \angle AOC = y$ とおく．$0 \leqq x \leqq y \leqq 2\pi$ の範囲で考える．$\sin\frac{2\pi - x}{2} = \sin\frac{x}{2}$ だから，辺 AB, AC, BC の長さはそれぞれ，$2\sin\frac{x}{2}$, $2\sin\frac{y}{2}$, $2\sin\frac{y-x}{2}$ である．よって，$0 \leqq x \leqq y \leqq 2\pi$ で定まる有界閉集合での連続関数 $f(x,y) = 2\left(\sin\frac{x}{2} + \sin\frac{y}{2} + \sin\frac{y-x}{2}\right)$ の最大値を求めればよい．

$f_x(x, y) = \cos\frac{x}{2} - \cos\frac{y-x}{2}$, $f_y(x, y) = \cos\frac{y}{2} + \cos\frac{y-x}{2}$ だから，$f_x(a, b) = f_y(a, b) = 0$ なら，$a = b - a$, $\cos a + \cos\frac{a}{2} = 0$ であり，$a = \frac{2\pi}{3}$ である．

$f\left(\frac{2\pi}{3}, \frac{4\pi}{3}\right) = 3\sqrt{3} > 4$ で，$x = 0$ または $x = y$ または $y = 2\pi$ での $f(x, y)$ の最大値は 4 だから，$f(x, y)$ の最大値は $3\sqrt{3}$ である．よって 3 辺の長さの和が最大になるのは正 3 角形のときで，そのときの長さの和は $3\sqrt{3}$ である．

4.2.1 $q > 0$ を実数とする．(Ca) より，自然数 m で，任意の自然数 $n \geqq m$ に対し $|c_n - c_m| < q$ となるものが存在する．この m に対し，$n \geqq m$ ならば $|s_n - s_m| \leqq |s_n - c_m| + |s_m - c_m| \leqq \frac{1}{n}(|c_{n+1} - c_m| + \cdots + |c_{2n} - c_m|) + \frac{1}{m}(|c_{m+1} - c_m| + \cdots + |c_{2m} - c_m|) < 2q$ である．補題 1.2.8 のあとの注意と同様に，(s_n) は条件 (Ca) をみたす．

4.2.2 (Ca)⇒(Ca′)：(c_n) が条件 (Ca) をみたすとする．$q > 0$ を実数とする．(Ca) より，自然数 m で，任意の自然数 $n \geqq m$ に対し $|c_n - c_m| < q$ となるものが存在する．この m に対し，$n \geqq m, l \geqq m$ ならば $|c_n - c_l| \leqq |c_n - c_m| + |c_l - c_m| < 2q$ である．補題 1.2.8 のあとの注意と同様に，(c_n) は条件 (Ca′) をみたす．

(Ca′)⇒(Ca)：$l = m$ とおけばよい．

4.2.3 数列 (d_n) を $d_n = b_n - a_n$ で定める．$n \geqq m$ とすると $a_n - a_m \geqq 0$ も $b_m - b_n \geqq 0$ も $d_m = b_m - a_m$ 以下である．$\lim_{n \to \infty} d_n = 0$ だから系 4.2.3 より (a_n) と (b_n) は収束する．$0 \leqq b_n - a_n \leqq d_n$ だからはさみうちの原理より，$\lim_{n \to \infty}(b_n - a_n) = 0$ である．よって $\lim_{n \to \infty} b_n = \lim_{n \to \infty} a_n + \lim_{n \to \infty}(b_n - a_n) = \lim_{n \to \infty} a_n$ である．

4.3.1 $F(x)$ を $f(x)$ の原始関数とすれば，左辺は $\frac{d}{dt}(F(q(t)) - F(p(t)))$ である．合成関数の微分より，これは $f(q(t))q'(t) - f(p(t))p'(t)$ である．

4.3.2 不定積分の log のなかみは絶対値をつけて正にするが，省略する．
(1) $\tan x = \frac{\sin x}{\cos x} = -\frac{\cos' x}{\cos x}$ だから，$\int \tan x\, dx = -\log \cos x$．
(2) (1) と同様に，$\int \cot x\, dx = \log \sin x$．

(3) $(\tan x)' = \dfrac{\cos^2 x + \sin^2 x}{\cos^2 x} = \dfrac{1}{\cos^2 x}$ だから $\int \dfrac{1}{\cos^2 x} dx = \tan x$.

(4) $\int \dfrac{1+x}{1+x^2} dx = \int \dfrac{1}{1+x^2} dx + \int \dfrac{x}{1+x^2} dx = \arctan x + \dfrac{1}{2} \log(1+x^2)$.

(5) $(\arcsin(2x-1))' = \dfrac{2}{\sqrt{1-(2x-1)^2}} = \dfrac{1}{\sqrt{x(1-x)}}$ だから $\int \dfrac{1}{\sqrt{x(1-x)}} dx = \arcsin(2x-1)$.

4.3.3 1. 積分の正値性（命題 4.3.4.1）より，すべての実数 t に対し $(tf+g, tf+g) = \|f\|^2 t^2 + 2(f,g)t + \|g\|^2 \geqq 0$ である．よって，$\|f\|=0$ なら $(f,g)=0$ である．$\|f\| \neq 0$ なら $(f,g)^2 - \|f\|^2 \|g\|^2 \leqq 0$ である．

2. 1. より，$\|f+g\|^2 = \|f\|^2 + 2(f,g) + \|g\|^2 \leqq (\|f\| + \|g\|)^2$ である．

3. $\|f\|=0$ なら，命題 4.3.4.1 より $[a,b]$ で $f(x)^2 = 0$ であり $f(x)=0$ である．

4. $\int_0^{2\pi} \cos mx \cos nx \, dx = \int_0^{2\pi} \dfrac{1}{2}(\cos(m+n)x + \cos(m-n)x) dx$ は $m \neq n$ なら 0, $m=n=0$ なら 2π, $m=n>0$ なら π．同様に $\int_0^{2\pi} \sin mx \sin nx \, dx = \int_0^{2\pi} \dfrac{1}{2}(-\cos(m+n)x + \cos(m-n)x) dx$ も $m \neq n$ なら 0, $m=n>0$ なら π．$\int_0^{2\pi} \cos mx \sin nx \, dx = \int_0^{2\pi} \dfrac{1}{2}(\sin(m+n)x - \sin(m-n)x) dx = 0$.

4.3.4 (1) $\int x \log x \, dx = \dfrac{x^2}{2} \log x - \dfrac{x^2}{4}$. (2) $\int \log(x^2+1) dx = x \log(x^2+1) - \int \dfrac{2x^2}{x^2+1} dx = x \log(x^2+1) - 2 \int \left(1 - \dfrac{1}{x^2+1}\right) dx = x \log(x^2+1) - 2x + 2 \arctan x$.

(3) $\int \arctan x \, dx = x \arctan x - \int \dfrac{x}{1+x^2} dx = x \arctan x - \dfrac{1}{2} \log(1+x^2)$.

(4) $\int \arcsin x \, dx = x \arcsin x - \int \dfrac{x}{\sqrt{1-x^2}} dx = x \arcsin x + \sqrt{1-x^2}$.

(5) $\int e^x \cos x \, dx = e^x \cos x + \int e^x \sin x \, dx = e^x \cos x + e^x \sin x - \int e^x \cos x \, dx$ だから，$\int e^x \cos x \, dx = \dfrac{1}{2} e^x (\cos x + \sin x)$.

4.3.5 (1) $\lim_{n \to \infty} \sum_{k=1}^{n} \dfrac{n}{n^2 + k^2} = \lim_{n \to \infty} \dfrac{1}{n} \sum_{k=1}^{n} \dfrac{1}{1 + (\frac{k}{n})^2} = \int_0^1 \dfrac{1}{1+x^2} dx = \arctan 1 = \dfrac{\pi}{4}$.

(2) $\lim_{n \to \infty} \sum_{k=1}^{n} \dfrac{k}{n^2 + k^2} = \lim_{n \to \infty} \dfrac{1}{n} \sum_{k=1}^{n} \dfrac{\frac{k}{n}}{1 + (\frac{k}{n})^2} = \int_0^1 \dfrac{x}{1+x^2} dx = \dfrac{1}{2}[\log(1+x^2)]_0^1 = \log \sqrt{2}$.

(3) $\log \left(\lim_{n \to \infty} \dfrac{1}{n} \sqrt[n]{\dfrac{(2n)!}{n!}} \right) = \lim_{n \to \infty} \dfrac{1}{n} \sum_{k=1}^{n} \log \dfrac{n+k}{n} = \int_1^2 \log x \, dx = [x \log x - x]_1^2 = 2 \log 2 - 1$ だから $\lim_{n \to \infty} \dfrac{1}{n} \sqrt[n]{\dfrac{(2n)!}{n!}} = \exp(2 \log 2 - 1) = \dfrac{4}{e}$.

4.3.6 1. $Q(a_i) = Q'(a_i) = Q''(a_i) = 0$ であり，$Q(c_i) = -\dfrac{h^4}{1152}, Q'(c_i) = 0, Q''(c_i) = \dfrac{h^2}{24}$ である．$Q(x)$ は 2 回連続微分可能で，$Q_+^{(3)}(a_i) = -Q_-^{(3)}(a_i) = -\dfrac{6}{24} \dfrac{2h}{3} = -\dfrac{h}{6}$, $Q_-^{(3)}(c_i) = \dfrac{6}{24} \dfrac{-h}{6} + \dfrac{3 \cdot 6}{24} \dfrac{h}{2} = \dfrac{h}{3}$, $Q_+^{(3)}(c_i) = -\dfrac{h}{3}$, $Q^{(4)}(x) = 1$ である．よって，部分積分をくりかえすと $\int_{a_{i-1}}^{a_i} Q(x) f^{(4)}(x) dx = -[Q^{(3)}(x) f(x)]_{a_{i-1}}^{c_i} - [Q^{(3)}(x) f(x)]_{c_i}^{a_i} + \int_{a_{i-1}}^{a_i} Q^{(4)}(x) f(x) dx = -\dfrac{f(a_{i-1}) + 4f(c_i) + f(a_i)}{6} \cdot h + \int_{a_{i-1}}^{a_i} f(x) dx$ であり，(4.13) がなりたつ．

2. $\int_{a_{i-1}}^{c_i} Q(x) dx = \int_{c_i}^{a_i} Q(x) dx = \dfrac{1}{24} \left(\dfrac{1}{5} \dfrac{h^5}{2^5} - \dfrac{2h}{3} \dfrac{1}{4} \dfrac{h^4}{2^4} \right) = -\dfrac{h^5}{5760}$ だから，$[a,b]$

で $|f^{(4)}(x)| \leqq M_4$ なら積分の正値性（命題 4.3.4.1）より，(4.13) の右辺の絶対値は $\dfrac{h^5}{5760} \cdot 2nM_4 = \dfrac{1}{2880} M_4(b-a) \cdot h^4$ 以下である.

3. 平均値の定理より，$i = 1, \ldots, n$ に対し $[a_{i-1}, a_i]$ の実数 t_i と s_i で $\int_{a_{i-1}}^{a_i} Q(x) f^{(4)}(x) dx = f^{(4)}(t_i) \int_{a_{i-1}}^{a_i} Q(x) dx$ と $\dfrac{f^{(3)}(a_i) - f^{(3)}(a_{i-1})}{a_i - a_{i-1}} = f^{(4)}(s_i)$ をみたすものがある. 基本不等式より $|f^{(4)}(t_i) - f^{(4)}(s_i)| \leqq M_5 h$ だから, (4.13) の右辺と $\sum_{i=1}^{n} f^{(4)}(s_i) \int_{a_{i-1}}^{a_i} Q(x) dx = \sum_{i=1}^{n} \dfrac{f^{(3)}(a_i) - f^{(3)}(a_{i-1})}{a_i - a_{i-1}} \dfrac{-2h^5}{5760} = -\dfrac{1}{2880}(f^{(3)}(b) - f^{(3)}(a)) h^4$ との差の絶対値は $\sum_{i=1}^{n} M_5 h \int_{a_{i-1}}^{a_i} |Q(x)| dx = M_5(b-a) \cdot \dfrac{h^5}{2880}$ 以下である.

4. $\int_a^b (x-a)(x-b) dx = -\dfrac{(b-a)^3}{6}$, $\left(\dfrac{a+b}{2} - a\right)\left(\dfrac{a+b}{2} - b\right) = -\dfrac{(b-a)^2}{4}$ だから, $p(x)$ を台形公式（命題 4.3.7）のあとで定義した折れ線関数とすると，$\int_a^b (q(x) - p(x)) dx = \dfrac{4}{6} \sum_{i=1}^{n} \left(f(c_i) - \dfrac{f(a_{i-1}) + f(a_i)}{2}\right) \cdot h$ である. よって $\int_a^b p(x) dx = T_n$ よりしたがう.

4.3.7 (1) $f(x) = \dfrac{1}{x}$ とすると, $f''(x) = \dfrac{2}{x^3}, f^{(4)}(x) = \dfrac{24}{x^5}$ で, その $[1, 2]$ での絶対値の最大値はそれぞれ 2 と 24 である. よって命題 4.3.7 と問題 4.3.6.2 より, 期待される誤差の大きさは $\dfrac{2}{12} \cdot 10^{-2n} < 2 \cdot 10^{-2n-1}$ と $\dfrac{24}{2880} \cdot 10^{-4n} = \dfrac{1}{12} \cdot 10^{-4n-1} < 9 \cdot 10^{-4n-3}$ だからそれぞれ小数点以下 $2n$ 桁と $4n+2$ 桁まで正しいと期待される.

(2) $f(x) = \dfrac{1}{1+x^2}$ とすると, $f''(x) = \dfrac{6x^2 - 2}{(1+x^2)^3}$, $f^{(3)}(x) = \dfrac{24x(1-x^2)}{(1+x^2)^4}$ である. よって $|f^{(2)}(x)|$ の $[0,1]$ での最大値は 2 である. よって (1) と同様に台形公式の近似値は小数点以下 $2n$ 桁まで正しいと期待される.

$f^{(4)}(x) = \dfrac{24(1 - 10x^2 + 5x^4)}{(1+x^2)^5}$, $f^{(5)}(x) = -\dfrac{240x(3 - 10x^2 + 3x^4)}{(1+x^2)^6}$ である. $[0,1]$ で $0 \leqq \dfrac{x}{1+x^2} \leqq \dfrac{1}{2}$ であり $\left[0, \dfrac{1}{2}\right]$ で $-\dfrac{1}{2} \leqq t(3 - 16t^2) \leqq \dfrac{1}{2}$ だから, $t = \dfrac{x}{1+x^2}$ とおくと $f^{(5)}(x) = -240t(3 - 16t^2) \dfrac{1}{(1+x^2)^3}$ の絶対値の最大値は 120 以下である. $f^{(3)}(0) = f^{(3)}(1) = 0$ だから問題 4.3.6.3 より期待される誤差の大きさは $\dfrac{120}{2880} \cdot 10^{-5n} = \dfrac{1}{24} \cdot 10^{-5n} < 5 \cdot 10^{-5n-2}$. よってシンプソンの公式の近似値は小数点以下 $5n + 1$ 桁まで正しいと期待される.

4.3.8 (1) $t = x + \sqrt{x^2 + 1}$ とおく. $\dfrac{1}{t} = -x + \sqrt{x^2 + 1}$ だから, $x = \dfrac{1}{2}\left(t - \dfrac{1}{t}\right)$, $\sqrt{x^2 + 1} = \dfrac{1}{2}\left(t + \dfrac{1}{t}\right)$, $\dfrac{dx}{dt} = \dfrac{1}{2}\left(1 + \dfrac{1}{t^2}\right)$ である. よって $\int \sqrt{x^2 + 1} dx = \dfrac{1}{4} \int \left(t + \dfrac{2}{t} + \dfrac{1}{t^3}\right) dt = \dfrac{1}{8}\left(t^2 - \dfrac{1}{t^2}\right) + \dfrac{1}{2} \log t = \dfrac{1}{2}\left(x\sqrt{x^2 + 1} + \log(x + \sqrt{x^2 + 1})\right)$.

(2) $t = \sqrt{\dfrac{1-x}{1+x}}$ とおく. $x = \dfrac{1-t^2}{1+t^2}$, $\sqrt{1-x^2} = \dfrac{2t}{1+t^2}$, $\dfrac{dx}{dt} = \dfrac{-4t}{(1+t^2)^2}$ だから, $\int \sqrt{1-x^2} dx = \int \dfrac{-8t^2}{(1+t^2)^3} dt$ である. $\left(\dfrac{t}{(1+t^2)^2}\right)' = \dfrac{1}{(1+t^2)^2} - \dfrac{4t^2}{(1+t^2)^3}$, $\left(\dfrac{t}{1+t^2}\right)' = \dfrac{1}{1+t^2} - \dfrac{2t^2}{(1+t^2)^2} = -\dfrac{1}{1+t^2} + \dfrac{2}{(1+t^2)^2}$, $(\arctan t)' = $

$\frac{1}{1+t^2}$ だから，右辺の積分は $\frac{2t}{(1+t^2)^2} - \frac{t}{1+t^2} - \arctan t = \frac{1-t^2}{1+t^2} \frac{t}{1+t^2} - \arctan t$ である．$\theta = \arctan t$ とおけば $x = \frac{1-\tan^2\theta}{1+\tan^2\theta} = \cos^2\theta - \sin^2\theta = \cos 2\theta = \sin\left(\frac{\pi}{2} - 2\theta\right)$ だから，$\arcsin x = \frac{\pi}{2} - 2\arctan t$ であり $\int \sqrt{1-x^2}dx = \frac{1}{2}(x\sqrt{1-x^2} + \arcsin x)$.

(3) $t = \tan\frac{\theta}{2}$ とおく．$\cos\theta = \frac{1-t^2}{1+t^2}, \frac{d\theta}{dt} = \frac{2}{1+t^2}$ だから，$\int \frac{1}{\cos\theta}d\theta = \int \frac{2}{1-t^2}dt = \int \left(\frac{1}{1-t} + \frac{1}{1+t}\right)dt = \log\frac{1+t}{1-t} = \log\frac{1+t^2+2t}{1-t^2} = \log\frac{1+\sin\theta}{\cos\theta}$.

(4) $t = \sqrt{1-x}$ とおく．$x = 1-t^2, \frac{dx}{dt} = -2t$ だから，$\int \frac{\sqrt{1-x}}{x}dx = \int \frac{t}{1-t^2}(-2t)dt = \int \left(2 - \frac{2}{1-t^2}\right)dt = 2t - (\log(1+t) - \log(1-t)) = 2\sqrt{1-x} - \log\frac{1+\sqrt{1-x}}{1-\sqrt{1-x}} = 2\sqrt{1-x} - \log\frac{(1+\sqrt{1-x})^2}{x} = 2\sqrt{1-x} - 2\log(1+\sqrt{1-x}) + \log x$.

4.3.9 (1) $\frac{1}{x^2-1} = \frac{1}{2}\left(\frac{1}{x-1} - \frac{1}{x+1}\right)$ だから，$\int \frac{1}{x^2-1}dx = \frac{1}{2}\log\frac{x-1}{x+1}$.

(2) $\frac{x}{x^2-1} = \frac{1}{2}\left(\frac{1}{x-1} + \frac{1}{x+1}\right)$ だから，$\int \frac{x}{x^2-1}dx = \frac{1}{2}(\log(x-1) + \log(x+1)) = \log\sqrt{x^2-1}$.

(3) $\frac{1}{x^3-1} = \frac{1}{3}\left(\frac{1}{x-1} - \frac{x+2}{x^2+x+1}\right) = \frac{1}{3}\frac{1}{x-1} - \frac{1}{6}\frac{2x+1}{x^2+x+1} - \frac{1}{2}\frac{1}{x^2+x+1}$ であり，$x^2+x+1 = (x+\frac{1}{2})^2 + \frac{3}{4}$ だから，$\int \frac{1}{x^3-1}dx = \frac{1}{3}\log(x-1) - \frac{1}{6}\log(x^2+x+1) - \frac{1}{\sqrt{3}}\arctan\frac{2}{\sqrt{3}}(x+\frac{1}{2})$.

(4) $x^4+1 = (x^2 - \sqrt{2}x+1)(x^2 + \sqrt{2}x+1)$ で，$2\cdot(x^2 \pm \sqrt{2}x+1) = 1 + (\sqrt{2}x\pm 1)^2$ だから，$\frac{x^2+1}{x^4+1} = \frac{1}{1+(\sqrt{2}x-1)^2} + \frac{1}{1+(\sqrt{2}x+1)^2}$ である．よって $\int \frac{x^2+1}{x^4+1}dx = \frac{1}{\sqrt{2}}\arctan(\sqrt{2}x-1) + \frac{1}{\sqrt{2}}\arctan(\sqrt{2}x+1)$.

(5) $\frac{1}{x^6+x^4-x^2-1} = \frac{1}{(x^2-1)(x^2+1)^2} = \frac{1}{4}\left(\frac{1}{x^2-1} - \frac{x^2+3}{(x^2+1)^2}\right) = \frac{1}{8}\left(\frac{1}{x-1} - \frac{1}{x+1}\right) - \frac{1}{2}\frac{1}{x^2+1} - \frac{1}{4}\frac{1-x^2}{(x^2+1)^2}$ だから，$\int \frac{1}{x^6+x^4-x^2-1}dx = \frac{1}{8}\log\frac{x-1}{x+1} - \frac{1}{2}\arctan x - \frac{1}{4}\frac{x}{x^2+1}$.

4.4.1 (1) 問題 4.3.2 (5) より $\int_0^1 \frac{1}{\sqrt{x(1-x)}}dx = [\arcsin(2x-1)]_0^1 = \pi$.

(2) $t = \sqrt{1-x}$ とおいて置換積分すれば $\int_0^1 \frac{1}{\sqrt{1-x}}dx = \int_1^0 \frac{1}{t}(-2t)dt = 2$.

(3) $(e^{-x^2})' = -2xe^{-x^2}$ だから $\int_0^\infty xe^{-x^2}dx = [-\frac{1}{2}e^{-x^2}]_0^\infty = \frac{1}{2}$.

(4) $(xe^{-x})' = e^{-x} - xe^{-x}$ だから $\int_0^\infty xe^{-x}dx = [-xe^{-x}]_0^\infty + \int_0^\infty e^{-x}dx = [-e^{-x}]_0^\infty = 1$.

(5) $\int_0^{\frac{\pi}{2}} \cos x \sin^{s-1}xdx = \frac{1}{2}B(1, \frac{s}{2}) = \frac{2}{2s} = \frac{1}{s}$.

(6) $\int_0^\infty \frac{dx}{1+x^2} = [\arctan t]_0^\infty = \frac{\pi}{2}$.

(7) $t = \sqrt{x-1}$ とおいて置換積分すれば，$x = t^2+1$ だから (6) より $\int_1^\infty \frac{dx}{x\sqrt{x-1}} = \int_0^\infty \frac{2tdt}{t(t^2+1)} = \pi$.

(8) $t = x + \sqrt{x(x+1)}$ とおいて置換積分すれば，$x = \frac{t^2}{2t+1}, \frac{dx}{dt} = \frac{2t(t+1)}{(2t+1)^2}, \sqrt{x(x+1)} = \frac{t(t+1)}{2t+1}$ だから，$\int_0^1 \frac{dx}{\sqrt{x(x+1)}} = \int_0^{1+\sqrt{2}} \frac{2t+1}{t(t+1)} \frac{2t(t+1)}{(2t+1)^2}dt = [\log(2t+1)]_0^{1+\sqrt{2}} = \log(3+2\sqrt{2}) = 2\log(1+\sqrt{2})$.

[別解] (1) $\int_0^1 \frac{1}{\sqrt{x(1-x)}}dx = B(\frac{1}{2}, \frac{1}{2}) = \pi$.

(2) $\int_0^1 \frac{1}{\sqrt{1-x}}dx = B(1, \frac{1}{2}) = 2$.

(3) x^2 を x とおいて置換積分すれば，$\int_0^\infty xe^{-x^2}dx = \frac{1}{2}\int_0^\infty e^{-x}dx = \frac{1}{2}\Gamma(1) = \frac{1}{2}$.

(4) $\int_0^\infty xe^{-x}dx = \Gamma(2) = 1! = 1$.

4.4.2 $B(1,1) = 1$ であり，(4.16) より $\frac{1}{B(m+1,n+1+1)} = \frac{1}{B(m+1,n+1)} \cdot \frac{m+n+2}{n+1} = \frac{1}{B(m+1+1,n+1)}$ だから，m と n に関する帰納法によりしたがう．

4.4.3 1. $\int_0^1 (1-x^2)^n dx = \int_0^{\frac{\pi}{2}} \cos^{2n} t \cdot \cos t \, dt = \frac{1}{2} B\left(n+1, \frac{1}{2}\right)$ である．

2. $\int_0^\infty \frac{1}{(1+x^2)^n} dx = \int_0^{\frac{\pi}{2}} \cos^{2n} t \cdot \frac{1}{\cos^2 t} dt = \frac{1}{2} B\left(n-\frac{1}{2}, \frac{1}{2}\right)$ である．

3. $\int_0^\infty e^{-nx^2} dx = \frac{1}{2} \frac{1}{\sqrt{n}} \int_0^\infty e^{-t} t^{\frac{1}{2}-1} dt = \frac{1}{2} \frac{\Gamma(\frac{1}{2})}{\sqrt{n}}$ である．

4. $[0,1]$ で $1-x^2 \leqq e^{-x^2}$ で，$[0,\infty)$ で $e^{-x^2} \leqq \frac{1}{1+x^2}$ だから，1.–3. よりしたがう．

4.4.4 1. 命題 4.4.6.1 の 2 式の両辺どうしをかければよい．

2. 1. より $\lim_{n\to\infty} n \cdot B(n+\frac{1}{2}, \frac{1}{2}) B(n+1, \frac{1}{2}) = \pi$ である．ウォリスの公式（命題 4.4.6.2）の証明より $\lim_{n\to\infty} \frac{B(n+\frac{1}{2}, \frac{1}{2})}{B(n+1, \frac{1}{2})} = 1$ である．よって $\lim_{n\to\infty} \sqrt{n} \cdot B(n+1, \frac{1}{2}) = \lim_{n\to\infty} \sqrt{n} \cdot B(n+\frac{1}{2}, \frac{1}{2}) = \sqrt{\pi}$ である．

3. 問題 4.4.3.4 と 2. と (4.23) より $\int_{-\infty}^{\infty} e^{-x^2} dx = \Gamma\left(\frac{1}{2}\right) = \sqrt{\pi}$ である．

4.4.5 例 4.4.2.2 より $\int_1^\infty \frac{1}{x^s} dx$ は $s > 1$ で収束し，$s \leqq 1$ で発散するから，命題 4.4.12 より $\sum_{n=1}^\infty \frac{1}{n^s}$ も $s > 1$ で収束し，$s \leqq 1$ で発散する．

4.4.6 1. $\sum_{k=2}^n a_k = \int_1^n \log x \, dx - \sum_{k=1}^n \log k + \frac{1}{2} \log n = n \log n - n + 1 - \log n! + \frac{1}{2} \log n = 1 + \log \frac{n^n \sqrt{n}}{e^n n!}$ である．これの極限をとれば，スターリングの公式より 2 つめの等式が得られる．

2. $\log x$ は凹関数だから，すべての $x \geqq 1$ に対し $p(x) \leqq \log x$ であり，等号がなりたつのは x が自然数のときである．よって $a_n > 0$ である．

$f''(x) = -\frac{1}{x^2}$ だから台形公式 (4.8) より $a_n \leqq \frac{1}{12} \frac{1}{(n-1)^2}$ である．$\frac{1}{12} \frac{1}{(n-1)^2} = \frac{1}{3} \frac{1}{4n^2 - 8n + 4} < \frac{1}{6} \frac{2}{4n^2 - 8n + 3} = \frac{1}{6}\left(\frac{1}{2n-3} - \frac{1}{2n-1}\right)$ である．よって，$0 < \sum_{k=n+1}^\infty a_k < \sum_{k=n+1}^\infty \frac{1}{6}\left(\frac{1}{2k-3} - \frac{1}{2k-1}\right) = \frac{1}{6(2n-1)}$ である．

3. 1. と 2. より，$0 < \log \frac{e^n n!}{n^n \sqrt{n}} - \log \sqrt{2\pi} = \sum_{k=n+1}^\infty a_k < \frac{1}{6(2n-1)}$ である．

4. 3. より，$\left| \log_{10} n! - \left(n \log_{10} \frac{n}{e} + \frac{1}{2} \log_{10}(2\pi n) \right) \right| < \frac{\log_{10} e}{6(2n-1)}$ である．

5. $\left| \log_{10} 100! - \left(100(2 - 0.434294\cdots) + \frac{1}{2}(0.798179\cdots + 2) \right) \right| < \frac{0.43429\cdots}{6 \cdot 199} < 0.001$ だから，$\log_{10} 100! = 156.5657\cdots + 0.3990\cdots + 1 = 157.96\cdots$ である．

よって $10^{157} < 100! < 10^{158}$ であり，$100!$ は 158 桁の数である．

4.4.7 $(s_n), (t_n)$ を部分和の数列 $s_n = \sum_{k=0}^n a_k$, $t_n = \sum_{k=0}^n b_k$ とし，$s = \sum_{n=0}^\infty a_n$ とする．(d_n)

を $d_n = \sum_{k=n+1}^{\infty} |a_k|$ で定める. $q > 0$ を実数とする. $\lim_{n\to\infty} d_n = 0$ だから, 自然数 m で $d_m < q$ となるものがある. この m に対し $a_0, \ldots, a_m$ に対応する (b_n) の項の番号の最大のものを p とする. $l \geqq p$ なら, $b_0, \ldots, b_l$ に対応する (a_n) の項の番号の最大のものを h とすれば $|t_l - s| \leqq |t_l - s_m| + |s - s_m| \leqq \sum_{k=m+1}^{h} |a_k| + d_m \leqq 2d_m < 2q$ である.

4.5.1 (1) $\int \frac{dy}{y} = -\int 2x dx$ だから, $\log|y| = -x^2 + C$. よって, 一般解は $y = Ce^{-x^2}$. $x = 0$ のとき $y = 1$ をみたす解は, $y = e^{-x^2}$.
(2) $\int y dy = \int \cos x \sin x dx$ だから, $y^2 = -\cos^2 x + C$. よって, 一般解は $y = \pm\sqrt{C - \cos^2 x}$. $x = \frac{\pi}{2}$ のとき $y = 1$ をみたす解は, $y = \sin x$.
(3) $\int \frac{dy}{1+y^2} = \int 2x dx$ だから, $\arctan y = x^2 + C$. よって, 一般解は $y = \tan(x^2 + C)$. $x = 0$ のとき $y = 1$ をみたす解は, $y = \tan\left(x^2 + \frac{\pi}{4}\right)$.
(4) $\int \frac{dy}{\sqrt{1-y^2}} = \pm\int e^x dx$ だから, $\arcsin y = \pm e^x + C$. よって, 一般解は $y = \sin(e^x + C)$. $x = 0$ のとき $y = 1$ をみたす解は, $y = \cos(e^x - 1)$.

4.5.2 $\int \frac{dy}{y^2} = x + C$ であり, 左辺は $-\frac{1}{y}$ だから, $y = -\frac{1}{x+C}$ である. $y(a) = c$ とすると, $y = \frac{c}{1-c(x-a)}$ である. $c \neq 0$ なら, 解は $x = a + \frac{1}{c}$ で発散する.

4.5.3 1. $k(x,y) = xy$ とおくと $k_x(x,y) = y, k_y(x,y) = x$ だから, $k(x,y) = xy$ は方程式 $y + xy' = 0$ の第 1 積分である.

2. $xy = 1$ を y について解けば, $y = \frac{1}{x}$ である.

4.5.4 a を実数とする. $f(x) = e^{a+x}$ は微分方程式 $y' = y$ の解であり, $f(0) = e^a$ である. $g(x) = e^a e^x$ も微分方程式 $y' = y$ の解であり, $g(0) = e^a$ である. よって初期値問題の解の一意性より $e^{a+x} = e^a e^x$ である.

4.5.5 1. $i = 1, \ldots, n$ に関する帰納法と $f_n(x)$ の定義式 (4.35) より, $f_n(x)$ は $[\frac{i-1}{n}, \frac{i}{n}]$ で $f_n(x) = (1 + \frac{1}{n})^{i-1}(1 + x - \frac{i-1}{n})$ で定義される.

2. $M = c = 1, N = 1$ とおけば定理 4.5.5 の仮定 $|G(x,y)| = |y| \leqq 1 + |y-1|$ がみたされる. 補題 4.5.7 の証明の記号で $M_1 = e^{1-0} = e$ である. $d((x,y),(x',y')) < q$ ならば $|y - y'| \leqq d((x,y),(x',y')) < q$ だから, $r = \frac{q}{2\sqrt{1+e^2}}$ とおけば補題 4.5.7 の証明より, $n > \frac{1-0}{r} = \frac{2\sqrt{1+e^2}}{q}$ なら $f_n(x)$ は $[0,1]$ で $\left|f_n(x) - 1 - \int_0^x f_n(t) dt\right| \leqq qx$ をみたす. $y' = y$ の初期値問題 $y(0) = 1$ をみたす解 $y = f(x)$ は e^x だから, 定理 4.5.5 の証明の 2. の (4.39) がなりたち, $|e^x - f_n(x)| \leqq 2q \cdot (e^x - 1)$ である.

3. 2. より $\lim_{n\to\infty} f_n(x) = e^x$ である. 1. より $e = \lim_{n\to\infty} f_n(1) = \lim_{n\to\infty} \left(1 + \frac{1}{n}\right)^n$ である.

4.5.6 1. $\frac{y'}{y} = q(x)$ だから, $\log y = \int q(x) dx$ であり, $y = c \exp\left(\int_a^x q(t) dt\right)$ である.

2. $\left(\dfrac{f(x)}{u(x)}\right)' = \dfrac{-u'(x)f(x)+u(x)f'(x)}{u(x)^2} = \dfrac{-q(x)u(x)f(x)+u(x)f'(x)}{u(x)^2} = \dfrac{-q(x)f(x)+f'(x)}{u(x)} = \dfrac{p(x)}{u(x)}$ だから, $\dfrac{f(x)}{u(x)}$ は微分方程式 $y' = \dfrac{p(x)}{u(x)}$ の解である. よって $\dfrac{f(x)}{u(x)} = \int \dfrac{p(x)}{u(x)} dx$ であり, $f(x) = \exp\left(\int_a^x q(t)dt\right)\left(c + \int_a^x \exp\left(-\int_a^t q(s)ds\right)p(t)dt\right)$ である.

4.5.7 1. 連鎖律より (4.40) の左辺は, (4.41) の左辺で $x = q(t)$ とおいたものである.

2. $x = q(t), p = L_y(q(t), q'(t), t)$ とおけば関数 $y = g(q(t), p, t)$ は $y = q'(t)$ である. (3.38) の 1 つめの式より $H_p(x, p, t) = g(x, p, t)$ だから, (4.42) の 1 つめの式がなりたつ. さらに, (3.38) の 2 つめの式より $H_x(x, p, t) = -L_x(x, p, t)$ だから, (4.42) の 2 つめの式は (4.40) と同値である.

3. $H(x, p, t) = \frac{1}{2}p^2 + \frac{1}{2}x^2$ だから $H_t(x, p, t) = 0$ であり, $\frac{d}{dt}H(q(t), q'(t), t) = 0$ である. このとき方程式 (4.42) は $x' = p, p' = -x$ だから, 初期条件 $x(0) = a, p(0) = b$ をみたす解は例 4.5.8 より $x(t) = a\cos t + b\sin t, p(t) = -a\sin t + b\cos t$ である.

第5章 関数の近似とその極限

　微分の考えは関数を 1 次式で近似することだったが，高次の多項式を使えばさらに精密な近似ができる．これが 5.1 節で紹介するテイラーの定理である．近似する多項式の係数は，微分をくりかえすことで定まる高次導関数の値である．テイラーの定理は 2 変数以上の関数についてもなりたつ．

　指数関数や三角関数にテイラーの定理を適用すると，その極限として巾級数展開が得られる．5.2 節では，巾級数の収束半径を定義し巾級数は項別微積分できることを示す．これを使って，いろいろな関数の巾級数展開を示す．

　微分方程式の解の存在定理（定理 4.5.5）は，積分と関数の列の極限の順序をいれかえられることを示して証明した．このことや巾級数が項別微積分できることの背景にあるのが関数の列の一様収束である．5.3 節では，連続関数の一様収束極限も連続であることを示し，級数の和の計算に応用する．

5.1　テイラーの定理

　微分の考えによれば，関数 $f(x)$ を 1 次式で近似できる．関数を高次の多項式で近似すれば，さらに精密な近似が得られる．x^n を n 回くりかえし微分すれば定数関数 $n!$ になることに着目し，関数 $f(x)$ を近似する多項式の係数を $f(x)$ をくりかえし微分することで定める．そこで，まず，関数をくりかえし微分するという用語を帰納的に定める．$f(x)$ が微分可能であるとき，$f(x)$ は 1 回微分可能であるといい，$f'(x)$ を $f^{(1)}(x)$ で表わす．

定義 5.1.1 　1. $f(x)$ を閉区間 (u,v) で定義された微分可能な関数とし，$n \geqq 1$ を自然数とする．(u,v) で $f(x)$ が n **回微分可能**であり n **次導関数** (derivative of order n) $f^{(n)}(x)$ が微分可能であるとき，$f(x)$ は (u,v) で $n+1$ 回微分可

能であるという．n 次導関数 $f^{(n)}(x)$ の導関数を $f(x)$ の $n+1$ 次導関数といい，$f^{(n+1)}(x)$ で表わす．

すべての自然数 n に対し $f(x)$ が n 回微分可能であるとき，$f(x)$ は**無限回微分可能**であるという．$f(x)$ が n 回微分可能であり n 次導関数 $f^{(n)}(x)$ が連続であるとき，$f(x)$ は n **回連続微分可能**であるという．

2. $f(x)$ を $x = a$ を含む開区間 (u,v) で定義された n 回微分可能な関数とする．n 以下の自然数 m に対し，$f(x)$ の $x = a$ での m 次**テイラー近似式** (Taylor polynomial) $p_m(x)$ を

$$p_m(x) = f(a) + f'(a)(x-a) + \frac{f''(a)}{2}(x-a)^2 \tag{5.1}$$
$$+ \cdots + \frac{f^{(k)}(a)}{k!}(x-a)^k + \cdots + \frac{f^{(m)}(a)}{m!}(x-a)^m$$

で定義する． ∎

$f^{(n)}(x)$ を n **階導関数**ということもある．$\dfrac{d^n f(x)}{dx^n}$ や $\dfrac{d^n}{dx^n} f(x)$ で表わすことも多い．$y = f(x)$ とおいているときは $y^{(n)}$ や $\dfrac{d^n y}{dx^n}$ とも表わす．$f(x)$ が閉区間 $[u,v]$ で定義されているときは，高次導関数の u での右微分係数と v での左微分係数を考えて $[u,v]$ で n 回微分可能であることを帰納的に定義する．$n = 0$ のときは $f(x)$ を $f^{(0)}(x)$ で表わす．

$m \geq 1$ が自然数なら，$f(x) = x^m$ は無限回微分可能である．$n < m$ なら $f^{(n)}(x) = m(m-1)\cdots(m-(n-1))x^{m-n}$, $f^{(m)}(x) = m!$ であり，$n > m$ なら $f^{(n)}(x) = 0$ である．$f(x)$ と $g(x)$ が n 回微分可能なら，積 $f(x) \cdot g(x)$ も n 回微分可能で，2 項係数 $_nC_k$ を $\binom{n}{k}$ で表わすと積の微分の公式と n に関する帰納法により $(f(x) \cdot g(x))^{(n)} = \sum_{k=0}^{n} \binom{n}{k} \cdot f^{(n-k)}(x) \cdot g^{(k)}(x)$ である．これも**ライプニッツの公式**という．

n 回連続微分可能な関数を C^n **級の関数**ということも多い．C^0 **級の関数**とは連続関数のことであり，C^1 **級の関数**とは連続微分可能な関数のことである．無限回微分可能な関数を C^∞ **級の関数**ともいう．

$x = a$ でのテイラー近似式 $p_m(x)$ は，$k = 0, \ldots, m$ に対し $f^{(k)}(a) = p_m^{(k)}(a)$ をみたすように定義した m 次式である．$m = 0, 1, 2$ のときは，$p_0(x) = f(a)$, $p_1(x) = f(a) + f'(a)(x-a)$, $p_2(x) = f(a) + f'(a)(x-a) + \dfrac{f''(a)}{2}(x-a)^2$

である．$f(x)$ が閉区間 $[u,v]$ で n 回微分可能なときには，$a = u, v$ に対してもテイラー近似式を同様に定義する．

多項式による近似を 2 とおり定式化し証明する．1 つは高次導関数の評価から得られる誤差の評価であり，もう 1 つは誤差の積分による表示である．

命題 5.1.2 （テイラーの定理） $n \geqq 1$ を自然数とし，$f(x)$ を $x = a$ を含む閉区間 $[u,v]$ で定義された n 回微分可能な関数とする．$p_{n-1}(x)$ を $f(x)$ の $x = a$ での $n-1$ 次テイラー近似式 (5.1) とする．

1. $M \geqq 0$ を実数とする．$[u,v]$ で $|f^{(n)}(x)| \leqq M$ ならば，$[u,v]$ で

$$|f(x) - p_{n-1}(x)| \leqq M \frac{|x-a|^n}{n!} \tag{5.2}$$

である．

2. $f(x)$ が $[u,v]$ で n 回連続微分可能ならば，$[u,v]$ で

$$f(x) = p_{n-1}(x) + \int_a^x f^{(n)}(t) \frac{(x-t)^{n-1}}{(n-1)!} dt \tag{5.3}$$

である． ∎

(5.3) の右辺第 2 項 $\int_a^x f^{(n)}(t) \frac{(x-t)^{n-1}}{(n-1)!} dt$ を積分型の**剰余項** (remainder term) という．積分の正値性を使えば，(5.3) から (5.2) を導くこともできる．

証明 1. n に関する帰納法で示す．$n = 1$ のときは基本不等式（系 1.4.5.2）で $c = 0, q = M$ とおけばよい．

$n \geqq 2$ とする．$g(x) = f'(x)$ とおく．$g(x)$ は $[u,v]$ で $n-1$ 回微分可能で，$g(x)$ の $x = a$ での $n-2$ 次テイラー近似式 $q_{n-2}(x)$ は $p'_{n-1}(x)$ である．$f^{(n)}(x) = g^{(n-1)}(x)$ だから $g(x)$ に帰納法の仮定を適用すれば，$[u,v]$ で $|g(x) - q_{n-2}(x)| \leqq M \frac{|x-a|^{n-1}}{(n-1)!}$ である．よって，系 1.4.5.1 を $f(x)$ と $g(x)$ として $f(x) - p_{n-1}(x)$ と $M \frac{(x-a)|x-a|^{n-1}}{n!}$ をとり，$s \leqq t$ として a, x を小さい順にとって適用すれば，(5.2) が得られる．

2. n に関する帰納法で示す．$f(x)$ は導関数 $f'(x)$ の原始関数だから，

$$f(x) - f(a) = \int_a^x f'(t) dt \tag{5.4}$$

であり，$n = 1$ の場合がなりたつ．$n \geqq 2$ とする．帰納法の仮定より $f(x) = p_{n-2}(x) + \int_a^x f^{(n-1)}(t) \frac{(x-t)^{n-2}}{(n-2)!} dt$ である．右辺の積分を部分積分

すれば $\left[-f^{(n-1)}(t)\dfrac{(x-t)^{n-1}}{(n-1)!}\right]_a^x + \displaystyle\int_a^x f^{(n)}(t)\dfrac{(x-t)^{n-1}}{(n-1)!}dt$ であり，第 1 項は $f^{(n-1)}(a)\dfrac{(x-a)^{n-1}}{(n-1)!} = p_{n-1}(x) - p_{n-2}(x)$ だから (5.3) が得られる． □

命題 5.1.2.1 の証明では基本不等式（系 1.4.5）によって関数の近似値の誤差を評価し，2. では積分で表わした．テイラーの定理の $a=0$ の場合を**マクローリンの定理**ということも多い．

例 5.1.3 $f(x) = e^x$, $a = 0$ にテイラーの定理を適用する．e^x は何回微分しても e^x で，$[0,1]$ で $1 \leqq e^x \leqq e < 4$ だから，(5.2) で $x = 1$ とおけば

$$\left| e - \left(1 + \frac{1}{1} + \frac{1}{2} + \frac{1}{3!} + \frac{1}{4!} + \cdots + \frac{1}{(n-1)!}\right) \right| \leqq \frac{e}{n!} < \frac{4}{n!}$$

である．$1 + \dfrac{1}{1} + \dfrac{1}{2} + \dfrac{1}{3!} + \dfrac{1}{4!} + \cdots + \dfrac{1}{11!} = 2.718281826198\cdots$, $\dfrac{4}{12!} = 8.35\cdots \times 10^{-9}$ だから，$e = 2.7182818\cdots$ が得られる． ■

剰余項を高次導関数の値で表わすこともできる．

系 5.1.4 記号を命題 5.1.2 のとおりとする．

1. $q \geqq 0$ を実数とする．$[u,v]$ で $|f^{(n)}(x) - f^{(n)}(a)| \leqq q$ ならば，$[u,v]$ で

$$|f(x) - p_n(x)| \leqq q\frac{|x-a|^n}{n!} \tag{5.5}$$

である．

2. $f(x)$ が $[u,v]$ で n 回連続微分可能とする．$u \leqq a \leqq b \leqq v$ ならば，

$$f(b) = p_{n-1}(b) + \frac{f^{(n)}(c)}{n!}(b-a)^n \tag{5.6}$$

をみたす $a \leqq c \leqq b$ が存在する．

$u \leqq b \leqq a \leqq v$ のときは，同じ式 (5.6) をみたす $b \leqq c \leqq a$ が存在する． ■

$\dfrac{f^{(n)}(c)}{n!}(b-a)^n$ を**ラグランジュの剰余項**という．2. の $n=1$ の場合を**平均値の定理**という．この場合，(5.6) は $f(b) - f(a) = f'(c)(b-a)$ となる．

証明 1. $g(x) = f(x) - \dfrac{f^{(n)}(a)}{n!}(x-a)^n$ とすると，$g^{(n)}(x) = f^{(n)}(x) - f^{(n)}(a)$ であり，$x = a$ での $g(x)$ の $n-1$ 次テイラー近似式は $p_{n-1}(x) = p_n(x) -$

$\dfrac{f^{(n)}(a)}{n!}(x-a)^n$ である．よって命題 5.1.2.1 を，$f(x)$ と M として $g(x)$ と q をとって適用すればよい．

2. $u \leqq a \leqq b \leqq v$ とする．平均値の定理（系 4.3.5.2）より，$\int_a^b f^{(n)}(t)\dfrac{(b-t)^{n-1}}{(n-1)!}dt = f^{(n)}(c)\int_a^b \dfrac{(b-t)^{n-1}}{(n-1)!}dt = \dfrac{f^{(n)}(c)}{n!}(b-a)^n$ をみたす $a \leqq c \leqq b$ が存在する．よって (5.3) よりしたがう．

$u \leqq b \leqq a \leqq v$ のときも同様である． □

テイラーの定理を極限の形で書くこともある．

命題 5.1.5 $f(x)$ を開区間 (u,v) で定義された n 回微分可能な関数とし，$u < a < v$ とする．このとき，$p_n(x)$ を $f(x)$ の $x=a$ での n 次のテイラー近似式とすると $\lim_{x \to a} \dfrac{f(x) - p_n(x)}{(x-a)^n} = 0$ である． ■

証明 n に関する帰納法で示す．$n=1$ のときは $p_1(x) = f(a) + f'(a)(x-a)$ だから，命題 1.3.3 よりしたがう．

$n \geqq 2$ とする．$g(x) = f'(x)$ とおく．$g(x)$ は (u,v) で $n-1$ 回微分可能で，$g(x)$ の $x=a$ での $n-1$ 次テイラー近似式 $q_{n-1}(x)$ は $p_n'(x)$ である．よって，帰納法の仮定より $\lim_{x \to a} \dfrac{f'(x) - p_n'(x)}{(x-a)^{n-1}} = 0$ である．ロピタルの定理（命題 1.4.7.1）より，$\lim_{x \to a} \dfrac{f(x) - p_n(x)}{(x-a)^n} = \lim_{x \to a} \dfrac{f'(x) - p_n'(x)}{n(x-a)^{n-1}} = 0$ である． □

$x=a$ を含む開区間で定義された関数 $k(x)$ が $\lim_{x \to a} \dfrac{k(x)}{(x-a)^n} = 0$ をみたすとき，$k(x)$ は n 位より高次の**無限小**であるといい，$k(x) = o((x-a)^n)$ と書く．$f(x) = p(x) + o((x-a)^n)$, $g(x) = q(x) + o((x-a)^n)$ ならば，$f(x) + g(x) = p(x) + q(x) + o((x-a)^n)$ である．さらに $f(x), g(x)$ が $x=a$ で連続ならば，$f(x) \cdot g(x) = p(x) \cdot q(x) + o((x-a)^n)$ である．$f(x) - f(a) = o(x-a)$ なら $f(x)$ は $x=a$ で微分可能で $f'(a) = 0$ だが，$f(x) - f(a) = o((x-a)^2)$ でも $f(x)$ は $x=a$ で 2 回微分可能とは限らない．

ランダウの記号を使えば，命題 5.1.5 の結論は $f(x) = p_n(x) + o((x-a)^n)$ のように表わすことができる．この式を $f(x)$ の $x=a$ のまわりでの n 位の**漸近展開**(asymptotic expansion) という．漸近展開では，式 (5.5) と比べて誤差評価が失われるが，かえって計算の見とおしがよくなる利点もある．

2 変数関数のテイラーの定理は，2 点をむすぶ線分をパラメータつき曲線と考えることで，1 変数の場合のテイラーの定理から導かれる．偏微分をくりかえすことで高階の偏導関数を定義する．$n=2$ のときの定義は定義 3.3.5 である．命題 3.3.6 より偏微分 $\dfrac{\partial}{\partial x}$ と $\dfrac{\partial}{\partial y}$ の順番は気にしなくてよいので，次のように帰納的に定義する．

定義 5.1.6 U を平面の開集合とし，$f(x,y)$ を U で定義された関数とする．n を自然数とし，$f(x,y)$ は U で n **回連続微分可能**とする．n **階偏導関数** $\dfrac{\partial^n f}{\partial x^k \partial y^{n-k}}(x,y)$ が $k=0,\ldots,n$ すべてについて連続微分可能であるとき，$f(x,y)$ は $n+1$ 回連続微分可能であるといい $\dfrac{\partial}{\partial x}\left(\dfrac{\partial^n f}{\partial x^k \partial y^{n-k}}\right)(x,y) = \dfrac{\partial^{n+1} f}{\partial x^{k+1} \partial y^{n-k}}(x,y),\ \dfrac{\partial}{\partial y}\left(\dfrac{\partial^n f}{\partial x^k \partial y^{n-k}}\right)(x,y) = \dfrac{\partial^{n+1} f}{\partial x^k \partial y^{n+1-k}}(x,y)$ と書く．

すべての自然数 n に対し $f(x,y)$ が n 回連続微分可能であるとき，$f(x,y)$ は**無限回連続微分可能**であるという． ∎

n 階偏導関数 $\dfrac{\partial^n f}{\partial x^k \partial y^{n-k}}(x,y)$ を $D_x^k D_y^{n-k} f(x,y)$ のように書くこともある．n 回連続微分可能な関数を C^n **級の関数**という．無限回連続微分可能な関数を C^∞ **級の関数**という．n 階偏導関数を n **次偏導関数**ということもある．次の命題では高次偏導関数がたくさんでてくるので，$\dfrac{\partial^{k+l} f}{\partial x^k \partial y^l}(x,y)$ を $f^{(k,l)}(x,y)$ と略記する．$f^{(0,0)}(x,y) = f(x,y)$, $f^{(1,0)}(x,y) = \dfrac{\partial f}{\partial x}(x,y)$ である．

命題 5.1.7（テイラーの定理） $\boldsymbol{a}=(a,b)$ を平面の点，$r>0$ を実数とし，$n \geqq 1$ を自然数とする．$f(x,y)$ を開円板 $U_r(a,b)$ で定義された n 回連続微分可能な関数とし，$q>0$ を実数とする．

$U_r(a,b)$ で $\sqrt{\displaystyle\sum_{l=0}^{n} \binom{n}{l}(f^{(l,n-l)}(x,y) - f^{(l,n-l)}(a,b))^2} \leqq q$ ならば，$U_r(a,b)$ で

$$\left| f(x,y) - \sum_{m=0}^{n} \sum_{l=0}^{m} f^{(l,m-l)}(a,b) \cdot \frac{(x-a)^l}{l!} \frac{(y-b)^{m-l}}{(m-l)!} \right| \leqq q \cdot \frac{|\boldsymbol{x}-\boldsymbol{a}|^n}{n!} \quad (5.7)$$

がなりたつ． ∎

証明 $\boldsymbol{x}=(x,y)=(a+h,b+k)$ を $U_r(a,b)$ の点とする．$\boldsymbol{p}(t)=(a+th,b+tk)$ を $\boldsymbol{a}$ を始点，$\boldsymbol{x}$ を終点とする線分のパラメータ表示とする．閉区間 $[0,1]$ で定義された合成関数 $g(t)=f(\boldsymbol{p}(t))$ に 1 変数関数のテイラーの定理の系 5.1.4.1

を適用して証明する．

$g(t)$ は $[0,1]$ で n 回微分可能であり，$m = 0, \ldots, n$ に対し

$$g^{(m)}(t) = \sum_{l=0}^{m} \binom{m}{l} f^{(l,m-l)}(\boldsymbol{p}(t)) \cdot h^l k^{m-l} \tag{5.8}$$

であることを，連鎖律を使って m に関する帰納法で示す．

$m = 0$ のときは $g(t)$ の定義であり，$m = 1$ のときは連鎖律（命題 3.2.10.2）より $g'(t) = f^{(1,0)}(\boldsymbol{p}(t)) \cdot h + f^{(0,1)}(\boldsymbol{p}(t)) \cdot k$ である．$m < n$ とし，m まで示されたとすると，(5.8) の右辺は微分可能であり，連鎖律と 2 項係数の性質 $\binom{m}{l-1} + \binom{m}{l} = \binom{m+1}{l}$ より

$$g^{(m+1)}(t) = \sum_{l=0}^{m} \binom{m}{l} \left(f^{(l+1,m-l)}(\boldsymbol{p}(t)) \cdot h + f^{(l,m-l+1)}(\boldsymbol{p}(t)) \cdot k \right) \cdot h^l k^{m-l}$$
$$= \sum_{l=0}^{m+1} \binom{m+1}{l} f^{(l,m+1-l)}(\boldsymbol{p}(t)) \cdot h^l k^{m+1-l}$$

である．よって帰納法により $g(t)$ は n 回微分可能であり，$m = 0, \ldots, n$ に対し (5.8) がなりたつ．

(5.8) より，(5.7) の左辺は (5.5) の左辺の f, a, x をそれぞれ $g, 0, 1$ でおきかえたものである．さらに (5.8) より，$[0,1]$ で

$$|g^{(n)}(t) - g^{(n)}(0)| \leqq \sum_{l=0}^{n} \binom{n}{l} |f^{(l,n-l)}(\boldsymbol{p}(t)) - f^{(l,n-l)}(\boldsymbol{a})| \cdot |h|^l |k|^{n-l}$$
$$\leqq \sqrt{\sum_{l=0}^{n} \binom{n}{l} (f^{(l,n-l)}(\boldsymbol{p}(t)) - f^{(l,n-l)}(\boldsymbol{a}))^2} \cdot \sqrt{\sum_{l=0}^{n} \binom{n}{l} h^{2l} k^{2(n-l)}}$$

である．右辺は $q \cdot \sqrt{(h^2 + k^2)^n} = q \cdot |\boldsymbol{x} - \boldsymbol{a}|^n$ 以下だから，(5.5) より (5.7) が得られる． □

1 変数の場合と同様に，$\boldsymbol{x} = (x,y) = \boldsymbol{a} = (a,b)$ をのぞき $\boldsymbol{x} = \boldsymbol{a}$ のまわりで定義された関数 $k(x,y)$ が $\displaystyle\lim_{\boldsymbol{x} \to \boldsymbol{a}} \frac{k(x,y)}{|\boldsymbol{x} - \boldsymbol{a}|^n} = 0$ をみたすとき，n 位より高次の**無限小**であるといい $k(x,y) = o(|\boldsymbol{x} - \boldsymbol{a}|^n)$ と書く．$f(x,y)$ が $(x,y) = (a,b)$ を含む開集合で定義された n 回連続微分可能な関数のとき，n 次式 $p_n(x,y)$ を

$$p_n(x,y) = \sum_{m=0}^{n} \sum_{l=0}^{m} f^{(l,m-l)}(a,b) \cdot \frac{(x-a)^l}{l!} \frac{(y-b)^{m-l}}{(m-l)!}$$

で定義すれば，テイラーの定理より $f(x,y) = p_n(x,y) + o(|\boldsymbol{x}-\boldsymbol{a}|^n)$ である．これを $f(x,y)$ の $(x,y) = (a,b)$ のまわりでの n 次までの**漸近展開**という．

> **まとめ**
> ・くりかえし微分できる関数は多項式で近似できる．

問題

A 5.1.1 次の関数の n 次導関数を求めよ．
(1) $(1+x)^a$ (a は実数)． (2) $\dfrac{1}{x^2-x-6}$． (3) $e^x \cdot x^m$ (m は自然数)．

A 5.1.2 **ルジャンドル多項式** $P_n(t) = \dfrac{1}{2^n n!} \dfrac{d^n}{dt^n}(1-t^2)^n$ は**ルジャンドルの微分方程式** (3.25) をみたすことを示せ．

A 5.1.3 次の関数の $x=0$ のまわりでの 4 位までの漸近展開を求めよ．
(1) e^x． (2) $\sin x$． (3) $\cos x$． (4) $\log(1+x)$． (5) $\dfrac{1}{1+x}$． (6) $\sqrt{1+x}$．
(7) $\arctan x$． (8) $\arcsin x$． (9) $\dfrac{1}{\sqrt{1-x}}$． (10) $\dfrac{1}{x^2-3x+2}$． (11) $\tan x$．

A 5.1.4 次の極限を求めよ．
(1) $\displaystyle\lim_{x\to 0}\dfrac{\sin x - x\cos^2 x}{x-\sin x}$． (2) $\displaystyle\lim_{x\to 0}\dfrac{e^x - \frac{1}{1-x}}{x^2}$． (3) $\displaystyle\lim_{x\to 0}\dfrac{\cos x - \sqrt{1-x^2}}{x^4}$．

A 5.1.5 次の関数 $f(x)$ に不等式 (5.2) を適用して，$x=b$ での値 $f(b)$ を小数点以下 8 桁まで求めよ．
(1) $f(x) = e^x$, $b = \dfrac{1}{10}$, $f(b) = \sqrt[10]{e}$． (2) $f(x) = \sqrt{1-x}$, $b = \dfrac{1}{50}$, $f(b) = \dfrac{7\sqrt{2}}{10}$．

B 5.1.6 $f(x)$ を開区間 (u,v) で定義された n 回連続微分可能な関数とし，$u<c<v$ とする．$n \geqq 2$ とし，$f'(c) = \cdots = f^{(n-1)}(c) = 0$, $f^{(n)}(c) > 0$ とする．
 1. n が偶数ならば，$f(x)$ は $x=c$ で強極小値をとることを示せ．
 2. n が奇数ならば，$f(x)$ は $x=c$ で極値をとらないことを示せ．

B 5.1.7 関数 $f(x)$ を問題 2.2.9 のように，$x>0$ なら $f(x) = \exp\left(-\dfrac{1}{x}\right)$, $x \leqq 0$ なら $f(x) = 0$ で定義する．
 1. $P_0(x) = 1$ とおき，自然数 $n \geqq 1$ に対し，$n-1$ 次式 $P_n(x)$ を，漸化式 $P_{n+1}(x) = x^2 P_n'(x) - (2nx-1)P_n(x)$ で帰納的に定義する．$x>0$ なら $f^{(n)}(x) = \dfrac{P_n(x)}{x^{2n}} \cdot \exp\left(-\dfrac{1}{x}\right)$ であることを $n \geqq 0$ に関する帰納法で示せ．
 2. $f(x)$ は無限回微分可能であることを示せ．

A 5.1.8 次の関数の $(x,y) = (1,1)$ のまわりでの漸近展開を 2 次の項まで求めよ．
(1) $r(x,y) = \sqrt{x^2+y^2}$． (2) $\theta(x,y) = \arctan\dfrac{y}{x}$．

5.2 巾級数

テイラーの定理の応用として，指数関数と三角関数を巾級数展開する．x^0 は $x = 0$ に対しても定数関数 1 を表わすものとする．

命題 5.2.1 すべての実数 x に対し

$$e^x = \sum_{n=0}^{\infty} \frac{x^n}{n!}, \tag{5.9}$$

$$\cos x = \sum_{n=0}^{\infty} (-1)^n \frac{x^{2n}}{(2n)!}, \quad \sin x = \sum_{n=0}^{\infty} (-1)^n \frac{x^{2n+1}}{(2n+1)!} \tag{5.10}$$

である． ∎

(5.9) で $x = 1$ とおけば $e = \sum_{n=0}^{\infty} \frac{1}{n!}$ である．

(5.9) や (5.10) の右辺のような級数 $\sum_{n=0}^{\infty} a_n x^n$ を，**巾級数** (power series) という．**テイラー級数**ともいう．(5.9) と (5.10) をそれぞれ，$e^x, \cos x, \sin x$ の**巾級数展開** (expansion) という．**テイラー展開**ともいう．巾級数はもとは冪級数だったが巾で代用することが多い．

証明 e^x は何回微分しても e^x である．e^x は単調増加だから，$x \geqq 0$ なら $[0, x]$ で $0 \leqq e^t - 1 \leqq e^x - 1$ であり，$x \leqq 0$ なら $[x, 0]$ で $0 \leqq 1 - e^t \leqq 1 - e^x$ である．よってテイラーの定理の系 5.1.4.1 より，

$$\left| e^x - \sum_{k=0}^{n} \frac{x^k}{k!} \right| \leqq \frac{|e^x - 1|}{n!} |x|^n \tag{5.11}$$

である．k を $|x|$ の切り上げ $\lceil |x| \rceil$ とすると，$n \geqq 2k$ なら $\frac{|x|^n}{n!} \leqq \frac{k^n}{n!} \leqq \frac{k^{2k}}{(2k)!} \frac{k^{n-2k}}{(2k)^{n-2k}} = \frac{1}{2^n} \frac{(2k)^{2k}}{(2k)!}$ である．よってはさみうちの原理（命題 1.5.8.2）より，$\lim_{n \to \infty} \frac{|x|^n}{n!} = 0$ であり，(5.11) より $e^x = \lim_{n \to \infty} \left(\sum_{k=0}^{n} \frac{x^k}{k!} \right) = \sum_{n=0}^{\infty} \frac{x^n}{n!}$ である．

$\cos x$ を偶数回微分したものは $\pm \cos x$ であり，$|\cos x| \leqq 1$ だから，テイラーの定理の系 5.1.4.1 より，

$$\left| \cos x - \sum_{k=0}^{n} (-1)^k \frac{x^{2k}}{(2k)!} \right| \leqq \frac{2|x|^{2n}}{(2n)!} \tag{5.12}$$

である．e^x の場合の証明と同様に $\lim_{n\to\infty} \dfrac{|x|^{2n}}{(2n)!} = 0$ だから，はさみうちの原理（命題 1.5.8.2）と (5.12) より $\cos x = \lim_{n\to\infty}\left(\sum_{k=0}^{n}(-1)^k \dfrac{x^{2k}}{(2k)!}\right) = \sum_{n=0}^{\infty}(-1)^n \dfrac{x^{2n}}{(2n)!}$ である．$\sin x$ についても同様だからこちらは省略する． □

(5.9) と (5.10) を e^x と $\cos x$，$\sin x$ の定義と考えることもできる．a を実数とすると，$e^x = e^a e^{x-a} = \sum_{n=0}^{\infty} e^a \dfrac{(x-a)^n}{n!}$ である．三角関数についても $\cos x = \cos a \cos(x-a) - \sin a \sin(x-a) = \sum_{n=0}^{\infty}(-1)^n \cos a \dfrac{(x-a)^{2n}}{(2n)!} - \sum_{n=0}^{\infty}(-1)^n \sin a \dfrac{(x-a)^{2n+1}}{(2n+1)!}$ であり，$\sin x = \sum_{n=0}^{\infty}(-1)^n \sin a \dfrac{(x-a)^{2n}}{(2n)!} + \sum_{n=0}^{\infty}(-1)^n \cos a \dfrac{(x-a)^{2n+1}}{(2n+1)!}$ である．このような級数 $\sum_{n=0}^{\infty} a_n (x-a)^n$ も巾級数だが，平行移動して考えればよいので $\sum_{n=0}^{\infty} a_n x^n$ だけを扱う．

指数関数や三角関数のほかにも，いろいろな関数を巾級数展開できる（例5.2.8）．

例 5.2.2 $s_n = \sum_{k=0}^{n} x^k$ は，$x \neq 1$ ならば $s_n = \dfrac{1-x^{n+1}}{1-x}$ であり，$x = 1$ ならば $s_n = n+1$ である．したがって，級数 $\sum_{n=0}^{\infty} x^n$ は $|x| < 1$ ならば収束し，$|x| \geqq 1$ ならば発散する．$|x| < 1$ ならば $\sum_{n=0}^{\infty} x^n = \dfrac{1}{1-x}$ である． ■

巾級数の収束する範囲は次のようになる．

定理 5.2.3 巾級数 $\sum_{n=0}^{\infty} a_n x^n$ に対し，次の (1) と (2) のどちらかがなりたつ．
(1) 次の条件 (r) をみたす実数 $r \geqq 0$ が存在する：
  (r) $|x| < r$ ならば，$\sum_{n=0}^{\infty} a_n x^n$ は絶対収束し $\lim_{n\to\infty} a_n x^n = 0$ である．
  $|x| > r$ ならば，$\sum_{n=0}^{\infty} a_n x^n$ も $\lim_{n\to\infty} a_n x^n$ も発散する．
(2) すべての実数 x に対し，$\sum_{n=0}^{\infty} a_n x^n$ は絶対収束し $\lim_{n\to\infty} a_n x^n = 0$ である． ■

実数の集合

$$A = \{t \in \mathbf{R} \mid t \geqq 0 \text{ であり } \lim_{n \to \infty} a_n t^n = 0\} \tag{5.13}$$

に定理 1.1.4 を適用して定理を証明する．まず，A が定理 1.1.4 の条件 (D) に近い条件をみたすことを優級数の方法で示す．

補題 5.2.4　$t > 0$ とし $\lim_{n \to \infty} a_n t^n = 0$ とする．$|x| < t$ ならば，$\sum_{n=0}^{\infty} a_n x^n$ は絶対収束し $\lim_{n \to \infty} a_n x^n = 0$ である．　■

証明　自然数 m で，$n \geqq m$ なら $|a_n t^n| \leqq 1$ となるものが存在する．この m に対し，$n \geqq m$ なら $|a_n x^n| = |a_n t^n| \cdot \dfrac{|x|^n}{t^n} \leqq \dfrac{|x|^n}{t^n}$ である．$|x| < t$ なら，$\dfrac{|x|}{t} < 1$ だから $\sum_{n=0}^{\infty} \dfrac{|x|^n}{t^n} = \dfrac{t}{t - |x|}$ は収束する．優級数の方法（命題 4.4.10）より，$\sum_{n=0}^{\infty} a_n x^n$ も絶対収束し $\lim_{n \to \infty} a_n x^n = 0$ である．　□

定理 5.2.3 の証明　実数の集合 A を (5.13) で定める．まず $A = [0, \infty)$ の場合に示す．x を実数とする．$t = |x| + 1$ は A の元であり $\lim_{n \to \infty} a_n t^n = 0$ である．よって補題 5.2.4 より，$\sum_{n=0}^{\infty} a_n x^n$ は絶対収束し $\lim_{n \to \infty} a_n x^n = 0$ である．

$A = [0, \infty)$ ではないとする．$A = [0, r]$ か $A = [0, r)$ をみたす実数 $r \geqq 0$ が存在することを示す．0 は A の元だから，A の元ではない実数 $s > 0$ が存在する．補題 5.2.4 より実数 $t > s$ は A の元ではないから，A は閉区間 $[0, s]$ の部分集合である．さらに補題 5.2.4 より A は定理 1.1.4 の条件 (D) をみたすから，定理 1.1.4 より $A = [0, r]$ か $A = [0, r)$ をみたす実数 $r \geqq 0$ が存在する．

x を実数とし，$t = \dfrac{|x| + r}{2}$ とおく．$|x| < r$ なら $t < r$ は A の元で $|x| < t$ だから，補題 5.2.4 より $\sum_{n=0}^{\infty} a_n x^n$ は絶対収束し $\lim_{n \to \infty} a_n x^n = 0$ である．

$|x| > r$ とする．$\lim_{n \to \infty} a_n x^n$ が収束したとすると，$t < |x|$ だから $\lim_{n \to \infty} a_n t^n = \lim_{n \to \infty} a_n x^n \cdot \lim_{n \to \infty} \dfrac{t^n}{x^n} = 0$ となり，$t > r$ が A の元でないことに矛盾する．よって $\lim_{n \to \infty} a_n x^n$ は発散し，したがって $\sum_{n=0}^{\infty} a_n x^n$ も発散する．よって r は条件 (r) をみたす．　□

定理 5.2.3 の (1) がなりたつとき，r を $\sum_{n=0}^{\infty} a_n x^n$ の**収束半径** (radius of convergence) という．区間の長さの半分を半径とよぶのは，複素数を変数と考え

たときに巾級数の収束する範囲は円になり，その半径となるからである．(2) がなりたつときは，$\sum_{n=0}^{\infty} a_n x^n$ の収束半径は ∞ であるという．

$|x| = r$ のときは，$\sum_{n=0}^{\infty} a_n x^n$ は収束することも発散することもある．$\sum_{n=0}^{\infty} a_n$ は $r > 1$ なら絶対収束し，$r < 1$ なら発散する．$\sum_{n=0}^{\infty} a_n$ が収束するなら，$r \geqq 1$ であり $\sum_{n=0}^{\infty} a_n x^n$ は $(-1, 1]$ で収束する．この場合を命題 5.3.4 でさらに調べる．

$\lim_{n \to \infty} a_n x^n = 0$ と $\lim_{n \to \infty} |a_n| x^n = 0$ は同値だから，$\sum_{n=0}^{\infty} a_n x^n$ の収束半径と $\sum_{n=0}^{\infty} |a_n| x^n$ の収束半径は等しい．$\sum_{n=0}^{\infty} a_n x^n$ の収束半径が r なら，自然数 $k \geqq 1$ に対し $\sum_{n=0}^{\infty} a_n x^{kn}$ の収束半径は $\sqrt[k]{r}$ である．

巾級数の収束半径は，次の命題を適用して求められることがある．

命題 5.2.5 （ダランベールの公式）(a_n) を数列とする．極限 $\lim_{n \to \infty} \frac{|a_n|}{|a_{n+1}|}$ が収束するならば，巾級数 $\sum_{n=0}^{\infty} a_n x^n$ の収束半径は $\lim_{n \to \infty} \frac{|a_n|}{|a_{n+1}|}$ である．

$\lim_{n \to \infty} \frac{|a_n|}{|a_{n+1}|} = \infty$ ならば，巾級数 $\sum_{n=0}^{\infty} a_n x^n$ の収束半径は ∞ である． ∎

証明 $\lim_{n \to \infty} \frac{|a_n|}{|a_{n+1}|}$ が収束するとし極限を r とおく．$x \neq 0$ を実数とし $t = \frac{|x| + r}{2|x|}$ とおく．$0 < |x| < r$ なら，$1 < t < \frac{r}{|x|} = \lim_{n \to \infty} \frac{|a_n x^n|}{|a_{n+1} x^{n+1}|}$ である．よって自然数 m で，$n \geqq m$ なら $\frac{|a_n x^n|}{|a_{n+1} x^{n+1}|} \geqq t$ をみたすものが存在する．この m に対し，$n \geqq m$ なら $|a_n x^n| \leqq t^{m-n} |a_m x^m|$ だから，$\lim_{n \to \infty} a_n x^n = 0$ である．同様に $|x| > r$ なら $\lim_{n \to \infty} |a_n x^n| = \infty$ だから，収束半径は r である．

$\lim_{n \to \infty} \frac{|a_n|}{|a_{n+1}|} = \infty$ のときは，$t = 2$ とおけば同様に任意の実数 $|x|$ に対し $\lim_{n \to \infty} a_n x^n = 0$ であり，収束半径は ∞ である． □

$\sum_{n=0}^{\infty} x^n$ の収束半径は $\lim_{n \to \infty} 1 = 1$ であり，$\sum_{n=0}^{\infty} n x^{n-1}$ の収束半径も $\lim_{n \to \infty} \frac{n}{n+1} = 1$ である．$\sum_{n=0}^{\infty} n x^{n-1}$ は，$\sum_{n=0}^{\infty} a_n x^n$ のような書き方にこだわれば $\sum_{n=0}^{\infty} (n+1) x^n$

だが，$\sum_{n=0}^{\infty} nx^{n-1}$ も巾級数とよぶ．

巾級数 $\sum_{n=0}^{\infty} a_n x^n$ の収束半径 r が $r > 0$ のとき，開区間 $(-r, r)$ で定義された関数 $f(x) = \sum_{n=0}^{\infty} a_n x^n$ が定まる．$f(x)$ が微分可能であり，その導関数も巾級数で表わせることを示す．

命題 5.2.6 1. $\sum_{n=0}^{\infty} a_n x^n$ の収束半径と $\sum_{n=0}^{\infty} n a_n x^{n-1}$ の収束半径は等しい．

2. $\sum_{n=0}^{\infty} a_n x^n$ と $\sum_{n=0}^{\infty} n a_n x^{n-1}$ の収束半径を r とし，開区間 $(-r, r)$ で定義された関数 $f(x)$ と $g(x)$ を $f(x) = \sum_{n=0}^{\infty} a_n x^n$ と $g(x) = \sum_{n=0}^{\infty} n a_n x^{n-1}$ で定義する．このとき，$f(x)$ は微分可能であり，$f'(x) = g(x)$ である． ∎

数列 (b_n) を $b_n = (n+1)a_{n+1}$ で定めると，1. は，$\sum_{n=0}^{\infty} b_n x^n$ の収束半径が $\sum_{n=0}^{\infty} a_n x^n$ の収束半径と等しいということである．2. は $\sum_{n=0}^{\infty} a_n x^n$ の導関数は，各項を微分して得られる巾級数として表わされるということである．このことを，巾級数は**項別微分** (termwise differentiation) できるという．

証明 1. $\sum_{n=0}^{\infty} a_n x^n$ の収束半径を r とし，$\sum_{n=0}^{\infty} n a_n x^{n-1}$ の収束半径を s とする．$\lim_{n \to \infty} n a_n x^{n-1} = 0$ なら $\lim_{n \to \infty} a_n x^n = \lim_{n \to \infty} n a_n x^{n-1} \cdot \lim_{n \to \infty} \frac{x}{n} = 0$ である．よって $|x| < s$ ならば $|x| \leqq r$ であり，補題 1.2.6 と同様に $s \leqq r$ である．

$s \geqq r$ を示す．$|x| < r$ とする．$t = \frac{|x| + r}{2} < r$ は $\lim_{n \to \infty} a_n t^n = 0$ をみたす．命題 5.2.5 より $\sum_{n=0}^{\infty} n x^{n-1}$ の収束半径は 1 だから，$\lim_{n \to \infty} |n a_n x^{n-1}| = \frac{1}{t} \cdot \lim_{n \to \infty} |a_n t^n| \cdot \lim_{n \to \infty} n \left| \frac{x}{t} \right|^{n-1} = 0 \cdot 0$ である．よって $|x| < r$ ならば $|x| \leqq s$ であり，補題 1.2.6 と同様に $s \geqq r$ である．したがって $s = r$ である．

2. $|a| < r$ とする．$s = \frac{|a| + r}{2}$ とする．開区間 $(-s, s)$ で

$$\frac{f(x) - f(a)}{x - a} - g(a) = \sum_{n=0}^{\infty} a_n (x^{n-1} + \cdots + a^{n-1} - n a^{n-1})$$

$$= (x - a) \cdot \sum_{n=0}^{\infty} a_n \left((x^{n-2} + \cdots + a^{n-2}) + \cdots + a^{n-2} \right) \quad (5.14)$$

である．右辺の大きいかっこのなかみの絶対値は $\dfrac{n(n-1)}{2}s^{n-2}$ 以下である．

1. より巾級数 $\displaystyle\sum_{n=0}^{\infty}\dfrac{n(n-1)}{2}|a_n|x^{n-2}$ の収束半径も r だから，優級数の方法（命題 4.4.10）より (5.14) の右辺の級数は収束し，その和の絶対値は $\displaystyle\sum_{n=0}^{\infty}\dfrac{n(n-1)}{2}|a_n|s^{n-2}$ 以下である．よって，(5.14) の右辺の $x\to a$ での極限は 0 であり $\displaystyle\lim_{x\to a}\dfrac{f(x)-f(a)}{x-a}=g(a)$ である．したがって $(-r,r)$ で $f'(x)=g(x)$ である． □

$\displaystyle\sum_{n=0}^{\infty}a_nx^n$ の収束半径を r とすると，開区間 $(-r,r)$ で定義された関数 $f(x)=\displaystyle\sum_{n=0}^{\infty}a_nx^n$ は，命題 5.2.6 より $(-r,r)$ で無限回微分可能であり，すべての自然数 n に対し $f^{(n)}(0)=n!a_n$ である．

系 5.2.7 巾級数 $\displaystyle\sum_{n=0}^{\infty}a_nx^n$ の収束半径を r とする．このとき，$\displaystyle\sum_{n=0}^{\infty}\dfrac{a_n}{n+1}x^{n+1}$ の収束半径も r である．

$(-r,r)$ で定義された関数 $f(x)$ と $F(x)$ を $f(x)=\displaystyle\sum_{n=0}^{\infty}a_nx^n$ と $F(x)=\displaystyle\sum_{n=0}^{\infty}\dfrac{a_n}{n+1}x^{n+1}$ で定めると，$(-r,r)$ で $F(x)=\displaystyle\int_0^x f(t)dt$ である． ∎

証明 命題 5.2.6.1 を巾級数 $\displaystyle\sum_{n=0}^{\infty}\dfrac{a_n}{n+1}x^{n+1}$ に適用すれば，$\displaystyle\sum_{n=0}^{\infty}\dfrac{a_n}{n+1}x^{n+1}$ の収束半径と $\displaystyle\sum_{n=0}^{\infty}a_nx^n$ の収束半径は一致する．$F(x)=\displaystyle\sum_{n=0}^{\infty}\dfrac{a_n}{n+1}x^{n+1}$ を項別微分（命題 5.2.6.2）すれば，$F'(x)=\displaystyle\sum_{n=0}^{\infty}a_nx^n=f(x)$ である．$F(0)=0$ だから $F(x)=\displaystyle\int_0^x f(t)dt$ である． □

系 5.2.7 より，$\displaystyle\sum_{n=0}^{\infty}a_nx^n$ の不定積分は各項を積分して得られる巾級数として表わされる．このことを，巾級数は**項別積分** (termwise integration) できるという．

項別微積分を使って，いろいろな関数を巾級数展開する．

例 5.2.8 1. $\displaystyle\sum_{n=0}^{\infty}x^n$ の収束半径は 1 で，開区間 $(-1,1)$ で $\displaystyle\sum_{n=0}^{\infty}x^n=\dfrac{1}{1-x}$ で

ある．項別積分すれば，$(-1,1)$ で $-\log(1-x) = \displaystyle\int_0^x \frac{1}{1-t}dt = \sum_{n=0}^\infty \frac{x^{n+1}}{n+1}$ である．よって $(-1,1)$ で，

$$\log(1+x) = \sum_{n=1}^\infty (-1)^{n-1}\frac{x^n}{n}$$

である．

2. $\displaystyle\sum_{n=0}^\infty (-1)^n x^{2n}$ の収束半径は 1 で，開区間 $(-1,1)$ で $\displaystyle\sum_{n=0}^\infty (-1)^n x^{2n} = \frac{1}{1+x^2}$ である．項別積分すれば，$(-1,1)$ で

$$\arctan x = \int_0^x \frac{1}{1+t^2}dt = \sum_{n=0}^\infty (-1)^n \frac{x^{2n+1}}{2n+1}$$

である．

3. 実数 a と自然数 $n \geqq 0$ に対し，$\dbinom{a}{n} = \dfrac{a(a-1)\cdots(a-n+1)}{n!}$ とおく．$\dbinom{a}{0} = 1, \dbinom{a}{1} = a$ である．a が自然数 $m \geqq 0$ ならば，$\dbinom{a}{n}$ は 2 項係数 ${}_mC_n$ であり，$\displaystyle\sum_{n=0}^m \binom{m}{n}x^n = (1+x)^m$ である．

a が自然数でないとする．$\displaystyle\lim_{n\to\infty}\left|\binom{a}{n}\right|\Big/\left|\binom{a}{n+1}\right| = \lim_{n\to\infty}\left|\frac{n+1}{a-n}\right| = 1$ だから命題 5.2.5 より，巾級数 $\displaystyle\sum_{n=0}^\infty \binom{a}{n}x^n$ の収束半径は 1 である．$f(x)$ を開区間 $(-1,1)$ で定義された関数 $\displaystyle\sum_{n=0}^\infty \binom{a}{n}x^n$ とする．項別微分（命題 5.2.6.2）より，$f'(x) = \displaystyle\sum_{n=0}^\infty n\binom{a}{n}x^{n-1} = \sum_{n=0}^\infty a\binom{a-1}{n-1}x^{n-1}$ であり，$(1+x)\cdot f'(x) = a\displaystyle\sum_{n=0}^\infty \left(\binom{a-1}{n} + \binom{a-1}{n-1}\right)x^n = a\cdot f(x)$ である．よって微分方程式 $(1+x)y' = ay$ の初期値問題の解の一意性（例 4.5.4.2）より，$(-1,1)$ で

$$(1+x)^a = \sum_{n=0}^\infty \binom{a}{n}x^n$$

である．

4. $a = -\dfrac{1}{2}$ とすると $\dbinom{-\frac{1}{2}}{n} = (-1)^n \dfrac{1\cdot 3\cdots(2n-1)}{2\cdot 4\cdots 2n}$ だから，巾級数

$\sum_{n=0}^{\infty} \dfrac{1 \cdot 3 \cdots (2n-1)}{2 \cdot 4 \cdots 2n} x^{2n}$ の収束半径は 1 であり, $(-1, 1)$ で

$$\frac{1}{\sqrt{1-x^2}} = \sum_{n=0}^{\infty} \frac{1 \cdot 3 \cdots (2n-1)}{2 \cdot 4 \cdots 2n} x^{2n}$$

である. 項別積分すれば, $(-1, 1)$ で

$$\arcsin x = \int_0^x \frac{1}{\sqrt{1-t^2}} dt = \sum_{n=0}^{\infty} \frac{1 \cdot 3 \cdots (2n-1)}{2 \cdot 4 \cdots 2n} \frac{x^{2n+1}}{2n+1}$$

である. ∎

まとめ
- 指数関数や三角関数は巾級数で表わせる.
- 巾級数の収束する範囲は区間であり, そこでは項別微積分ができる.

問題

A 5.2.1 1. $\sum_{n=1}^{\infty} \dfrac{x^n}{n^2}$ の収束半径は 1 であることを示せ.

2. $(-1, 1)$ で定義された関数 $f(x) = \sum_{n=1}^{\infty} \dfrac{x^n}{n^2}$ の導関数 $f'(x)$ を求めよ.

A 5.2.2 正規形の微分方程式 $y' = y$ の初期値問題 $y(0) = 1$ の解を, 解 $y = f(x)$ が巾級数展開されると仮定して求めよ.

A 5.2.3 実数 a と自然数 $n \geqq 0$ に対し $(a)_n = a(a+1) \cdots (a+n-1)$ とおく. $(a)_0 = 1, (a)_1 = a, (1)_n = n!$ である.

1. a, b, c を負の整数ではない実数とする. **超幾何級数** (hypergeometric series) $\sum_{n=0}^{\infty} \dfrac{(a)_n (b)_n}{(c)_n (1)_n} x^n$ の収束半径は 1 であることを示せ.

2. 開区間 $(-1, 1)$ で関数 $f(x)$ を $f(x) = \sum_{n=0}^{\infty} \dfrac{(a)_n (b)_n}{(c)_n (1)_n} x^n$ で定義する. $f(x)$ は**超幾何微分方程式** $x(1-x)f''(x) + (c - (a+b+1)x)f'(x) - abf(x) = 0$ をみたすことを示せ.

B 5.2.4 $p_1, \ldots, p_m$ を実数とし, 数列 (a_n) が漸化式 $a_{n+m} = p_1 a_{n+m-1} + \cdots + p_{m-1} a_{n+1} + p_m a_n$ をみたすとする.

1. 巾級数 $\sum_{n=0}^{\infty} \dfrac{a_n}{n!} x^n$ の収束半径は ∞ であることを示せ.

2. 関数 $f(x) = \sum_{n=0}^{\infty} \dfrac{a_n}{n!} x^n$ は**定数係数線形常微分方程式** $f^{(m)}(x) = p_1 f^{(m-1)}(x) + \cdots + p_{m-1} f'(x) + p_m f(x)$ をみたすことを示せ.

5.3 一様収束

関数の列 $(f_n(x))$ が収束するというとき，定義域の各点での値が収束してもそれだけでは極限の関数 $f(x) = \lim_{n\to\infty} f_n(x)$ の性質はよくわからない．そこでそれよりも強い条件を定義し，極限の関数 $f(x)$ の性質を導く．

定義 5.3.1 $(f_n(x))$ を閉区間 $[a,b]$ で定義された関数 $f_n(x)$ の列とし，$f(x)$ を閉区間 $[a,b]$ で定義された関数とする．

任意の実数 $q > 0$ に対し，自然数 m で $n \geq m$ をみたすすべての自然数 n に対し $[a,b]$ で $|f_n(x) - f(x)| \leq q$ となるものが存在するとき，関数列 $(f_n(x))$ は $f(x)$ に**一様収束** (uniform convergence) するという． ∎

関数列 $(f_n(x))$ が $f(x)$ に一様収束するならば，$[a,b]$ で $\lim_{n\to\infty} f_n(x) = f(x)$ となるが，その逆がなりたつとは限らない（問題 5.3.1）．そこで区別のため，$[a,b]$ で $\lim_{n\to\infty} f_n(x) = f(x)$ となるとき，$(f_n(x))$ は $f(x)$ に**各点収束** (pointwise convergence) するという．このような微妙な内容を記述するとき，関数とその値の区別があいまいな記号 $f(x)$ の問題点が顕在化する．

定義 1.5.7.1 と同様に，関数 $k(t) \geq 0$ が $\lim_{t\to +0} k(t) = 0$ をみたすなら，定義 5.3.1 の中の不等式 $|f_n(x) - f(x)| \leq q$ の右辺の q を $k(q)$ でおきかえたものがなりたてば $(f_n(x))$ は $f(x)$ に一様収束する．

微分方程式の解の存在定理や巾級数の項別微分の証明では，一様収束する関数の列の性質が使われている（問題 5.3.3）．

命題 5.3.2 閉区間 $[a,b]$ で定義された連続関数の列 $(f_n(x))$ が関数 $f(x)$ に一様収束するとする．このとき，$f(x)$ も $[a,b]$ で連続である．さらに閉区間 $[a,b]$ で定義された連続関数の列 $(F_n(x))$ を $F_n(x) = \int_a^x f_n(t)dt$ で定めると，$(F_n(x))$ は $[a,b]$ で $F(x) = \int_a^x f(t)dt$ に一様収束する． ∎

命題 5.3.2 によれば $(f_n(x))$ が $f(x)$ に一様収束するとき，$a \leq c \leq b$ に対し $\lim_{x\to cn\to\infty} f_n(x) = \lim_{n\to\infty x\to c} f_n(x)$ であり，$\int_a^b \lim_{n\to\infty} f_n(x)dx = \lim_{n\to\infty} \int_a^b f_n(x)dx$ である．一様収束する場合にはこのように関数の極限と関数列の極限の順序や極限と積分の順序をいれかえられるが，各点収束しかしないときはそうとは

限らない．たとえば $\lim_{x \to 1-0} \lim_{n \to \infty} x^n = 0 \neq \lim_{n \to \infty} \lim_{x \to 1-0} x^n = 1$ である．

下の系 5.3.3 によれば，導関数の列が一様収束するときは極限と微分の順序を $(\lim_{n \to \infty} f_n(x))' = \lim_{n \to \infty} f_n'(x)$ のようにいれかえられる．

証明 $a \leqq c \leqq b$ とし，$f(x)$ が $x = c$ で連続なことを示す．$q > 0$ を実数とする．自然数 m で，$n \geqq m$ ならば $[a,b]$ で $|f_n(x) - f(x)| < q$ となるものが存在する．この m に対し，実数 $r > 0$ で，共通部分 $(c-r, c+r) \cap [a,b]$ で $|f_m(x) - f_m(c)| < q$ となるものが存在する．この r に対し，$(c-r, c+r) \cap [a,b]$ で $|f(x) - f(c)| \leqq |f_m(x) - f(x)| + |f_m(x) - f_m(c)| + |f_m(c) - f(c)| < 3q$ である．よって補題 1.2.8 より $f(x)$ は $x = c$ で連続である．したがって $f(x)$ は $[a,b]$ で連続である．

さらに積分の正値性（命題 4.3.4.1）より，上の m に対し $n \geqq m$ なら $[a,b]$ で $|F(x) - F_n(x)| \leqq \int_a^x |f(t) - f_n(t)| dt \leqq q \cdot (b-a)$ である．よって定義 5.3.1 のあとの注意より，$(F_n(x))$ は $[a,b]$ で $F(x)$ に一様収束する． $\square$

系 5.3.3 $(f_n(x))$ を閉区間 $[a,b]$ で定義された連続微分可能な関数の列とし，$a \leqq c \leqq b$ とする．導関数の列 $(f_n'(x))$ が関数 $g(x)$ に一様収束するとし，$\lim_{n \to \infty} f_n(c)$ が収束するとする．このとき，関数の列 $(f_n(x))$ も一様収束し，$f(x) = \lim_{n \to \infty} f_n(x)$ も $[a,b]$ で連続微分可能で $f'(x) = g(x)$ である． ■

系 5.3.3 は積分を使わずに証明することができて，不定積分の存在を系 5.3.3 から導くこともできるが，この本ではふれない．

証明 命題 5.3.2 を導関数の列 $(f_n'(x))$ に適用すれば，$g(x)$ は $[a,b]$ で連続で $(f_n(x) - f_n(a))$ は $[a,b]$ で $\int_a^x g(t) dt$ に一様収束する．したがって $(f_n(x)) = ((f_n(x) - f_n(a)) - (f_n(c) - f_n(a)) + f_n(c))$ も $[a,b]$ で $f(x) = \int_a^x g(t) dt - \int_a^c g(t) dt + \lim_{n \to \infty} f_n(c)$ に一様収束する．$f(x)$ は $[a,b]$ で微分可能で $f'(x) = g(x)$ は連続である． $\square$

命題 5.3.2 を級数の和の計算に応用する．

命題 5.3.4 （アーベルの定理） 級数 $\sum_{n=0}^{\infty} a_n$ が収束するならば，巾級数 $\sum_{n=0}^{\infty} a_n x^n$ の収束半径は 1 以上であり，$\lim_{x \to 1-0} \left(\sum_{n=0}^{\infty} a_n x^n \right) = \sum_{n=0}^{\infty} a_n$ である． ■

証明 定理 5.2.3 より，巾級数 $\sum_{n=0}^{\infty} a_n x^n$ の収束半径は 1 以上である．$[0,1]$ で定義された関数列 $(f_n(x))$ を $f_n(x) = \sum_{k=0}^{n} a_k x^k$ で定義する．関数列 $(f_n(x))$ は $[0,1]$ で関数 $f(x) = \sum_{n=0}^{\infty} a_n x^n$ に一様収束することを示す．

数列 (b_n) を $b_n = \sum_{k=n}^{\infty} a_k$ で定める．$\lim_{n \to \infty} b_n = 0$ だから，任意の自然数 m に対し，巾級数 $\sum_{k=m}^{\infty} b_k x^k$ の収束半径は定理 5.2.3 より 1 以上であり，$(-1, 1)$ で収束する．$q > 0$ を実数とする．自然数 m を，任意の自然数 $n \geqq m$ に対し $|b_n| < q$ となるものとする．$[0, 1)$ で

$$f(x) - f_n(x) = \sum_{k=n+1}^{\infty} a_k x^k = \sum_{k=n+1}^{\infty} (b_k - b_{k+1}) x^k \tag{5.15}$$

$$= \sum_{k=n+1}^{\infty} b_k x^k - \sum_{k=n+1}^{\infty} b_{k+1} x^k = b_{n+1} x^{n+1} - \sum_{k=n+2}^{\infty} b_k (x^{k-1} - x^k)$$

である．$n \geqq m$ なら右辺の絶対値は

$$|b_{n+1}| x^{n+1} + \sum_{k=n+2}^{\infty} |b_k (x^{k-1} - x^k)| \leqq q x^{n+1} + q \sum_{k=n+2}^{\infty} (x^{k-1} - x^k) = 2q x^{n+1}$$

以下であり $2q$ より小さい．$x = 1$ のときも，(5.15) の両辺は b_{n+1} であり絶対値は q より小さい．よって関数列 $(f_n(x))$ は $[0, 1]$ で $f(x)$ に一様収束する．

命題 5.3.2 より $f(x)$ は $[0, 1]$ で連続だから，$\lim_{x \to 1-0} \left(\sum_{n=0}^{\infty} a_n x^n \right) = \lim_{x \to 1-0} f(x) = f(1) = \sum_{n=0}^{\infty} a_n$ である． □

アーベルの定理の例をあげる．そのため，条件収束する級数の代表的な例として交代級数の収束を調べる．

命題 5.3.5 数列 (a_n) は，すべての n に対し $a_n \geqq a_{n+1} \geqq 0$ をみたすとする．$\lim_{n \to \infty} a_n = 0$ ならば，級数 $\sum_{n=0}^{\infty} (-1)^n a_n$ は収束する． ■

命題 5.3.5 の級数のように，各項の符号が順にいれかわる級数を**交代** (alternating) **級数**という．交代級数の収束（命題 5.3.5）は区間縮小法（問題 4.2.3）

と同等であり，2進小数の収束（公理 1.1.1.2）もこれから導かれるので，アルキメデスの公理（公理 1.1.1.1）のもとではすべてたがいに同値である．

証明 部分和の数列 (s_n) を $s_n = \sum_{k=0}^{n}(-1)^k a_k$ で定義する．$s_{2n+1} \leqq s_{2n+3} \leqq s_{2n+2} \leqq s_{2n}$ だから，n に関する帰納法により $n \geqq m$ なら $|s_n - s_m| \leqq |s_{m+1} - s_m| = a_{m+1}$ である．したがって数列 (d_n) を $d_n = a_{n+1}$ で定めれば，実数の完備性（系 4.2.3）より数列 (s_n) は収束する． □

例 5.3.6 1. 交代級数 $\sum_{n=1}^{\infty} \frac{(-1)^{n-1}}{n}$ は絶対収束しない（問題 4.4.5）が，命題 5.3.5 より収束するから条件収束する．$(-1,1)$ で $\sum_{n=1}^{\infty} \frac{(-1)^{n-1}}{n} x^n = \log(1+x)$ だから，命題 5.3.4 より

$$\sum_{n=1}^{\infty} \frac{(-1)^{n-1}}{n} = \lim_{x \to 1-0} \log(1+x) = \log 2$$

である．

2. 交代級数 $\sum_{n=0}^{\infty} \frac{(-1)^n}{2n+1}$ も，命題 5.3.5 より収束する．開区間 $(-1,1)$ で $\sum_{n=0}^{\infty} \frac{(-1)^n}{2n+1} x^{2n+1} = \arctan x$ だから，命題 5.3.4 より

$$\sum_{n=0}^{\infty} \frac{(-1)^n}{2n+1} = \lim_{x \to 1-0} \arctan x = \frac{\pi}{4}$$

である． ■

まとめ

・連続関数の列の一様収束極限は連続で，極限と積分の順序を交換できる．導関数の列が一様収束すれば，もとの関数の列の極限は微分可能で極限と微分の順序を交換できる．

・巾級数が定める関数は，収束半径の端で収束すればそこで連続である．

問題

A 5.3.1 $[0,1]$ で定義された関数列 $(f_n(x))$ を $f_n(x) = \dfrac{2nx}{1+n^2x^2}$ で定める．$(f_n(x))$ は，$n \to \infty$ のとき，定数関数 0 に各点収束するが一様収束しないことを示せ．

A 5.3.2 $g(x,y)$ を平面の原点 $(0,0)$ をのぞき閉円板 $D_1(0,0)$ で定義された連続関数とし，$(f_n(t))$ を $[0, 2\pi]$ で定義された連続関数の列とする．任意の自然数 $n \geq 1$ と閉区間 $[0,1] \times [0, 2\pi]$ の任意の点 (s,t) に対し $g\left(\left(\frac{1-s}{n+1} + \frac{s}{n}\right)\cos t, \left(\frac{1-s}{n+1} + \frac{s}{n}\right)\sin t\right) = (1-s)f_{n+1}(t) + sf_n(t)$ であるとする．実数 c に対し，次の条件 (1) と (2) は同値であることを示せ．

(1) 関数の列 $(f_n(t))$ は $[0, 2\pi]$ で定数関数 c に一様収束する．

(2) $\lim_{(x,y)\to(0,0)} g(x,y) = c$ である．

B 5.3.3 1. 記号を微分方程式の解の存在定理（定理 4.5.5）のとおりとする．折れ線近似解の列 $(f_n(x))$ は閉区間 $[a,b]$ で解 $f(x) = \lim_{n\to\infty} f_n(x)$ に一様収束することを示せ．

2. 巾級数 $\sum_{n=0}^{\infty} a_n x^n$ の収束半径を r とする．$0 \leq t < r$ ならば，閉区間 $[-t,t]$ で関数の列 $\left(\sum_{k=0}^{n} a_k x^k\right)$ は $f(x) = \sum_{n=0}^{\infty} a_n x^n$ に一様収束することを示せ．

第 5 章の問題の略解

5.1.1 (1) $((1+x)^a)^{(n)} = a(a-1)\cdots(a-(n-1))(1+x)^{a-n}$.

(2) $\left(\frac{1}{x^2-x-6}\right)^{(n)} = \frac{1}{5}\left(\frac{1}{x-3} - \frac{1}{x+2}\right)^{(n)} = \frac{1}{5}\frac{(-1)^n n!}{(x-3)^{n+1}} - \frac{1}{5}\frac{(-1)^n n!}{(x+2)^{n+1}}$.

(3) ライプニッツの公式より，$(e^x \cdot x^m)^{(n)} = \sum_{k=0}^{n}\binom{n}{k} m(m-1)\cdots(m-(k-1))e^x \cdot x^{m-k}$.

5.1.2 $Q(t) = (1-t^2)^n$ とおく．$(1-t^2)Q'(t) = -2tnQ(t)$ だから，これの両辺を $n+1$ 回微分すればライプニッツの公式より，$(1-t^2)Q^{(n+2)}(t) - 2t(n+1)Q^{(n+1)}(t) - 2\binom{n+1}{2}Q^{(n)}(t) = -2tnQ^{(n+1)}(t) - 2n(n+1)Q^{(n)}(t)$ である．よって $Q^{(n)}(t)$ は (3.25) をみたし，その定数倍 $P_n(t)$ も (3.25) をみたす．

5.1.3 (1) $e^x = 1 + x + \frac{x^2}{2} + \frac{x^3}{6} + \frac{x^4}{24} + o(x^4)$. (2) $\sin x = x - \frac{x^3}{6} + o(x^4)$.

(3) $\cos x = 1 - \frac{x^2}{2} + \frac{x^4}{24} + o(x^4)$. (4) $\log(1+x) = x - \frac{x^2}{2} + \frac{x^3}{3} - \frac{x^4}{4} + o(x^4)$.

(5) $\frac{1}{1+x} = 1 - x + x^2 - x^3 + x^4 + o(x^4)$. (6) $\sqrt{1+x} = 1 + \frac{x}{2} - \frac{x^2}{8} + \frac{x^3}{16} - \frac{5x^4}{128} + o(x^4)$.

(7) $\arctan x = x - \frac{x^3}{3} + o(x^4)$. (8) $\arcsin x = x + \frac{x^3}{6} + o(x^4)$.

(9) $\frac{1}{\sqrt{1-x}} = 1 + \frac{x}{2} + \frac{3x^2}{8} + \frac{5x^3}{16} + \frac{35x^4}{128} + o(x^4)$.

(10) $\frac{1}{x^2-3x+2} = \frac{1}{1-x} - \frac{1}{2-x} = (1 + x + x^2 + x^3 + x^4 + o(x^4)) - \frac{1}{2}\left(1 + \frac{x}{2} + \frac{x^2}{4} + \frac{x^3}{8} + \frac{x^4}{16} + o(x^4)\right) = \frac{1}{2} + \frac{3x}{4} + \frac{7x^2}{8} + \frac{15x^3}{16} + \frac{31x^4}{32} + o(x^4)$.

(11) $\tan x = \frac{x - \frac{x^3}{6} + o(x^4)}{1 - \frac{x^2}{2} + o(x^3)} = \left(x - \frac{x^3}{6} + o(x^4)\right)\left(1 + \frac{x^2}{2} + o(x^3)\right) = x + \frac{x^3}{3} + o(x^4)$.

5.1.4 (1) $\sin x - x\cos^2 x = x - \frac{x^3}{6} - x\left(1 - \frac{x^2}{2}\right)^2 + o(x^3) = \frac{5x^3}{6} + o(x^3)$,

$x - \sin x = x - \left(x - \dfrac{x^3}{6}\right) + o(x^3) = \dfrac{x^3}{6} + o(x^3)$ だから，$\displaystyle\lim_{x\to 0}\dfrac{\sin x - x\cos^2 x}{x - \sin x} = 5$.

(2) $e^x = 1 + x + \dfrac{x^2}{2} + o(x^2)$, $\dfrac{1}{1-x} = 1 + x + x^2 + o(x^2)$ だから，$\displaystyle\lim_{x\to 0}\dfrac{e^x - \frac{1}{1-x}}{x^2} = -\dfrac{1}{2}$.

(3) $\cos x = 1 - \dfrac{x^2}{2} + \dfrac{x^4}{24} + o(x^4)$. $\sqrt{1-x} = 1 - \dfrac{x}{2} - \dfrac{x^2}{8} + o(x^2)$ だから，$\sqrt{1-x^2} = 1 - \dfrac{x^2}{2} - \dfrac{x^4}{8} + o(x^4)$ で，$\displaystyle\lim_{x\to 0}\dfrac{\cos x - \sqrt{1-x^2}}{x^4} = \dfrac{1}{24} + \dfrac{1}{8} = \dfrac{1}{6}$.

5.1.5 (1) $1 + \dfrac{1}{10} + \dfrac{1}{2}\dfrac{1}{10} + \cdots + \dfrac{1}{5!}\dfrac{1}{10^5} = 1.105170916\cdots$ である．$\left[1, \dfrac{1}{10}\right]$ で $0 < \dfrac{e^t}{6!} < \dfrac{2}{720} < 3\cdot 10^{-3}$ だから，(5.2) で $n = 6$ とおけば，$|\sqrt[10]{e} - 1.105170916\cdots| < 3\cdot 10^{-9}$ である．よって，$\sqrt[10]{e} = 1.10517091\cdots$.

(2) 問題 5.1.1(1) より，$n \geq 1$ に対し，$(\sqrt{1-x})^{(n)} = -\dfrac{1}{2}\dfrac{1}{2}\dfrac{3}{2}\cdots\dfrac{2n-3}{2}\dfrac{1}{\sqrt{1-x}^{2n-1}}$ である．$1 - \dfrac{1}{2}\dfrac{1}{50} - \dfrac{1}{2}\dfrac{1}{2}\dfrac{1}{50^2} - \dfrac{1}{2}\dfrac{1}{2}\dfrac{3}{2}\dfrac{1}{6}\dfrac{1}{50^3} - \dfrac{1}{2}\dfrac{1}{2}\dfrac{3}{2}\dfrac{5}{2}\dfrac{1}{24}\dfrac{1}{50^4} = 0.98994949375$ である．$\left[0, \dfrac{1}{50}\right]$ で $1 \leq \dfrac{1}{\sqrt{1-t}} < 1.02$ だから $1 \leq \dfrac{1}{\sqrt{1-t}^9} < 2$ であり，$\dfrac{1}{2}\dfrac{1}{2}\dfrac{3}{2}\dfrac{5}{2}\dfrac{7}{2}\dfrac{2}{120}\dfrac{1}{50^5} = \dfrac{7}{4}\cdot 10^{-10}$ だから，(5.2) で $n = 5$ とおけば，$\left|\dfrac{7\sqrt{2}}{10} - 0.98994949375\right| < 2\cdot 10^{-10}$ である．よって $\dfrac{7\sqrt{2}}{10} = 0.98994949\cdots$.

5.1.6 $x = c$ での $f(x)$ の $n-1$ 次テイラー近似式 $p_{n-1}(x)$ は $f(c)$ だから，テイラーの定理 (5.3) より $f(x) = f(c) + \displaystyle\int_c^x f^{(n)}(t)\dfrac{(x-t)^{n-1}}{(n-1)!}dt$ である．$f^{(n)}(x)$ は $x = c$ で連続だから，実数 $r > 0$ で，開区間 $(c-r, c+r)$ で $f^{(n)}(x) > \dfrac{1}{2}f^{(n)}(c)$ となるものがある．積分の正値性より，この r に対し，$f(x) - f(c)$ の符号は $x = c$ をのぞき $(c-r, c+r)$ で $\displaystyle\int_c^x \dfrac{(x-t)^{n-1}}{(n-1)!}dt = \dfrac{(x-c)^n}{n!}$ の符号と同じである．

5.1.7 1. $n = 0$ のときは明らか．右辺を微分すると，$\dfrac{P_n'(x)}{x^{2n}}\cdot\exp\left(-\dfrac{1}{x}\right) + \dfrac{-2nP_n(x)}{x^{2n+1}}\cdot\exp\left(-\dfrac{1}{x}\right) + \dfrac{P_n(x)}{x^{2n}}\cdot\exp\left(-\dfrac{1}{x}\right)\cdot\dfrac{1}{x^2} = \dfrac{x^2 P_n'(x) - (2nx - 1)P_n(x)}{x^{2(n+1)}}\cdot\exp\left(-\dfrac{1}{x}\right)$ だから，n による帰納法で示された．

2. $x < 0$ ならすべての $n \geq 0$ に対し $f^{(n)}(x) = 0$ である．$x > 0$ でも $f(x)$ は 1. より無限回微分可能である．$f(x)$ が n 回連続微分可能であることを n に関する帰納法で示す．問題 2.2.9.3 より $f(x)$ は連続微分可能である．$n \geq 1$ を自然数とする．$\displaystyle\lim_{x\to +0}\dfrac{P_n(x)}{x^{2n}}\cdot\exp\left(-\dfrac{1}{x}\right) = P_n(0)\cdot\lim_{x\to\infty}\dfrac{x^{2n}}{e^x} = 0$ だから，1. より $\displaystyle\lim_{x\to 0}f^{(n)}(x) = 0$ である．帰納法の仮定より $f^{(n-1)}(x)$ は連続だから，問題 2.2.9.3 のように問題 1.4.2 より $f^{(n-1)}(x)$ は連続微分可能である．よって，$f(x)$ は n 回連続微分可能である．したがって n に関する帰納法により，$f(x)$ は無限回微分可能である．

5.1.8 (1) 問題 3.3.4.1 より，$r_x = \dfrac{x}{r}$, $r_y = \dfrac{y}{r}$, $r_{xx} = \dfrac{y^2}{r^3}$, $r_{xy} = -\dfrac{xy}{r^3}$, $r_{yy} = \dfrac{x^2}{r^3}$ だから，$\sqrt{x^2+y^2} = \sqrt{2} + \dfrac{1}{\sqrt{2}}(x-1) + \dfrac{1}{\sqrt{2}}(y-1) + \dfrac{1}{4\sqrt{2}}(x-1)^2 - \dfrac{1}{2\sqrt{2}}(x-1)(y-1)$

$+\dfrac{1}{4\sqrt{2}}(y-1)^2+o((x-1)^2+(y-1)^2).$

(2) 問題 3.3.4.2 より, $\theta_x=-\dfrac{y}{r^2}$, $\theta_y=\dfrac{x}{r^2}$, $\theta_{xx}=\dfrac{2xy}{r^4}$, $\theta_{xy}=\dfrac{y^2-x^2}{r^4}$, $\theta_{yy}=-\dfrac{2xy}{r^4}$ だから, $\arctan\dfrac{y}{x}=\dfrac{\pi}{4}-\dfrac{1}{2}(x-1)+\dfrac{1}{2}(y-1)+\dfrac{1}{4}(x-1)^2-\dfrac{1}{4}(y-1)^2+o((x-1)^2+(y-1)^2).$

5.2.1 1. $\displaystyle\lim_{n\to\infty}\dfrac{(n+1)^2}{n^2}=1$ だから収束半径は 1 である.

2. 項別微分（命題 5.2.6.2）と例 5.2.8.1 より $f'(x)=\displaystyle\sum_{n=1}^{\infty}\dfrac{x^{n-1}}{n}=\dfrac{1}{x}\log\dfrac{1}{1-x}$ である.

5.2.2 $f(x)=\displaystyle\sum_{n=0}^{\infty}a_nx^n$ とおく. 項別微分（命題 5.2.6.2）より $f'(x)=\displaystyle\sum_{n=0}^{\infty}na_nx^{n-1}$ だから, 数列 (a_n) は漸化式 $na_n=a_{n-1}$ をみたす. $a_0=f(0)=1$ とおけば, $a_n=\dfrac{1}{n!}$ であり指数関数の巾級数展開（命題 5.2.1）より $f(x)=e^x$ である. 指数関数 $y=e^x$ は, 方程式 $y'=y$ の解であり, 初期条件 $y(0)=1$ をみたす.

5.2.3 1. $a_n=\dfrac{(a)_n(b)_n}{(c)_n(1)_n}$ とおくと, $\dfrac{a_{n+1}}{a_n}=\dfrac{(a+n)(b+n)}{(c+n)(1+n)}$ だから, $\displaystyle\lim_{n\to\infty}\dfrac{a_{n+1}}{a_n}=1$ である. よって収束半径は 1 である.

2. 項別微分より, 左辺の x^n の係数は $(n+1)na_{n+1}-n(n-1)a_n+c(n+1)a_{n+1}-(a+b+1)na_n-aba_n=(n+1)(n+c)a_{n+1}-(n+a)(n+b)a_n$ である. $a_{n+1}=\dfrac{(n+a)(n+b)}{(n+1)(n+c)}a_n$ だから $f(x)$ は超幾何微分方程式をみたす.

5.2.4 1. $|P|$ を $|p_1|,\ldots,|p_n|$ の最大値とし, $|A|$ で $|a_0|,\ldots,|a_{m-1}|$ の最大値を表わす. 漸化式より, $n\geqq m$ に関する帰納法で, $|a_n|\leqq(m|P|)^{n-m+1}|A|$ がなりたつ. 任意の実数 x に対し, $n\geqq m$ なら $\left|\dfrac{a_n}{n!}x^n\right|\leqq\dfrac{(m|P|)^{n-m+1}|A||x|^n}{n!}$ である. $\displaystyle\sum_{n=0}^{\infty}\dfrac{(m|P|)^n|x|^n}{n!}=e^{m|P||x|}$ は収束するから, 優級数の方法より巾級数 $\displaystyle\sum_{n=0}^{\infty}\dfrac{a_n}{n!}x^n$ は任意の実数 x に対し収束する.

2. 項別微分により右辺は $\displaystyle\sum_{n=0}^{\infty}\dfrac{p_1a_{n+m-1}+\cdots+p_{m-1}a_{n+1}+p_ma_n}{n!}x^n$ であり, 左辺は $\displaystyle\sum_{n=0}^{\infty}\dfrac{a_{n+m}}{n!}x^n$ である. よって漸化式より, $f(x)$ は微分方程式をみたす.

5.3.1 $0<x\leqq 1$ なら $\displaystyle\lim_{n\to\infty}\dfrac{2nx}{1+n^2x^2}=\lim_{n\to\infty}\dfrac{1}{n}\dfrac{2x}{\frac{1}{n^2}+x^2}=0\cdot\dfrac{2}{x}=0$ であり, $x=0$ なら $f_n(0)=0$ である. よって, 各点収束する.

任意の自然数 $n\geqq 1$ に対し $f_n(\frac{1}{n})=1$ だから, 一様収束しない.

5.3.2 仮定より, 自然数 $n\geqq 1$ と実数 $0\leqq t\leqq 2\pi$ に対し $\max(|f_n(t)-c|,|f_{n+1}(t)-c|)=\max\left(|g(r\cos t,r\sin t)-c|:\dfrac{1}{n+1}\leqq r\leqq\dfrac{1}{n}\right)$ である. よって実数 $q>0$ と自然数 $m\geqq 1$ に対し, すべての自然数 $n\geqq m$ に対し $[0,2\pi]$ で $|f_n(t)-c|<q$ であることと, 原点 $(0,0)$ をのぞき閉円板 $D_{\frac{1}{m}}(0,0)$ で $|g(x,y)-c|<q$ であることは同値である. よって (1) と (2) は同値である.

5.3.3 1. $q > 0$ を実数とする.自然数 $m \geqq 1$ を補題 4.5.7 の条件をみたすものとする.$n \geqq m$ なら n も補題 4.5.7 の条件をみたすから,(4.39) より $[a,b]$ で $|f(x) - f_n(x)| \leqq 2q \cdot l(b)$ である.よって $(f_n(x))$ は $[a,b]$ で解 $f(x)$ に一様収束する.

2. $0 \leqq t < r$ とする.$s = \dfrac{t+r}{2}$ とおく.$s < r$ だから $\lim\limits_{n \to \infty} a_n s^n = 0$ であり,補題 5.2.4 の証明と同様に,自然数 m で,任意の自然数 $n \geqq m$ に対し $|a_n s^n| \leqq 1$ となるものがある.この m に対し,$n \geqq m$ ならば $[-t,t]$ で $|a_n x^n| = |a_n s^n| \cdot \dfrac{|x^n|}{s^n} \leqq \dfrac{t^n}{s^n}$ だから,$\left| f(x) - \sum\limits_{k=0}^{n} a_k x^k \right| \leqq \sum\limits_{k=n+1}^{\infty} |a_k x^k| \leqq \sum\limits_{k=n+1}^{\infty} \dfrac{t^n}{s^n} = \dfrac{t^{n+1}}{s^{n+1}} \dfrac{s}{s-t}$ である.$n \to \infty$ のとき右辺は $\to 0$ だから,$[-t,t]$ で $\left(\sum\limits_{k=0}^{n} a_k x^k \right)$ は $f(x)$ に一様収束する.

[別解] $\sum\limits_{n=0}^{\infty} a_n (\pm t)^n$ は収束するから,アーベルの定理 (命題 5.3.4) より $f_n(x) = \sum\limits_{k=0}^{n} a_k x^k$ は $[0,t]$ と $[-t,0]$ で一様収束し,$[-t,t]$ で一様収束する.

第6章 積分と面積

　第4章では，導関数がもとの関数になるという性質で不定積分を定義した．この章では，積分を重みつきの和の分割を細かくしたときの極限としてとらえる．この方法によって，積分の定義を多変数関数に拡張する．

　多変数関数の積分の定義では積分する関数の定義域が複雑になりうるので，まず面積や体積を 6.1 節で定義する．面積の計算の基本は，縦線集合の面積を 1 変数関数の積分として表わすことである．平面の点の集合は面積を定義できるものばかりではないので，6.1 節の後半では面積が定義されるための条件を調べる．

　6.2 節ではまず 1 変数関数の積分を，区間の幅を関数の値にかけてたしあわせた重みつきの和の分割を細かくしたときの極限として表わす．これを逆に積分の定義と考えることができる．このとき，積分が微分の逆の操作であるという事実は重要な意味をもつものとなり，微分積分の基本定理とよばれる．

　区間の幅を面積や体積でおきかえて，多変数関数の積分を定義する．線形性，正値性，加法性などの基本的な性質がなりたつ．1 変数関数の積分が面積を表わしていたように，2 変数関数の積分は体積を表わす．面積確定な有界閉集合上の連続関数の積分が定義されることはその一様連続性の帰結であり，さらにさかのぼれば最大値の定理の帰結である．

　2 変数関数の積分の計算の基本は，1 変数関数の積分のくりかえしに帰着させる逐次積分の公式である．1 変数の場合の置換積分の公式にあたる変数変換公式を 6.3 節で証明する．面積の拡大率としてヤコビアンが公式に現れる．

　2 変数関数の場合も，有界閉集合とは限らない定義域で定義された連続関数の積分を広義積分として考えることができる．6.4 節では，絶対収束する場合に限って 2 変数関数の広義積分について基本的な性質を紹介する．

6.1 面積

平面の点の有界集合（定義 4.1.1.3）の面積を定義する．まず，有限個の閉区間の合併の面積が定義できることを確認する．

定義 6.1.1　$a \leqq b$ と $c \leqq d$ を実数とする．

1. 2次元の閉区間 $K = [a,b] \times [c,d]$ の**面積** (area) $(b-a) \cdot (d-c)$ を $m(K)$ で表わす．

2. $a = a_0 \leqq a_1 \leqq \cdots \leqq a_n = b$ と $c = c_0 \leqq c_1 \leqq \cdots \leqq c_m = d$ をみたす実数の組 $((a_0, a_1, \ldots, a_n), (c_0, c_1, \ldots, c_m))$ を閉区間 $K = [a,b] \times [c,d]$ の**分割**という．2次元の閉区間 $K = [a,b] \times [c,d]$ の分割 $((a_0, a_1, \ldots, a_n), (c_0, c_1, \ldots, c_m))$ を Δ で表わし，$i = 1, \ldots, n$, $j = 1, \ldots, m$ に対し，閉区間 $K_{ij} = [a_{i-1}, a_i] \times [c_{j-1}, c_j]$ を，**分割 Δ に属する閉区間**という．■

閉区間 $K_1, \ldots, K_l$ に対し，その**合併** (union)
$$K_1 \overset{\text{カップ}}{\cup} \cdots \cup K_l = \{(x,y) \in \mathbf{R}^2 \mid (x,y) \in K_i \text{をみたす } i = 1, \ldots, l \text{ が存在する}\}$$
の面積を定義する．$1 \leqq i_1 < \cdots < i_k \leqq l$ に対し共通部分 $\{(x,y) \in \mathbf{R}^2 \mid$ すべての $j = 1, \ldots, k$ に対し $(x,y) \in K_{i_j}\}$ を $K_{i_1} \overset{\text{キャップ}}{\cap} \cdots \cap K_{i_k}$ で表わし，

$$m(K_1, \ldots, K_l) = \sum_{k=1}^{l} (-1)^{k-1} \sum_{1 \leqq i_1 < \cdots < i_k \leqq l} m(K_{i_1} \cap \cdots \cap K_{i_k}) \tag{6.1}$$

とおく．

補題 6.1.2　閉区間 $K_1, \ldots, K_l$ の合併 $D = K_1 \cup \cdots \cup K_l$ が $K = [a,b] \times [c,d]$ に含まれるとする．K の分割 $a = a_0 \leqq \cdots \leqq a_n = b, c = c_0 \leqq \cdots \leqq c_m = d$ に属する閉区間を $L_1, \ldots, L_{nm}$ とする．$K_1, \ldots, K_l$ がどれも $L_1, \ldots, L_{nm}$ のいくつかの合併であるならば，$m(K_1, \ldots, K_l) = \sum_{L_j \subset D} m(L_j)$ である．■

証明　$j = 1, \ldots, nm$ に対し，n_j を $L_j \subset K_i$ をみたす添字 i の個数とする．$m(K_{i_1} \cap \cdots \cap K_{i_k}) = \sum_{L_j \subset K_{i_1} \cap \cdots \cap K_{i_k}} m(L_j)$ だから，

$$m(K_1,\ldots,K_l) = \sum_{k=1}^{l}(-1)^{k-1}\sum_{1\le i_1<\cdots<i_k\le l}\sum_{L_j\subset K_{i_1}\cap\cdots\cap K_{i_k}} m(L_j)$$
$$= \sum_{j=1}^{nm}\sum_{k=1}^{n_j}(-1)^{k-1}\binom{n_j}{k}m(L_j) = \sum_{j=1}^{nm}(1-(1-1)^{n_j})m(L_j) = \sum_{n_j\ge 1}m(L_j)$$

である. □

系 6.1.3 D を閉区間 $K_1,\ldots,K_l$ の合併とし,E を閉区間 $H_1,\ldots,H_e$ の合併とする. $D\subset E$ ならば $m(K_1,\ldots,K_l) \leqq m(H_1,\ldots,H_e)$ である. ∎

証明 $K=[a,b]\times[c,d]$ を E を含む閉区間とし,$\Delta: a=a_0\leqq\cdots\leqq a_n=b$, $c=c_0\leqq\cdots\leqq c_m=d$ を K の分割で,$K_1,\ldots,K_l,H_1,\ldots,H_e$ がどれも Δ に属する閉区間 $L_1,\ldots,L_{nm}$ のいくつかの合併となるものとする. 補題 6.1.2 より $m(K_1,\ldots,K_l) = \sum_{L_j\subset D} m(L_j) \leqq \sum_{L_j\subset E} m(L_j) = m(H_1,\ldots,H_e)$ である. □

系 6.1.3 より,D が閉区間 $K_1,\ldots,K_l$ の合併なら,$m(K_1,\ldots,K_l)$ は D の閉区間の合併としての表わし方によらず一定の値である. これを D の**面積**とよび $m(D)$ で表わす. 面積の定義の式 (6.1) を**包除公式** (inclusion-exclusion formula) という. 有界集合の面積は次のように定義する.

定義 6.1.4 A を平面の有界集合(定義 4.1.1.3)とする. 次の条件 (m) をみたす実数 m がただ 1 つ存在するとき,A は**面積確定** (measurable) であるといい,その m を A の**面積**とよび $m(A)$ で表わす.

(m) 有限個の閉区間の合併 D,E で $D\subset A\subset E$ をみたすものすべてに対し $m(D)\leqq m\leqq m(E)$ である.

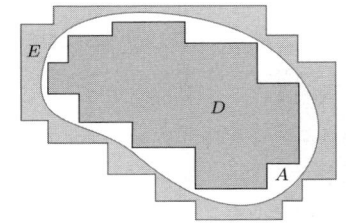

∎

A が面積確定でないときは,A の面積は定義しない. 有界閉集合でも面積確定とは限らない. 微積分のふつうの教科書の用語にしたがい面積確定とよぶが,積分論では可測という. ただし,上の定義は積分論でふつうに使われる意味のルベーグ可測ではなく,それより狭い意味のジョルダン可測とよば

れる性質の定義にあたる．空集合 $\emptyset$ は面積確定で $m(\emptyset) = 0$ である．

命題 6.1.5　A を平面の有界集合とする．次の条件 (1) と (2) は同値である．
(1) A は面積確定である．
(2) 任意の実数 $q > 0$ に対し，有限個の閉区間の合併 D, E で $D \subset A \subset E$ をみたし，$m(E) - m(D) \leqq q$ をみたすものがある． ∎

補題 1.2.8 と同様に，関数 $k(t) \geqq 0$ が $\lim_{t \to +0} k(t) = 0$ をみたすなら，命題 6.1.5 の条件 (2) の不等式 $m(E) - m(D) \leqq q$ の右辺の q を $k(q)$ でおきかえたものがなりたてば A は面積確定である．

証明　実数の集合 B, C を
$$B = \{m(D) \mid D \text{ は有限個の閉区間の合併で } D \subset A\},$$
$$C = \{m(D) \mid D \text{ は有限個の閉区間の合併で } A \subset D\}$$
で定義する．有限個の閉区間の合併 D と E が $D \subset A \subset E$ をみたせば，系 6.1.3 より $m(D) \leqq m(E)$ である．よって B, C は定理 1.1.5 の条件 (D1) をみたす．

(2) がなりたてば，B, C は定理 1.1.5 の条件 (D2) もみたすから，定理 1.1.5 より定義 6.1.4 の条件 (m) をみたす実数 m がただ 1 つ存在する．(2) がなりたたなければ，B, C は定理 1.1.5 の条件 (D2) をみたさない．A は空集合を含むから $0 \in B$ であり，閉区間 K が A を含むなら $m(K) \in C$ である．よって命題 1.1.6 より定義 6.1.4 の条件 (m) をみたす実数 m は複数存在する． □

面積を定義 6.1.4 にもとづいて計算することはまずなく，次の命題によって定積分の計算に帰着させるのがふつうである．

命題 6.1.6　$k(x)$ と $l(x)$ を閉区間 $[a, b]$ で定義された連続関数で，$[a, b]$ で $k(x) \leqq l(x)$ をみたすものとする．D を不等式 $a \leqq x \leqq b$, $k(x) \leqq y \leqq l(x)$ で定まる縦線集合とする．
1. D は面積確定な有界閉集合である．
2.
$$m(D) = \int_a^b (l(x) - k(x)) dx \tag{6.2}$$

である． ∎

証明 1. D は例題 4.1.8 より，有界閉集合である．自然数 $n \geqq 1$ に対し，$[a,b]$ の分割 $\Delta_n = (a_0, \ldots, a_n)$ を $a_i = a + \dfrac{i}{n}(b-a)$ で定める．$i = 1, \ldots, n$ に対し，c_i^-, d_i^- をそれぞれ $k(x), l(x)$ の閉区間 $[a_{i-1}, a_i]$ での最小値とし，c_i^+, d_i^+ を最大値とする．閉区間 $K_i \subset L_i$ を $K_i = [a_{i-1}, a_i] \times [c_i^+, d_i^-]$，$L_i = [a_{i-1}, a_i] \times [c_i^-, d_i^+]$ で定める．$c_i^+ > d_i^-$ なら K_i は空である．D_n を $K_1, \ldots, K_n$ の合併とし，E_n を $L_1, \ldots, L_n$ の合併とする．$D_n \subset D \subset E_n$ である．

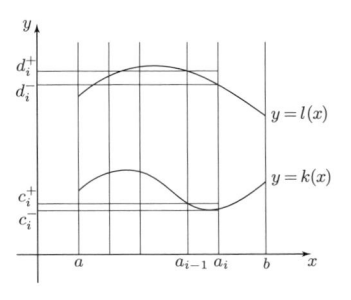

命題 6.1.5(2)⇒(1) より，$\lim_{n \to \infty}(m(E_n) - m(D_n)) = 0$ を示せばよい．$q > 0$ を実数とする．$k(x), l(x)$ は命題 4.1.10 より $[a,b]$ で一様連続だから，実数 $r > 0$ で $|x-y| < r$ なら $|k(x) - k(y)| < q, |l(x) - l(y)| < q$ となるものがある．この r に対し $n \geqq \dfrac{b-a}{r}$ ならば，各 $[a_{i-1}, a_i]$ で $d_i^+ - c_i^- \leqq \max(d_i^- - c_i^+, 0) + 2q$ である．よって $m(E_n) - m(D_n) \leqq 2(b-a)q$ であり $\lim_{n \to \infty}(m(E_n) - m(D_n)) = 0$ である．命題 6.1.5(2)⇒(1) より，D は面積確定である．

2. 自然数 $n \geqq 1$ に対し $m(D_n) \leqq m(D) \leqq m(E_n)$ だから，はさみうちの原理より $m(D) = \lim_{n \to \infty} m(E_n) = \lim_{n \to \infty} m(D_n)$ である．各 $[a_{i-1}, a_i]$ で $\max(d_i^- - c_i^+, 0) \leqq l(x) - k(x) \leqq d_i^+ - c_i^-$ だから，積分の正値性と加法性（命題 4.3.4）より

$$m(D_n) \leqq \sum_{i=1}^n \int_{a_{i-1}}^{a_i}(l(x)-k(x))dx = \int_a^b (l(x)-k(x))dx \leqq m(E_n) \tag{6.3}$$

である．よってはさみうちの原理（命題 1.5.8.2）より，(6.2) がなりたつ． □

例 6.1.7 不等式 $x^2 + y^2 \leqq 1$ で定まる，原点を中心とする半径が 1 の円板 D を**単位円板** (unit disk) という．単位円板 D は $-1 \leqq x \leqq 1$, $-\sqrt{1-x^2} \leqq y \leqq \sqrt{1-x^2}$ で定まる縦線集合だから，(6.2) より面積 $m(D)$ は $\int_{-1}^1 2\sqrt{1-x^2}dx = \left[x\sqrt{1-x^2} + \arcsin x\right]_{-1}^1 = \pi$ である． ■

命題 6.1.6 より，$f(x) \geqq 0$ を閉区間 $[a,b]$ で定義された連続関数とすると，縦線集合 $D : a \leqq x \leqq b, 0 \leqq y \leqq f(x)$ は面積確定で，

$$\int_a^b f(x)dx = m(D) \tag{6.4}$$

である．命題 6.1.6.1 により (6.4) の右辺は定義されその証明は積分とは無関係だから，$f(x) \geqq 0$ の場合，式 (6.4) を左辺の**定積分**の定義と考えることもできる．

$a \leqq s \leqq b$ に対し縦線集合 $\{(x,y) \mid a \leqq x \leqq s,\ 0 \leqq y \leqq f(x)\}$ の面積を $F(s)$ とおくことで $[a,b]$ で定義された関数 $F(x)$ を定めると，命題 6.1.6 より，$[a,b]$ で $F(x)$ は微分可能であり $F'(x) = f(x)$ である．このように積分を面積で定義すると，不定積分の存在の別証明が得られる（問題 6.1.3）．

(6.4) は，D の面積が y 軸に平行な直線と D の共通部分の長さの積分であることを表わしている．x 軸に平行な直線と D の共通部分の長さが定義されるなら，D の面積はその積分としても表わせると考えられる．これがルベーグ積分の基礎にある考えであり，それによれば連続関数よりはるかに広い範囲の関数の積分を定義できる．この方法の問題点は，x 軸に平行な直線と D の共通部分が一般には複雑なため，その長さの定義が難しく，そのため集合論的な準備がかなり必要なところにある．そこで，その紹介は専門書にゆずる．

積分と同様に，面積は加法性や正値性という基本的な性質をみたす．

命題 6.1.8　A, B を平面の面積確定な有界集合とする．

1. (**面積の加法性**) A と B の共通部分 $A \cap B = \{(x,y) \in \mathbf{R}^2 \mid (x,y) \in A$ かつ $(x,y) \in B\}$ と合併 $A \cup B = \{(x,y) \in \mathbf{R}^2 \mid (x,y) \in A$ または $(x,y) \in B\}$ は面積確定であり，

$$m(A \cup B) + m(A \cap B) = m(A) + m(B) \tag{6.5}$$

がなりたつ．

2. (**面積の正値性**) A が B の部分集合なら，$m(A) \leqq m(B)$ である．　■

証明　1. $q > 0$ を実数とする．D_1, D_2, E_1, E_2 を有限個の閉区間の合併で，$D_1 \subset A \subset E_1, D_2 \subset B \subset E_2$ と $m(E_1) - m(D_1) \leqq q, m(E_2) - m(D_2) \leqq q$ をみたすものとする．$D_1 \cup D_2 \subset A \cup B \subset E_1 \cup E_2$，$D_1 \cap D_2 \subset A \cap B \subset E_1 \cap E_2$ であり，

$$\begin{aligned}
&(m(E_1 \cup E_2) - m(D_1 \cup D_2)) + (m(E_1 \cap E_2) - m(D_1 \cap D_2)) \\
&= (m(E_1 \cup E_2) + m(E_1 \cap E_2)) - (m(D_1 \cup D_2) + m(D_1 \cap D_2)) \\
&= (m(E_1) + m(E_2)) - (m(D_1) + m(D_2)) \leqq 2q
\end{aligned}$$

である．よって，$A \cup B$ と $A \cap B$ は命題 6.1.5 の条件 (2) をみたし面積確定である．さらに

$$\begin{array}{ccc} m(D_1 \cup D_2) + m(D_1 \cap D_2) & = & m(D_1) + m(D_2) \\ \text{VI} & & \text{VI} \\ m(A \cup B) + m(A \cap B) & & m(A) + m(B) \\ \text{VI} & & \text{VI} \\ m(E_1 \cup E_2) + m(E_1 \cap E_2) & = & m(E_1) + m(E_2) \end{array}$$

だから $|(m(A \cup B) + m(A \cap B)) - (m(A) + m(B))| \leqq 2q$ である．よって (6.5) がなりたつ．

2. $q > 0$ を実数とする．有限個の閉区間の合併 D, E で $D \subset A \subset B \subset E$ と $m(A) - q \leqq m(D)$, $m(E) \leqq m(B) + q$ をみたすものがある．系 6.1.3 より $m(D) \leqq m(E)$ だから $m(A) - q \leqq m(B) + q$ である．よって，補題 1.2.6 より $m(A) \leqq m(B)$ である． □

有界集合が面積確定であるための条件を調べる．命題 6.1.9 と 6.1.10 では抽象的な話が続くので，6.3 節で必要になったときに読むことにしてもかまわない．A を平面の有界集合とし，$K = [a, b] \times [c, d]$ を A を含む閉区間とする．Δ を K の分割 $a = a_0 \leqq a_1 \leqq \ldots \leqq a_n = b$, $c = c_0 \leqq c_1 \leqq \ldots \leqq c_m = d$ とする．$i = 1, \ldots, n$, $j = 1, \ldots, m$ に対し，$K_{ij} = [a_{i-1}, a_i] \times [c_{j-1}, c_j]$ を Δ に属する閉区間とする．A と交わる（定義 4.1.1.1）K_{ij} すべての合併を A^Δ で表わし，A に含まれる K_{ij} すべての合併を A_Δ で表わす．$A_\Delta \subset A \subset A^\Delta$ であり $m(A_\Delta) \leqq m(A^\Delta)$ である．

命題 6.1.9 A を平面の有界集合とする．次の条件 (1)–(3) はすべてたがいに同値である．

(1) A は面積確定である．

(2) 任意の実数 $q > 0$ に対し，面積確定な有界集合 B と C で $B \subset A \subset C$ と $m(C) - m(B) \leqq q$ をみたすものが存在する．

(3) K を A を含む閉区間とする．自然数 $n \geqq 1$ に対し K を n^2 等分して得られる分割を Δ_n とすると，$\displaystyle\lim_{n \to \infty}(m(A^{\Delta_n}) - m(A_{\Delta_n})) = 0$ である． ■

証明 (2)⇒(1)：$q > 0$ を実数とする．面積確定な有界集合 B, C で $B \subset A \subset C$ と $m(C) - m(B) \leqq q$ をみたすものがある．この B, C に対し命題 6.1.5 より，有

限個の閉区間の合併 D, E で $D \subset B \subset A \subset C \subset E$ であり，$m(B)-m(D) \leqq q$, $m(E) - m(C) \leqq q$ をみたすものがある．$m(E) - m(D) \leqq 3q$ だから，命題 6.1.5(2)⇒(1) より A は面積確定である．

(1)⇒(3)：A が閉区間なら，$n \geqq 2$ に対し $m(A) - \dfrac{4}{n} \cdot m(K) \leqq m(A_{\Delta_n}) \leqq m(A) \leqq m(A^{\Delta_n}) \leqq m(A) + \dfrac{4}{n} \cdot m(K)$ である．よって $\lim\limits_{n \to \infty} m(A_{\Delta_n}) = \lim\limits_{n \to \infty} m(A^{\Delta_n}) = m(A)$ である．

同様に，A が閉区間 m 個の合併のときも包除公式 (6.1) より，$m(A) - 2^{m-1} \cdot \dfrac{4}{n} \cdot m(K) \leqq m(A_{\Delta_n}) \leqq m(A) \leqq m(A^{\Delta_n}) \leqq m(A) + 2^{m-1} \cdot \dfrac{4}{n} \cdot m(K)$ である．よってこのときも $\lim\limits_{n \to \infty} m(A_{\Delta_n}) = \lim\limits_{n \to \infty} m(A^{\Delta_n}) = m(A)$ である．

A が面積確定とし，$q > 0$ を実数とする．命題 6.1.5 の (1)⇒(2) より，有限個の閉区間の合併 $D \subset A \subset E$ で $m(E) - m(D) \leqq q$ をみたすものがある．E を $E \cap K$ でおきかえて $E \subset K$ としてよい．

$m(E) - m(D) = \lim\limits_{n \to \infty}(m(E^{\Delta_n}) - m(D_{\Delta_n})) \leqq q$ だから，自然数 m ですべての自然数 $n \geqq m$ に対し $m(E^{\Delta_n}) - m(D_{\Delta_n}) \leqq q$ となるものがある．$D_{\Delta_n} \subset A_{\Delta_n}, A^{\Delta_n} \subset E^{\Delta_n}$ だから，この自然数 m に対し $n \geqq m$ なら $m(A^{\Delta_n}) - m(A_{\Delta_n}) \leqq m(E^{\Delta_n}) - m(D_{\Delta_n}) \leqq q$ である．よって，$\lim\limits_{n \to \infty}(m(A^{\Delta_n}) - m(A_{\Delta_n})) = 0$ である．

(3)⇒(2)：$q > 0$ を実数とする．自然数 n で $m(A^{\Delta_n}) - m(A_{\Delta_n}) \leqq q$ をみたすものがあり，$A_{\Delta_n} \subset A \subset A^{\Delta_n}$ である． $\square$

A が面積確定な有界集合なら，$m(A_{\Delta_n}) \leqq m(A) \leqq m(A^{\Delta_n})$ だから (1)⇒(3) とはさみうちの原理より $m(A) = \lim\limits_{n \to \infty} m(A_{\Delta_n}) = \lim\limits_{n \to \infty} m(A^{\Delta_n})$ である．

いくつかの連続微分可能な曲線でかこまれた有界閉集合は面積確定であることを示す．閉区間 $[a, b]$ で定義された曲線 $\boldsymbol{p}(t) = (p(t), q(t))$ が連続微分可能とは，$p(t)$ と $q(t)$ が連続微分可能なことである（定義 3.1.9）．

命題 6.1.10 1. D を平面の有界閉集合とする．D が開集合 U と面積 0 の面積確定な有界集合 $C_1, \ldots, C_n$ の合併 $U \cup C_1 \cup \cdots \cup C_n$ ならば，D は面積確定である．

2. $\boldsymbol{p}(t)$ を閉区間 $[a, b]$ で定義された連続微分可能な曲線とすると，$C = \{\boldsymbol{p}(t) \mid a \leqq t \leqq b\}$ は面積確定であり，面積 0 である． ∎

命題 6.1.10.1 よりくわしく, 有界集合 A が面積確定であるための必要十分条件は, $U \subset A \subset D = U \cup C$ をみたす有界閉集合 D と開集合 U と面積 0 の面積確定な有界集合 C が存在することであることが示せるが, 省略する.

証明　1. 合併 $C = C_1 \cup \cdots \cup C_n$ は, 面積の加法性（命題 6.1.8.1）より面積確定で $m(C) = 0$ である. K を D を含む 2 次元閉区間とし, Δ を K の分割とする.

$$m(D^\Delta) - m(D_\Delta) \leqq m(C^\Delta) \tag{6.6}$$

を示す. 分割 Δ に属する閉区間 L_{ij} が D と交わるが D に含まれなければ, C と交わることを示せばよい. 対偶をとり, L_{ij} が D に含まれず C と交わらなければ, D とも交わらないことを示せばよい.

V を D の補集合とする. U は D の部分集合だから, V と交わらない. 合併 $U \cup V$ で定義された関数 $f(x,y)$ を, (s,t) が U の点なら $f(s,t) = 1$ とおき V の点なら $f(s,t) = 0$ とおくことで定義する. $f(x,y)$ は $U \cup V$ で微分可能であり, $f'(x,y) = 0$ である.

L_{ij} を Δ に属する閉区間で C と交わらないものとする. $U \cup V$ は補集合 $\mathbf{R}^2 - C$ を含むから, L_{ij} は $U \cup V$ に含まれ関数 $f(x,y)$ が L_{ij} で定義される. $f'(x,y) = 0$ だから, 系 3.2.14 と同様に $f(x,y)$ は L_{ij} に含まれるすべての線分上で定数関数であり, L_{ij} で定数関数である. L_{ij} が D に含まれなければ, $f(x,y)$ は L_{ij} で 0 であり L_{ij} は D と交わらない. よって (6.6) が示された.

D が面積確定であることを示す. $q > 0$ を実数とする. $m(C) = 0$ だから命題 6.1.9 と (6.6) より, K の分割 Δ で $m(D^\Delta) - m(D_\Delta) \leqq m(C^\Delta) \leqq q$ をみたすものが存在する. よって命題 6.1.5(2)⇒(1) より, D は面積確定である.

2. $|\boldsymbol{p}'(t)|$ は $[a,b]$ で定義された連続関数だから, 最大値の定理（定理 4.1.7）より最大値 $M = \max(|\boldsymbol{p}'(t)| : a \leqq t \leqq b)$ が存在する. $n \geqq 1$ を自然数とする. $i = 0, 1, \ldots, n$ に対し, $a_i = a + \dfrac{b-a}{n}i$ とおく. 基本不等式（命題 3.1.10）より, $[a_{i-1}, a_i]$ で $|\boldsymbol{p}(t) - \boldsymbol{p}(a_{i-1})| \leqq M\dfrac{b-a}{n}$ である. L_i を $\boldsymbol{p}(a_{i-1})$ を中心とし, 一辺の長さが $\dfrac{2M(b-a)}{n}$ の正方形の閉区間とする. $[a_{i-1}, a_i]$ で $\boldsymbol{p}(t)$ は L_i の点である. よって, C は $L_1, \ldots, L_n$ の合併に含まれる. $L_1, \ldots, L_n$ の面積の和は $n \cdot \left(\dfrac{2M(b-a)}{n}\right)^2 = \dfrac{(2M(b-a))^2}{n}$ である. $\displaystyle\lim_{n \to \infty} \dfrac{(2M(b-a))^2}{n} = 0$ だから, C は面積確定であり面積 0 である. □

定義 6.1.4 のように，空間の有界集合についてもその体積を定義する．

実数 $a \leqq b, c \leqq d, e \leqq f$ に対し，$a \leqq x \leqq b, c \leqq y \leqq d, e \leqq z \leqq f$ をみたす点 (x,y,z) 全体を $[a,b] \times [c,d] \times [e,f]$ で表わし，3 次元**閉区間**とよぶ．その体積は $(b-a)(d-c)(f-e)$ である．有限個の 3 次元閉区間の合併 D に対し，体積 $v(D)$ を 2 次元の場合と同様に包除公式 (6.1) で定義する．

定義 6.1.11　A を空間の有界集合とする．次の条件 (v) をみたす実数 v がただ 1 つ存在するとき，A は**体積確定** (measurable) であるといい，その v を A の**体積** (volume) とよび $v(A)$ で表わす．

(v) 有限個の閉区間の合併 D, E で $D \subset A \subset E$ をみたすものすべてに対し $v(D) \leqq v \leqq v(E)$ である． ∎

面積と同様に，体積確定でない集合の体積は定義されないと考える．体積の加法性などの性質も同様になりたつが省略する．面積と同様に体積確定であるための十分条件がある．3 次元空間内の曲面について用語を定める．

定義 6.1.12　U を平面の開集合とする．U で定義された連続関数 $p(s,t)$, $q(s,t)$, $r(s,t)$ の 3 つ組 $\boldsymbol{p}(s,t) = (p(s,t), q(s,t), r(s,t))$ を U で定義された**曲面** (surface) という．$p(s,t), q(s,t), r(s,t)$ が連続微分可能なとき，$\boldsymbol{p}(s,t)$ を**連続微分可能な曲面**という． ∎

$p(s,t) = s, q(s,t) = t$ のときは，曲面 $\boldsymbol{p}(s,t)$ は関数 $z = r(x,y)$ のグラフである．曲線 $\boldsymbol{p}(t)$ を C で表わしたように，曲面 $\boldsymbol{p}(s,t)$ を S で表わすことも多い．曲線の場合と同様に，$\boldsymbol{p}(s,t)$ を曲面 S の**パラメータ表示**ともいう．

命題 6.1.13　1. A を空間の有界閉集合とする．A が開集合 U と体積 0 の体積確定な有界集合 $S_1, \ldots, S_n$ の合併 $U \cup S_1 \cup \cdots \cup S_n$ ならば，A は体積確定である．

2. $\boldsymbol{p}(s,t)$ を平面の開集合 U で定義された連続微分可能な曲面とする．有界閉集合 D が U の部分集合であるとすると，$S = \{\boldsymbol{p}(s,t) \mid (s,t) \in D\}$ は体積確定であり，体積 0 である． ∎

証明は命題 6.1.10 と同様なので省略する．体積を面積の積分として表わせる．

命題 6.1.14 A を 3 次元空間の体積確定な有界集合とする．$a \leqq b$ を A のすべての点 (x,y,z) に対し $a \leqq z \leqq b$ をみたす実数とし，すべての実数 $a \leqq t \leqq b$ に対し，平面 $z = t$ での切り口 $A_t = \{(x,y) \in \mathbf{R}^2 \mid (x,y,t) \in A\}$ は面積確定であるとする．$[a,b]$ で定義された関数 $m(A_z)$ が連続ならば，

$$v(A) = \int_a^b m(A_z)dz$$

である． ■

証明 $q > 0$ を実数とする．有限個の 3 次元閉区間の合併 D, E で $D \subset A \subset E$ をみたし $v(E) - v(D) < q$ をみたすものがある．E_t, D_t を A_t と同様に定めると，$[a,b]$ で $m(D_t) \leqq m(A_t) \leqq m(E_t)$ である．$[a,b]$ の分割 $a = a_0 \leqq \cdots \leqq a_n = b$ を関数 $m(D_z), m(E_z)$ が各開区間 (a_{i-1}, a_i) で定数関数 m_i, M_i となるものとする．閉区間 $[a_{i-1}, a_i]$ で $m_i \leqq m(A_z) \leqq M_i$ だから

$$v(D) = \sum_{i=1}^n m_i(a_i - a_{i-1}) \leqq \int_a^b m(A_z)dz \leqq \sum_{i=1}^n M_i(a_i - a_{i-1}) = v(E) \leqq v(D) + q$$

である．よって，$\int_a^b m(A_z)dz = v(A)$ である． □

3 次元空間の部分集合 B も命題 6.1.14 の A と同じ仮定をみたし $[a,b]$ で $m(A_z) = m(B_z)$ ならば，命題 6.1.14 より $v(A) = v(B)$ である．これを**カヴァリエリの原理** (Cavalieri's principle) という．

例 6.1.15 1. D を xy 平面の面積確定な有界閉集合とする．$C = \{((1-t)x, (1-t)y, t) \in \mathbf{R}^3 \mid (x,y) \in D, \ 0 \leqq t \leqq 1\}$ を，**底面** (base) が D で**頂点** (vertex) が $(0,0,1)$ の**錘**(cone) という．D が平面の開集合と有限個の連続微分可能な曲線の合併なら，C も空間の開集合と有限個の連続微分可能な曲面の合併であり，体積確定である．$0 \leqq t \leqq 1$ に対し C_t の面積は $m(D)(1-t)^2$ だから，命題 6.1.14 より C の体積は

$$v(C) = \int_0^1 m(D)(1-z)^2 dz = \frac{m(D)}{3} \tag{6.7}$$

である．

2. $f(z) \geqq 0$ を閉区間 $[a,b]$ で定義された連続微分可能な関数とする．空間の有界閉集合 $A = \{(x,y,z) \in \mathbf{R}^3 \mid a \leqq z \leqq b, \ x^2 + y^2 \leqq f(z)^2\}$ も，空間の開集合と有限個の連続微分可能な曲面の合併であり，体積確定である．

$a \leqq t \leqq b$ に対し A_t の面積は $\pi f(t)^2$ だから，命題 6.1.14 より A の体積は

$$v(A) = \int_a^b \pi f(z)^2 dz \qquad (6.8)$$

である．これは高校で学んだ**回転体** (solid of revolution) の体積の公式である． ∎

> **まとめ**
> - 平面の有界集合の面積は，閉区間の合併で内側と外側からはさんで定義する．面積を定義できない集合もある．縦線集合の面積は積分で表わせる．
> - 空間の有界集合の体積も，閉区間の合併で内側と外側からはさんで定義する．体積を切り口の面積の積分として計算できる．
> - 面積と体積に関して，加法性，正値性などの基本的な性質がなりたつ．

問題

A 6.1.1 $0 \leqq a \leqq 1$ とする．
1. 縦線集合 $D: 0 \leqq x \leqq a$, $0 \leqq y \leqq \sqrt{1-x^2}$ の面積を求めよ．
2. 縦線集合 $D: 0 \leqq x \leqq a$, $0 \leqq y \leqq \sqrt{x^2+1}$ の面積を求めよ．

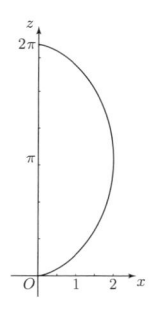

A 6.1.2
1. **単位球** (unit ball) $x^2 + y^2 + z^2 \leqq 1$ の体積を求めよ．
2. **サイクロイド** (cycloid) $(1-\cos t, 0, t-\sin t)$ $(0 \leqq t \leqq 2\pi)$ を z 軸のまわりに回転して得られる曲面でかこまれる立体 D の体積を求めよ．

B 6.1.3 $f(x) \geqq 0$ を閉区間 $[a,b]$ で定義された連続関数とする．$a \leqq s \leqq b$ に対し縦線集合 $\{(x,y) \mid a \leqq x \leqq s, 0 \leqq y \leqq f(x)\}$ の面積を $F(s)$ とおくことで $[a,b]$ で定義された関数 $F(x)$ を定める．$[a,b]$ で $F(x)$ は微分可能であり $F'(x) = f(x)$ であることを，命題 6.1.6.2 を使わずに示せ．

6.2　リーマン和と積分

第 4 章では，1 変数の連続関数 $f(x)$ の不定積分を微分すると $f(x)$ になる関数として定義した．6.1 節では，定積分を面積とも考えられることを示し

た．面積と考えると x 軸と y 軸の役割は対称的だが，積分とは定義域を細かく分割したときのその大きさと関数の値の積の和の極限であり，そこでは x 軸と y 軸の役割は非対称である．この考えにもとづいて積分を定義する．

まず 1 変数関数の積分を，関数の値と区間の幅の積の和の，分割を細かくしたときの極限としてとらえる．その次に積分の定義を多変数に拡張する．そのための用語を定義する．

定義 6.2.1 $a \leqq b$ を実数とする．

1. $a = a_0 \leqq a_1 \leqq \cdots \leqq a_n = b$ をみたす実数の組 $(a_0, a_1, \ldots, a_{n-1}, a_n)$ を閉区間 $[a, b]$ の**分割**という．

$(a_0, a_1, \ldots, a_{n-1}, a_n)$ を閉区間 $[a, b]$ の分割とし，これを記号 Δ で表わす．差 $a_i - a_{i-1}$ の最大値 $\max_{i=1,\ldots,n}(a_i - a_{i-1})$ を分割 Δ の**直径**といい，$d(\Delta)$ で表わす．

2. $f(x)$ を閉区間 $[a, b]$ で定義された関数とする．$\Delta = (a_0, a_1, \ldots, a_{n-1}, a_n)$ が閉区間 $[a, b]$ の分割であり，$t_1, \ldots, t_n$ が $a_{i-1} \leqq t_i \leqq a_i$ をみたす実数であるとき，$\sum_{i=1}^{n} f(t_i)(a_i - a_{i-1})$ を分割 Δ に属する**リーマン和** (Riemann sum) とよび，$S(f, \Delta, (t_i))$ で表わす． ∎

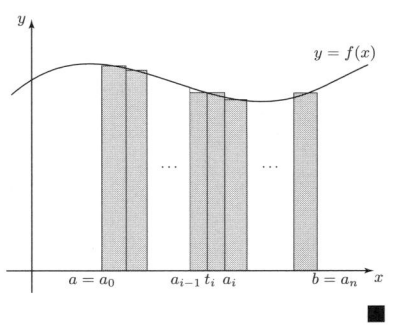

命題 6.2.2 $f(x)$ を閉区間 $[a, b]$ で定義された連続関数とする．

1. 任意の実数 $q > 0$ に対し，実数 $r > 0$ で閉区間 $[a, b]$ の直径が $d(\Delta) < r$ をみたす任意の分割 Δ と分割 Δ に属する任意のリーマン和に対し

$$\left| \int_a^b f(x) dx - S(f, \Delta, (t_i)) \right| \leqq q \tag{6.9}$$

となるものが存在する．

2. Δ を閉区間 $[a, b]$ の分割とすると，Δ に属するリーマン和で $\int_a^b f(x) dx = S(f, \Delta, (t_i))$ をみたすものが存在する． ∎

証明 1. 自然数 $m \geqq 1$ と $j = 0, 1, \ldots, m$ に対し $s_j = a + \dfrac{j}{m}(b - a)$ とおき，

$[a,b]$ の分割 $(s_0, s_1, \ldots, s_m)$ を Δ_m で表わす．リーマン和 $S(f, \Delta_m, (s_{j-1})) = \sum_{j=1}^{m} f(s_{j-1}) \frac{b-a}{m}$ を S_m とおく．定理 4.3.1 の証明での不定積分の構成より $\int_a^b f(x)dx = \lim_{m \to \infty} S_m$ である．

$q > 0$ を実数とする．命題 4.1.10 より $f(x)$ は一様連続だから，実数 $r > 0$ で閉区間 $[a,b]$ の $|x-y| < r$ をみたす任意の実数 x, y に対し $|f(x) - f(y)| < q$ となるものが存在する．$\Delta = (a_0, a_1, \ldots, a_n)$ を，この r に対し $d(\Delta) < r$ をみたす $[a,b]$ の分割とする．

定理 4.3.1 の証明のように，$a_0, \ldots, a_n$ と $s_0, \ldots, s_m$ をあわせて，小さい順にならべ直し $a = c_0 < \cdots < c_p = b$ とする．$k = 1, \ldots, p$ に対し，$a_{i-1} \leqq c_{k-1} < c_k \leqq a_i$ となる i を i_k とおき，同様に j_k を定める．

分割 Δ に属するリーマン和 $S(f, \Delta, (t_i))$ と自然数 $m > \dfrac{b-a}{r - d(\Delta)}$ に対し，$|s_{j_k - 1} - t_{i_k}| \leqq |s_{j_k - 1} - c_k| + |c_k - t_{i_k}| \leqq \dfrac{b-a}{m} + d(\Delta) < r$ だから

$$|S_m - S(f, \Delta, (t_i))| = \left| \sum_{k=1}^{p} (f(s_{j_k - 1}) - f(t_{i_k})) \cdot (c_k - c_{k-1}) \right| \leqq q \cdot (b-a)$$

である．極限 $m \to \infty$ をとれば $\left| \int_a^b f(x)dx - S(f, \Delta, (t_i)) \right| \leqq q \cdot (b-a)$ である．$\lim_{t \to +0}(b-a)t = 0$ だから，補題 1.2.8 と同様に命題がしたがう．

2. $\Delta = (a_0, a_1, \ldots, a_n)$ を $[a,b]$ の分割とする．平均値の定理（系 4.3.5）より $\int_{a_{i-1}}^{a_i} f(x)dx = f(t_i) \cdot (a_i - a_{i-1})$ をみたす $[a_{i-1}, a_i]$ の点 t_i が存在する．この (t_i) に対し，$\int_a^b f(x)dx = S(f, \Delta, (t_i))$ である． □

命題 6.2.2 の結論 1. は，直径 $d(\Delta)$ を 0 に近づければリーマン和 $S(f, \Delta, (t_i))$ が定積分 $\int_a^b f(x)dx$ に近づくことを表わしている．このことを式

$$\int_a^b f(x)dx = \lim_{d(\Delta) \to 0} S(f, \Delta, (t_i)) \tag{6.10}$$

で表わす．$f(x) \geqq 0$ のときは，これはグラフの下の部分の面積を近似する 2 次元閉区間の合併の面積の極限として表わすもので，**区分求積法** (sectional mensuration) とよばれる．(6.4) と同じく (6.10) を左辺の**定積分**を定義する式と考えることができる．この場合には，条件 $f(x) \geqq 0$ は不要である．

(6.10) を定積分のリーマン和の極限による定義と考えると，次の 2 つの式はそのように定義された積分が微分の逆の操作を定めるという，積分の二面性を表わす重要な意味をもつものになる．1 つは，連続関数 $f(x)$ の不定積分の導関数はもとの関数であるという第 4 章での定義（定義 4.3.2）を表わす式

$$\frac{d}{dx}\int_c^x f(t)dt = f(x) \tag{4.4}$$

である．もう 1 つはそのいいかえで，連続微分可能な関数 $f(x)$ の値の差は導関数の定積分であるという，テイラーの定理（命題 5.1.2.2）の $n=1$ の場合

$$f(x) - f(a) = \int_a^x f'(t)dt \tag{5.4}$$

である．そこでこの 2 つの式を**微積分の基本定理** (fundamental theorem of calculus) という．

平面の面積確定な有界閉集合上定義された 2 変数の連続関数に対し，(6.10) の方法で積分を定義する．1 変数の場合と同様にリーマン和を定義する．空でない有界閉集合 A に対し，A の 2 点の距離の最大値 $\max(d(P,Q):P,Q は A の点)$ を A の**直径**とよび $d(A)$ で表わす（定義 4.1.6 の前）．A が空集合なら $d(A)=0$ とおく．

定義 6.2.3 D を平面の面積確定な有界閉集合とする．

1. D が平面の面積確定な有界閉集合 $D_1,\ldots,D_n$ の合併であり，$1 \leqq i < j \leqq n$ なら $m(D_i \cap D_j) = 0$ であるとき，$(D_1,\ldots,D_n)$ を D の**分割**とよび Δ で表わす．$\Delta = (D_1,\ldots,D_n)$ が D の分割であるとき，D_i の直径の最大値 $\max(d(D_i):i=1,\ldots,n)$ を分割 Δ の**直径**といい，$d(\Delta)$ で表わす．

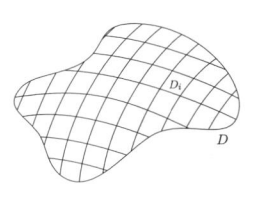

2. $f(x,y)$ を D で定義された関数とし，$\Delta=(D_1,\ldots,D_n)$ を D の分割とする．空でない D_i に対しその点 (s_i,t_i) をとって定めた和

$$\sum_{i=1,\ldots,n,\ D_i \neq \varnothing} f(s_i,t_i) \cdot m(D_i)$$

を，分割 Δ に属する**リーマン和**とよび，$S_D(f,\Delta,(s_i,t_i))$ で表わす． ∎

$\Delta = (D_1,\ldots,D_n)$ が面積確定な有界閉集合 D の分割ならば，n に関する

帰納法と面積の加法性（命題 6.1.8.1）より，$m(D) = \sum_{i=1}^{n} m(D_i)$ である．

$K = [a,b] \times [c,d]$ を D を含む閉区間とし，$a = a_0 \leqq a_1 \leqq \cdots \leqq a_n = b$, $c = c_0 \leqq c_1 \leqq \cdots \leqq c_m = d$ を K の分割とする．$i = 1, \ldots, n$, $j = 1, \ldots, m$ に対し，$K_{ij} = [a_{i-1}, a_i] \times [c_{j-1}, c_j]$ とおくと，$\Delta_K = (K_{ij})_{i=1,\ldots,n, j=1,\ldots,m}$ は K の分割を定める．面積確定な有界集合の共通部分 $D_{ij} = D \cap K_{ij}$ は命題 6.1.8.1 より面積確定だから，$\Delta = (D_{ij})_{i=1,\ldots,n, j=1,\ldots,m}$ は D の分割を定める．$d(\Delta) \leqq d(\Delta_K)$ である．

2 変数関数の積分を，命題 6.2.2.1 と同様な条件で定義する．

定理 6.2.4　D を平面の面積確定な有界閉集合とし，$f(x,y)$ を D で定義された連続関数とする．このとき，次の条件 (S) をみたす実数 S がただ 1 つ存在する．

　　(S)　任意の実数 $q > 0$ に対し，実数 $r > 0$ で，D の $d(\Delta) < r$ をみたす任意の分割 $\Delta = (D_1, \ldots, D_n)$ と Δ に属する任意のリーマン和に対し，
$$|S - S_D(f, \Delta, (s_i, t_i))| \leqq q \tag{6.11}$$
となるものが存在する．　∎

定理は，分割を限りなく細かくしたときのリーマン和 $S_D(f, \Delta, (s_i, t_i))$ の極限が存在するということを表わしている．定理 4.3.1 の証明の 1. 部分と命題 6.2.2.1 の証明をあわせて 2 変数関数に修正することで定理を証明する．まず，リーマン和の差を評価する．

補題 6.2.5　$q > 0$, $r > 0$ を実数とする．D の任意の点 $\boldsymbol{t}, \boldsymbol{s}$ に対し，$d(\boldsymbol{t}, \boldsymbol{s}) < r$ ならば $|f(\boldsymbol{t}) - f(\boldsymbol{s})| < q$ であるとする．このとき，$d(\Delta) + d(\Delta') < r$ をみたす D の任意の分割 Δ, Δ' と Δ, Δ' に属する任意のリーマン和に対し，
$$|S_D(f, \Delta, (\boldsymbol{t}_i)) - S_D(f, \Delta', (\boldsymbol{s}_j))| \leqq q \cdot m(D) \tag{6.12}$$
である．　∎

証明　$\Delta = (D_1, \ldots, D_n)$, $\Delta' = (E_1, \ldots, E_m)$ とする．面積の加法性（命題 6.1.8.1）より $m(D_i) = \sum_{j=1}^{n} m(D_i \cap E_j)$, $m(E_j) = \sum_{i=1}^{m} m(D_i \cap E_j)$ だから，

$$S_D(f, \Delta, (\boldsymbol{t}_i)) - S_D(f, \Delta', (\boldsymbol{s}_j)) = \sum_{i=1}^{n}\sum_{j=1}^{m}(f(\boldsymbol{t}_i) - f(\boldsymbol{s}_j))m(D_i \cap E_j) \quad (6.13)$$

である．$d(\Delta) + d(\Delta') < r$ だから，$m(D_i \cap E_j) \neq 0$ なら，$d(\boldsymbol{t}_i, \boldsymbol{s}_j) < r$ であり $|f(\boldsymbol{t}_i) - f(\boldsymbol{s}_j)| < q$ である．$\sum_{i=1}^{n}\sum_{j=1}^{m}m(D_i \cap E_j) = m(D)$ だから，(6.13) の右辺の絶対値は $q \cdot m(D)$ 以下であり，(6.12) がなりたつ． □

定理 6.2.4 の証明 K を D を含む閉区間とし，自然数 $n \geq 1$ に対し K の n^2 等分が定める D の分割を Δ_n とする．$d(\Delta_n) \to 0$ である．各分割 Δ_n に属するリーマン和 $S_D(f, \Delta_n, (\boldsymbol{t}_j^{(n)}))$ をとり，それを S_n とおいて数列 (S_n) を定める．(S_n) がコーシー列であることを示す．

$q > 0$ を実数とする．D は有界閉集合だから，命題 4.1.13 より $f(x, y)$ は一様連続である．よって，実数 $r > 0$ で $d(\boldsymbol{t}, \boldsymbol{s}) < r$ をみたす D の任意の点 $\boldsymbol{t}, \boldsymbol{s}$ に対し $|f(\boldsymbol{t}) - f(\boldsymbol{s})| < q$ となるものがある．この r に対し $m = \left[\dfrac{2d(K)}{r}\right] + 1$ とおく．任意の自然数 $n \geq m$ に対し，$d(\Delta_n) \leq \dfrac{1}{n}d(K) \leq \dfrac{1}{m}d(K) < \dfrac{r}{2}$ だから補題 6.2.5 より $|S_n - S_m| \leq q \cdot m(D)$ である．よって (S_n) はコーシー列である．したがって実数の完備性（定理 4.2.2）より $\lim_{n \to \infty} S_n$ は収束する．

$S = \lim_{n \to \infty} S_n$ が定理 6.2.4 の条件 (S) をみたすことを示す．$q > 0$ を実数とし，実数 $r > 0$ を上のとおりに定める．Δ を $d(\Delta) < r$ をみたす D の分割とする．自然数 $n > \dfrac{d(K)}{r - d(\Delta)}$ に対し，$d(\Delta_n) \leq \dfrac{1}{n}d(K) < r - d(\Delta)$ だから補題 6.2.5 より $|S_n - S_D(\Delta, f, (s_i, t_i))| \leq q \cdot m(D)$ である．$n \to \infty$ とすれば，(6.11) の右辺を $q \cdot m(D)$ でおきかえたものが得られる．よって補題 1.2.8 と同様に S は定理 6.2.4 の条件 (S) をみたす．

S' も定理 6.2.4 の条件 (S) をみたすなら，任意の実数 $q > 0$ に対し $|S' - S| \leq 2q$ だから $S' = S$ である． □

定義 6.2.6 D を平面の有界閉集合とし，$f(x, y)$ を D で定義された連続関数とする．定理 6.2.4 の条件 (S) をみたす実数 S を $f(x, y)$ の D **上の積分**とよび，$\int_D f(x, y)dxdy$ で表わす． ■

$f(x, y) = 1$ とすればリーマン和 $S_D(1, \Delta, (s_i, t_i))$ は面積の加法性より D の面積 $m(D)$ だから，$m(D) = \int_D dxdy$ である．1 変数関数の定積分と同様に，2 変数関数の積分も分割を細かくしたときのリーマン和の極限

$$\int_D f(x,y)dxdy = \lim_{d(\Delta)\to 0} S_D(f, \Delta, (s_i, t_i))$$

である．命題 6.1.5 と同様に，関数 $k(t) \geqq 0$ が $\lim_{t\to +0} k(t) = 0$ をみたすなら，定理 6.2.4 の条件 (S) の中の不等式 (6.11) の右辺の q を $k(q)$ でおきかえたものがなりたてば $S = \int_D f(x,y)dxdy$ である．

積分の記号 $\int_D f(x,y)dxdy$ で D のかわりに D を定義する条件を書くことも多い．たとえば D が単位円板 (例 6.1.7) なら，$\int_{x^2+y^2\leqq 1} f(x,y)dxdy$ のようになる．2 変数関数の積分であることを強調するために，積分 $\int_D f(x,y)dxdy$ を**重積分** (double integral) とよび，$\iint_D f(x,y)dxdy$ のように書くこともある．

重積分もリーマン和の極限として計算することはほとんどなく，逐次積分の公式 (6.14) を使って 1 変数関数の積分の計算に帰着させることが多い．

命題 6.2.7 $k(x), l(x)$ を閉区間 $[a,b]$ で定義された連続関数とし，$[a,b]$ で $k(x) \leqq l(x)$ であるとする．$f(x,y)$ を縦線集合 $D = \{(x,y) \mid a \leqq x \leqq b, k(x) \leqq y \leqq l(x)\}$ で定義された連続関数とする．$[a,b]$ で定義された関数 $F(x)$ を $F(x) = \int_{k(x)}^{l(x)} f(x,y)dy$ で定める．
1. $F(x)$ は $[a,b]$ で連続である．
2. (**逐次積分** (iterated integral) **の公式**)

$$\int_D f(x,y)dxdy = \int_a^b F(x)dx \tag{6.14}$$

である． ∎

証明 1. まず $k(x), l(x)$ が定数関数 $k(x) = 0, l(x) = 1$ の場合に示す．$q > 0$ を実数とする．D は閉区間 $[a,b] \times [0,1]$ であり有界閉集合だから，$f(x,y)$ は命題 4.1.13 より一様連続である．よって実数 $r > 0$ で，$|\boldsymbol{x} - \boldsymbol{y}| < r$ をみたす D の任意の点 $\boldsymbol{x}, \boldsymbol{y}$ に対し $|f(\boldsymbol{x}) - f(\boldsymbol{y})| < q$ となるものがある．この $r > 0$ に対し，u, v を $|u-v| < r$ をみたす $[a,b]$ の実数とする．$F(u) - F(v) = \int_0^1 (f(u,y) - f(v,y))dy$ の右辺の被積分関数の絶対値は q 以下だから，積分の正値性（命題 4.3.4.1）より $|F(u) - F(v)| \leqq q$ である．よって $k(x) = 0, l(x) = 1$ のときは $F(x)$ は連続である．

一般の場合を示す．$[a,b] \times [0,1]$ で定義された関数 $g(x,t)$ を $g(x,t) =$

$f(x, k(x) + t(l(x) - k(x))) \cdot (l(x) - k(x))$ で定義する．$f(x,y), k(x), l(x)$ は連続だから，$g(x,t)$ も連続である．置換積分の公式より，$F(x) = \int_0^1 g(x,t)dt$ である．よってすでに示された $k(x) = 0, l(x) = 1$ の場合に帰着されたので，一般の場合が示された．

2. 自然数 $n \geq 1$ と $i, j = 0, \ldots, n$ に対し，$a_i = a + \dfrac{i}{n}(b-a)$，$k_j(x) = k(x) + \dfrac{j}{n}(l(x) - k(x))$ とおく．$a_{i-1} \leqq x \leqq a_i, k_{j-1}(x) \leqq y \leqq k_j(x)$ で定まる縦線集合 D_{ij} からなる D の分割 $(D_{ij})_{i,j=1,\ldots,n}$ を Δ_n で表わす．

$\lim_{n \to \infty} d(\Delta_n) = 0$ を示す．最大値の定理（定理 4.1.7）より，閉区間 $[a,b]$ で定義された連続関数 $k(x)$ の最小値 L と $l(x)$ の最大値 M が存在する．$q > 0$ を実数とする．$[a,b]$ で定義された連続関数 $k(x), l(x)$ は命題 4.1.10 より一様連続だから，自然数 $m \geq 1$ で，$|x-s| \leqq \dfrac{b-a}{m}$ なら $|k(x) - k(s)| < q, |l(x) - l(s)| < q$ となるものがある．

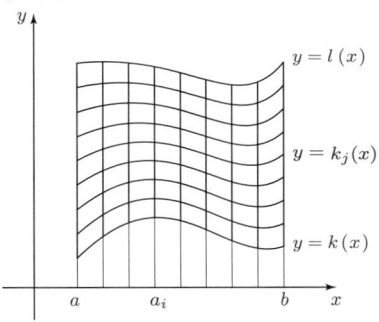

この m 以上の自然数 n と $i, j = 1, \ldots, n$ に対し，x, s が $[a_{i-1}, a_i]$ の点なら

$|k_j(x) - k_{j-1}(s)| \leqq |k_j(x) - k_j(s)| + |k_j(s) - k_{j-1}(s)|$

$\leqq \left(1 - \dfrac{j}{n}\right)|k(x) - k(s)| + \dfrac{j}{n}|l(x) - l(s)| + \dfrac{1}{n}|l(s) - k(s)| < q + \dfrac{1}{n}(M - L)$

である．よって $\max_{a_{i-1} \leqq x \leqq a_i} k_j(x) - \min_{a_{i-1} \leqq x \leqq a_i} k_{j-1}(x) \leqq q + \dfrac{1}{n}(M - L)$ であり，$\boldsymbol{x}, \boldsymbol{s}$ が D_{ij} の点なら $d(\boldsymbol{x}, \boldsymbol{s}) \leqq \dfrac{1}{n}(b-a) + q + \dfrac{1}{n}(M - L)$ である．したがって $d(\Delta_n) \leqq q + \dfrac{1}{n}(b - a + M - L)$ であり，$\lim_{n \to \infty} \dfrac{1}{n}(b - a + M - L) = 0$ だから，命題 1.5.8.3 より $\lim_{n \to \infty} d(\Delta_n) = 0$ である．

自然数 $n \geq 1$ と $i, j = 1, \ldots, n$ に対し $\boldsymbol{s}_{ij} = (a_{i-1}, k_{j-1}(a_{i-1}))$ とおき，分割 Δ_n に属するリーマン和 $S_n = S_D(f, \Delta_n, (\boldsymbol{s}_{ij})) = \sum_{i=1}^n \sum_{j=1}^n f(\boldsymbol{s}_{ij}) m(D_{ij})$ のなす数列 (S_n) を定める．$\lim_{n \to \infty} d(\Delta_n) = 0$ だから $\int_D f(x,y) dxdy = \lim_{n \to \infty} S_n$ である．

$\int_a^b F(x) dx = \lim_{n \to \infty} S_n$ を示す．$q > 0$ を実数とする．有界閉集合 D で定義さ

れた連続関数 $f(x,y)$ は命題 4.1.13 より一様連続であり $\lim_{n\to\infty} d(\Delta_n) = 0$ だから，自然数 m で，$n \geqq m$ なら $i,j = 1,\ldots,n$ に対し D_{ij} で $|f(x,y) - f(\boldsymbol{s}_{ij})| < q$ となるものがある．n をこの m に対し $n \geqq m$ をみたす自然数とする．

$j = 1,\ldots,n$ に対し $F_j(x) = \int_{k_{j-1}(x)}^{k_j(x)} f(x,y)dy$ とおく．積分の正値性（命題 4.3.4.1）より，$[a_{i-1}, a_i]$ で $|F_j(x) - f(\boldsymbol{s}_{ij})(k_j(x) - k_{j-1}(x))| \leqq q \cdot (k_j(x) - k_{j-1}(x))$ である．積分の加法性（命題 4.3.4.2）より $F(x) = \sum_{j=1}^{n} F_j(x)$ だから，

$$\int_a^b F(x)dx - S_n = \sum_{i=1}^n \sum_{j=1}^n \left(\int_{a_{i-1}}^{a_i} F_j(x)dx - f(\boldsymbol{s}_{ij})m(D_{ij}) \right)$$

である．命題 6.1.6 より $m(D_{ij}) = \int_{a_{i-1}}^{a_i} (k_j(x) - k_{j-1}(x))dx$ だから，右辺の和の絶対値は積分の正値性より

$$\sum_{i=1}^n \sum_{j=1}^n q \int_{a_{i-1}}^{a_i} (k_j(x) - k_{j-1}(x))dx = q \cdot \sum_{i=1}^n \sum_{j=1}^n m(D_{ij}) = q \cdot m(D)$$

以下である．よって $\int_a^b F(x)dx = \lim_{n\to\infty} S_n = \int_D f(x,y)dxdy$ である． □

$\int_a^b F(x)dx$ を $\int_a^b dx \int_{k(x)}^{l(x)} f(x,y)dy$ のように表わすことも多い．これを**逐次積分**とよぶ．**累次積分**とよぶことも多い．この記号を使えば，式 (6.14) は

$$\int_D f(x,y)dxdy = \int_a^b dx \int_{k(x)}^{l(x)} f(x,y)dy \tag{6.15}$$

となる．右辺は $\int_a^b dx \times \int_{k(x)}^{l(x)} f(x,y)dy$ ではなく，$\int_a^b \left(\int_{k(x)}^{l(x)} f(x,y)dy \right) dx$ であることに気をつけないといけない．$f(x)$ が $[a,b]$ で定義された連続関数で $g(y)$ が $[c,d]$ で定義された連続関数のときには，$\int_{[a,b]\times[c,d]} f(x)g(y)dxdy = \int_a^b f(x)dx \cdot \int_c^d g(y)dy$ である．

命題 6.2.7 で x と y の役割をいれかえたものについても同様なことがなりたつ．定式化は省略するが，この場合には (6.15) の右辺の積分にあたるものは $\int_c^d dy \int_{p(y)}^{q(y)} f(x,y)dx$ のように表わすことになる．実際の計算では，どちらか一方しかうまくいかないことも多い．また，逐次積分を 2 とおりに計算することで等式を証明するという使い方をすることもある．

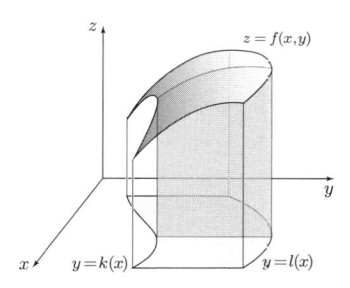

3次元の縦線集合の体積は次の命題 6.2.8 のように重積分で表わせるので, $f(x,y) \geqq 0$ なら (6.15) の左辺は $(x,y) \in D, 0 \leqq z \leqq f(x,y)$ で定まる立体の体積である. (6.15) はそれが x 軸に垂直な平面で切った切り口の面積 $\int_{k(x)}^{l(x)} f(x,y)dy$ の積分と等しいことを表わしている.

命題 6.2.8 $p(x,y)$ と $q(x,y)$ を面積確定な有界閉集合 D で定義された連続関数で, D で $p(x,y) \leqq q(x,y)$ をみたすものとする. このとき, 集合 $A = \{(x,y,z) \mid (x,y) \in D, \ p(x,y) \leqq z \leqq q(x,y)\}$ は体積確定であり,

$$v(A) = \int_D (q(x,y) - p(x,y))dxdy \tag{6.16}$$

である. ∎

命題 6.2.8 の証明は命題 6.1.6 と同様なので省略する.

積分の加法性, 線形性, 正値性などの性質が 2 変数関数の積分についてもなりたつ.

命題 6.2.9 (**積分の加法性**) D と E を平面の面積確定な有界閉集合とする. $f(x,y)$ を合併集合 $D \cup E$ で定義された連続関数とすると

$$\int_{D \cup E} f(x,y)dxdy + \int_{D \cap E} f(x,y)dxdy = \int_D f(x,y)dxdy + \int_E f(x,y)dxdy \tag{6.17}$$

である. ∎

証明 面積の加法性 (命題 6.1.8.1) より $D \cup E$ と $D \cap E$ は面積確定である. $q > 0$ を実数とする. 実数 $r > 0$ で, 直径が r より小さい $D, E, D \cup E, D \cap E$ の任意の分割とこれらに属する任意のリーマン和に対し, それぞれの $f(x,y)$ の積分との差が q 以下となるものがある.

$\Delta = (D_1, \ldots, D_n)$ を $d(\Delta) < r$ をみたす $D \cup E$ の分割とする. $D_i \cap D \cap E$ が空ならば D_i を $D_i \cap D$ と $D_i \cap E$ でおきかえることにより, $D_i \cap D \cap E$ が空ならば D_i が D か E のどちらか一方に含まれるようにしておく. $D, E, D \cap E$ の分割 $\Delta_D, \Delta_E, \Delta_{D \cap E}$ をそれぞれ $D_1, \ldots, D_n$ との共通部分をとることで定める.

$\Delta_D, \Delta_E, \Delta_{D\cap E}$ の直径はどれも r より小さい.さらにリーマン和を,$D_i \cap D \cap E$ が空でなければ t_i として $D_i \cap D \cap E$ の点をとることで定める.

$m(D_i) + m(D_i \cap (D \cap E)) = m(D_i \cap D) + m(D_i \cap E)$ だから,リーマン和の定め方より,$S(f, \Delta, (t_i)) + S(f, \Delta_{D\cap E}, (t_i)) = S(f, \Delta_D, (t_i)) + S(f, \Delta_E, (t_i))$ である.よって,(6.17) の両辺の差の絶対値は $4q$ 以下である.よって (6.17) が示された. □

命題 6.2.10 D を平面の面積確定な有界閉集合とし,$f(x,y)$ と $g(x,y)$ を D で定義された連続関数とする.

1. (**積分の線形性**)

$$\int_D (f(x,y) + g(x,y))dxdy = \int_D f(x,y)dxdy + \int_D g(x,y)dxdy \qquad (6.18)$$

がなりたつ.c を実数とすると,

$$\int_D (c \cdot f(x,y))dxdy = c \cdot \int_D f(x,y)dxdy \qquad (6.19)$$

がなりたつ.

2. (**積分の正値性**) E が D の面積確定な有界閉部分集合で,D で $f(x,y) \geqq 0$ ならば,

$$\int_E f(x,y)dxdy \leqq \int_D f(x,y)dxdy \qquad (6.20)$$

がなりたつ. ■

リーマン和については示したい式に対応する等式や不等式がなりたつから,積分の加法性(命題 6.2.9)と同様に示される.証明は省略する.

系 6.2.11 D を平面の面積確定な有界閉集合とし,$f(x,y)$ を D で定義された連続関数とする.

1. m, M を実数とする.D で $m \leqq f(x,y) \leqq M$ ならば

$$m \cdot m(D) \leqq \int_D f(x,y)dxdy \leqq M \cdot m(D) \qquad (6.21)$$

がなりたつ.

2. $g(x,y)$ も D で定義された連続関数とし,D で $|f(x,y)| \leqq g(x,y)$ とする.面積確定な有界閉集合 E が D の部分集合ならば,

$$\left|\int_D f(x,y)dxdy - \int_E f(x,y)dxdy\right| \leqq \int_D g(x,y)dxdy - \int_E g(x,y)dxdy \quad (6.22)$$

がなりたつ．

3. $D_1,\ldots,D_n$ が D の分割ならば，

$$\int_D f(x,y)dxdy = \sum_{i=1}^n \int_{D_i} f(x,y)dxdy \quad (6.23)$$

である．

4. (D_n) を D の部分集合の列で，すべての n に対し D_n は面積確定な有界閉集合であるものとする．$\lim_{n\to\infty} m(D_n) = m(D)$ なら，

$$\lim_{n\to\infty}\int_{D_n} f(x,y)dxdy = \int_D f(x,y)dxdy \quad (6.24)$$

である． ∎

D がたとえば閉区間なら系 6.2.11.1 を中間値の定理とくみあわせることにより，1 変数の場合（系 4.3.5）と同様に平均値の定理が得られる．その定式化と証明は省略する．

証明 1. $E = \varnothing$ として，関数 $f(x,y) - m \geqq 0$ と $M - f(x,y) \geqq 0$ に積分の正値性（命題 6.2.10.2）を適用すれば，積分の線形性（命題 6.2.10.1）より (6.21) が得られる．

2. 関数 $g(x,y) - f(x,y) \geqq 0$ に積分の正値性（命題 6.2.10.2）を適用すれば

$$\int_E g(x,y)dxdy - \int_E f(x,y)dxdy \leqq \int_D g(x,y)dxdy - \int_D f(x,y)dxdy$$

だから，移項して

$$\int_D f(x,y)dxdy - \int_E f(x,y)dxdy \leqq \int_D g(x,y)dxdy - \int_E g(x,y)dxdy$$

である．同様に関数 $g(x,y) + f(x,y) \geqq 0$ に適用すれば

$$-\int_D f(x,y)dxdy + \int_E f(x,y)dxdy \leqq \int_D g(x,y)dxdy - \int_E g(x,y)dxdy$$

であり，(6.22) が得られる．

3. $i \neq j$ なら，$D_i \cap D_j$ の面積は 0 だから 1. より $\int_{D_i \cap D_j} f(x,y)dxdy = 0$ で

ある．よって積分の加法性（命題 6.2.9）から，帰納法によりしたがう．

4. M を有界閉集合 D で定義された連続関数 $|f(x,y)|$ の最大値とする．2.
より $\left|\int_D f(x,y)dxdy - \int_{D_n} f(x,y)dxdy\right| \leqq M \cdot (m(D) - m(D_n))$ だから，は
さみうちの原理より (6.24) が得られる． □

3次元空間の体積確定な有界閉集合 D で定義された連続関数 $f(x,y,z)$ に
対しても，その積分 $\int_D f(x,y,z)dxdydz$ がリーマン和の分割を細かくしたと
きの極限として定義される．$v(D) = \int_D dxdydz$ である．変数の数が増えるだ
けでとくに目新しいことはなく，逐次積分の公式などの2変数関数と同様の
性質がなりたつ．3変数であることを強調するため，$\int_D f(x,y,z)dxdydz$ を
$\iiint_D f(x,y,z)dxdydz$ のように書くこともある．4変数以上でも同様である．

命題 6.2.7 によれば，逐次積分する変数の順序を交換できる．このことを
使って，偏導関数が連続なら積分と微分の順序を交換できることを示す．

命題 6.2.12 $f(x,t)$ を $[a,b] \times (c,d)$ で定義された連続関数とする．開区間
(c,d) で定義された関数 $F(t)$ を $F(t) = \int_a^b f(x,t)dx$ で定める．$f(x,t)$ は t に
ついて偏微分可能であり，偏導関数 $\dfrac{\partial f}{\partial t}(x,t)$ も $[a,b] \times (c,d)$ で連続であると
する．このとき，$F(t)$ は (c,d) で微分可能であり，

$$\frac{dF(t)}{dt} = \int_a^b \frac{\partial f}{\partial t}(x,t)dx \tag{6.25}$$

がなりたつ． ■

証明 微積分の基本定理 (5.4) より，$c < u < v < d$ ならば $F(v) -$
$F(u) = \int_a^b (f(x,v) - f(x,u))dx = \int_a^b dx \int_u^v \dfrac{\partial f}{\partial t}(x,t)dt$ である．命題 6.2.7
より，$G(t) = \int_a^b \dfrac{\partial f}{\partial t}(x,t)dx$ は連続であり右辺の積分の順序を交換できて
$F(v) - F(u) = \int_u^v G(t)dt$ である．よって $F(t)$ は微分可能であり，$F'(t) =$
$G(t) = \int_a^b \dfrac{\partial f}{\partial t}(x,t)dx$ である． □

曲線を動かしたときに曲線上での積分として定まる関数を調べる，**変分法**
(calculus of variation) とよばれる方法の基本的な例を紹介する．

例 6.2.13 $f(x,y,t)$ を3次元空間の開集合 U で定義された2回連続微分可

能な関数とし，$q(s,t)$ を閉区間 $[0,1] \times [a,b]$ で定義された 2 回連続微分可能な関数とする．$(q(s,t), q_t(s,t), t)$ が U 内の曲面であるとする．

$[0,1]$ で定義された関数 $F(s)$ を，$F(s) = \int_a^b f(q(s,t), q_t(s,t), t) dt$ で定義する．$[0,1] \times [a,b]$ で定義された関数 $f(q(s,t), q_t(s,t), t)$ は連続微分可能だから，命題 6.2.12 より $F(s)$ も微分可能であり，$F'(s) = \int_a^b \frac{\partial}{\partial s} f(q(s,t), q_t(s,t), t) dt = \int_a^b (f_x(q(s,t), q_t(s,t), t) q_s(s,t) + f_y(q(s,t), q_t(s,t), t) q_{st}(s,t)) dt$ である．

$p(t) = q(0,t)$ とおき，$[0,1]$ で $q(s,a) = p(a), q(s,b) = p(b)$ であるとする．$q_s(s,a) = q_s(s,b) = 0$ だから上の式の右辺第 2 項を部分積分すれば $F'(s) = \int_a^b (f_x(q(s,t), q_t(s,t), t) - \frac{d}{dt} f_y(q(s,t), q_t(s,t), t)) q_s(s,t) dt$ である．

さらに $f(p(t), p'(t), t)$ がオイラーの方程式 (4.40) をみたすなら，$s = 0$ とおいて $F'_+(0) = 0$ が得られる．$F'_+(0) = 0$ をハミルトンの**停留作用の原理**という． ∎

> **まとめ**
> ・1 変数関数のリーマン和は，関数の値と区間の幅の積の和である．連続関数の定積分は，リーマン和の分割を細かくしたときの極限である．積分と微分はたがいに逆の操作である．
> ・2 変数関数の積分は，1 変数の場合と同様にリーマン和の極限であり，加法性，線形性，正値性など，1 変数の場合と同様な性質がなりたつ．
> ・縦線集合上の重積分は 1 変数関数の積分のくりかえしと等しい．

問題

A 6.2.1 $f(x) = x^2$ を閉区間 $[0,1]$ で定義された関数と考える．$[0,1]$ の分割 Δ に対し，Δ に属するリーマン和は不等式 $\left| \frac{1}{3} - S(f, \Delta, (t_i)) \right| \leq 2d(\Delta)$ をみたすことを示せ．

A 6.2.2 逐次積分により，次の積分を求めよ．(1) $\int_{[0,1] \times [0,\frac{\pi}{2}]} x \cos xy \, dx dy$.
(2) $\int_{x \geq 0, y \geq 0, x+y \leq 1} 1 - (x+y) dx dy$. (3) $\int_{x^2+y^2 \leq 1, x \geq 0} x \, dx dy$.
(4) $\int_{x^2+y^2 \leq 1} \sqrt{1-y^2} \, dx dy$. (5) $\int_{x \geq 0, y \geq 0, x+y \leq 1} x^{a-1} y^{b-1} dx dy$ ($a \geq 1, b \geq 1$ は定数).

A 6.2.3 $f(x)$ と $g(x)$ を閉区間 $[a,b]$ で定義された連続関数とする．部分積分の公式を，$\int_{a \leq x \leq y \leq b} f(x) g(y) dx dy$ を 2 とおりに逐次積分で計算することで示せ．

A 6.2.4　$f(x,y)$ を D で定義された連続関数とする．D が次の不等式で定義されているとき，$\int_D f(x,y)dxdy$ を 2 とおりに逐次積分で表わせ．(1) $x^2 + y^2 \leqq 1$, $x + y \geqq 1$.
(2) $x^2 \leqq y \leqq x$．(3) $\frac{x}{2} \leqq y \leqq 2x$, $x + y \leqq 3$．(4) $x^2 \leqq y \leqq x + 2$．

A 6.2.5　xyz 空間内の次の立体の体積を求めよ．
(1) z 軸を軸とする半径 1 の円柱の $0 \leqq z \leqq x$ の部分．
(2) z 軸を軸とする半径 1 の円柱と，y 軸を軸とする半径 1 の円柱の共通部分．
(3) x 軸を軸とする半径 1 の円柱の $-2 \leqq x \leqq 2$ の部分と，z 軸を軸とする半径 1 の円柱の $-2 \leqq z \leqq 2$ の部分の合併．

A 6.2.6　次の立体の体積を積分で表わせ．
(1) 点 $(\frac{1}{2}, 0, 0)$ をとおり z 軸と平行な直線を軸とする半径 $\frac{1}{2}$ の円柱の $0 \leqq z \leqq x$ の部分．
(2) (1) と同じ円柱と，単位球の共通部分．

A 6.2.7　$a > 1$ を実数とする．$t > 0$ で定義された関数 $F(t)$ を $F(t) = \int_1^a \frac{1}{x^t}dx$ で定める．$\lim_{t \to 1} F(t)$ を求め，$F(1)$ と等しいことを確かめよ．

B 6.2.8　U を平面の開集合とし，$f(x,y)$ を U で定義された連続関数とする．$[a,b] \times [c,d]$ を U に含まれる閉区間とし，$a < b, c < d$ とする．
1. $[a,b] \times [c,d]$ で定義された関数 $F(s,t)$ を $F(s,t) = \int_{[a,s] \times [c,t]} f(x,y)dxdy$ で定める．$[a,b] \times [c,d]$ で $F(s,t) = 0$ ならば，$[a,b] \times [c,d]$ で $f(x,y) = 0$ であることを示せ．
2. $f(x,y)$ が U で 2 回連続微分可能とする．$[a,b] \times [c,d]$ で $\int_a^s dx \int_c^t f_{xy}(x,y)dy = f(s,t) - f(a,t) - f(s,c) + f(a,c)$ であることを示せ．
3. 逐次積分の公式と 1. と 2. を使って $f_{xy}(x,y) = f_{yx}(x,y)$ を示せ．

6.3　変数変換公式

1 変数関数の積分について，置換積分の公式は理論上も実用上も重要である．2 変数関数の積分についてこれにあたるものが変数変換公式（定理 6.3.3）である．変数変換公式の証明とその準備（補題 6.3.1 と命題 6.3.2）は長いので，節末の例や問題で公式の使い方に慣れてから読むことにしてもよい．

置換積分の公式（命題 4.3.9）

$$\int_{g(c)}^{g(d)} f(x)dx = \int_c^d f(g(t))g'(t)dt \qquad (6.26)$$

は，合成関数の微分の公式 $\frac{d}{dt}f(g(t)) = f'(g(t))g'(t)$ から導かれた．2 変数の

変数変換公式の解説のため，$g(t)$ が $[c,d]$ で単調増加であるときに，リーマン和の極限としての定積分の定義にもとづく方法で (6.26) を証明する．

$g(t)$ が単調増加の場合の (6.26) の証明　$a = g(c), b = g(d)$ とおく．最大値の定理（定理 4.1.7）より連続関数 $g'(t) \geqq 0$ の $[c,d]$ での最大値 M が存在する．$\Delta = (c = c_0 \leqq \cdots \leqq c_n = d)$ を $[c,d]$ の分割とする．$g(t)$ が $[c,d]$ で単調増加という仮定より，$a_i = g(c_i)$ とおくと $[a,b]$ の分割 $\Delta' = (a = a_0 \leqq \cdots \leqq a_n = b)$ が定まる．平均値の定理（系 5.1.4.2）より，$a_i - a_{i-1} = g'(s_i)(c_i - c_{i-1})$ をみたす $c_{i-1} \leqq s_i \leqq c_i$ があり，Δ' の直径は $d(\Delta') \leqq M \cdot d(\Delta)$ をみたす．

$w_i = g(s_i)$ とおくと，リーマン和 $S(f, \Delta', (w_i)) = \sum_{i=1}^n f(w_i)(a_i - a_{i-1})$ は $S(f(g(t))g'(t), \Delta, (s_i)) = \sum_{i=1}^n f(g(s_i))g'(s_i)(c_i - c_{i-1})$ と等しい．$d(\Delta) \to 0$ のとき $d(\Delta') \leqq M \cdot d(\Delta) \to 0$ だから，

$$\int_a^b f(x)dx = \lim_{d(\Delta') \to 0} S(f, \Delta', (w_i))$$
$$= \lim_{d(\Delta) \to 0} S(f(g(t))g'(t), \Delta, (s_i)) = \int_c^d f(g(t))g'(t)dt$$

である．□

この証明によれば，置換積分の公式 (6.26) の右辺に導関数 $g'(t)$ が現れる理由は，分割 Δ に属する閉区間 $[c_{i-1}, c_i]$ に対応する閉区間 $[a_{i-1}, a_i]$ の幅がもとのものの $g'(s_i)$ 倍ということである．重積分の変数変換公式では，幅の拡大率としての $g'(t)$ の役割を，面積の拡大率としてヤコビアンが果たすことになる．その準備として，面積の不等式を証明する．

補題 6.3.1　$A = \begin{pmatrix} a & b \\ c & d \end{pmatrix}$ を行列とする．$|A| = \sqrt{a^2 + b^2 + c^2 + d^2}$ とおく．

1. E を平行 4 辺形とし，$F_A \colon \mathbf{R}^2 \to \mathbf{R}^2$ で A が定める 1 次変換を表わす．このとき，平行 4 辺形 $F_A(E) = \{A\boldsymbol{x} \mid \boldsymbol{x} \in E\}$ の面積はもとの平行 4 辺形の面積の A の行列式の絶対値倍である：

$$m(F_A(E)) = |\det A| \cdot m(E). \tag{6.27}$$

2. E を正方形である閉区間とし，U を E を含む開集合とする．$G(s,t) = (g(s,t), h(s,t))$ を U で定義された連続微分可能な写像とし，$q > 0$ を E で

$|G'(s,t) - A| < q$ をみたす実数とする．このとき，写像 $G(s,t)$ による E の像 $D = \{G(s,t) \mid (s,t)$ は E の点 $\}$ を含む面積確定な有界閉集合 D' で，面積が

$$\left(|\det A| + |A|2\sqrt{2}q + \frac{\pi}{2}q^2\right) \cdot m(E) \tag{6.28}$$

以下のものがある． ∎

証明 1. まず，$a > 0, b = 0, d \geqq 0$ の場合に示す．$\begin{pmatrix} x \\ y \end{pmatrix} = \begin{pmatrix} a & 0 \\ c & d \end{pmatrix} \begin{pmatrix} s \\ t \end{pmatrix}$ とすると $x = as, y = \dfrac{cx}{a} + dt$ だから，平行 4 辺形 E を縦線集合 $p \leqq s \leqq q, k(s) \leqq t \leqq l(s)$ として表わすと，$F_A(E)$ は縦線集合 $ap \leqq x \leqq aq, \dfrac{cx}{a} + dk\left(\dfrac{x}{a}\right) \leqq y \leqq \dfrac{cx}{a} + dl\left(\dfrac{x}{a}\right)$ である．よって命題 6.2.7（逐次積分）と置換積分より，

$$m(F_A(E)) = \int_{ap}^{aq} d\left(l\left(\frac{x}{a}\right) - k\left(\frac{x}{a}\right)\right) dx = ad \int_{p}^{q} (l(s) - k(s)) ds = |\det A| m(E)$$

である．そのほかの場合にも同様に，A の成分の少なくとも 1 つが 0 ならば，逐次積分と置換積分により (6.27) が示される．

$a \neq 0$ なら $B = \dfrac{1}{a}\begin{pmatrix} a & 0 \\ c & ad-bc \end{pmatrix}, C = \begin{pmatrix} a & b \\ 0 & 1 \end{pmatrix}$ とおけば，$A = BC$ である．1 次変換 $F_A: \mathbf{R}^2 \to \mathbf{R}^2$ は $F_B: \mathbf{R}^2 \to \mathbf{R}^2$ と $F_C: \mathbf{R}^2 \to \mathbf{R}^2$ の合成写像であり，$F_A(E) = F_B(F_C(E))$ である．B, C に対しては (6.27) が示されていて，$\det A = \det B \cdot \det C$ だから，$m(F_A(E)) = m(F_B(F_C(E))) = |\det B| \cdot m(F_C(A)) = |\det B| \cdot |\det C| \cdot m(E) = |\det A| \cdot m(E)$ である．

2. U の点 (s,t) を $\boldsymbol{s}$ のように表わし列ベクトルとも考える．$G(s,t) = (g(s,t), h(s,t))$ を $G(\boldsymbol{s})$ で表わす．E の辺の長さを $2l$ とする．$\boldsymbol{a}$ を正方形 E の中心とし，1 次写像 $L(\boldsymbol{s})$ を $L(\boldsymbol{s}) = G(\boldsymbol{a}) + A(\boldsymbol{s} - \boldsymbol{a})$ で定める．仮定 $|G'(x,y) - A| < q$ と基本不等式（命題 3.5.2）より，E の各点 $\boldsymbol{s}$ に対し $\left|G(\boldsymbol{s}) - L(\boldsymbol{s})\right| \leqq q|\boldsymbol{s} - \boldsymbol{a}| \leqq \sqrt{2}ql$ である．よって $L(\boldsymbol{s})$ による E の像の平行 4 辺形を D_0 とすると，D は

$$D' = \{\boldsymbol{x} \mid d(\boldsymbol{x}, \boldsymbol{y}) \leqq \sqrt{2}ql \text{ をみたす } D_0 \text{ の点 } \boldsymbol{y} \text{ がある }\}$$

に含まれる．

D' が面積確定な有界閉集合であることを示す．w を D_0 の外の点とすると，連続関数 $d(x,w)$ の有界閉集合 D_0 での最小値をとる点は D_0 の辺の点である．D_0 の各辺 $C_1,\ldots,C_4$ に対し，C_i を一辺とする長方形で，D_0 と反対側にあり，C_i と直交する辺の長さが $\sqrt{2}ql$ のものを D_i とする．D' は D_0 の各頂点を中心とする半径 $\sqrt{2}ql$ の円と $D_1,\ldots,D_4$ を D_0 にあわせたものであり，面積確定な有界閉集合である．

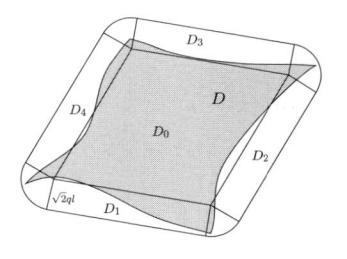

D' の面積は (6.28) 以下であることを示す．補題 2.1.8 より D_0 の各辺の長さは $|A|2l$ 以下だから，$m(D') \leqq m(D_0) + 4\cdot|A|2l\cdot\sqrt{2}ql + \pi\cdot 2q^2l^2$ である．$m(E) = 4l^2$ だから，1. より右辺は (6.28) である． □

補題 6.3.1 から，積分についての不等式を導く．

命題 6.3.2 E を平面の面積確定な有界閉集合とし，U を E を含む開集合とする．$G(s) = (g(s,t), h(s,t))$ を U で定義された 2 変数 $s = (s,t)$ の連続微分可能な写像とし，$G(s)$ による E の像 $\{G(s) \mid s \in E\}$ を D とする．$J(s,t)$ でヤコビアン $\det G'(s) = \det\begin{pmatrix} g_s(s,t) & g_t(s,t) \\ h_s(s,t) & h_t(s,t) \end{pmatrix} = g_s(s,t)h_t(s,t) - g_t(s,t)h_s(s,t)$ を表わす．

1. D は面積確定な有界閉集合である．
2. $f(x,y) \geqq 0$ が D で定義された連続関数ならば，

$$\int_D f(x,y)dxdy \leqq \int_E f(G(s,t))|J(s,t)|dsdt \tag{6.29}$$

である．とくに $f(x,y) = 1$ とすれば，$m(D) \leqq \int_E |J(s,t)|dsdt$ である． ■

証明 1. 命題 4.1.14 より D は有界閉集合である．D が面積確定なことを示す．まず，E が閉区間で E の内部 E° で $J(s,t) \neq 0$ の場合に示す．逆写像定理（命題 3.5.3.1）より E° の像 $V = \{G(s) \mid s \in E^\circ\}$ は開集合である．E の辺 $C_1,\ldots,C_4$ の像 $C'_1,\ldots,C'_4$ は連続微分可能な曲線だから命題 6.1.10.2 より面積 0 である．D は V と $C'_1,\ldots,C'_4$ の合併だから，命題 6.1.10.1 より D は面積確定である．

一般の場合を命題 6.1.9 を適用して示す．E が空集合なら D も空集合だから，E は空でないとする．U の補集合を A とする．$U \neq \mathbf{R}^2$ のときは命題 4.1.5.2(1)⇒(4) と (4)⇒(2) の証明より，$d(\boldsymbol{x}, A) = \min(d(\boldsymbol{x}, \boldsymbol{s}) : \boldsymbol{s} \in A)$ は，いたるところ定義された連続関数である．E は空集合でないから，最大値の定理（定理 4.1.3）より連続関数 $d(\boldsymbol{x}, A)$ の E での最小値 $d(E, A)$ が存在する．E は U に含まれるから A と交わらず，$d(E, A) > 0$ である．

$q > 0$ を実数とする．行列 $G'(s, t)$ の各成分の関数は，命題 4.1.13 より有界閉集合 E で一様連続である．実数 $r > 0$ で E の任意の点 $\boldsymbol{s}, \boldsymbol{t}$ に対し $d(\boldsymbol{s}, \boldsymbol{t}) < r$ なら $|G'(\boldsymbol{s}) - G'(\boldsymbol{t})| < q$ となるものがある．

E は有界集合だから，E を含む閉区間がある．L を E を含む閉区間で正方形であるものとする．n を $\frac{1}{n}d(L) < r$, $\frac{1}{n}d(L) < d(E, A)$ をみたす自然数 $n \geqq 1$ とし，L の n^2 等分割を Δ_n で表わす．$U = \mathbf{R}^2$ のときは条件 $\frac{1}{n}d(L) < d(E, A)$ は考えない．$d(\Delta_n) = \frac{1}{n}d(L) < d(E, A)$ だから，Δ_n に属する閉区間 L_{ij} で E と交わるものはすべて U に含まれる．

Δ_n に属する閉区間 L_{ij} のうちで E と交わるものの添字全体の集合を I とする．Δ_n に属する閉区間で，E と交わるが含まれてはいないものの添字全体の集合を I_1 とし，E に含まれるが L_{ij} の内部 L_{ij}° に $J(s, t) = 0$ となる点があるものの添字全体の集合を I_2 とする．補集合 $I - (I_1 \cup I_2)$ を I_0 とおく．添字が I_0, I_1, I_2 の元である L_{ij} の像 $G(L_{ij})$ の合併をそれぞれ D_0, D_1, D_2 とおく．$D_0 \subset D \subset D_0 \cup D_1 \cup D_2$ である．

添字が I_0 の元なら L_{ij} は E に含まれ L_{ij} の内部 L_{ij}° で $J(s, t) \neq 0$ である．よってすでに示したように L_{ij} の像 $G(L_{ij})$ は面積確定であり，面積の加法性（命題 6.1.8.1）よりそれらの合併 D_0 も面積確定である．

命題 6.1.9 の記号を使えば，I_1 の定義より $\sum_{ij \in I_1} m(L_{ij}) = m(E^{\Delta_n}) - m(E_{\Delta_n})$ である．連続関数 $|J(s, t)|$ と $|G'(s, t)|$ の有界閉集合 E での最大値をそれぞれ $M(|J|)$ と $M(|G'|)$ で表わす．$d(\Delta_n) = \frac{1}{n}d(L) < r$ だから，補題 6.3.1.2 より D_1 は面積が

$$R_1 = \left(M(|J|) + M(|G'|) 2\sqrt{2} q + \frac{\pi}{2} q^2 \right) \left(m(E^{\Delta_n}) - m(E_{\Delta_n})\right) \quad (6.30)$$

以下の面積確定な有界閉集合 D_1' に含まれる．R_1 は q と n によって決まり次の R_2 は q によって決まるものだが，記号からは省略した．

添字 ij が I_2 の元なら L_{ij} の点 (k,l) で $J(k,l) = 0$ をみたすものがある．この点 (k,l) に対し $A = G'(k,l)$ とおいて補題 6.3.1.2 を適用すると，$d(\Delta_n) < r$ で $\sum_{ij \in I_2} m(L_{ij}) \leqq m(E)$ だから，D_2 は面積が

$$R_2 = \left(M(|G'|)2\sqrt{2}q + \frac{\pi}{2}q^2 \right) m(E) \tag{6.31}$$

以下の面積確定な有界閉集合 D_2' に含まれる．

$D_0 \subset D \subset D_0 \cup D_1 \cup D_2 \subset D_0 \cup D_1' \cup D_2'$ であり，面積の加法性（命題 6.1.8.1）より $m(D_0 \cup D_1' \cup D_2') - m(D_0) \leqq m(D_1') + m(D_2') \leqq R_1 + R_2$ である．E は面積確定だから，命題 6.1.9(1)⇒(3) より $\lim_{n \to \infty}(m(E^{\Delta_n}) - m(E_{\Delta_n})) = 0$ であり $\lim_{n \to \infty} R_1 = 0$ である．よって任意の実数 $q > 0$ に対し $m(D_1') < q$ となる自然数 $n \geqq 1$ が存在する．(6.31) より $\lim_{q \to +0} R_2 = 0$ だから，命題 6.1.9(2)⇒(1) より，D は面積確定である．

2. $q > 0$ を実数とする．$G'(s,t)$ の各成分と $f(G(s,t)) \cdot |J(s,t)|$ は有界閉集合 E で一様連続だから（命題 4.1.13），実数 $r > 0$ で E の任意の点 $\boldsymbol{s}, \boldsymbol{t}$ に対し $d(\boldsymbol{s}, \boldsymbol{t}) < r$ なら $|G'(\boldsymbol{s}) - G'(\boldsymbol{t})| < q, |f(G(\boldsymbol{s})) \cdot |J(\boldsymbol{s})| - f(G(\boldsymbol{t})) \cdot |J(\boldsymbol{t})|| < q$ となるものがある．

1. の証明のように，L を E を含む正方形，A を U の補集合，$n \geqq 1$ をこの $r > 0$ に対し $\frac{1}{n}d(L) < r$ と $\frac{1}{n}d(L) < d(E, A)$ をみたす自然数とし，Δ_n を L の n^2 等分割とする．Δ_n に属する閉区間 L_{ij} と E の共通部分を E_{ij} とし，その $G(s)$ による像 $G(E_{ij}) = \{G(\boldsymbol{s}) \mid \boldsymbol{s}$ は E_{ij} の点 $\}$ を D_{ij} とする．$d(\Delta_n) \leqq \frac{1}{n}d(L) < r$ だから，$\boldsymbol{s}, \boldsymbol{t}$ が E_{ij} の点なら $|G'(\boldsymbol{s}) - G'(\boldsymbol{t})| < q$, $|f(G(\boldsymbol{s})) \cdot |J(\boldsymbol{s})| - f(G(\boldsymbol{t})) \cdot |J(\boldsymbol{t})|| < q$ である．

閉区間 L_{ij} が E に含まれる添字全体の集合を I_n とする．添字が I_n の元である E_{ij} の合併を $E_n \subset E$ とし，D_{ij} の合併を $D_n \subset D$ とする．命題 6.1.9 の記号で $E_n = E_{\Delta_n}$ である．$m(E) - m(E_n) \leqq m(E^{\Delta_n}) - m(E_{\Delta_n})$ だから，命題 6.1.9 と系 6.2.11.4 より

$$\int_E f(G(s,t))|J(s,t)|dsdt = \lim_{n \to \infty}\int_{E_n} f(G(s,t))|J(s,t)|dsdt \tag{6.32}$$

である．有界閉集合 E で定義された連続関数 $|J(s,t)| \geqq 0$ と $|G'(s,t)| \geqq 0$ の最大値を $M(|J|), M(|G'|)$ とする．$\boldsymbol{s}, \boldsymbol{t}$ が E_{ij} の点なら $|G'(\boldsymbol{s}) - G'(\boldsymbol{t})| < q$ だから，補題 6.3.1.2 より

$$m(D) - m(D_n) \leqq \left(M(|J|) + M(|G'|)2\sqrt{2}q + \frac{\pi}{2}q^2\right)\left(m(E^{\Delta_n}) - m(E_{\Delta_n})\right)$$

である．よって命題 6.1.9 より $\lim_{n\to\infty} m(D_n) = m(D)$ だから，系 6.2.11.4 より

$$\int_D f(x,y)dxdy = \lim_{n\to\infty}\int_{D_n} f(x,y)dxdy \tag{6.33}$$

である．

L_{ij} が E に含まれるとする．$m_{ij} \leqq M_{ij}$ を連続関数 $f(x,y)$ の有界閉集合 D_{ij} での最小値と最大値とすると，積分の正値性（系 6.2.11.1）より $m_{ij} \cdot m(D_{ij}) \leqq \int_{D_{ij}} f(x,y)dxdy \leqq M_{ij} \cdot m(D_{ij})$ である．m_{ij} と M_{ij} は合成関数 $f(G(\boldsymbol{s}))$ の閉区間 L_{ij} での最小値と最大値だから，中間値の定理より $\int_{D_{ij}} f(x,y)dxdy = f(G(\boldsymbol{s}_{ij}))m(D_{ij})$ をみたす L_{ij} の点 $\boldsymbol{s}_{ij}$ がある．この $(\boldsymbol{s}_{ij})_{ij\in I_n}$ に対し，リーマン和 $S_{E_n}(f(G(\boldsymbol{s}))\cdot |J(G(\boldsymbol{s}))|, \Delta_n, (\boldsymbol{s}_{ij}))$ を

$$S_n = \sum_{ij\in I_n} f(G(\boldsymbol{s}_{ij}))\cdot |J(G(\boldsymbol{s}_{ij}))|\cdot m(L_{ij})$$

で表わす．

$\boldsymbol{s}$ が E_{ij} の点なら $|G'(\boldsymbol{s}) - G'(\boldsymbol{s}_{ij})| < q$ だから，補題 6.3.1.2 より

$$m(D_{ij}) \leqq \left(|J(\boldsymbol{s}_{ij})| + M(|G'|)2\sqrt{2}q + \frac{\pi}{2}q^2\right)m(L_{ij}) \tag{6.34}$$

である．連続関数 $f(x,y) \geqq 0$ の有界閉集合 D での最大値を $M(f)$ とおき，R_2 を (6.31) で定める．D で $f(x,y) \geqq 0$ だから，積分の加法性，正値性と (6.34) より

$$\int_{D_n} f(x,y)dxdy \leqq \sum_{ij\in I_n} f(G(\boldsymbol{s}_{ij}))m(D_{ij}) \leqq S_n + M(f)\cdot R_2 \tag{6.35}$$

である．

$\boldsymbol{s}$ が E_{ij} の点なら $|f(G(\boldsymbol{s}))|J(\boldsymbol{s})| - f(G(\boldsymbol{s}_{ij}))|J(\boldsymbol{s}_{ij})|| < q$ だから，積分の正値性（系 6.2.11.2）より

$$\left|\int_{E_n} f(G(s,t))|J(s,t)|dsdt - S_n\right| \leqq q\cdot m(E_n) \leqq q\cdot m(E) \tag{6.36}$$

である．(6.35) と (6.36) より

$$\int_{D_n} f(x,y)dxdy \leqq \int_{E_n} f(G(s,t))|J(s,t)|dsdt + M(f)\cdot R_2 + q\cdot m(E)$$

である．$n \to \infty$ の極限をとれば，(6.32) と (6.33) より

$$\int_D f(x,y)dxdy \leqq \int_E f(G(s,t))|J(s,t)|dsdt + M(f)\cdot R_2 + q\cdot m(E)$$

である．(6.31) より $\lim_{q \to +0}(R_2 + q\cdot m(E)) = 0$ だから，補題 1.2.6 と補題 1.2.8 のあとの注意より (6.29) が得られる． □

定理 6.3.3　記号 $E \subset U, G(s), D = G(E), J(s) = \det G'(s)$ を命題 6.3.2 のとおりとし，次の条件 (N) をみたす E の部分集合 N があると仮定する．

(N)　N は面積が 0 である．補集合 $E - N$ の点 s, t が，$G(s) = G(t)$ をみたすならば $s = t$ である．

このとき，D で定義された連続関数 $f(x,y)$ に対し

$$\int_D f(x,y)dxdy = \int_E f(G(s,t))\cdot|J(s,t)|dsdt \tag{6.37}$$

である．とくに $f(x,y) = 1$ とすれば，$m(D) = \int_E |J(s,t)|dsdt$ である．　■

(6.37) を**変数変換** (change of variables) **公式**という．条件 (N) は，写像 $G(s)$ が E の点と D の点の 1 対 1 対応を定めるという条件を，公式を適用しやすくするために少しゆるめたものである．置換積分の公式ではうちけしあいがおこるためそのような仮定はなかったが，重積分の変数変換公式では必要になる．

定理 6.3.3 の証明では，まず都合のよい条件を仮定して，逆写像を使って (6.29) の逆向きの不等式を示して (6.37) を証明する．一般の場合には，都合の悪い部分の積分がいくらでも小さくできることを示すことで証明を完成する．

証明　(6.37) の左辺を $\int_D f(\boldsymbol{x})dxdy$ のようにも書く．次のそれぞれの場合に順に証明する．

1. D を含む開集合 V と，V で定義された連続微分可能な写像 $P(\boldsymbol{x}) = (p(x,y), q(x,y))$ で，E の任意の点 s に対し

$$P(G(\boldsymbol{s})) = \boldsymbol{s} \tag{6.38}$$

をみたすものが存在する場合．

2. E が閉区間 $[a,b]\times[c,d]$ であり，E の内部 $E° = (a,b)\times(c,d)$ で $J(s,t) \neq 0$ であり，N が $E°$ と交わらない場合．

3. 一般の場合．

1. まず，D で $f(x,y) \geqq 0$ の場合に示す．命題 6.3.2.2 より，$\int_D f(\boldsymbol{x})dxdy \leqq \int_E f(G(\boldsymbol{s})) \cdot |J(\boldsymbol{s})|dsdt$ である．(6.38) より E は D の $P(\boldsymbol{x})$ による像 $\{P(\boldsymbol{x}) \mid \boldsymbol{x} \in D\}$ である．よって E と D の役割をいれかえて，命題 6.3.2.2 を E で定義された連続関数 $f(G(\boldsymbol{s}))|J(\boldsymbol{s})|$ に適用すれば，

$$\int_D f(G(P(\boldsymbol{x})))|J(P(\boldsymbol{x}))| \cdot |\det P'(\boldsymbol{x})|dxdy \geqq \int_E f(G(\boldsymbol{s})) \cdot |J(\boldsymbol{s})|dsdt \quad (6.39)$$

である．

$\boldsymbol{x}$ を D の点とし $\boldsymbol{s}$ を $\boldsymbol{x} = G(\boldsymbol{s})$ をみたす E の点とすると，(6.38) より $\boldsymbol{s} = P(G(\boldsymbol{s})) = P(\boldsymbol{x})$ であり，$G(P(\boldsymbol{x})) = G(\boldsymbol{s}) = \boldsymbol{x}$ である．よって連鎖律 (3.41) より，$G'(P(\boldsymbol{x})) \cdot P'(\boldsymbol{x}) = \boldsymbol{1}$ であり，$J(P(\boldsymbol{x})) \cdot \det P'(\boldsymbol{x}) = 1$ である．したがって (6.39) の左辺は $\int_D f(\boldsymbol{x})dxdy$ であり，D で $f(x,y) \geqq 0$ の場合には等式 (6.37) が示された．

$f(x,y)$ を D で定義された連続関数とする．$f(x,y)$ の**正部分** (plus part) $f^+(x,y) = \max(f(x,y),0) \geqq 0$ と**負部分** (minus part) $f^-(x,y) = \max(-f(x,y),0) \geqq 0$ は D で定義された連続関数で，これらについては等式 (6.37) がなりたつ．積分の線形性より $f(x,y) = f^+(x,y) - f^-(x,y)$ についても等式 (6.37) がなりたつ．

2. $E° = (a,b) \times (c,d)$ の像 $V = \{G(\boldsymbol{s}) \mid \boldsymbol{s} \in E°\}$ は，$E°$ で $J(s,t) \neq 0$ という仮定と逆写像定理（命題 3.5.3.1）より開集合である．N が $E°$ と交わらないという仮定より，$G(\boldsymbol{s})$ の逆写像 $P(\boldsymbol{x})$ が V で定義され，逆写像定理（命題 3.5.3.2）より V で連続微分可能である．

自然数 $n \geqq 1$ に対し $E_n = [a+\frac{1}{n}, b-\frac{1}{n}] \times [c+\frac{1}{n}, d-\frac{1}{n}]$ とおき，D_n を E_n の $G(\boldsymbol{s})$ による像 $G(E_n) = \{G(\boldsymbol{s}) \mid \boldsymbol{s} \in E_n\}$ とする．E_n は $E°$ に含まれるから，1. の条件がみたされ

$$\int_{D_n} f(\boldsymbol{x})dxdy = \int_{E_n} f(G(\boldsymbol{s})) \cdot |J(\boldsymbol{s})|dsdt \quad (6.40)$$

がなりたつ．

$\lim_{n \to \infty} m(E_n) = m(E)$ である．E'_n を $E = [a,b] \times [c,d]$ から E_n の内部

$(a+\frac{1}{n}, b-\frac{1}{n}) \times (c+\frac{1}{n}, d-\frac{1}{n})$ をのぞいた部分とし, D'_n を E'_n の $G(s)$ による像とする. 有界閉集合 E で定義された連続関数 $|J(s,t)| \geqq 0$ の最大値を $M(|J|)$ とすると, 面積の加法性 (命題 6.1.8.1) と積分の正値性 (系 6.2.11.1) と命題 6.3.2.2 より, $m(D) - m(D_n) \leqq m(D'_n) \leqq M(|J|)m(E'_n) = M(|J|)(m(E) - m(E_n))$ である. よって $\lim_{n \to \infty} m(D_n) = m(D)$ でもあるから系 6.2.11.4 より, (6.40) の極限をとって (6.37) が得られる.

3. 命題 6.3.2.1 の証明のように, L を E を含む閉区間で正方形であるものとする. $q > 0$ を実数とする. 連続関数 $J(s,t)$ は E で一様連続だから, 実数 $r > 0$ で $d(s,t) < r$ をみたす E の任意の点 s, t に対し $|J(s) - J(t)| < q$ となるものがある. $n \geqq 1$ を $\frac{1}{n}d(L) < r, \frac{1}{n}d(L) < d(E, A)$ をみたす自然数とし, Δ_n で L の n^2 等分割を表わす.

Δ_n に属する閉区間 L_{ij} のうちで E と交わるものの添字の集合を I とする. E と交わるが含まれないものの添字全体の集合を I_1 とし, E に含まれるが L_{ij} の内部 L_{ij}° に $J(s,t) = 0$ となる点があるものの添字全体の集合を I_2 とし, N と交わるものの添字全体の集合を I_3 とする. 補集合 $I - (I_1 \cup I_2 \cup I_3)$ を I_0 とおく. E_0 を添字が I_0 に属する閉区間 L_{ij} の合併とし, D_0 を E_0 の $G(s)$ による像とする. 添字 ij が I_0 の元なら, 閉区間 L_{ij} は E に含まれ, 内部 L_{ij}° は N と交わらず, L_{ij}° で $J(s,t) \neq 0$ だから, 2. と積分の加法性より,

$$\int_{D_0} f(\boldsymbol{x}) dxdy = \int_{E_0} f(G(\boldsymbol{s})) \cdot |J(\boldsymbol{s})| dsdt \tag{6.41}$$

である.

E と L_{ij} の共通部分を E_{ij} とおき, その像を D_{ij} とおく. $k = 1, 2, 3$ に対し

$$T_k = \sum_{ij \in I_k} \int_{E_{ij}} |f(G(\boldsymbol{s}))||J(\boldsymbol{s})| dsdt$$

とおく. 積分の加法性 (命題 6.2.9) と正値性 (系 6.2.11.1) より

$$\left| \int_E f(G(\boldsymbol{s})) \cdot |J(\boldsymbol{s})| dsdt - \int_{E_0} f(G(\boldsymbol{s})) \cdot |J(\boldsymbol{s})| dsdt \right| \leqq \sum_{k=1}^{3} T_k \tag{6.42}$$

である. 命題 6.3.2.2 より

$$\left| \int_D f(\boldsymbol{x}) dxdy - \int_{D_0} f(\boldsymbol{x}) dxdy \right| \leqq \sum_{k=1}^{3} \sum_{ij \in I_k} \int_{D_{ij}} |f(\boldsymbol{x})| dxdy \leqq \sum_{k=1}^{3} T_k \tag{6.43}$$

である．

(6.41)–(6.43) より (6.37) の両辺の差の絶対値は $2\sum_{k=1}^{3}T_k$ 以下である．連続関数 $|f(G(s)||J(s)|$ の有界閉集合 E での最大値を $M(|f|\cdot|J|)$ とする．$\sum_{ij\in I_1}m(E_{ij}) = m(E^{\Delta_n}) - m(E_{\Delta_n})$, $\sum_{ij\in I_3}m(E_{ij}) = m(N^{\Delta_n})$ だから $T_1 \leqq M(|f|\cdot|J|)\cdot(m(E^{\Delta_n})-m(E_{\Delta_n}))$, $T_3 \leqq M(|f|\cdot|J|)\cdot m(N^{\Delta_n})$ である．E は面積確定で N は面積 0 だから，$\lim_{n\to\infty}T_1 = \lim_{n\to\infty}T_3 = 0$ であり，(6.37) の両辺の差の絶対値は $2T_2$ 以下である．

連続関数 $|f(\boldsymbol{x})|$ の D での最大値を $M(|f|)$ とする．E_{ij} に $J(s,t)=0$ をみたす点があれば E_{ij} で $|J(s,t)|<q$ だから，$T_2 \leqq M(|f|)\cdot q\cdot m(E)$ である．よって補題 1.2.6 と補題 1.2.8 のあとの注意より，(6.37) がしたがう． □

極座標への変数変換公式はよく使われる．

例 6.3.4 1. $R>0$ と c を実数とし，E を $r\theta$ 平面の面積確定な有界閉集合で，閉区間 $[0,R]\times[c,c+2\pi]$ に含まれるものとする．$D = \{(r\cos\theta, r\sin\theta) \mid (r,\theta)$ は E の点 $\}$ は xy 平面の面積確定な有界閉集合である．$f(x,y)$ を D で定義された連続関数とすると，**極座標への変数変換公式**

$$\int_D f(x,y)dxdy = \int_E f(r\cos\theta, r\sin\theta)\cdot rdrd\theta \tag{6.44}$$

がなりたつ．とくに $f(x,y)=1$ とすれば $m(D) = \int_E rdrd\theta$ である．

2. $c<d\leqq c+2\pi$ とし，$f(t)\geqq 0$ を閉区間 $[c,d]$ で定義された連続関数とする．命題 6.1.6 より $r\theta$ 平面の縦線集合 $E = \{(r,\theta)\in\mathbf{R}^2 \mid c\leqq\theta\leqq d, 0\leqq r\leqq f(\theta)\}$ は面積確定な有界閉集合である．1. より，$D = \{(r\cos\theta, r\sin\theta) \mid c\leqq\theta\leqq d, 0\leqq r\leqq f(\theta)\}$ も面積確定であり，その面積は

$$m(D) = \int_E rdrd\theta = \int_c^d \frac{f(\theta)^2}{2}d\theta \tag{6.45}$$

である（問題 7.2.2 も参照）．■

例題 6.3.5 単位球の体積を，極座標への変数変換公式を使って求めよ．■

解 単位球の体積は，命題 6.2.8 より $2\int_{x^2+y^2\leqq 1}\sqrt{1-x^2-y^2}dxdy$ である．極座標に変換すれば $2\int_{[0,1]\times[0,2\pi]}\sqrt{1-r^2}rdrd\theta = 4\pi\int_0^1\sqrt{1-r^2}rdr$ である．

さらに $s = r^2$ で置換積分すれば，$2\pi B\left(1, \frac{3}{2}\right) = \frac{4\pi}{3}$ である． □

例 6.3.6　a, b, c, d を実数とする．E を平面の面積確定な有界閉集合とすると，$D = \{(ax+by, cx+dy) \mid (x,y) \in E\}$ も平面の面積確定な有界閉集合である．$f(x,y)$ を D で定義された連続関数とすると，1次変換による変数変換公式

$$\int_D f(x,y)dxdy = \int_E f(ax+by, cx+dy) \cdot |ad-bc|dxdy \tag{6.46}$$

がなりたつ． ■

3 変数以上の場合にも変数変換公式が同様になりたつ．この場合にもヤコビアンの絶対値をかけて積分することになるが省略する．

まとめ

・重積分の変数変換公式は置換積分の公式の類似である．変数変換公式では，ヤコビアンの絶対値をかけて積分する．極座標への変数変換公式では，r をかけて積分する．

問題

A 6.3.1　極座標への変数変換により，次の積分を求めよ．
(1) $\displaystyle\int_{x^2+y^2 \leq 1, x \geq 0} x dxdy$. (2) $\displaystyle\int_{x^2+y^2 \leq x} x dxdy$. (3) $\displaystyle\int_{x^2+y^2 \leq 1} \sqrt{1-x^2-y^2} dxdy$.

A 6.3.2　原点を中心とする xy 平面内の半径 1 の円板を底面とし頂点が $(0,0,1)$ である円錐 C と，$(1,0,0)$ をとおり z 軸と平行な直線を軸とする半径 1 の円柱との共通部分の体積を求めよ．

A 6.3.3　$\displaystyle\int_{13x^2-16xy+5y^2 \leq 1} 4x^2 - 4xy + y^2 dxdy$ を，$P = \begin{pmatrix} 2 & 1 \\ 3 & 2 \end{pmatrix}$ で定まる 1 次変換による変数変換公式を使って求めよ．

A 6.3.4　$O=(0,0)$, $A=(1,0)$, $B=(0,2)$ とし，D を線分 OA, OB と放物線 $x = 1 - \frac{y^2}{4}$ の A と B の間の部分でかこまれた部分とする．重積分 $\displaystyle\int_D x dxdy$ を変数変換 $x = s^2 - t^2, y = 2st$ を使って求めよ．

A 6.3.5　D を，不等式 $2\sqrt{2} \leq x \leq 3, 8 \leq y \leq x^2$ で定まる xy 平面の部分とする．変数変換 $x = s+t, y = 4st$ を使って，重積分 $\displaystyle\int_D \sqrt{x^2 - y} dxdy$ を求めよ．(ヒント：問題 3.5.2 を使う．)

A 6.3.6 極座標への変数変換を使って次の不等式で定まる図形の面積を求めよ．
(1) $(x^2+y^2)^2 \leqq x^2-y^2$ （**レムニスケート** (lemniscate)）．
(2) $x^2+y^2 \leqq x+\sqrt{x^2+y^2}$ （**カーディオイド** (cardioid)）．

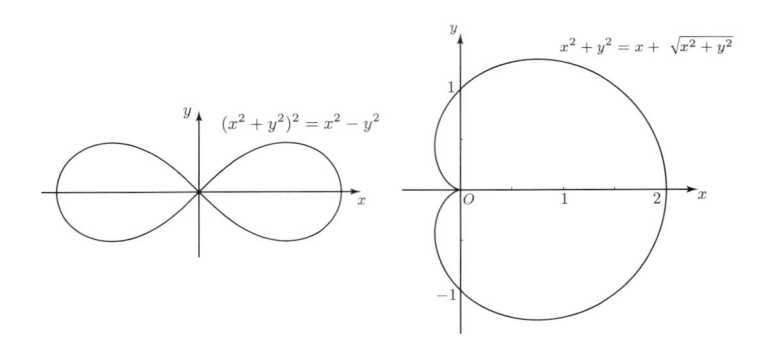

B 6.3.7 $\cosh s = \dfrac{e^s+e^{-s}}{2}, \sinh s = \dfrac{e^s-e^{-s}}{2}$ とし，写像 $F(s,t)=(f(s,t),g(s,t))$ を $f(s,t)=\cosh s \cdot \cos t, g(s,t)=\sinh s \cdot \sin t$ で定める．
 1. 実数 a,b に対し，直線 $s=a$ と直線 $t=b$ の $F(s,t)$ による像をそれぞれ図示せよ．
 2. 不等式 $x \geqq 0, y \geqq 0, x^2-y^2 \leqq \dfrac{1}{2}, \dfrac{x^2}{(e+e^{-1})^2}+\dfrac{y^2}{(e-e^{-1})^2} \leqq \dfrac{1}{4}$ で定まる部分を D で表わす．積分 $\displaystyle\int_D y\,dxdy$ を，変数変換 $(x,y)=F(s,t)$ を使って求めよ．

6.4 広義積分

6.2 節では，面積確定な有界閉集合で定義された連続関数の積分を定義した．1 変数の場合と同様に，有界閉集合とは限らない集合で定義された連続関数に対して，積分の定義を拡張する．3 変数以上の場合も同様だが，ここでは 2 変数の場合を扱う．

広義積分を定義する関数の定義域としては，平面の点の集合 A で，A で定義された連続関数 $p(x,y)$ で次の条件 (P) をみたすものが存在するものを考える．

　　(P) 任意の実数 t に対し，A の部分集合 $A_t = \{(x,y) \in A \mid p(x,y) \leqq t\}$
　　　　は面積確定な有界閉集合である．

たとえば，$A = \mathbf{R}^2$ のときは，連続関数 $p(x,y)=\sqrt{x^2+y^2}$ は条件 (P) をみ

たす．上の条件をみたす平面の点の集合 A で定義された連続関数に対し，優関数による広義積分の収束判定法は次のようになる．

命題 6.4.1 A を平面の点の集合とし，$p(x,y)$ を A で定義された連続関数で条件 (P) をみたすものとする．$A_t = \{(x,y) \in A \mid p(x,y) \leqq t\}$ とおく．$f(x,y)$ と $g(x,y)$ を A で定義された連続関数で，A で $|f(x,y)| \leqq g(x,y)$ をみたすものとする．このとき，極限 $\lim_{t\to\infty}\int_{A_t} g(x,y)dxdy$ が収束すれば $\lim_{t\to\infty}\int_{A_t} f(x,y)dxdy$ も収束する． ∎

証明 $F(t) = \int_{A_t} f(x,y)dxdy$，$G(t) = \int_{A_t} g(x,y)dxdy$ とおく．$s \leqq t$ ならば $A_s \subset A_t$ だから，仮定 $|f(x,y)| \leqq g(x,y)$ と積分の正値性（系 6.2.11.2）より $|F(t) - F(s)| \leqq G(t) - G(s)$ である．よって補題 4.4.3 より，極限 $\lim_{t\to\infty} G(t)$ が収束すれば，$\lim_{t\to\infty} F(t)$ も収束する． □

定義 6.4.2 A を平面の点の集合とし，$p(x,y)$ を A で定義された連続関数で条件 (P) をみたすものとする．$A_t = \{(x,y) \in A \mid p(x,y) \leqq t\}$ とおく．

$f(x,y)$ を A で定義された連続関数とする．極限 $\lim_{t\to\infty}\int_{A_t} |f(x,y)|dxdy$ が収束するとき，**広義積分** $\int_A f(x,y)dxdy$ は**絶対収束**するといい，

$$\int_A f(x,y)dxdy = \lim_{t\to\infty}\int_{A_t} f(x,y)dxdy \tag{6.47}$$

と定義する． ∎

命題 6.4.1 より，広義積分 $\int_A f(x,y)dxdy$ が絶対収束するとき (6.47) の右辺は収束する．この本では，絶対収束しない広義積分は定義しない．A が空でない有界閉集合ならば，最大値の定理（定理 4.1.3）より関数 $p(x,y)$ の A での最大値 M が存在し $t \geqq M$ なら $A_t = A$ となるので，広義積分 $\int_A f(x,y)dxdy$ は定義 6.2.6 で定義したものと一致する．

命題 6.4.1 より 1 変数の場合（命題 4.4.4）と同様に，$g(x,y)$ も A で定義された連続関数で A で $|f(x,y)| \leqq g(x,y)$ ならば，広義積分 $\int_A g(x,y)dxdy$ が収束すれば広義積分 $\int_A f(x,y)dxdy$ も絶対収束する．

広義積分の定義（定義 6.4.2）は，関数 $p(x,y)$ の選び方によっているようにみえるが実はそうではない．このことを確かめるために，**実数の連続性**を上限を使って定式化する．

命題 6.4.3 A を実数の集合とし,

$$B = \{y \in \mathbf{R} \mid A \text{ の任意の元 } x \text{ に対し } x \leqq y\} \tag{6.48}$$

とおく. A も B も空でなければ, $B = [c, \infty)$ をみたす実数 c が存在する. ∎

証明 B の定義より, A, B は定理 1.1.5 の条件 (D1) をみたす. A, B が定理 1.1.5 の条件 (D2) もみたすことを示す. (D2) をみたさなかったとすると, 命題 1.1.6 より, 実数 $a < b$ で A が $(-\infty, a]$ に含まれ, B が $[b, \infty)$ に含まれるものが存在する. このとき $a \in B$ となり, $a < b$ に矛盾する. よって A, B は (D2) もみたすから, 定理 1.1.5 より A と B の境い目となる実数 c が定まる.

y が $[c, \infty)$ の元なら, A の任意の元 x に対し $x \leqq c \leqq y$ だから y は B の元である. 逆に B は $[c, \infty)$ の部分集合だから, $B = [c, \infty)$ である. □

命題 6.4.3 の証明では $B = [c, \infty)$ を示すために $[c, \infty) \subset B$ と $B \subset [c, \infty)$ を示している. 集合の等号を証明するには, このように 2 つの包含関係をそれぞれ示せばよい.

定義 6.4.4 A を実数の集合とする. (6.48) の集合 B の元である実数を, A の**上界** (upper bound) という. B が空でないとき, A は**上に有界** (bounded above) であるという. $B = [c, \infty)$ をみたす実数 c を A の**上限** (supremum) とよび, $\overset{\text{スープ}}{\sup} A$ で表わす. ∎

不等号の向きを逆にして, 実数の集合の**下界** (lower bound) や, **下に有界**で空でない集合 A の**下限** (infimum) $\overset{\text{インフ}}{\inf} A$ を同様に定義する. 命題 6.4.3 は上に有界で空でない集合には, 上限が存在することを表わしている.

系 6.4.5 開区間 (a, ∞) で定義された単調弱増加関数 $f(x)$ が上に有界なら, $\lim_{x \to \infty} f(x)$ は実数の集合 $A = \{f(x) \mid x > a\}$ の上限 $\sup A$ に収束する. ∎

証明 $c = \sup A$ とする. $q > 0$ を実数とする. $c - q$ は A の上界でないから, $f(t) > c - q$ をみたす実数 $t > a$ が存在する. $f(x)$ は単調弱増加だから, この t に対し (t, ∞) で $c - q < f(x) \leqq c$ である. よって $\lim_{x \to \infty} f(x) = c$ である. □

広義積分が関数 $p(x, y)$ を使わずに定義される数と等しいことを示す.

命題 6.4.6 A を平面の点の集合とし，A で定義された連続関数 $p(x,y)$ が条件 (P) をみたすとする．$f(x,y)$ を A で定義された連続関数とする．

1. 次の条件は同値である．
(1) 広義積分 $\int_A f(x,y)dxdy$ は絶対収束する．
(2) 実数の集合

$$\left\{\int_D |f(x,y)|dxdy \,\bigg|\, D \text{ は } A \text{ に含まれる面積確定な有界閉集合}\right\} \quad (6.49)$$

は上に有界である．

2. 1. の同値な条件がなりたつとし，(6.49) の実数の集合の上限を M とする．このとき広義積分 $\int_A f(x,y)dxdy$ は，A に含まれる任意の面積確定な有界閉集合 D に対し不等式

$$\left|S - \int_D f(x,y)dxdy\right| \leqq M - \int_D |f(x,y)|dxdy \quad (6.50)$$

をみたすただ 1 つの実数 S である． ■

証明 1. (1)⇒(2)：D を A に含まれる面積確定な有界閉集合とする．最大値の定理（定理 4.1.3）より $D \subset A_s$ となる実数 s が存在する．積分の正値性（系 6.2.11.2）より $\int_D |f(x,y)|dxdy \leqq \int_{A_s} |f(x,y)|dxdy \leqq \lim_{t\to\infty}\int_{A_t} |f(x,y)|dxdy$ である．よって，$\lim_{t\to\infty}\int_{A_t} |f(x,y)|dxdy$ は (6.49) の集合の上界である．

(2)⇒(1)：$F(t) = \int_{A_t} |f(x,y)|dxdy$ とおくと $F(t)$ は単調弱増加である．(2) がなりたつなら $\{F(t) \mid t \text{ は実数}\}$ は上に有界だから，系 6.4.5 より極限 $\lim_{t\to\infty} F(t)$ はその上限に収束する．

2. 1. の証明より，$M = \lim_{t\to\infty}\int_{A_t} |f(x,y)|dxdy$ である．D を A に含まれる面積確定な有界閉集合とし，$S = \lim_{t\to\infty}\int_{A_t} f(x,y)dxdy$ が (6.50) をみたすことを示す．さらに 1. の (1)⇒(2) の証明より $D \subset A_s$ となる実数 s が存在する．t をこの s に対し $t \geqq s$ をみたす実数とする．積分の正値性（系 6.2.11.2）より

$$\left|\int_{A_t} f(x,y)dxdy - \int_D f(x,y)dxdy\right| \leqq \int_{A_t} |f(x,y)|dxdy - \int_D |f(x,y)|dxdy$$

である．$t \to \infty$ とすれば，(6.50) が得られる．

逆に S が (6.50) をみたすならば，(6.50) で $D = A_t$ とおいて $t \to \infty$ とすれば，$S = \lim_{t\to\infty}\int_{A_t} f(x,y)dxdy$ が得られる． □

広義積分に対しても変数変換公式がなりたつ．ここでは一般的な定式化はしないで，次の 2 つの重要な例だけ紹介する．

例 6.4.7 1. $R > 0$ とすると，極座標への変数変換公式と逐次積分より，

$$\int_{x^2+y^2 \leq R^2} e^{-x^2-y^2} dxdy = \int_{[0,R] \times [0,2\pi]} e^{-r^2} rdrd\theta = 2\pi \int_0^R re^{-r^2} dr$$

である．問題 4.4.1(3) より $\int_0^\infty xe^{-x^2} dx = \dfrac{1}{2}$ は絶対収束する．よって広義積分 $\int_{\mathbf{R}^2} e^{-x^2-y^2} dxdy$ は絶対収束し，$2\pi \int_0^\infty xe^{-x^2} dx = \pi$ と等しい．さらに

$$\int_{\mathbf{R}^2} e^{-x^2-y^2} dxdy = \lim_{R \to \infty} \int_{[-R,R] \times [-R,R]} e^{-x^2-y^2} dxdy = \lim_{R \to \infty} \left(\int_{-R}^R e^{-x^2} dx \right)^2$$

である．右辺は $\left(\int_{\mathbf{R}} e^{-x^2} dx \right)^2$ だからガウス積分 $\int_{\mathbf{R}} e^{-x^2} dx$ の値は $\sqrt{\pi}$ である．

2. $s > 0$, $t > 0$ とする．$0 < a < b$, $0 < c < d$ とすると，逐次積分より $\int_{[a,b] \times [c,d]} e^{-x} x^{s-1} e^{-y} y^{t-1} dxdy = \int_a^b e^{-x} x^{s-1} dx \int_c^d e^{-y} y^{t-1} dy$ である．広義積分 $\Gamma(s) = \int_0^\infty e^{-x} x^{s-1} dx$ は収束するから，広義積分 $\int_{(0,\infty) \times (0,\infty)} e^{-x} x^{s-1} e^{-y} y^{t-1} dxdy$ も絶対収束し，その値は $\Gamma(s)\Gamma(t)$ である．

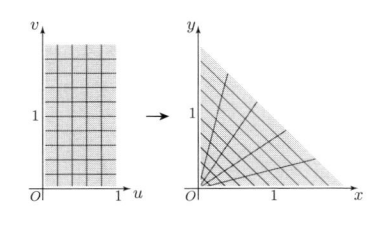

$x = uv$, $y = (1-u)v$ とおくと
$$\det \begin{pmatrix} x_u & x_v \\ y_u & y_v \end{pmatrix} = \det \begin{pmatrix} v & u \\ -v & (1-u) \end{pmatrix} = v$$
だから，$0 < a < b < 1$, $0 < c < d$ とすると，変数変換公式より

$$\int_{\substack{\frac{1-b}{b} x \leq y \leq \frac{1-a}{a} x, \\ c \leq x+y \leq d}} e^{-x} x^{s-1} e^{-y} y^{t-1} dxdy = \int_{\substack{a \leq u \leq b, \\ c \leq v \leq d}} e^{-v}(uv)^{s-1}((1-u)v)^{t-1} vdudv$$

$$= \int_a^b u^{s-1}(1-u)^{t-1} du \int_c^d e^{-v} v^{s+t-1} dv$$

である．右辺の $a \to 0$, $b \to 1$, $c \to 0$, $d \to \infty$ での極限は $B(s,t)\Gamma(s+t)$ で，左辺の極限は $\int_{(0,\infty) \times (0,\infty)} e^{-x} x^{s-1} e^{-y} y^{t-1} dxdy = \Gamma(s)\Gamma(t)$ である．よって $\Gamma(s)\Gamma(t) = B(s,t)\Gamma(s+t)$ である． ∎

> **まとめ**
> ・2 変数の場合にも，面積確定な有界閉集合上の積分の極限として，そうとは限らない集合上の連続関数の広義積分を定義する．
> ・ガウス積分の値は円周率の平方根である．ベータ関数はガンマ関数で表わせる．

問題

A 6.4.1 次の広義積分の収束，発散を判定し，収束するときはその値を求めよ．
(1) $\displaystyle\int_{(0,1]\times(0,1]} \frac{2xy}{x^2+y^2} dxdy.$ (2) $\displaystyle\int_{x\geqq 1,y\geqq 1} \frac{1}{(x+y)^3} dxdy.$

B 6.4.2 (a_n) を数列とし b を実数とする．すべての自然数 n に対し $a_n \leqq a_{n+1} \leqq b$ ならば，(a_n) は収束することを示せ．

問題 6.4.2 は，上に有界な単調増加数列は収束するということである．実数の連続性をこのように定式化している本も多い．

B 6.4.3 $a<b$ を実数，(a_n) を数列とし，すべての n に対し $a \leqq a_n \leqq b$ とする．すべての n に対し $m_n < m_{n+1}$ をみたす自然数の列 (m_n) で，$c_n = a_{m_n}$ で定義される数列 (c_n) は収束するものが存在することを示せ．
(ヒント：閉区間 $[a,b]$ の部分集合 $A = \{x \in [a,b] \mid a_n \in [a,x]$ をみたす n は有限個 $\}$ の終点に収束する (c_n) を構成する．)

上のように $c_n = a_{m_n}$ で定義される数列 (c_n) を (a_n) の **部分列** (subsequence) という．問題 6.4.3 を**ボルツァーノ・ワイエルシュトラス** (Bolzano-Weierstrass) **の定理**という．

第 6 章の問題の略解

6.1.1 1. 問題 4.3.8(2) より $m(D) = \int_0^a \sqrt{1-t^2} dt = \frac{1}{2}(\arcsin a + a\sqrt{1-a^2})$ である．
[別解] D は半径 1 で中心角 $\arcsin a$ の扇形に，底辺 a，高さ $\sqrt{1-a^2}$ の直角 3 角形をあわせたものだから，面積 $m(D)$ は $\frac{1}{2}(\arcsin a + a\sqrt{1-a^2})$ である．
2. 問題 4.3.8(1) より $m(D) = \int_0^a \sqrt{t^2+1} dt = \frac{1}{2}(a\sqrt{a^2+1} + \log(a+\sqrt{a^2+1}))$.

6.1.2 1. 例 6.1.15.2 より B の体積は $\displaystyle\int_{-1}^1 \pi\sqrt{1-z^2}^2 dz = \pi\left[z - \frac{z^3}{3}\right]_{-1}^1 = \frac{4\pi}{3}$ である．
2. $z = p(t) = t - \sin t$ の逆関数と $x = q(t) = 1 - \cos t$ の合成関数を $f(z)$ とおくと，例 6.1.15.2 より D の体積は $\displaystyle\pi\int_0^{2\pi} f(z)^2 dz = \pi\int_0^{2\pi} q(t)^2 p'(t) dt = \pi\int_0^{2\pi}(1-\cos t)^3 dt = \pi\int_0^{2\pi}(1 - 3\cos t + 3\cos^2 t - \cos^3 t)dt = \pi(2\pi - 0 + 3\pi - 0) = 5\pi^2$ である．

6.1.3 1. $a \leqq s \leqq t \leqq b$ に対し，縦線集合 $\{(x,y) \mid s \leqq x \leqq t, 0 \leqq y \leqq f(x)\}$ を $D[s,t]$ で

表わす．$a \leqq s < b$ とし右微分係数 $F'_+(s)$ が $f(s)$ であることを示す．$s < s+h \leqq b$ とする．$D[a,s]$ と $D[s,s+h]$ の合併は $D[a,s+h]$ で共通部分 $D[s,s]$ の面積は 0 だから，面積の加法性（命題 6.1.8.1）より，$F(s+h)-F(s) = m(D[a,s+h])-m(D[a,s]) = m(D[s,s+h])$ である．

$q > 0$ を実数とする．$f(x)$ は $x = s$ で連続だから，実数 $0 < r < b-s$ で，$[s,s+r)$ で $|f(x) - f(s)| < q$ となるものが存在する．$[s, s+r)$ で $\max(f(s)-q, 0) \leqq f(x) \leqq f(s) + q$ だから，$0 < h < r$ なら $[s, s+h] \times [0, \max(f(s)-q, 0)] \subset D[s, s+h] \subset [s, s+h] \times [0, f(s)+q]$ である．よって面積の正値性（命題 6.1.8.2）より，$(f(s)-q)\cdot h \leqq m(D[s, s+h]) \leqq (f(s)+q)\cdot h$ である．したがって $\left|\dfrac{F(s+h) - F(s)}{h} - f(s)\right| \leqq q$ であり，$F'_+(s) = f(s)$ である．同様に $a < s \leqq b$ なら $F'_-(s) = f(s)$ だから，$[a,b]$ で $f(x) \geqq 0$ ならば $[a,b]$ で $F'(x) = f(x)$ である．

6.2.1 $\Delta : 0 = a_0 \leqq \cdots \leqq a_n = 1$ を分割とする．$\dfrac{1}{3} = \displaystyle\int_0^1 x^2 dx = \sum_{i=1}^n \int_{a_{i-1}}^{a_i} x^2 dx = \sum_{i=1}^n \dfrac{a_i^3 - a_{i-1}^3}{3} = \sum_{i=1}^n \dfrac{a_i^2 + a_i a_{i-1} + a_{i-1}^2}{3}(a_i - a_{i-1})$ と Δ に属するリーマン和 $S(f, \Delta, (t_i)) = \displaystyle\sum_{i=1}^n t_i^2(a_i - a_{i-1})$ の差は $\dfrac{1}{3} - S(f, \Delta, (t_i)) = \displaystyle\sum_{i=1}^n \Big(\dfrac{a_i^2 + a_i a_{i-1} + a_{i-1}^2}{3} - t_i^2\Big)(a_i - a_{i-1})$ である．

$|a_i^2 - t_i^2| \leqq (a_i + t_i)|a_i - t_i| \leqq 2d(\Delta)$ であり，同様に $|a_{i-1}^2 - t_i^2| \leqq 2d(\Delta)$ である．さらに $a_{i-1}^2 \leqq a_i a_{i-1} \leqq a_i^2$ だから $|a_i a_{i-1} - t_i^2| \leqq 2d(\Delta)$ であり，大きなかっこのなかみ $\dfrac{1}{3}\Big((a_i^2 - t_i^2) + (a_i a_{i-1} - t_i^2) + (a_{i-1}^2 - t_i^2)\Big)$ の絶対値は $2d(\Delta)$ 以下である．$\displaystyle\sum_{i=1}^n (a_i - a_{i-1}) = 1$ だから，$\left|\dfrac{1}{3} - S(f, \Delta, (t_i))\right| \leqq 2d(\Delta) \displaystyle\sum_{i=1}^n (a_i - a_{i-1}) = 2d(\Delta)$.

6.2.2 (1) $\displaystyle\int_{[0,1]\times[0,\frac{\pi}{2}]} x\cos xy\, dxdy = \int_0^1 dx \int_0^{\frac{\pi}{2}} x\cos xy\, dy = \int_0^1 [\sin xy]_0^{\frac{\pi}{2}} dx = \int_0^1 \sin\dfrac{\pi}{2}x\, dx = \dfrac{2}{\pi}\left[-\cos\dfrac{\pi}{2}x\right]_0^1 = \dfrac{2}{\pi}$.

(2) $\displaystyle\int_{\substack{x\geqq 0, y\geqq 0,\\ x+y\leqq 1}} 1-(x+y)\, dxdy = \int_0^1 dx \int_0^{1-x}(1-x-y)\, dy = \int_0^1 \dfrac{(1-x)^2}{2}\, dx = \int_0^1 \dfrac{x^2}{2}\, dx = \dfrac{1}{6}$.

(3) $\displaystyle\int_{\substack{x^2+y^2\leqq 1,\\ x\geqq 0}} x\, dxdy = \int_0^1 dx\int_{-\sqrt{1-x^2}}^{\sqrt{1-x^2}} x\, dy = \int_0^1 2x\sqrt{1-x^2}\, dx = \int_0^1 \sqrt{1-x}\, dx = B\Big(1, \dfrac{3}{2}\Big) = \dfrac{2}{3}$, $\displaystyle\int_{\substack{x^2+y^2\leqq 1,\\ x\geqq 0}} x\, dxdy = \int_{-1}^1 dy \int_0^{\sqrt{1-y^2}} x\, dx = \int_{-1}^1 \dfrac{1-y^2}{2}\, dy = \left[y - \dfrac{y^3}{3}\right]_0^1 = \dfrac{2}{3}$.

(4) $\displaystyle\int_{x^2+y^2\leqq 1} \sqrt{1-y^2}\, dxdy = \int_{-1}^1 dx \int_{-\sqrt{1-x^2}}^{\sqrt{1-x^2}} \sqrt{1-y^2}\, dy = \int_{-1}^1 \Big[\dfrac{1}{2}(\arcsin y + y\sqrt{1-y^2})\Big]_{-\sqrt{1-x^2}}^{\sqrt{1-x^2}} dx = 2\int_0^1 (\arcsin\sqrt{1-x^2} + x\sqrt{1-x^2})\, dx = 2\int_0^1 \Big(\dfrac{\pi}{2} - $

$\arcsin x\Big) dx + \dfrac{2}{3} = \pi + \dfrac{2}{3} - 2[x\arcsin x + \sqrt{1-x^2}]_0^1 = \pi + \dfrac{2}{3} - 2\left(\dfrac{\pi}{2} - 1\right) = \dfrac{8}{3}$,

$\displaystyle\int_{x^2+y^2\leqq 1}\sqrt{1-y^2}dxdy = 4\int_0^1 dy\int_0^{\sqrt{1-y^2}}\sqrt{1-y^2}dx = \int_0^1 4(1-y^2)dy = 4\left[y - \dfrac{y^3}{3}\right]_0^1 = \dfrac{8}{3}$.

(5) $\displaystyle\int_{x\geqq 0, y\geqq 0, x+y\leqq 1} x^{a-1}y^{b-1}dxdy = \int_0^1 dx\int_0^{1-x} x^{a-1}y^{b-1}dy = \int_0^1 \dfrac{x^{a-1}(1-x)^b}{b}dy = \dfrac{B(a,b+1)}{b}$. 同様に, $\displaystyle\int_{x\geqq 0, y\geqq 0, x+y\leqq 1} x^{a-1}y^{b-1}dxdy = \int_0^1 dx\int_0^{1-x} x^{a-1}y^{b-1}dy = \dfrac{B(b,a+1)}{a}$. どちらも (4.16) より $\dfrac{B(a,b)}{a+b}$ に等しい.

6.2.3 $F(x)$ と $G(x)$ を $f(x)$ と $g(x)$ の原始関数とする. $\displaystyle\int_{a\leqq x\leqq y\leqq b} f(x)g(y)dxdy = \int_a^b dy\int_a^y f(x)g(y)dx = \int_a^b g(y)(F(y) - F(a))dy = \int_a^b g(y)F(y)dy - F(a)(G(b) - G(a))$, $\displaystyle\int_{a\leqq x\leqq y\leqq b} f(x)g(y)dxdy = \int_a^b dx\int_x^b f(x)g(y)dy = \int_a^b f(x)(G(b) - G(x))dx = (F(b) - F(a))G(b) - \int_a^b f(x)G(x)dx$ だから, $\displaystyle\int_a^b F(x)g(x)dx = F(b)G(b) - F(a)G(a) - \int_a^b f(x)G(x)dx$ である.

6.2.4 (1) $\displaystyle\int_0^1 dx\int_{1-x}^{\sqrt{1-x^2}} f(x,y)dy = \int_0^1 dy\int_{1-y}^{\sqrt{1-y^2}} f(x,y)dx$.

(2) $\displaystyle\int_0^1 dx\int_{x^2}^x f(x,y)dy = \int_0^1 dy\int_y^{\sqrt{y}} f(x,y)dx$.

(3) $\displaystyle\int_0^1 dx\int_{\frac{x}{2}}^{2x} f(x,y)dy + \int_1^2 dx\int_{\frac{x}{2}}^{3-x} f(x,y)dy = \int_0^1 dy\int_{\frac{y}{2}}^{2y} f(x,y)dx + \int_1^2 dy\int_{\frac{y}{2}}^{3-y} f(x,y)dx$.

(4) $\displaystyle\int_{-1}^2 dx\int_{x^2}^{x+2} f(x,y)dy = \int_0^1 dy\int_{-\sqrt{y}}^{\sqrt{y}} f(x,y)dx + \int_1^4 dy\int_{y-2}^{\sqrt{y}} f(x,y)dx$.

6.2.5 (1) 体積は問題 6.2.2(3) の積分だから $\dfrac{2}{3}$.

(2) 体積は問題 6.2.2(4) の積分の 2 倍だから $\dfrac{16}{3}$.

(3) $-1 \leqq t \leqq 1$ に対し, 平面 $y = t$ での切り口の面積は, $2\cdot 4\cdot 2\sqrt{1-t^2} - 4(1-t^2)$ だから, 求める体積は, $16\displaystyle\int_{-1}^1 \sqrt{1-y^2}dy - 4\int_{-1}^1 (1-y^2)dy = 8\pi - \dfrac{16}{3}$ である.

[別解] 円柱の体積はそれぞれ 4π であり, 共通部分の体積は (2) より $\dfrac{16}{3}$ だから, 求める体積は, $8\pi - \dfrac{16}{3}$ である.

6.2.6 (1) $\displaystyle\int_{x^2+y^2\leqq x} xdxdy$. (2) $2\displaystyle\int_{x^2+y^2\leqq x}\sqrt{1-x^2-y^2}dxdy$.

6.2.7 $F(t) = \displaystyle\int_1^a \dfrac{1}{x^t}dx = \left[\dfrac{x^{1-t}}{1-t}\right]_1^a = \dfrac{a^{1-t}-1}{1-t}$ だから, $\displaystyle\lim_{t\to 1} F(t) = (a^x)'|_{x=0} = \log a$ であり, $F(1) = \displaystyle\int_1^a \dfrac{1}{x}dx = \log a$ と等しい.

6.2.8 1. $f(p,q) \neq 0$ なら $(x,y) = (p,q)$ の近くでは $f(x,y)$ の符号は $f(p,q)$ と同じであることを使って, 背理法で示す. $[a,b] \times [c,d]$ で $F(s,t) = 0$ とする. $a \leqq u < s \leqq b, c \leqq v < t \leqq d$ とすると, 積分の加法性より $\displaystyle\int_{[u,s]\times[v,t]} f(x,y)dx =$

$F(s,t) - F(u,t) - F(s,v) + F(u,v) = 0$ である.

$f(p,q) \neq 0$ となる $[a,b]$ の点があったとする. $f(p,q) > 0$ とすると, U に含まれ (p,q) を含む面積が 0 でない閉区間 $[u,s] \times [v,t]$ で, $[u,s] \times [v,t]$ で $f(x,y) \geqq \dfrac{f(p,q)}{2}$ となるものがある. このとき, $\int_{[u,s] \times [v,t]} f(x,y)dx \geqq \dfrac{f(p,q)}{2} \cdot m([u,s] \times [v,t]) > 0$ となり矛盾である. 同様に $f(p,q) < 0$ としても矛盾が得られる.

2. $\int_a^s dx \int_c^t f_{xy}(x,y)dy = \int_a^s (f_x(x,t) - f_x(x,c))dx = f(s,t) - f(a,t) - f(s,c) + f(a,c)$ である.

3. 2. と同様に, $\int_c^t dy \int_a^s f_{yx}(x,y)dx = \int_a^s (f_x(x,t) - f_x(x,c))dx = f(s,t) - f(s,c) - f(a,t) + f(a,c)$ である. よって逐次積分の公式より, $[a,b] \times [c,d]$ で $\int_{[a,s] \times [c,t]} (f_{xy}(x,y) - f_{yx}(x,y))dxdy = 0$ である. したがって 1. より, $[a,b] \times [c,d]$ で $f_{xy}(x,y) - f_{yx}(x,y) = 0$ である.

6.3.1 (1) $\int_{x^2+y^2 \leqq 1, x \geqq 0} x dx dy = \int_{0 \leqq r \leqq 1, -\frac{\pi}{2} \leqq \theta \leqq \frac{\pi}{2}} r \cos\theta r dr d\theta = \dfrac{2}{3}$.

(2) $\int_{x^2+y^2 \leqq x} x dx dy = \int_{0 \leqq r \leqq \cos\theta, -\frac{\pi}{2} \leqq \theta \leqq \frac{\pi}{2}} r \cos\theta r dr d\theta = \int_{-\frac{\pi}{2}}^{\frac{\pi}{2}} d\theta \int_0^{\cos\theta} r^2 \cos\theta dr = \int_{-\frac{\pi}{2}}^{\frac{\pi}{2}} \dfrac{\cos^4\theta}{3} d\theta = \dfrac{1}{3} B\left(\dfrac{5}{2}, \dfrac{1}{2}\right) = \dfrac{\pi}{8}$.

(3) $\int_{x^2+y^2 \leqq x} \sqrt{1-x^2-y^2} dx dy = \int_{\substack{0 \leqq r \leqq \cos\theta, \\ -\frac{\pi}{2} \leqq \theta \leqq \frac{\pi}{2}}} \sqrt{1-r^2} r dr d\theta = \int_{-\frac{\pi}{2}}^{\frac{\pi}{2}} d\theta \int_0^{\cos\theta} \sqrt{1-r^2} r dr = 2\int_0^{\frac{\pi}{2}} d\theta \int_{\sin\theta}^1 s \cdot s ds = \dfrac{2}{3} \int_0^{\frac{\pi}{2}} [s^3]_{\sin\theta}^1 d\theta = \dfrac{2}{3} \int_0^{\frac{\pi}{2}} (1 - \sin^3\theta) d\theta = \dfrac{\pi}{3} - \dfrac{1}{3} B\left(\dfrac{1}{2}, 2\right) = \dfrac{\pi}{3} - \dfrac{4}{9}$.

6.3.2 D を $x^2 + y^2 \leqq 1$ と $(x-1)^2 + y^2 \leqq 1$ の共通部分とすると, 求める体積は $\int_D (1 - \sqrt{x^2+y^2}) dx dy = \dfrac{2\pi}{3} - \dfrac{\sqrt{3}}{2} - \int_D \sqrt{x^2+y^2} dx dy$. 極座標に変換すれば, 右辺の積分は $2\int_0^{\frac{\pi}{3}} d\theta \int_0^1 r^2 dr + 2\int_{\frac{\pi}{3}}^{\frac{\pi}{2}} d\theta \int_0^{2\cos\theta} r^2 dr = \dfrac{2\pi}{9} + \dfrac{16}{3} \int_{\frac{\pi}{3}}^{\frac{\pi}{2}} \cos^3\theta d\theta$ である. 右辺の積分は $\int_{\frac{\pi}{3}}^{\frac{\pi}{2}} (\cos\theta - \sin^2\theta \cos\theta) d\theta = \left[\sin\theta - \dfrac{\sin^3\theta}{3}\right]_{\frac{\pi}{3}}^{\frac{\pi}{2}} = \left(1 - \dfrac{1}{3}\right) - \left(\dfrac{\sqrt{3}}{2} - \dfrac{3\sqrt{3}}{3 \cdot 8}\right) = \dfrac{2}{3} - \dfrac{3\sqrt{3}}{8}$ だから, 求める体積は $\dfrac{2\pi}{3} - \dfrac{\sqrt{3}}{2} - \left(\dfrac{2\pi}{9} + \dfrac{16}{3}\left(\dfrac{2}{3} - \dfrac{3\sqrt{3}}{8}\right)\right) = \dfrac{4\pi}{9} - \dfrac{32}{9} + \dfrac{3\sqrt{3}}{2}$ である.

6.3.3 $13x^2 - 16xy + 5y^2$ に $x = 2s+t, y = 3s+2t$ を代入すれば $s^2 + t^2$ であり, $4x^2 - 4xy + y^2$ に代入すれば s^2 である. $\det P = 1$ だから変数変換公式より $\int_{13x^2-16xy+5y^2 \leqq 1} (4x^2 - 4xy + y^2) dx dy = \int_{s^2+t^2 \leqq 1} s^2 ds dt = 4\int_0^1 s^2 \sqrt{1-s^2} ds$ である. $x = s^2$ とおいて置換積分すれば $2\int_0^1 \sqrt{x(1-x)} dx = \dfrac{\pi}{4}$ である.

6.3.4 問題 3.5.3.2, 3 より, D は写像 $F(s,t) = (s^2 - t^2, 2st)$ により直角 3 角形 $E: 0 \leqq t \leqq s \leqq 1$ と 1 対 1 に対応する. $F(s,t)$ は連続微分可能であり, そのヤコビアンは $2s \cdot 2s - (-2t) \cdot 2t = 4(s^2 + t^2)$ だから, 変数変換公式より求める積分は

$\int_E (s^2-t^2)\cdot 4(s^2+t^2)dsdt = 4\int_0^1 ds\int_0^s (s^4-t^4)dt = 4\int_0^1 \left(s^5-\dfrac{s^5}{5}\right)ds = \dfrac{16}{5}\dfrac{1}{6} = \dfrac{8}{15}$.

6.3.5 問題 3.5.2.2 より，写像 $(s,t)\mapsto (s+t,4st)$ は，st 平面の部分 $E:4st\geqq 8, s+t\leqq 3$, $s\geqq t\geqq 0$ を，xy 平面の部分 D に 1 対 1 に写す．ヤコビアンは $\det\begin{pmatrix}1 & 1 \\ 4t & 4s\end{pmatrix} = 4(s-t)$ だから，変数変換公式より，$\int_D \sqrt{x^2-y}\,dxdy = \int_E 4(s-t)^2 dsdt$ である．右辺の積分は直線 $s=t$ に対して E と対称な部分での積分と等しいから，$\int_1^2 dt\int_{\frac{2}{t}}^{3-t} 2(s-t)^2 ds = \dfrac{2}{3}\int_1^2 [(s-t)^3]_{\frac{2}{t}}^{3-t}dt = \dfrac{2}{3}\int_1^2 \left((3-2t)^3-\left(\dfrac{2}{t}-t\right)^3\right)dt = 0+\dfrac{2}{3}\int_1^2 \left(t^3-6t+\dfrac{12}{t}-\dfrac{8}{t^3}\right)dt = \dfrac{2}{3}\left[\dfrac{t^4}{4}-3t^2+12\log t+\dfrac{4}{t^2}\right]_1^2 = \dfrac{5}{2}-6+8\log 2-2 = -\dfrac{11}{2}+8\log 2$.

6.3.6 (1) $x=r\cos\theta, y=r\sin\theta$ とおけば，$r^4\leqq r^2(\cos^2\theta-\sin^2\theta)$ であり，$r^2\leqq \cos 2\theta$ だから，例 6.3.4.2 より求める面積は，$2\int_{-\frac{\pi}{4}}^{\frac{\pi}{4}} \dfrac{\cos 2\theta}{2}d\theta = \int_0^{\frac{\pi}{2}} \cos\theta d\theta = 1$.

(2) (1) と同様に，$r\leqq 1+\cos\theta$ だから，求める面積は，$\int_0^{2\pi} \dfrac{(1+\cos\theta)^2}{2}d\theta = \dfrac{1}{2}\int_0^{2\pi}(1+2\cos\theta+\cos^2\theta)d\theta = \dfrac{3\pi}{2}$.

6.3.7 1. a を実数とし，$x=\cosh a\cdot\cos t, y=\sinh a\cdot\sin t$ とおく．$a=0$ なら $x=\cos t, y=0$ である．よって直線 $s=0$ の像は線分 $[-1,1]\times\{0\}$ である．

$a\neq 0$ とする．$\dfrac{x^2}{\cosh^2 a}+\dfrac{y^2}{\sinh^2 a} = \cos^2 t+\sin^2 t=1$ だから，直線 $s=a$ の像は楕円 $\dfrac{x^2}{\cosh^2 a}+\dfrac{y^2}{\sinh^2 a}=1$ に含まれる．

逆に (u,v) が楕円 $\dfrac{x^2}{\cosh^2 a}+\dfrac{y^2}{\sinh^2 a}=1$ の点なら $\left(\dfrac{u}{\cosh a},\dfrac{v}{\sinh a}\right)$ は単位円 $x^2+y^2=1$ の点だから，$(u,v)=(\cosh a\cdot\cos w,\sinh a\cdot\sin w)$ をみたす実数 w がある．よって直線 $s=a$ の像は楕円 $\dfrac{x^2}{\cosh^2 a}+\dfrac{y^2}{\sinh^2 a}=1$ に等しい．

b を実数とし，$x=\cosh s\cdot\cos b, y=\sinh s\cdot\sin b$ とおく．b が π の偶数倍なら $x=\cosh s, y=0$ である．よって直線 $t=b$ の像は x 軸の $x\geqq 1$ の部分である．同様に，b が π の奇数倍なら像は x 軸の $x\leqq -1$ の部分であり，$\dfrac{\pi}{2}$ の奇数倍なら像は y 軸全体である．

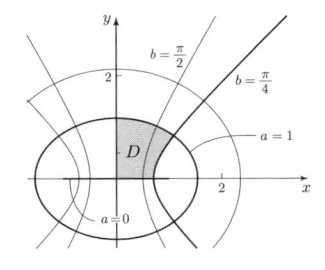

b が $\dfrac{\pi}{2}$ の整数倍ではないとする．$\dfrac{x^2}{\cos^2 b}-\dfrac{y^2}{\sin^2 b}=\cosh^2 s-\sinh^2 s=1$ だから，直線 $t=b$ の像は双曲線 $\dfrac{x^2}{\cos^2 b}-\dfrac{y^2}{\sin^2 b}=1$ のうち x の符号が $\cos b$ の符号と等しい部分に含まれる．

逆に (u,v) が双曲線 $\dfrac{x^2}{\cos^2 b}-\dfrac{y^2}{\sin^2 b}=1$ の点で u の符号と $\cos b$ の符号が等しければ $\left(\dfrac{u}{\cos b},\dfrac{v}{\sin b}\right)$ は双曲線 $x^2-y^2=1$ の $x\geqq 1$ の部分の点だから，$w=\log\left(\dfrac{u}{\cos b}+\dfrac{v}{\sin b}\right)$

とおけば $(u,v) = (\cos b \cdot \cosh w, \sin b \cdot \sinh w)$ である．よって直線 $t = b$ の像は双曲線 $\dfrac{x^2}{\cos^2 b} - \dfrac{y^2}{\sin^2 b} = 1$ のうち x の符号が $\cos b$ の符号と等しい部分である．

2. D は st 平面の閉区間 $E = [0,1] \times [\frac{\pi}{4}, \frac{\pi}{2}]$ の $F(s,t)$ による像であり，$F(s,t)$ は E から D への 1 対 1 対応を定める．$F(s,t)$ のヤコビアンは $\sinh s \cdot \cos t \cdot \sinh s \cdot \cos t - \cosh s \cdot (-\sin t) \cdot \cosh s \cdot \sin t = \sinh^2 s \cdot \cos^2 t + \cosh^2 s \cdot \sin^2 t = -\cos^2 t + \cosh^2 s$ だから，
$$\int_D y\,dxdy = \int_E \sinh s \cdot \sin t \cdot (\cosh^2 s - \cos^2 t)\,dsdt = \int_0^1 \cosh^2 s \sinh s\, ds \int_{\frac{\pi}{4}}^{\frac{\pi}{2}} \sin t\, dt - \int_0^1 \sinh s\, ds \int_{\frac{\pi}{4}}^{\frac{\pi}{2}} \cos^2 t \sin t\, dt = \left[\frac{\cosh^3 s}{3}\right]_0^1 \left[-\cos t\right]_{\frac{\pi}{4}}^{\frac{\pi}{2}} - \left[\cosh s\right]_0^1 \left[-\frac{\cos^3 t}{3}\right]_{\frac{\pi}{4}}^{\frac{\pi}{2}} = \frac{1}{3}\left(\frac{(e+e^{-1})^3}{8} - 1\right)\frac{\sqrt{2}}{2} - \frac{1}{3}\left(\frac{e+e^{-1}}{2} - 1\right)\frac{\sqrt{2}}{4} = \frac{\sqrt{2}}{48}\left(e^3 + e + e^{-1} + e^{-3} - 4\right)$$

6.4.1 (1) 被積分関数の絶対値は 1 以下だから命題 6.4.1 より広義積分は絶対収束する．$0 < t \leqq 1$ とすると $\int_0^1 \dfrac{2xt}{x^2 + t^2}\,dx = [t\log(x^2+t^2)]_0^1 = t(\log(t^2+1) - \log t^2)$ である．よって逐次積分（命題 6.2.7）より，求める積分は $\int_0^1 y(\log(y^2+1) - \log y^2)\,dy$ である．$s = y^2$ とおいて置換積分すれば，$\dfrac{1}{2}\int_0^1(\log(s+1) - \log s)\,ds = \dfrac{1}{2}[(s+1)\log(s+1) - (s+1) - s\log s + s]_0^1 = \log 2$ である．

(2) $\int_{x \geqq 1, y \geqq 1} \dfrac{1}{(x+y)^3}\,dxdy = \lim\limits_{t \to \infty} \int_{x \geqq 1, y \geqq 1, x+y \leqq t} \dfrac{1}{(x+y)^3}\,dxdy$ である．1 次変換 $x = x, s = x+y$ により $\int_{x \geqq 1, y \geqq 1, x+y \leqq t} \dfrac{1}{(x+y)^3}\,dxdy = \int_{1 \leqq x \leqq s-1,\, 2 \leqq s \leqq t} \dfrac{1}{s^3}\,dxds = \int_2^t ds \int_1^{s-1} \dfrac{1}{s^3}\,dx$ である．さらに逐次積分よりこれは $\int_2^t \dfrac{s-2}{s^3}\,ds = \int_2^t \dfrac{1}{s^2} - \dfrac{2}{s^3}\,ds = \left[-\dfrac{1}{s} + \dfrac{1}{s^2}\right]_2^t$ だから，積分は収束し値は $\dfrac{1}{2} - \dfrac{1}{4} = \dfrac{1}{4}$ である．

6.4.2 $A = \{a_n \mid n \text{ は自然数}\}$ とおく．b は A の上界だから命題 6.4.3 より，A の上限 s が存在する．$q > 0$ を実数とする．$s - q$ は A の上界でないから，$s - q < a_m$ をみたす自然数 m が存在する．この m に対し $n \geqq m$ なら，$s - q < a_m \leqq a_n \leqq s$ だから $|s - a_n| < q$ である．よって (a_n) は s に収束する．

6.4.3 1. ヒントの $A \subset [a,b]$ は定理 1.1.4 の条件 (D) をみたし，A の終点 c が存在する．$(c, \infty) \subset ([a,b] - A) \cup (b, \infty)$ であり，$(-\infty, c) \subset (-\infty, a] \cup A$ となる．よって $r > 0$ に対し，$|a_m - c| < r$，つまり $a_m < c + r$ かつ $a_m \nleqq c - r$，をみたす m は無限個ある．

数列 (m_n) を次のように帰納的に定める．$|a_m - c| < 1$ をみたす自然数 m のうち最小のものを m_1 とおく．以下，m_n まで定まったとして，$|a_m - c| < \dfrac{1}{n+1}$ をみたす自然数 $m > m_n$ のうち最小のものを m_{n+1} とおく．数列 (m_n) の定め方より，すべての n に対し $m_n < m_{n+1}$ であり $|c_n - c| < \dfrac{1}{n}$ をみたす．よって数列 (c_n) は c に収束する．

第7章 曲線と線積分

2変数の連続関数の対の曲線にそった積分を定義し，線積分とよぶ．これは，理論上も物理などへの応用でも重要である．線積分などのこの章で扱う内容は，単に微積分というよりも幾何的な要素が濃くなってくる．

7.1節では，曲線の長さや曲面の面積をパラメータ表示を使って積分で定義する．

7.2節では，平面内の曲線にそった線積分を定義する．平面内の曲線の方向を表わす接ベクトルには2つの成分があるので，線積分では2変数関数の対を積分する．始点と終点が一致する閉曲線上の線積分を，その曲線でかこまれる部分での重積分で表わすグリーンの定理を証明する．その応用として，複素数係数の多項式は1次式の積に分解されるという，代数学の基本定理を7.3節で証明する．

7.4節では，多変数関数の組が定めるベクトル場や微分形式についての用語や性質を解説する．この節では命題の正確な定式化や証明はすべて省略し，物理への応用をいくつか紹介する．

7.1 曲線と曲面

連続微分可能な曲線の長さを積分で定義する．

定義 7.1.1 閉区間 $[a,b]$ で定義された連続微分可能な**曲線**（定義 3.1.9）$\boldsymbol{p}(t)=(p(t),q(t))$ を C で表わす．曲線 C の**長さ** $l(C)$ を

$$l(C)=\int_a^b |\boldsymbol{p}'(t)|dt \tag{7.1}$$

で定義する． ∎

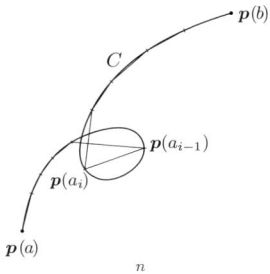

曲線の長さは近似する折れ線の長さの分割を細かくしたときの極限であることを示す．このことから曲線の長さはパラメータ表示によらず，円の弧の長さは定義2.1.4の定義と一致することがしたがう．閉区間 $[a,b]$ で定義された連続微分可能な曲線 $\boldsymbol{p}(t) = (p(t), q(t))$ と，$[a,b]$ の分割 $\Delta = (a = a_0 \leqq a_1 \leqq \cdots \leqq a_n = b)$ に対し，折れ線の長さ $\sum_{i=1}^n |\boldsymbol{p}(a_i) - \boldsymbol{p}(a_{i-1})|$ を $l(C, \Delta)$ で表わす．

命題 7.1.2 $\boldsymbol{p}(t)$ を閉区間 $[a,b]$ で定義された連続微分可能な曲線とする．任意の実数 $q > 0$ に対し，実数 $r > 0$ で閉区間 $[a,b]$ の $d(\Delta) < r$ をみたす任意の分割 Δ に対し $\left| l(C) - l(C, \Delta) \right| \leqq q$ をみたすものが存在する． ∎

(6.10)と同様に極限の記号を使えば，$\displaystyle\lim_{d(\Delta) \to 0} l(C, \Delta) = l(C)$ である．

証明 $q > 0$ を実数とする．$\boldsymbol{p}'(t)$ の成分は一様連続だから（命題4.1.10），実数 $r > 0$ で閉区間 $[a,b]$ の $|s - t| < r$ をみたす任意の実数 s, t に対し $|\boldsymbol{p}'(s) - \boldsymbol{p}'(t)| < q$ となるものが存在する．

この $r > 0$ に対し，$\Delta = (a = a_0 \leqq a_1 \leqq \cdots \leqq a_n = b)$ を $d(\Delta) < r$ をみたす $[a,b]$ の分割とする．命題6.2.2.2より，分割 Δ に属するリーマン和で $l(C) = S(|\boldsymbol{p}'(t)|, \Delta, (t_i))$ をみたすものがある．

$[a_{i-1}, a_i]$ で定義された曲線 $\boldsymbol{p}(t) - \boldsymbol{p}'(t_i) \cdot t$ に基本不等式（命題3.1.10）を適用すれば，$|\boldsymbol{p}(a_i) - \boldsymbol{p}(a_{i-1}) - \boldsymbol{p}'(t_i)(a_i - a_{i-1})| \leqq q \cdot (a_i - a_{i-1})$ である．よって，3角不等式より $||\boldsymbol{p}(a_i) - \boldsymbol{p}(a_{i-1})| - |\boldsymbol{p}'(t_i)|(a_i - a_{i-1})| \leqq q \cdot (a_i - a_{i-1})$ であり，$\left| l(C, \Delta) - S(|\boldsymbol{p}'(t)|, \Delta, (t_i)) \right| \leqq q \cdot (b - a)$ である．$\displaystyle\lim_{t \to +0}(b-a)t = 0$ だから，補題1.2.8と同様に命題が示される． □

例 7.1.3 1. 閉区間 $[a,b]$ で定義された連続微分可能な関数 $y = f(x)$ のグラフ $\{(x, f(x)) \mid a \leqq x \leqq b\}$ の長さは，$\displaystyle\int_a^b \sqrt{1 + (f'(x))^2} dx$ である．

2. $r(t)$ と $\theta(t)$ を閉区間 $[a,b]$ で定義された連続微分可能な関数とする．$[a,b]$ で定義された連続微分可能な曲線 C を $\bigl(r(t)\cos\theta(t), r(t)\sin\theta(t)\bigr)$ で定める．$\bigl(r(t)\cos\theta(t)\bigr)'^2 + \bigl(r(t)\sin\theta(t)\bigr)'^2 = (r'(t)\cos\theta(t) - r(t)\sin\theta(t)\theta'(t))^2 + (r'(t)\sin\theta(t) + r(t)\cos\theta(t)\theta'(t))^2 = r(t)^2\theta'(t)^2 + r'(t)^2$ だから，

$$l(C) = \int_a^b \sqrt{r(t)^2\theta'(t)^2 + r'(t)^2}\,dt$$

である．$\theta(t) = t$ の場合は，$l(C) = \int_a^b \sqrt{r(t)^2 + r'(t)^2}\,dt$ となる．■

曲線の曲率を定義する．記号を変えて，閉区間 $[a,b]$ で定義された平面内の 2 回微分可能な曲線 $\boldsymbol{q}(t)$ を C とする．$[a,b]$ で $\boldsymbol{q}'(t) \neq 0$ と仮定する．曲線 $\boldsymbol{q}(t)$ の長さが定める関数を $l(t) = \int_a^t |\boldsymbol{q}'(u)|\,du$ とする．$l(C) = l(b)$ であり，$[a,b]$ で $l'(t) = |\boldsymbol{q}'(t)| > 0$ である．$[0, l(C)]$ で定義された長さが 1 のベクトル値の関数 $\boldsymbol{p}(s)$ を，$s = l(t)$ の逆関数と $\dfrac{1}{l'(t)}\boldsymbol{q}'(t)$ の合成関数とする．$[0, l(C)]$ で $|\boldsymbol{p}(s)| = 1$ であり，$[a,b]$ で $\boldsymbol{q}'(t) = l'(t)\boldsymbol{p}(l(t))$ である．

$0 \leq s \leq l(C)$ に対し，$\boldsymbol{p}(s)$ と $\boldsymbol{p}'(s)$ をならべた行列の行列式 $k(s) = \det\begin{pmatrix}\boldsymbol{p}(s) & \boldsymbol{p}'(s)\end{pmatrix}$ を曲線 C の**曲率** (curvature) という．$[0, l(C)]$ で，$|\boldsymbol{p}(s)| = 1$ だから $(|\boldsymbol{p}(s)|^2)' = 2\boldsymbol{p}(s)\cdot\boldsymbol{p}'(s) = 0$ である．よって $|k(s)| = |\boldsymbol{p}'(s)|$ であり，曲率 $k(s)$ は長さが 1 の接ベクトル $\boldsymbol{p}(s)$ の向きの変化を表わしている．曲線が左まがりなら $k(s) > 0$ であり，右まがりなら $k(s) < 0$ である．

曲率をパラメータ表示 $\boldsymbol{q}(t)$ で表わす．$\boldsymbol{q}'(t) = l'(t)\boldsymbol{p}(l(t))$ だから $\boldsymbol{q}''(t) = l''(t)\boldsymbol{p}(l(t)) + l'(t)^2\boldsymbol{p}'(l(t))$ であり，行列で書けば $\begin{pmatrix}\boldsymbol{q}'(t) & \boldsymbol{q}''(t)\end{pmatrix} = \begin{pmatrix}\boldsymbol{p}(l(t)) & \boldsymbol{p}'(l(t))\end{pmatrix}\begin{pmatrix}l'(t) & l''(t) \\ 0 & l'(t)^2\end{pmatrix}$ となる．よって $\det\begin{pmatrix}\boldsymbol{q}'(t) & \boldsymbol{q}''(t)\end{pmatrix} = k(l(t))l'(t)^3 = k(l(t))|\boldsymbol{q}'(t)|^3$ であり，

$$k(l(t)) = \frac{1}{|\boldsymbol{q}'(t)|^3}\cdot\det\begin{pmatrix}\boldsymbol{q}'(t) & \boldsymbol{q}''(t)\end{pmatrix} \tag{7.2}$$

である．

曲率の幾何的な別の意味を調べる．$a < c < b$ とし，C 上の点 $\boldsymbol{c} = \boldsymbol{q}(c)$ をとおり平面の点 $\boldsymbol{a}$ を中心とする円を $C_{\boldsymbol{a}}$ で表わす．C 上の点 $\boldsymbol{q}(t)$ と $\boldsymbol{a}$ の距離を $r(t) = |\boldsymbol{q}(t) - \boldsymbol{a}|$ とおく．円 $C_{\boldsymbol{a}}$ の半径は $r(c)$ であり，点 $\boldsymbol{q}(t)$ と円 $C_{\boldsymbol{a}}$ の距離は $|r(t) - r(c)|$ である．

曲線 C が $C_{\boldsymbol{a}}$ に $\boldsymbol{q}(c)$ で接するための条件は $r(t) - r(c) = o(t - c)$ だから，$r'(c) = 0$ である．$(r(t)^2)' = 2r(t)r'(t)$ は $((\boldsymbol{q}(t) - \boldsymbol{a})\cdot(\boldsymbol{q}(t) - \boldsymbol{a}))' = 2(\boldsymbol{q}(t) - \boldsymbol{a})\cdot\boldsymbol{q}'(t)$ と等しいから，$\boldsymbol{c} = \boldsymbol{q}(c)$ での接ベクトルを $\boldsymbol{v} = \boldsymbol{q}'(c) \neq 0$ とおくと，$r(c)r'(c) = (\boldsymbol{c} - \boldsymbol{a})\cdot\boldsymbol{v}$ である．よって，円 $C_{\boldsymbol{a}}$ が曲線 C に点 $\boldsymbol{c}$ で接するための条件は，中心 $\boldsymbol{a}$ が $\boldsymbol{c}$ での C の法線上にあることである．

C が C_a と c で 3 重に接する条件は $r(t) - r(c) = o((t-c)^2)$ だから, $r'(c) = r''(c) = 0$ である. $(r(t)^2)'' = 2r'(t)^2 + 2r(t)r''(t)$ は $2\bm{q}''(t) \cdot (\bm{q}(t) - \bm{a}) + 2\bm{q}'(t) \cdot \bm{q}'(t)$ と等しいから, 条件 $r'(c) = r''(c) = 0$ は $\bm{v} \cdot (\bm{c} - \bm{a}) = 0$, $\bm{q}''(c) \cdot (\bm{c} - \bm{a}) = -|\bm{v}|^2$ と同値である.

$\bm{v} = \bm{q}'(c) = \begin{pmatrix} u \\ v \end{pmatrix}, \bm{q}''(c) = \begin{pmatrix} w \\ z \end{pmatrix}$ とおくと, これは $\begin{pmatrix} u & v \\ w & z \end{pmatrix}(\bm{c} - \bm{a}) = \begin{pmatrix} 0 \\ -|\bm{v}|^2 \end{pmatrix}$ ということであり, $uz - vw \neq 0$ なら $\bm{c} - \bm{a} = -\dfrac{|\bm{v}|^2}{uz - vw}\begin{pmatrix} -v \\ u \end{pmatrix}$ である.

したがってこのとき, 半径 $r(c) = |\bm{a} - \bm{c}|$ は曲率 $\dfrac{uz - vw}{|\bm{v}|^3}$ の絶対値の逆数である. これを曲線 C の $t = c$ での**曲率半径** (radius of curvature) という. 曲率が 0 のときは, 曲率半径は ∞ であるという.

閉区間 $[a, b]$ で定義された 3 次元空間内の微分可能な曲線 $\bm{p}(t) = (p(t), q(t), r(t))$ に対しても, その長さ $l(C)$ が同様に積分 $\int_a^b |\bm{p}'(t)| dt$ として定義される. 命題 7.1.2 と同様に, 曲線の長さは近似する折れ線の長さの分割を細かくしたときの極限と等しい.

3 次元空間内の曲面も, 曲線のようにパラメータ表示 (定義 3.1.9) で表わせる. $s\bm{a} + t\bm{b} = \bm{0}$ をみたす実数 s, t が $s = t = 0$ しかないとき, ベクトル $\bm{a}, \bm{b}$ は**線形独立** (linearly independent) であるという.

定義 7.1.4 U を平面の開集合とする. $\bm{p}(s, t) = (p(s, t), q(s, t), r(s, t))$ を U で定義された連続微分可能な**曲面** (定義 6.1.12) とし, (a, b) を U の点とする. 偏微分係数が成分のベクトル $\bm{p}_s(a, b) = \begin{pmatrix} p_s(a, b) \\ q_s(a, b) \\ r_s(a, b) \end{pmatrix}$ と $\bm{p}_t(a, b) = \begin{pmatrix} p_t(a, b) \\ q_t(a, b) \\ r_t(a, b) \end{pmatrix}$ が線形独立なとき, 点 $\bm{p}(a, b) = (p(a, b), q(a, b), r(a, b))$ をとおりベクトル $\bm{p}_s(a, b)$ と $\bm{p}_t(a, b)$ に平行なベクトルを含む平面を, 曲面 $\bm{p}(s, t)$ の $(s, t) = (a, b)$ での**接平面**という. 接平面と直交するベクトルを**法ベクトル**という. ∎

例 7.1.5 1. いたるところ定義された微分可能な曲面を,

$$\boldsymbol{p}(s,t) = (\sin s \cdot \cos t,\ \sin s \cdot \sin t,\ \cos s)$$

で定める．これは原点を中心とする半径 1 の**単位球面** (unit sphere) $S^2 = \{(x,y,z) \mid x^2 + y^2 + z^2 = 1\}$ を表わす．

$\boldsymbol{p}(s,t)$ は，閉区間 $[0,\pi] \times [0,2\pi]$ を球面全体にうつす．開区間 $(0,\pi) \times (0,2\pi)$ の点と球面 S^2 から $x \geq 0, y = 0$ の部分をのぞいたものの点の間に 1 対 1 対応を定める．

2. いたるところ定義された微分可能な曲面を

$$\boldsymbol{p}(s,t) = ((\sin s + 2) \cdot \cos t,\ (\sin s + 2) \cdot \sin t,\ \cos s)$$

で定める．これは xz 平面の点 $(2,0,0)$ を中心とする半径 1 の円を z 軸を中心に回転して得られる曲面を表わす．この曲面を 2 次元**トーラス** (torus) といい T^2 で表わす．

$\boldsymbol{p}(s,t)$ は，閉区間 $[0,2\pi] \times [0,2\pi]$ をトーラス全体にうつす．開区間 $(0,2\pi) \times (0,2\pi)$ の点と T^2 から $z=1$ の部分と $x \geq 0, y = 0$ の部分をのぞいたものの点の間に 1 対 1 対応を定める． ∎

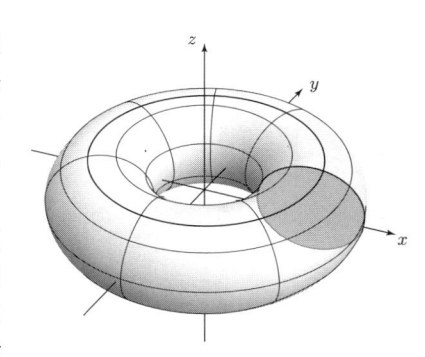

例 7.1.5 のように，曲面のパラメータ表示では，曲面の点と定義域の点の対応がうまく 1 対 1 対応にならないのがふつうである．

曲面の面積を定義する準備として，空間ベクトルのベクトル積を解説する．ベクトル $\boldsymbol{a} = \begin{pmatrix} a_1 \\ a_2 \\ a_3 \end{pmatrix}$ と $\boldsymbol{b} = \begin{pmatrix} b_1 \\ b_2 \\ b_3 \end{pmatrix}$ の**ベクトル積** (vector product) を $\boldsymbol{a} \times \boldsymbol{b} = \begin{pmatrix} a_2 b_3 - a_3 b_2 \\ a_3 b_1 - a_1 b_3 \\ a_1 b_2 - a_2 b_1 \end{pmatrix}$ で定義し，**内積**を $\boldsymbol{a} \cdot \boldsymbol{b} = a_1 b_1 + a_2 b_2 + a_3 b_3$ で定義する．$\boldsymbol{a}$ の**長さ**は $|\boldsymbol{a}| = \sqrt{\boldsymbol{a} \cdot \boldsymbol{a}}$ である．$\boldsymbol{a} \cdot \boldsymbol{b} = 0$ のとき，$\boldsymbol{a}$ と $\boldsymbol{b}$ は**直交** (orthogonal) するという．ベクトル積を**外積** (exterior product) ともいう．

補題 7.1.6 a, b が空間ベクトルならば，$|a \cdot b| \leqq |a| \cdot |b|$ である．実数 $0 \leqq \theta \leqq \pi$ を $a \cdot b = |a| \cdot |b| \cdot \cos\theta$ で定める．このとき，ベクトル積 $a \times b$ の長さ $|a \times b|$ は，a, b がはる平行4辺形の面積 $\sqrt{|a|^2 \cdot |b|^2 - (a \cdot b)^2} = |a| \cdot |b| \cdot \sin\theta$ である． ■

証明 $(a \cdot b)^2 + |a \times b|^2 = |a|^2 \cdot |b|^2$ を確かめればよい．ベクトル積の定義より，$|a \times b|^2 = (a_2b_3 - a_3b_2)^2 + (a_3b_1 - a_1b_3)^2 + (a_1b_2 - a_2b_1)^2 = \sum_{1 \leqq i < j \leqq 3}(a_i^2 b_j^2 + a_j^2 b_i^2 - 2a_i a_j b_i b_j)$ である．これに $(a \cdot b)^2 = \left(\sum_{i=1}^{3} a_i b_i\right)^2 = \sum_{i=1}^{3} a_i^2 b_i^2 + \sum_{1 \leqq i < j \leqq 3} 2a_i b_i a_j b_j$ をたせば，$\sum_{i=1}^{3}\sum_{j=1}^{3} a_i^2 b_j^2 = |a|^2 \cdot |b|^2$ である． □

補題 7.1.6 のように $0 \leqq \theta \leqq \pi$ を $a \cdot b = |a| \cdot |b| \cdot \cos\theta$ で定めると，a, b が線形独立であるとは $|a| \neq 0, |b| \neq 0, \theta \neq 0, \pi$ ということである．よって，補題 7.1.6 よりこれは $a \times b \neq 0$ と同値である．

9つの数を正方形にならべたもの $A = \begin{pmatrix} a_{11} & a_{12} & a_{13} \\ a_{21} & a_{22} & a_{23} \\ a_{31} & a_{32} & a_{33} \end{pmatrix}$ を3行3列の**行列**という．A の**行列式**を $\det A = a_{11}a_{22}a_{33} + a_{21}a_{32}a_{13} + a_{31}a_{12}a_{23} - a_{11}a_{32}a_{23} - a_{21}a_{12}a_{33} - a_{31}a_{22}a_{13}$ で定義する．ベクトル a, b, c をならべた行列 $\begin{pmatrix} a & b & c \end{pmatrix}$ の行列式は，ベクトル積との内積 $(a \times b) \cdot c$ である．2つの列が等しい行列の行列式は 0 だから，$a \times b$ は a とも b とも直交する．

曲線の長さの定義（定義 7.1.1）と同様に，曲面の面積をパラメータ表示を使って接ベクトルのはる平行4辺形の面積の重積分として定義する．

定義 7.1.7 $p(s, t)$ を平面の開集合 U で定義された連続微分可能な曲面とする．D を U に含まれる面積確定な有界閉集合とし，$S = \{p(s, t) \mid (s, t) は D の点\}$ を $p(s, t)$ による D の像とする．D に含まれる面積 0 の面積確定な閉部分集合 N をのぞき $p(s, t)$ は D の点と S の点の1対1対応を定めるとする．

曲面 S の**面積** $m(S)$ を，法ベクトル $p_s(s, t) \times p_t(s, t)$ の長さの積分

$$m(S) = \int_D |p_s(s, t) \times p_t(s, t)| ds dt$$

と定義する． ■

D が閉区間とすると，面積 $m(S)$ を近似するリーマン和は，D の分割が定める曲面 S の分割の各部分を近似する平行 4 辺形の面積の和である．

例 7.1.8 1. U を平面の開集合とし，$f(x,y)$ を U で定義された連続微分可能な関数とする．D を U に含まれる面積確定な有界閉集合とし $S = \{(x,y,z) \mid (x,y) \in D, z = f(x,y)\}$ とおく．$\boldsymbol{p}(x,y) = \begin{pmatrix} x \\ y \\ f(x,y) \end{pmatrix}$ とすると

$$\boldsymbol{p}_x(x,y) \times \boldsymbol{p}_y(x,y) = \begin{pmatrix} 1 \\ 0 \\ f_x(x,y) \end{pmatrix} \times \begin{pmatrix} 0 \\ 1 \\ f_y(x,y) \end{pmatrix} = \begin{pmatrix} -f_x(x,y) \\ -f_y(x,y) \\ 1 \end{pmatrix}$$

だから，S の面積は $\int_D \sqrt{1 + f_x(x,y)^2 + f_y(x,y)^2} dx dy$ である．

2. $f(z) \geqq 0$ を閉区間 $[a,b]$ で定義された連続微分可能な関数とする．$[0, 2\pi] \times [a,b]$ で定義された曲面 $(\cos t \cdot f(z), \sin t \cdot f(z), z)$ は，関数 $x = f(z)$ のグラフを z 軸を中心に回転させたものである．法ベクトルは

$$\begin{pmatrix} -f(z) \sin t \\ f(z) \cos t \\ 0 \end{pmatrix} \times \begin{pmatrix} f'(z) \cos t \\ f'(z) \sin t \\ 1 \end{pmatrix} = f(z) \begin{pmatrix} \cos t \\ \sin t \\ -f'(z) \end{pmatrix}$$

だから，この曲面の面積は

$$\int_{[0,2\pi] \times [a,b]} f(z) \sqrt{1 + f'(z)^2} dt dz = 2\pi \int_a^b f(z) \sqrt{1 + f'(z)^2} dz$$

である． ∎

曲面の面積の定義はパラメータ表示によらない．これは変数変換公式（定理 6.3.3）の帰結である．

命題 7.1.9 $\boldsymbol{p}(s,t)$ を st 平面の開集合 U で定義された連続微分可能な曲面，$\boldsymbol{q}(u,v)$ を uv 平面の開集合 V で定義された連続微分可能な曲面とし，$F(u,v)$ を V で定義された連続微分可能な写像とする．E を V に含まれる面積確定な有界閉集合とし，D を $F(u,v)$ による E の像 $\{F(u,v) \mid (u,v) \text{ は } E \text{ の点}\}$ とする．E で $\boldsymbol{q}(u,v) = \boldsymbol{p}(F(u,v))$ であるとする．

S を $\boldsymbol{p}(s,t)$ による D の像 $\{\boldsymbol{p}(s,t) \mid (s,t) \text{ は } D \text{ の点}\}$ とする．N を E に含まれる面積 0 の面積確定な閉集合で，$S_0 = \{\boldsymbol{q}(u,v) \mid (u,v) \text{ は } E - N \text{ の点}\}$ とおくと，$\boldsymbol{q}(u,v)$ は $E - N$ と S_0 の 1 対 1 対応を定めるものとする．

このとき，$F(u,v)$ による N の像 $M = \{F(u,v) \mid (u,v) \text{ は } N \text{ の点}\}$ は D に含まれる面積 0 の面積確定な有界閉集合で，$\boldsymbol{p}(s,t)$ は $D - M$ と S_0 の 1

対 1 対応を定める．さらに D も面積確定な有界閉集合であり，

$$\int_D |\boldsymbol{p}_s(s,t) \times \boldsymbol{p}_t(s,t)|dsdt = \int_E |\boldsymbol{q}_u(u,v) \times \boldsymbol{q}_v(u,v)|dudv \tag{7.3}$$

である． ∎

証明 命題 6.3.2 より D と M は面積確定な有界閉集合であり，M は面積 0 である．$\boldsymbol{q}(u,v) = \boldsymbol{p}(F(u,v))$ であり，$\boldsymbol{q}(u,v)$ は $E-N$ と S_0 の 1 対 1 対応を定めるから，$F(u,v)$ は $E-N$ と $D-M = \{F(u,v) \mid (u,v)\text{ は }E-N\text{ の点}\}$ の 1 対 1 対応を定め，$\boldsymbol{p}(s,t)$ は $D-M$ と S_0 の 1 対 1 対応を定める．

連鎖律 (3.41) より $|\boldsymbol{p}_s(F(u,v)) \times \boldsymbol{p}_t(F(u,v))| \cdot |J(u,v)| = |\boldsymbol{q}_u(u,v) \times \boldsymbol{q}_v(u,v)|$ だから，変数変換公式（定理 6.3.3）より (7.3) が得られる． □

まとめ

・曲線の長さを定積分で定義した．曲線の長さは近似する折れ線の分割を細かくしたときの極限である．平面内の曲線の曲率も定義した．

・空間内の曲面もパラメータ表示で定義する．曲面の面積は，法ベクトルの長さの積分として定義する．

問題

A 7.1.1 1. $p \geqq 0$ とする．単位円 $C = \{(x,y) \in \mathbf{R}^2 \mid x^2 + y^2 = 1\}$ の $x > 0$ の部分のパラメータ表示 $\left(\dfrac{1}{\sqrt{1+t^2}}, \dfrac{t}{\sqrt{1+t^2}}\right)$ を使って，C の $0 \leqq y \leqq px$ の部分の長さを積分で表わせ．$\arctan x = \displaystyle\int_0^x \dfrac{1}{1+t^2}dt$ も確かめよ．

2. $0 \leqq q \leqq 1$ とする．$[0,q]$ で定義された関数 $y = \sqrt{1-x^2}$ のグラフの長さを積分で表わせ．$\arcsin x = \displaystyle\int_0^x \dfrac{1}{\sqrt{1-s^2}}ds$ も確かめよ．

A 7.1.2 次の曲線の長さを求めよ．
(1) $(t - \sin t, 1 - \cos t)$ $(0 \leqq t \leqq 2\pi)$ （サイクロイド）．
(2) $(x, \cosh x)$ $(-1 \leqq x \leqq 1)$ （**カテナリー** (catenary)）．
(3) $(\cos^3 t, \sin^3 t)$ $(0 \leqq t \leqq 2\pi)$ （**アステロイド** (asteroid)）．
(4) $((1 + \cos t)\cos t, (1 + \cos t)\sin t)$ $(0 \leqq t \leqq 2\pi)$ （カーディオイド）．
(5) $(t\cos t, t\sin t)$ $(0 \leqq t \leqq a)$ （**アルキメデスの螺旋** (Archimedes' spiral)）．
(6) $(e^t \cos t, e^t \sin t)$ $(0 \leqq t \leqq a)$ （**対数螺旋** (logarithmic spiral)）．

(2)　　　　　　　(3)　　　　　　　(5)　　　　　　　(6)

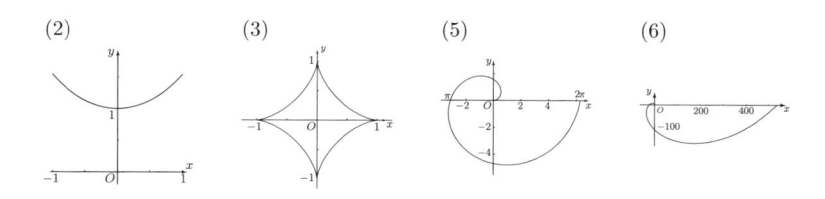

A 7.1.3 $0 < a < 1$ とし，$k = a - a^2 > 0$ とおく．$0 < t < \dfrac{1}{\sqrt{a}}$ に対し，楕円 $ax^2 + y^2 = 1$ の $0 \leqq x \leqq t, y \geqq 0$ の部分の長さを $\displaystyle\int_0^t \dfrac{x \text{ の多項式}}{\sqrt{(1-kx^2)(1-ax^2)}} dx$ の形の積分で表わせ．

問題 7.1.3 の積分は逆三角関数の類似であり，**楕円積分** (elliptic integral) とよばれる．楕円積分の逆関数は三角関数の類似であり，**楕円関数** (elliptic function) とよばれる．$y^2 = (x \text{ の 3 次式})$ や $y^2 = (x \text{ の 4 次式})$ のような方程式で定義される曲線が楕円ではないのに**楕円曲線** (elliptic curve) とよばれるのは，被積分関数の分母を y とおけば $y^2 = (1 - kx^2)(1 - ax^2)$ となるという楕円の弧長とのつながりがあるからである．

A 7.1.4　1. 弧長 $l(t)$ が t で曲率 $k(t)$ が定数関数 $k > 0$ となる曲線 $\boldsymbol{q}(t)$ で，$\boldsymbol{q}(0) = (\frac{1}{k}, 0), \boldsymbol{q}'(0) = (0, 1)$ であるものを求めよ．

2. サイクロイド $(t - \sin t, 1 - \cos t)$ $(0 \leqq t \leqq 2\pi)$ の曲率を求めよ．

A 7.1.5　例 7.1.5 のパラメータ表示を使って，次の曲面の面積を求めよ．
(1) $x^2 + y^2 + z^2 = 1$.　(2) $x^2 + y^2 + z^2 - 4\sqrt{x^2 + y^2} + 3 = 0$.
(3) $x^2 + y^2 + z^2 = 1, \ x^2 + y^2 \leqq y, \ z \geqq 0$.

A 7.1.6　サイクロイド $(1 - \cos t, 0, t - \sin t)$ $(0 \leqq t \leqq 2\pi)$ を z 軸のまわりに回転して得られる曲面の面積を求めよ．

7.2　線積分とグリーンの定理

2 変数関数の対の，平面内の曲線にそった線積分を定義する．

定義 7.2.1　U を平面の開集合とし，$u(x, y), v(x, y)$ を U で定義された連続関数とする．閉区間 $[a, b]$ で定義された U 内の連続微分可能な曲線 $\boldsymbol{p}(t) = (p(t), q(t))$ を C で表わす．定積分

$$\int_a^b \Big(u(p(t), q(t))p'(t) + v(p(t), q(t))q'(t)\Big) dt \tag{7.4}$$

を，C にそった**線積分** (curve integral) といい，

$$\int_C u(x,y)dx + v(x,y)dy \tag{7.5}$$

で表わす. ■

線積分の記号では $\int_C (u(x,y)dx + v(x,y)dy)$ のようにかっこをつけたほうが誤解のおそれが少ないかもしれないが，(7.5) のように省略するのがふつうである．その場合でも $\left(\int_C u(x,y)dx\right) + v(x,y)dy$ のように読むと意味をなさないので気をつけないといけない．$u(x,y)dx + v(x,y)dy$ の部分をひとまとめにしてギリシャ文字 ω（オメガ）で表わし，$\int_C \omega$ のように書くことも多い.

記号 $\int_C u(x,y)dx + v(x,y)dy$ に曲線のパラメータ表示 $\boldsymbol{p}(t)$ が明示されていないのは，その値が ± 1 倍だけしかパラメータ表示によらないからである．

命題 7.2.2 U を平面の開集合とし，$u(x,y), v(x,y)$ を U で定義された連続関数とする．閉区間 $[a,b]$ で定義された U 内の連続微分可能な曲線 $\boldsymbol{p}_1(t) = (p_1(t), q_1(t))$ と，閉区間 $[c,d]$ で定義された U 内の連続微分可能な曲線 $\boldsymbol{p}_2(s) = (p_2(s), q_2(s))$ を，それぞれ C_1, C_2 で表わす．

1. $g(s)$ を $[c,d]$ で定義された単調増加で連続微分可能な関数で $g(c) = a, g(d) = b$ をみたすものとする．$[c,d]$ で $\boldsymbol{p}_1(g(s)) = \boldsymbol{p}_2(s)$ ならば

$$\int_{C_1} u(x,y)dx + v(x,y)dy = \int_{C_2} u(x,y)dx + v(x,y)dy$$

である．

2. $h(s)$ を $[c,d]$ で定義された単調減少で連続微分可能な関数で $h(c) = b, h(d) = a$ をみたすものとする．$[c,d]$ で $\boldsymbol{p}_1(h(s)) = \boldsymbol{p}_2(s)$ ならば

$$\int_{C_1} u(x,y)dx + v(x,y)dy = -\int_{C_2} u(x,y)dx + v(x,y)dy$$

である． ■

証明 1. 置換積分の公式 (4.11) より，(7.4) は $\int_c^d (u(\boldsymbol{p}_1(g(s))) \cdot p_1'(g(s)) + v(\boldsymbol{p}_1(g(s))) \cdot q_1'(g(s)))g'(s)ds$ である．$\boldsymbol{p}_1(g(s)) = \boldsymbol{p}_2(s)$, $p_1'(g(s))g'(s) = p_2'(s)$, $q_1'(g(s))g'(s) = q_2'(s)$ だから，これは $\int_{C_2} u(x,y)dx + v(x,y)dy$ である．

2. の証明も 1. の証明と同様だから省略する． □

命題 7.2.2.1 の条件をみたす単調増加で連続微分可能な関数 $g(s)$ があれば，線積分を考えるときには連続微分可能な曲線 C_1 と C_2 を区別する必要がな

い．このとき，C_1 と C_2 を同じ曲線の 2 とおりのパラメータ表示と考え，同じ**向きづけられた曲線** (oriented curve) を定めるといい $C_1 = C_2$ のように表わすことがある．命題 7.2.2.2 の条件をみたす関数 $h(s)$ があるときには，C_1 と C_2 は同じ曲線に逆の向きを定めると考え，$C_1 = -C_2$ のように表わすことがある．この記号を使えば，$\int_{-C} u(x,y)dx + v(x,y)dy = -\int_C u(x,y)dx + v(x,y)dy$ となる．

連続微分可能な関数の偏導関数の線積分は，もとの関数の終点での値と始点での値の差である．これは，微積分の基本定理の帰結であり，その 2 次元版と考えることができる．

命題 7.2.3 U を平面の開集合とする．$[a,b]$ で定義された U 内の連続微分可能な曲線 $\boldsymbol{p}(t) = (p(t), q(t))$ を C で表わし，C の始点を $\boldsymbol{a} = \boldsymbol{p}(a)$，終点を $\boldsymbol{b} = \boldsymbol{p}(b)$ とする．$f(x,y)$ が U で定義された連続微分可能な関数ならば，$\int_C f_x(x,y)dx + f_y(x,y)dy = f(\boldsymbol{b}) - f(\boldsymbol{a})$ である． ∎

証明 $\int_C f_x(x,y)dx + f_y(x,y)dy = \int_a^b \left(f_x(p(t), q(t))p'(t) + f_y(p(t), q(t))q'(t) \right) dt$ である．連鎖律 (3.14) より右辺のかっこのなかみは $\dfrac{d}{dt} f(p(t), q(t))$ である．よって微積分の基本定理 (5.4) より，右辺は $f(p(b), q(b)) - f(p(a), q(a))$ である． □

曲線の始点を動かない点，終点を動く点と考えれば，偏導関数の線積分として，もとの関数が定数の差をのぞいて復元される．これは，導関数の不定積分としてもとの関数が積分定数をのぞいて復元されることの類似である．

例 7.2.4 閉区間 $[a, b]$ で定義された連続微分可能な曲線 $\boldsymbol{p}(t)$ を C で表わす．c を実数とし，C は半直線 $L_c : (r \cos c, r \sin c), r \geqq 0$ と交わらないとする．C を平面から半直線 L_c をのぞいて得られる開集合 V_c 内の曲線と考える．

例 3.5.4.1 のように，V_c で定義された連続微分可能な関数 $c < \theta(x,y) < c+2\pi$ で $(x,y) = (\sqrt{x^2+y^2} \cos \theta(x,y), \sqrt{x^2+y^2} \sin \theta(x,y))$ をみたすものが定まる．(3.44) より

$$\theta_x(x,y) = -\frac{y}{x^2+y^2}, \quad \theta_y(x,y) = \frac{x}{x^2+y^2} \tag{7.6}$$

である．$\alpha = \theta(\boldsymbol{p}(a)),\ \beta = \theta(\boldsymbol{p}(b))$ とおく．$\boldsymbol{p}(a) = (|\boldsymbol{p}(a)| \cos \alpha, |\boldsymbol{p}(a)| \sin \alpha)$,

$p(b) = (|p(b)|\cos\beta, |p(b)|\sin\beta)$ である．命題 7.2.3 より

$$\beta - \alpha = \int_C \frac{-ydx + xdy}{x^2 + y^2} \tag{7.7}$$

である． ∎

　線積分もリーマン和の分割を細かくした極限として表わすことができる．記号を定義 7.2.1 のとおりとし，閉区間 $[a,b]$ の分割 $a = a_0 \leq a_1 \leq \cdots \leq a_n = b$ を Δ で表わす．$i = 1, \ldots, n$ に対し $a_{i-1} \leq t_i \leq a_i$ であるとき，和 $\sum_{i=1}^n \bigl(u(p(t_i))(p(a_i) - p(a_{i-1})) + v(p(t_i))(q(a_i) - q(a_{i-1}))\bigr)$ を Δ に属する**リーマン和**とよび $S_C((u,v), \Delta, (t_i))$ で表わす．

命題 7.2.5　$u(x,y), v(x,y)$ を平面の開集合 U で定義された連続関数とし，閉区間 $[a,b]$ で定義された U 内の連続微分可能な曲線 $p(t) = (p(t), q(t))$ を C で表わす．このとき，任意の実数 $q > 0$ に対し，実数 $r > 0$ で，$d(\Delta) < r$ をみたす $[a,b]$ の任意の分割 $\Delta = (a = a_0 \leq a_1 \leq \cdots \leq a_n = b)$ と Δ に属する任意のリーマン和 $S_C((u,v), \Delta, (t_i))$ に対し

$$\left| \int_C u(x,y)dx + v(x,y)dy - S_C((u,v), \Delta, (t_i)) \right| \leq q \tag{7.8}$$

となるものが存在する． ∎

　(6.8) と同様に極限の記号を使えば，$\displaystyle\lim_{d(\Delta) \to 0} S_C((u,v), \Delta, (t_i)) = \int_C u(x,y)dx + v(x,y)dy$ である．

証明　行ベクトル $\bigl(u(x,y) \quad v(x,y)\bigr)$ を $\boldsymbol{u}(x,y)$ で表わす．最大値の定理（定理 4.1.7）より，$[a,b]$ で定義された連続関数 $|\boldsymbol{u}(\boldsymbol{p}(t))|$ の最大値 M がある．

　$q > 0$ を実数とする．命題 4.1.10 より $[a,b]$ で定義された連続関数 $\boldsymbol{u}(\boldsymbol{p}(t))\boldsymbol{p}'(t)$ と $p'(t), q'(t)$ は一様連続だから，実数 $r > 0$ で，$|s-t| < r$ なら $|\boldsymbol{u}(\boldsymbol{p}(t))\boldsymbol{p}'(s) - \boldsymbol{u}(\boldsymbol{p}(t))\boldsymbol{p}'(t)| < q$, $|\boldsymbol{p}'(s) - \boldsymbol{p}'(t)| < q$ となるものがある．

　この $r > 0$ に対し，$[a,b]$ の分割 $\Delta = (a = a_0 \leq a_1 \leq \cdots \leq a_n = b)$ が $d(\Delta) < r$ をみたすとする．命題 6.2.2.2 より連続関数 $\boldsymbol{u}(\boldsymbol{p}(t))\boldsymbol{p}'(t) = u(\boldsymbol{p}(t))p'(t) + v(\boldsymbol{p}(t))q'(t)$ の Δ に属するリーマン和で

$$\int_C u(x,y)dx + v(x,y)dy = \int_a^b \boldsymbol{u}(\boldsymbol{p}(t))\boldsymbol{p}'(t)dt = S(\boldsymbol{u}(\boldsymbol{p}(t))\boldsymbol{p}'(t), \Delta, (s_i)) \tag{7.9}$$

をみたすものがある．基本不等式（命題 3.1.10）より $[a_{i-1}, a_i]$ で $|\boldsymbol{p}(a_i) - \boldsymbol{p}(a_{i-1}) - \boldsymbol{p}'(x)(a_i - a_{i-1})| \leqq q(a_i - a_{i-1})$ であり，

$$\left|S(\boldsymbol{u}(\boldsymbol{p}(t))\boldsymbol{p}'(t), \Delta, (s_i)) - S_C((u,v), \Delta, (t_i))\right| \quad (7.10)$$
$$\leqq \sum_{i=1}^n \Big(|\boldsymbol{u}(\boldsymbol{p}(s_i)) \cdot \boldsymbol{p}'(s_i) - \boldsymbol{u}(\boldsymbol{p}(t_i)) \cdot \boldsymbol{p}'(t_i)|(a_i - a_{i-1})$$
$$+ |\boldsymbol{u}(\boldsymbol{p}(t_i))| \cdot |\boldsymbol{p}(a_i) - \boldsymbol{p}(a_{i-1}) - \boldsymbol{p}'(t_i)(a_i - a_{i-1})|\Big)$$
$$\leqq \sum_{i=1}^n (q + M \cdot q)(a_i - a_{i-1}) = (M+1)q(b-a)$$

である．$\lim_{t \to +0}(M+1)(b-a)t = 0$ だから，(7.9) と (7.10) より補題 1.2.8 と同様に命題が示される． □

始点と終点が一致する曲線での線積分はその曲線でかこまれる部分での重積分と等しいという，グリーンの定理を証明する．この本では，グリーンの定理のもっとも基本的な場合だけを定式化し証明する．その定式化のための用語を準備する．まず，線積分の定義される曲線についての条件を少しゆるめる．

定義 7.2.6 閉区間 $[a,b]$ で定義された曲線 $\boldsymbol{p}(t) = (p(t), q(t))$ を C で表わす．

1. $[a,b]$ の分割 $a = a_0 \leqq a_1 \leqq \cdots \leqq a_n = b$ で，$i = 1, \ldots, n$ に対し $[a_{i-1}, a_i]$ で $\boldsymbol{p}(t)$ が連続微分可能となるものが存在するとき，C は**区分的に連続微分可能** (piecewise continuously differentiable) であるという．

2. $i = 1, \ldots, n$ に対し，閉区間 $[b_i, c_i]$ で定義された区分的に連続微分可能な曲線 $\boldsymbol{p}_i(t) = (p_i(t), q_i(t))$ を C_i で表わす．$i = 1, \ldots, n-1$ に対し，C_i の終点 $\boldsymbol{p}_i(c_i)$ は C_{i+1} の始点 $\boldsymbol{p}_{i+1}(b_{i+1})$ と等しいとする．
$[a,b]$ の分割 $a = a_0 \leqq a_1 \leqq \cdots \leqq a_n = b$ と，$[a_{i-1}, a_i]$ で定義された連続微分可能な単調増加関数 $f_i(t)$ で，$i = 1, \ldots, n$ に対し，$f_i(a_{i-1}) = b_i, f_i(a_i) = c_i$ であり，$[a_{i-1}, a_i]$ で $\boldsymbol{p}(t) = \boldsymbol{p}_i(f_i(t))$ であるものが存在するとき，C は $C_1, \ldots, C_n$ を順につないで得られる区分的に連続微分可能な曲線であるという．

3. 曲線 C の始点 $\boldsymbol{p}(a)$ と終点 $\boldsymbol{p}(b)$ が等しいとき，C は**閉曲線** (closed curve, loop) であるという．$\boldsymbol{p}(s) = \boldsymbol{p}(t)$ をみたす $a \leqq s < t \leqq b$ は $s = a, t = b$ だけであるとき，C は**単純** (simple) **閉曲線**であるという． ■

U を平面の開集合とし，$u(x,y), v(x,y)$ を U で定義された連続関数とする．U 内の区分的に連続微分可能な曲線 C が連続微分可能な曲線 $C_1, \ldots, C_n$ をつなげて得られるとき，線積分 $\int_C u(x,y)dx + v(x,y)dy$ を和

$$\int_C u(x,y)dx + v(x,y)dy = \sum_{i=1}^n \int_{C_i} u(x,y)dx + v(x,y)dy$$

として定義する．C が連続微分可能なときは，積分の加法性（命題 4.3.4.2) と命題 7.2.2 より，これはもとの定義と一致する．

C が閉曲線であるときには，そのことを強調するため線積分 $\int_C u(x,y)dx + v(x,y)dy$ を記号 $\oint_C u(x,y)dx + v(x,y)dy$ で表わすこともある．

縦線集合とそれをかこむ単純閉曲線について用語を定める．

定義 7.2.7 $a < b$ を実数，$k(x), l(x)$ を閉区間 $[a,b]$ で定義された連続関数とし，縦線集合 D を $a \leqq x \leqq b$, $k(x) \leqq y \leqq l(x)$ で定める．開区間 (a,b) で $k(x) < l(x)$ であるとき，グラフ $\{(x, k(x)) \mid a \leqq x \leqq b\}, \{(x, l(x)) \mid a \leqq x \leqq b\}$ と線分 $\{(a,y) \mid k(a) \leqq y \leqq l(a)\}, \{(b,y) \mid k(b) \leqq y \leqq l(b)\}$ の合併を D の**境界** (boundary) とよび ∂D で表わす． ∎

$k(a) = l(a)$ や $k(b) = l(b)$ のときは，境界 ∂D の定義のたての線分は 1 点につぶれるが，その場合も ∂D は問題なく定義される．

補題 7.2.8 縦線集合 $D : a \leqq x \leqq b$, $k(x) \leqq y \leqq l(x)$ を定義 7.2.7 のとおりとする．C を閉区間 $[c,d]$ で定義された単純閉曲線 $\boldsymbol{p}(t) = (p(t), q(t))$ とし，集合 $\{\boldsymbol{p}(t) \mid c \leqq t \leqq d\}$ が D の境界 ∂D と等しいとする．

$\boldsymbol{p}(c) = (a, k(a))$ ならば，次の (1) と (2) のどちらか一方がなりたつ．
(1) $[c,d]$ の分割 $c < c_1 \leqq c_2 < c_3 \leqq d$ で，$[c, c_1]$ で $q(t) = k(p(t))$, $[c_1, c_2]$ で $p(t) = b$, $[c_2, c_3]$ で $q(t) = l(p(t))$, $[c_3, d]$ で $p(t) = a$ となるものがある．
(2) $[c,d]$ の分割 $c \leqq c_3 < c_2 \leqq c_1 < d$ で，$[c, c_3]$ で $p(t) = a$, $[c_3, c_2]$ で $q(t) = l(p(t))$, $[c_2, c_1]$ で $p(t) = b$, $[c_1, d]$ で $q(t) = k(p(t))$ となるものがある． ∎

証明 ∂D から点 $P_0 = (a, k(a)), P_1(b, k(b)), P_2 = (b, l(b)), P_3 = (a, l(a))$ をのぞいた集合を A とする．A で定義された連続関数 $i(x,y)$ を $a < x < b$ なら $i(x, k(x)) = 1$ と $i(x, l(x)) = 3$, $k(b) < y < l(b)$ では $i(b, y) = 2$, $k(a) < y < l(a)$ では $i(a,y) = 4$ で定義する．

$[c,d]$ から，$\boldsymbol{p}(t)$ が P_0, P_1, P_2, P_3 のどれかと等しくなる実数 t をすべてのぞいたものを U とする．U は 2 つ以上 4 つ以下の開区間の合併である．U で定義された合成関数 $i(\boldsymbol{p}(t))$ は連続だから，中間値の定理（定理 1.2.5）より各開区間で定数である．$i(\boldsymbol{p}(t)) = 1$ となる開区間を (u, v) とする．

C は単純閉曲線だから，集合 $\{\boldsymbol{p}(t) \mid u \leqq t \leqq v\}$ は $[a,b]$ で定義された関数 $y = k(x)$ のグラフと一致し，$\{\boldsymbol{p}(u), \boldsymbol{p}(v)\} = \{P_0, P_1\}$ である．$\boldsymbol{p}(u) = P_0$ のときは，$u = c$ であり $v = c_1 \leqq c_2, c_3 \leqq d$ を $\boldsymbol{p}(c_2) = P_2, \boldsymbol{p}(c_3) = P_3$ で定めると (1) がなりたつ．同様に，$\boldsymbol{p}(u) = P_1$ のときは (2) がなりたつ． □

定義 7.2.9 縦線集合 $D : a \leqq x \leqq b, k(x) \leqq y \leqq l(x)$ と閉区間 $[c,d]$ で定義された単純閉曲線 C を補題 7.2.8 の第 1 段落のとおりとする．次の条件 (1) と (2) のどちらかがなりたつとき，C は D の縁を**正の向きに回る閉曲線**であるという．

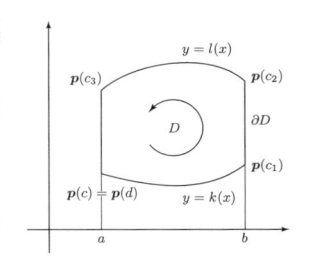

(1) C の始点 $\boldsymbol{p}(c)$ が点 $(a, k(a))$ であり，補題 7.2.8 の条件 (1) がなりたつ．

(2) $\boldsymbol{p}(c) \neq (a, k(a))$ であり，$c < e < d$ を $\boldsymbol{p}(e) = (a, k(a))$ で定め，閉区間 $[e, d]$ で定義された曲線 $\boldsymbol{p}(t)$ を C_1，$[c, e]$ で定義された曲線 $\boldsymbol{p}(t)$ を C_2 で表わすと，C_1, C_2 をこの順につないで得られる $(a, k(a))$ を始点とする区分的に連続微分可能な単純閉曲線は (1) をみたす． ■

C が D の縁を正の向きに回る閉曲線であるとき，D は C でかこまれるともいう．D は C の左側にあるともいう．

グリーンの定理の定式化では，D で定義された連続関数 $u(x, y)$ が，$a < x < b$，$k(x) < y < l(x)$ で定まる縦線集合 U で連続微分可能であり，D で定義された連続関数 $u_1(x, y), u_2(x, y)$ で U で $u_1(x, y) = u_x(x, y), u_2(x, y) = u_y(x, y)$ をみたすものがあるとき，$u(x, y)$ は D で連続微分可能であるといい，D でも $u_1(x, y), u_2(x, y)$ を $u_x(x, y), u_y(x, y)$ で表わすことにする．

命題 7.2.10 （**グリーンの定理**） $a < b$ と $c < d$ を実数とし，$k(x), l(x)$ を閉区間 $[a, b]$ で定義された連続関数，$g(y), h(y)$ を閉区間 $[c, d]$ で定義された連続関数とする．開区間 (a, b) で $k(x) < l(x)$ とし，開区間 (c, d) で $g(y) < h(y)$ とする．縦線集合 D を $a \leqq x \leqq b$, $k(x) \leqq y \leqq l(x)$ で定め，これが

$c \leqq y \leqq d$, $g(y) \leqq x \leqq h(y)$ で定まる横線集合と一致するとする．

$u(x,y)$, $v(x,y)$ を D で定義された連続微分可能な関数とする．区分的に連続微分可能な単純閉曲線 C が D の縁を正の向きに回るならば，

$$\int_C u(x,y)dx + v(x,y)dy = \int_D (-u_y(x,y) + v_x(x,y))dxdy \tag{7.11}$$

がなりたつ． ∎

グリーンの定理は偏導関数の重積分を縁での線積分で表わす公式であり，導関数の定積分を区間の端での値で表わす微分の基本定理の 2 変数版と考えられる．その証明でも微積分の基本定理を使う．(7.11) の右辺の被積分関数は，形式的には行列式 $\det \begin{pmatrix} \frac{\partial}{\partial x} & u(x,y) \\ \frac{\partial}{\partial y} & v(x,y) \end{pmatrix}$ である．

証明 次の等式を示せばよい．

$$\int_C u(x,y)dx = \int_a^b \Big(u(x,k(x)) - u(x,l(x))\Big)dx = -\int_D u_y(x,y)dxdy, \tag{7.12}$$

$$\int_C v(x,y)dy = \int_c^d \Big(v(h(y),y)) - v(g(y),y)\Big)dy = \int_D v_x(x,y)dxdy. \tag{7.13}$$

C が閉区間 $[r,s]$ で定義された区分的に連続微分可能な閉曲線 $\boldsymbol{p}(t) = (p(t), q(t))$ であるとする．それぞれの 1 つめの等式を示すには，命題 7.2.2.1 より，(7.12) については C の始点が $(a,k(a))$ であるとして示し，(7.13) については C の始点が $(g(c),c)$ であるとして示せばよい．

C の始点が $(a,k(a))$ であるとする．$\boldsymbol{p}(r_1) = (b,k(b))$, $\boldsymbol{p}(r_2) = (b,l(b))$, $\boldsymbol{p}(r_3) = (a,l(a))$ とおくと，補題 7.2.8 の条件 (1) より閉区間 $[r,s]$ の分割 $r = r_0 < r_1 \leqq r_2 < r_3 \leqq r_4 = s$ が定まる．$i = 1,2,3,4$ に対し，$[r_{i-1}, r_i]$ で定義された区分的に連続微分可能な曲線 $\boldsymbol{p}(t)$ を C_i で表わす．

補題 7.2.8 の条件 (1) より $[r_0, r_1]$ で $q(t) = k(p(t))$, $[r_2, r_3]$ で $q(t) = l(p(t))$ だから，置換積分 (4.11) より $\int_a^b u(x,k(x))dx = \int_{r_0}^{r_1} u(p(t),q(t))p'(t)dt = \int_{C_1} u(x,y)dx$ であり，同様に $-\int_a^b u(x,l(x))dx = \int_{C_3} u(x,y)dx$ である．$[r_1, r_2]$ で $p(t) = b$, $[r_3, r_4]$ で $p(t) = a$ だから $\int_{C_2} u(x,y)dx = \int_{C_4} u(x,y)dx = 0$ である．曲線 C は C_1, C_2, C_3, C_4 を順につなげて得られるから，(7.12) の 1 つめの等号がしたがう．

C の始点が $(g(c),c)$ であるとする．$\boldsymbol{p}(r_1)=(h(c),c)$, $\boldsymbol{p}(r_2)=(h(d),d)$, $\boldsymbol{p}(r_3)=(g(d),d)$ とおき x,y の役割をいれかえて補題 7.2.8 の条件 (2) を適用すれば，閉区間 $[r,s]$ の分割 $r=r_0 \leqq r_1 < r_2 \leqq r_3 < r_4 = s$ が定まる．$i=1,2,3,4$ に対し，$[r_{i-1},r_i]$ で定義された区分的に連続微分可能な曲線 $\boldsymbol{p}(t)$ を C_i で表わす．(7.12) の 1 つめの等号の証明と同様に置換積分より $\int_c^d v(h(y),y)dy = \int_{C_2} v(x,y)dy$, $-\int_c^d v(g(y),y)dy = \int_{C_4} v(x,y)dy$ であり，$\int_{C_1} v(x,y)dy = \int_{C_3} v(x,y)dy = 0$ である．曲線 C は C_1, C_2, C_3, C_4 を順につなげて得られるから，(7.13) の 1 つめの等号がなりたつ．

(7.12) の右辺は，逐次積分（命題 6.2.7）より $-\int_a^b dx \int_{k(x)}^{l(x)} u_y(x,y)dy$ である．微分積分の基本定理 (5.4) より $\int_{k(x)}^{l(x)} u_y(x,y)dy = u(x,l(x)) - u(x,k(x))$ だから，(7.12) の 2 つめの等号がなりたつ．同様に，微分積分の基本定理より $\int_c^d dy \int_{g(y)}^{h(y)} v_x(x,y)dx = \int_c^d [v(x,y)]_{g(y)}^{h(y)} dx = \int_c^d \bigl(v(h(y),y) - v(g(y),y)\bigr)dy$ である．よって逐次積分より，(7.13) の 2 つめの等号もなりたつ． □

(7.11) の左辺を $\int_{\partial D} \omega$ と書くとき，右辺は $\int_D d\omega$ と書くことが多い．7.4 節の定義 7.4.2 で定義する記号を使えば，$d\omega = (-u_y(x,y) + v_x(x,y))dx \overset{\text{ウェッジ}}{\wedge} dy$ は微分形式 $\omega = u(x,y)dx + v(x,y)dy$ の微分とよばれるものを表わす記号である．このとき，(7.11) は $\int_{\partial D} \omega = \int_D d\omega$ という簡潔な形になる．

系 7.2.11　（**ガウスの定理**）　縦線集合 D とその縁を正の向きに回る閉曲線 C と D で定義された連続微分可能な関数 $u(x,y), v(x,y)$ を命題 7.2.10 のとおりとすると，

$$\int_C -v(x,y)dx + u(x,y)dy = \int_D (u_x(x,y) + v_y(x,y))dxdy \tag{7.14}$$

がなりたつ．　■

証明　グリーンの定理 (7.11) を $-v(x,y)$ と $u(x,y)$ に適用すればよい．　□

命題 7.2.12　（**ポアンカレの補題**）　U を平面の開集合とし，U で定義された連続微分可能な関数 $u(x,y), v(x,y)$ が

$$u_y(x,y) = v_x(x,y) \tag{7.15}$$

をみたすとする．U の点 A が次の条件 (St) をみたすとする．

(St) U の任意の点 P に対し線分 AP は U に含まれる.

U で定義された関数 $f(x,y)$ を，U の点 $P=(p,q)$ に対し A を始点，P を終点とする線分を C として $f(p,q)=\int_C u(x,y)dx+v(x,y)dy$ で定める.

このとき，$f(x,y)$ は U で2回連続微分可能であり，

$$f_x(x,y)=u(x,y),\ f_y(x,y)=v(x,y) \tag{7.16}$$

をみたす． ■

命題 3.3.6 より，(7.16) なら (7.15) がなりたつ．したがって，ポアンカレの補題（命題 7.2.12）は命題 3.3.6 の逆がなりたつための十分条件を与えるものと考えられる．命題 7.2.12 の仮定の U についての条件はもっとゆるめられるが，なくしてしまうことはできない（例 7.2.13, 問題 7.2.5）．

証明 $P=(p,q)$ を U の点とし，開円板 $U_r(p,q)$ が U に含まれるとする．$U_r(p,q)$ の点 $X=(x,q)$ に対し，グリーンの定理 (7.11) を3角形 APX に適用すると，仮定 (7.15) より $f(x,q)=f(p,q)+\int_p^x u(s,q)ds$ である．よって微積分の基本定理 (4.4) より，$(p-r,p+r)$ で $f_x(x,q)=\dfrac{d}{dx}\int_p^x u(s,q)ds=u(x,q)$ である．同様に $(q-r,q+r)$ で $f_y(p,y)=v(p,y)$ である．よって，$f(x,y)$ は U で偏微分可能で (7.16) をみたす．

偏導関数 $f_x(x,y)=u(x,y),f_y(x,y)=v(x,y)$ は連続微分可能だから，関数 $f(x,y)$ は2回連続微分可能である． □

例 7.2.13 U を平面から原点をのぞいた開集合とし，U で定義された連続微分可能な関数を $u(x,y)=-\dfrac{y}{x^2+y^2},\ v(x,y)=\dfrac{x}{x^2+y^2}$ で定める．(7.6) と命題 3.3.6 より U で (7.15) がなりたつ．C を $[0,2\pi]$ で定義された閉曲線 $(\cos t,\sin t)$ とすると $\int_C u(x,y)dx+v(x,y)dy=\int_0^{2\pi}(\cos^2 t+\sin^2 t)dt=2\pi\neq 0$ だから，命題 7.2.5 より U で定義された連続微分可能な関数 $f(x,y)$ で (7.16) をみたすものは存在しない． ■

グリーンの定理（命題 7.2.10）は縦線集合以外にも拡張される．一般の場合を定式化し証明するにはそれなりの準備が必要なので，この本ではそれはしない．次の特別な場合を証明するだけにしておく．

系 7.2.14 原点を中心とする半径 $R>0$ の円 $(R\cos\theta, R\sin\theta)$ $(0\leqq\theta\leqq 2\pi)$

を C で表わし,点 $\boldsymbol{a} = (a,b)$ を中心とする半径 $r > 0$ の円 $(r\cos\theta+a, r\sin\theta+b)$ $(0 \leqq \theta \leqq 2\pi)$ を C' で表わす.$R - r > |\boldsymbol{a}|$ とし,C と C' にはさまれた部分 $x^2 + y^2 \leqq R^2, (x-a)^2 + (y-b)^2 \geqq r^2$ を D で表わす.$u(x,y), v(x,y)$ を D で定義された連続微分可能な関数とすると,D についてのグリーンの定理

$$\int_C u(x,y)dx + v(x,y)dy - \int_{C'} u(x,y)dx + v(x,y)dy$$
$$= \int_D (-u_y(x,y) + v_x(x,y))dxdy$$

がなりたつ. ∎

証明 D, C, C' のうち $x \geqq a, y \geqq b$ の部分を D_1, C_1, C_1' とおく.$i = 2, 3, 4$ に対しても $x \leqq a, y \geqq b$ の部分,$x \leqq a, y \leqq b$ の部分,$x \geqq a, y \leqq b$ の部分をそれぞれを D_i, C_i, C_i' とおく.$c = \sqrt{R^2 - b^2}, d = \sqrt{R^2 - a^2}$ とおき,パラメータつきの線分 L_i をそれぞれ $L_1 = L_5 : (t, b)$ $(a + r \leqq t \leqq c)$, $L_2 : (a, t)$ $(b + r \leqq t \leqq d)$, $L_3 : (-t, b)$ $(r - a \leqq t \leqq c)$, $L_4 : (a, -t)$ $(r - b \leqq t \leqq d)$ で定める.

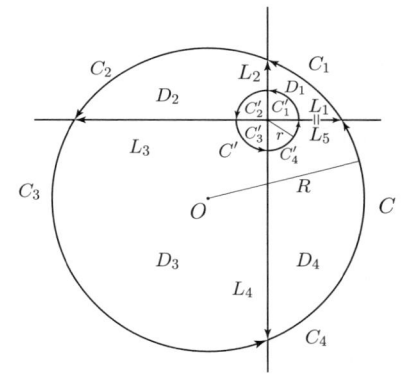

線積分と重積分をそれぞれ $\int_{C_i} \omega, \int_{D_i} d\omega$ で表わし,グリーンの定理を縦線集合 $D_1, \ldots, D_4$ に適用すれば,$\int_{C_i} \omega - \int_{L_{i+1}} \omega - \int_{C_i'} \omega + \int_{L_i} \omega = \int_{D_i} d\omega$ である.よって $\int_C \omega - \int_{C'} \omega = \sum_{i=1}^{4} \Big(\int_{C_i} \omega - \int_{C_i'} \omega\Big) = \sum_{i=1}^{4} \int_{D_i} d\omega = \int_D d\omega$ である. □

まとめ

・曲線のパラメータ表示を使って線積分を定義した.

・縦線集合の縁にそった線積分は,偏導関数の差の縦線集合での重積分と等しい.関数の対が1つの関数の偏導関数として表わされるための十分条件が得られた.

問題

A 7.2.1 1. $t > 0$ を実数とし，C を線分 $x = 1, 0 \leqq y \leqq t$ とする．$\displaystyle\int_C \frac{-ydx + xdy}{x^2 + y^2}$ を求めよ．

2. $0 < s < 1$ を実数とし，C を円 $x^2 + y^2 = 1$ の $x \geqq 0, 0 \leqq y \leqq s$ の部分とする．$\displaystyle\int_C \frac{-ydx + xdy}{x^2 + y^2}$ を求めよ．

A 7.2.2 閉区間 $[a, b]$ で定義された連続微分可能な曲線 $\boldsymbol{p}(t) = (p(t), q(t))$ を C で表わし，$r(t) = |\boldsymbol{p}(t)|$ とおく．$[a, b]$ で $\det\begin{pmatrix} \boldsymbol{p}(t) & \boldsymbol{p}'(t) \end{pmatrix} > 0$ とする．$a \leqq u \leqq b$ に対し $[a, u]$ で定義された曲線 $\boldsymbol{p}(t)$ を C_u で表わす．$\boldsymbol{p}(a) = (r(a)\cos\alpha, r(a)\sin\alpha)$ とし，$[a, b]$ で定義された関数 $\theta(t)$ を $\theta(t) = \alpha + \displaystyle\int_{C_t} \frac{-ydx + xdy}{x^2 + y^2}$ で定める．

1. $\theta(t)$ は $[a, b]$ で単調増加であることを示せ．

2. さらに $\theta(b) - \theta(a) < 2\pi$ とする．$[a, b]$ で $\boldsymbol{p}(t) = (r(t)\cos\theta(t), r(t)\sin\theta(t))$ であることを示せ．

3. 原点 O と C の始点および終点をむすぶ線分を C_1, C_2 とし，C_1, C_2 と C でかこまれた部分を D とする．閉区間 $E = [a, b] \times [0, 1]$ で定義された写像 $F(s, t) = (sp(t), sq(t))$ は，点 $(a, 0)$ と $(b, 0)$ をむすぶ線分 N を E からのぞいた部分から，D から原点をのぞいた部分への 1 対 1 対応を定めることを示せ．

4. D の面積は $\dfrac{1}{2}\displaystyle\int_C -ydx + xdy$ であることを示せ．

5. $\theta(t) = t$ のとき，例 6.3.4.2 の公式 $m(D) = \displaystyle\int_a^b \frac{r(t)^2}{2}dt$ を 4. から導け．

6. 原点 $(0, 0)$ と 2 点 $(1, 0), (0, 1)$ をむすぶ線分とアステロイド $x^{\frac{2}{3}} + y^{\frac{2}{3}} = 1$ の $0 \leqq x \leqq 1, 0 \leqq y \leqq 1$ の部分でかこまれた部分の面積を求めよ．

7. $p(t) = \cosh t$，$q(t) = \sinh t$ とし，$a = 0$ とする．$y = \sqrt{x^2 - 1}$ のグラフと原点と $\boldsymbol{p}(0), \boldsymbol{p}(b)$ をむすぶ線分でかこまれる部分の面積を 4. を使って求めよ．

また，面積を $s = q(b)$ で表わし，問題 6.1.1.2 の答を確かめよ．

8. $[a, b]$ で $r(t) > 0$ とする．C_1, C, C_2 をこの順につないで得られる単純閉曲線を C' とする．線積分 $\displaystyle\int_{C'} -ydx + xdy$ と D に対し (7.11) がなりたつことを示せ．

A 7.2.3 xy 平面の点 $(1, 0), (0, 1)$ をそれぞれ P, Q で表わす．原点を中心とする半径が 1 の円のうち第 1 象限に含まれる部分と線分 PQ を，それぞれ P を始点とし，Q を終点とする曲線と考え C_1 と C_2 で表わす．次の (1), (2) の関数 $u(x, y)$，$v(x, y)$ それぞれに対し，下の問に答えよ．(1) $-\dfrac{x}{x^2 + y^2}$, $\dfrac{y}{x^2 + y^2}$. (2) $x^2 - y^2, 2xy$.

1. C_1 と C_2 のパラメータ表示 $(\cos t, \sin t)$ $(0 \leqq t \leqq \frac{\pi}{2})$ と $(1 - t, t)$ $(0 \leqq t \leqq 1)$ を使って線積分 $\displaystyle\int_{C_1} u(x, y)dx + v(x, y)dy$ と $\displaystyle\int_{C_2} u(x, y)dx + v(x, y)dy$ を求めよ．

2. D を縦線集合 $0 \leqq x \leqq 1$, $1 - x \leqq y \leqq \sqrt{1 - x^2}$ とする．D と $u(x, y)$，$v(x, y)$ に対しグリーンの定理を確かめよ．

A 7.2.4 $u(x, y), v(x, y)$ を平面の開集合 U で定義された 2 回連続微分可能な関数と

する.

1. $u(x,y), v(x,y)$ がコーシー–リーマンの方程式

$$v_x(x,y) = -u_y(x,y), \ v_y(x,y) = u_x(x,y) \tag{7.17}$$

をみたすなら，$\Delta u = \Delta v = 0$ であることを示せ．

2. 命題 7.2.12 の条件 (St) をみたす U の点 A が存在するとする．$u(x,y)$ が $\Delta u = 0$ をみたすなら，U で定義された 2 回連続微分可能な関数 $v(x,y)$ でコーシー–リーマンの方程式 (7.17) をみたすものが存在することを示せ．

3. $u(x,y)$ が次の調和関数のとき，コーシー–リーマンの方程式をみたす関数 $v(x,y)$ を求めよ．(1) $x^2 - y^2$．(2) $e^x \cos y$．(3) $\frac{1}{2} \log(x^2 + y^2)$ $(x > 0)$．

B 7.2.5 平面から原点をのぞいた開集合を U とする．$[0, 2\pi]$ で定義された連続微分可能な曲線 $(\cos t, \sin t)$ を C で表わす．$u(x,y), v(x,y)$ を U で定義された連続微分可能な関数とし，$a = \dfrac{1}{2\pi} \displaystyle\int_C u(x,y)dx + v(x,y)dy$ とおく．

1. U で定義された連続微分可能な関数 $f(x,y)$ が U で (7.16) をみたすならば，$u(x,y), v(x,y)$ は (7.15) をみたし $a = 0$ であることを示せ．

2. $u(x,y), v(x,y)$ が (7.15) をみたすならば，U で定義された連続微分可能な関数 $f(x,y)$ で $f_x(x,y) = u(x,y) + \dfrac{ay}{x^2+y^2}$, $f_y(x,y) = v(x,y) - \dfrac{ax}{x^2+y^2}$ をみたすものが存在することを示せ．

7.3 応用：代数学の基本定理

グリーンの定理の応用として，代数学の基本定理を証明する．

定理 7.3.1 （**代数学の基本定理** (fundamental theorem of algebra)） $f(z) = z^n + a_1 z^{n-1} + \cdots + a_n$ を複素数係数の多項式とし，$R \geqq 1$ を実数とする．$R > |a_1| + \cdots + |a_n|$ ならば，絶対値が R より小さい複素数 $\alpha_1, \ldots, \alpha_n$ で，$f(z) = (z - \alpha_1) \cdots (z - \alpha_n)$ をみたすものが存在する．■

代数学の基本定理を証明するため，原点を中心とする開円板 $U_R(o)$ に含まれる $f(z) = 0$ の解の個数を，縁の円周上の線積分で表わす（系 7.3.3）．そのために記号を準備する．U を平面の開集合とし，$p(x,y), q(x,y)$ を U で定義された連続微分可能な関数とし，U で $p(x,y)^2 + q(x,y)^2 > 0$ とする．U 内の連続微分可能な曲線 C に対し，線積分

$$\int_C \frac{-q(x,y)p_x(x,y) + p(x,y)q_x(x,y)}{p(x,y)^2 + q(x,y)^2} dx + \frac{-q(x,y)p_y(x,y) + p(x,y)q_y(x,y)}{p(x,y)^2 + q(x,y)^2} dy$$

をこの節だけで使う記号 $\int_C \omega(p,q)$ で表わす．

補題 7.3.2 $p(x,y), q(x,y)$ を平面の開集合 U で定義された連続微分可能な関数とし，U で $p(x,y)^2 + q(x,y)^2 > 0$ とする．

1. $s(x,y), t(x,y)$ も U で定義された連続微分可能な関数とし，U で $s(x,y)^2 + t(x,y)^2 > 0$ とする．連続微分可能な関数 $u(x,y), v(x,y)$ を $u(x,y) + v(x,y)i = (p(x,y) + q(x,y)i)(s(x,y) + t(x,y)i)$ で定義する．C を U 内の連続微分可能な曲線とすると，

$$\int_C \omega(u,v) = \int_C \omega(p,q) + \int_C \omega(s,t) \tag{7.18}$$

である．

2. D を U に含まれる閉円板とする．D の周 C を，D の縁を正の向きに回る単純閉曲線と考える．$p(x,y), q(x,y)$ が U で 2 回連続微分可能ならば

$$\int_C \omega(p,q) = 0 \tag{7.19}$$

である．

3. $\boldsymbol{a} = (a,b)$ を平面の点，$R > |\boldsymbol{a}|$ を実数とし，閉円板 $D_R(\boldsymbol{a})$ から点 $\boldsymbol{a}$ をのぞいたものが U に含まれるとする．$D_R(\boldsymbol{a})$ の周 C を，$D_R(\boldsymbol{a})$ の縁を正の向きに回る U 内の単純閉曲線と考えると，

$$\int_C \omega(x-a, y-b) = 2\pi \tag{7.20}$$

である． ■

証明 変数 x,y を省略し $p(x,y), q_y(x,y)$ を p, q_y のように略記する．

1. $u = ps - qt$, $v = pt + qs$ だから，ライプニッツの公式より $-vu_x + uv_x = (s^2 + t^2)(-qp_x + pq_x) + (p^2 + q^2)(-ts_x + st_x)$ である．両辺を $u^2 + v^2 = (p^2+q^2)(s^2+t^2)$ でわれば，$\dfrac{-vu_x + uv_x}{u^2+v^2} = \dfrac{-qp_x + pq_x}{p^2+q^2} + \dfrac{-ts_x + st_x}{s^2+t^2}$ である．同様に $\dfrac{-vu_y + uv_y}{u^2+v^2} = \dfrac{-qp_y + pq_y}{p^2+q^2} + \dfrac{-ts_y + st_y}{s^2+t^2}$ だから，(7.18) がなりたつ．

2. $\dfrac{\partial}{\partial y} \dfrac{-qp_x + pq_x}{p^2+q^2}$ と $\dfrac{\partial}{\partial x} \dfrac{-qp_y + pq_y}{p^2+q^2}$ はどちらも $\dfrac{1}{p^2+q^2}(pq_{xy} - qp_{xy}) + \dfrac{1}{(p^2+q^2)^2}((-p^2+q^2)(p_xq_y + p_yq_x) + 2pq(p_xp_y - q_xq_y))$ である．よって，グ

リーンの定理（命題 7.2.10）より $\int_C \omega(p,q) = \int_D d\omega(p,q) = 0$ である.

3. $r = \frac{1}{2}(R - |\boldsymbol{a}|) > 0$ とし, $\boldsymbol{a}$ を中心とする円周 $(a + r\cos t, b + r\sin t)$ $(0 \leqq t \leqq 2\pi)$ を U 内の曲線 C' と考える. 系 7.2.14 のように, C と C' ではさまれた部分 $x^2 + y^2 \leqq R^2, (x-a)^2 + (y-b)^2 \geqq r^2$ を D とする. グリーンの定理（系 7.2.14）より $\int_C \omega(x-a, y-b) = \int_{C'} \omega(x-a, y-b) + \int_D d\omega(x-a, y-b)$ である.

2. の証明と同様に $\int_D d\omega(x-a, y-b) = 0$ である. $\int_{C'} \omega(x-a, y-b) = \int_0^{2\pi} \frac{-r\sin t \cdot 1 + r\cos t \cdot 0}{r^2}(r\cos t)' + \frac{-r\sin t \cdot 0 + r\cos t \cdot 1}{r^2}(r\sin t)' dt = 2\pi$ だから, (7.20) が得られる. □

7.4 節で定義だけ紹介する微分形式について, そのひきもどしの性質を使うと補題 7.3.2 はもっと見とおしがよく証明できるが, この本ではふれない.

$f(z) = z^n + a_1 z^{n-1} + \cdots + a_n$ を複素数係数の多項式とする. いたるところ定義された連続微分可能な関数 $p(x,y), q(x,y)$ を $f(x+yi) = p(x,y) + q(x,y)i$ で定める. 実数 $R > 0$ に対し, C_R で $[0, 2\pi]$ で定義された閉曲線 $(R\cos t, R\sin t)$ を表わす. $f(\alpha) = 0$ かつ $|\alpha| = R$ をみたす複素数 α が存在しないとき,

$$m(f(z), R) = \frac{1}{2\pi} \int_{C_R} \omega(p, q)$$

とおく.

$m(f(z), R)$ は $f(z)$ の根 α のうち $|\alpha| < R$ をみたすものの数を根の重複度も考えて数えたものと等しい. 正確にいうと次のようになる.

系 7.3.3 $f(z) = z^n + a_1 z^{n-1} + \cdots + a_n$ を複素数係数の多項式とし, $\alpha_1, \ldots, \alpha_m$ を複素数とする. $f(z)$ が $(z-\alpha_1)\cdots(z-\alpha_m)$ でわりきれるとし, $f(z) = (z-\alpha_1)\cdots(z-\alpha_m) \cdot g(z)$ とおく. $|\alpha_1| < R, \ldots, |\alpha_m| < R$ であり, $|z| \leqq R$ で $g(z) \neq 0$ ならば, $m(f(z), R) = m$ である. ■

証明 複素平面 $\mathbf{C}$ から $f(z) = 0$ の解をすべてのぞいた開集合を U とする. U で $|f(z)| > 0$ であり C_R は U 内の曲線だか

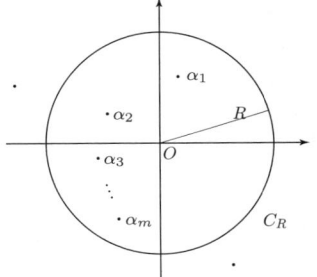

ら，補題 7.3.2.1 より $m(f(z), R) = m(z - \alpha_1, R) + \cdots + m(z - \alpha_m, R) + m(g(z), R)$ である．補題 7.3.2.2 より $m(g(z), R) = 0$ であり，補題 7.3.2.3 より $m(z - \alpha_1, R) = \cdots = m(z - \alpha_m, R) = 1$ である． □

代数学の基本定理（定理 7.3.1）の証明　実数 s に対し，$f(s, z) = z^n + sa_1 z^{n-1} + \cdots + s^{n-1} a_{n-1} z + s^n a_n$ とおく．$0 \leqq s \leqq 1, |z| = R$ ならば，仮定より

$$|sa_1 z^{n-1} + \cdots + s^{n-1} a_{n-1} z + s^n a_n| \leqq |a_1| R^{n-1} + \cdots + |a_{n-1}| R + |a_n|$$
$$\leqq R^{n-1}(|a_1| + \cdots + |a_{n-1}| + |a_n|) < R^n = |z^n|$$

であり，$f(s, z) \neq 0$ である．したがって閉区間 $[0, 1]$ で定義された関数 $I(s)$ が，$I(s) = m(f(s, z), R)$ で定義される．系 7.3.3 よりその値は自然数である．$I(1) = m(f(z), R)$ が $I(0) = m(z^n, R) = n$ と等しいことを示せばよい．

閉区間 $[0, 1] \times [0, 2\pi]$ で定義された連続微分可能な関数 $p(s, t), q(s, t)$ を，$p(s, t) + iq(s, t) = f(s, R(\cos t + i \sin t))$ で定義する．$0 \leqq s \leqq 1, |z| = R$ なら $f(s, z) \neq 0$ だから，$[0, 1] \times [0, 2\pi]$ で $p(s, t)^2 + q(s, t)^2 > 0$ である．連鎖律より $I(s) = \dfrac{1}{2\pi} \displaystyle\int_0^{2\pi} \dfrac{-q(s, t) p_t(s, t) + p(s, t) q_t(s, t)}{p(s, t)^2 + q(s, t)^2} dt$ である．被積分関数は $[0, 1] \times [0, 2\pi]$ で連続だから，命題 6.2.7.1 より $I(s)$ は $[0, 1]$ で連続である．

連続関数 $I(s)$ の値は自然数だから，中間値の定理（定理 1.2.5）より $I(1) = I(0)$ である．よって，$m(f(z), R) = I(1) = I(0) = n$ である． □

$0 < s \leqq 1$ ならば，$m(f(s, z), R) = m\left(f(z), \dfrac{R}{s}\right)$ である．$m(f(z), r)$ が $r \geqq R$ では一定であり $f(z)$ の次数 n に等しいことを示すことで，定理 7.3.1 を証明している．

> **まとめ**
> ・複素数係数の多項式は 1 次式の積に分解できるという代数学の基本定理を，グリーンの定理を使って証明した．

7.4　ベクトル場と微分形式

3.5 節では，2 変数関数の対を平面から平面への写像として調べた．2 変数関数の対は，平面の点に対しベクトルを定めるベクトル値の関数とも考えられる．これをベクトル場や微分形式とよび，用語や記号を定義する．

定義 7.4.1 U を平面の開集合とする．

1. $u(x,y), v(x,y)$ を U で定義された関数とする．U で定義されたベクトル値の関数 $\boldsymbol{u}(x,y) = \begin{pmatrix} u(x,y) \\ v(x,y) \end{pmatrix}$ を，U で定義された**ベクトル場**という．$u(x,y), v(x,y)$ が U で連続なとき，$\boldsymbol{u}(x,y)$ は U で**連続**であるという．$u(x,y), v(x,y)$ が U で微分可能なとき，$\boldsymbol{u}(x,y)$ は**微分可能**であるという．

2. $f(x,y)$ を U で定義された微分可能な関数とする．U 上のベクトル場 $\begin{pmatrix} f_x(x,y) \\ f_y(x,y) \end{pmatrix}$ を $f(x,y)$ の**勾配**(gradient) といい $\operatorname{grad} f$ で表わす．$\operatorname{grad} f = \boldsymbol{u}(x,y)$ であるとき $f(x,y)$ を $\boldsymbol{u}(x,y)$ の**ポテンシャル** (potential) という． ∎

$f(x,y)$ を U で定義された微分可能な関数とし，$\boldsymbol{a}$ を U の点とする．$f(x,y)$ の $\boldsymbol{x} = \boldsymbol{a}$ でのベクトル $\boldsymbol{p}$ 方向の方向微分は，連鎖律 (3.7) より $f(x,y)$ の勾配ベクトル場 $\operatorname{grad} f$ の $\boldsymbol{a}$ での値との内積 $\operatorname{grad} f(\boldsymbol{a}) \cdot \boldsymbol{p}$ である．したがって，$\boldsymbol{e}$ を長さが 1 のベクトルとすれば，勾配ベクトル $\operatorname{grad} f(\boldsymbol{a})$ の向きはベクトル $\boldsymbol{e}$ 方向の方向微分が最大となる $\boldsymbol{e}$ の向きである．さらにその最大の値が，ベクトル $\operatorname{grad} f(\boldsymbol{a})$ の長さなので，$\operatorname{grad} f$ は勾配とよばれる．

線積分 $\int_C u(x,y)dx + v(x,y)dy$ を $\int_C \boldsymbol{u}(x,y) \cdot d\boldsymbol{x}$ とも表わす．これはベクトル場と接ベクトルとの内積の積分 $\int_C \boldsymbol{u}(x,y) \cdot d\boldsymbol{x} = \int_a^b \boldsymbol{u}(\boldsymbol{p}(t)) \cdot \boldsymbol{p}'(t)dt$ であり，$\boldsymbol{u}(x,y)$ の C にそった方向の成分を積分したものである．$\boldsymbol{u}(x,y)$ を $\frac{\pi}{2}$ 回転して得られるベクトル場 $i\boldsymbol{u}(x,y) = \begin{pmatrix} 0 & -1 \\ 1 & 0 \end{pmatrix} \begin{pmatrix} u(x,y) \\ v(x,y) \end{pmatrix} = \begin{pmatrix} -v(x,y) \\ u(x,y) \end{pmatrix}$ の線積分 $\int_C i\boldsymbol{u}(x,y) \cdot d\boldsymbol{x} = \int_a^b \Big(-v(p(t),q(t))p'(t) + u(p(t),q(t))q'(t)\Big)dt$ は，$\boldsymbol{u}(x,y)$ の C の法線方向の成分の積分である．

U を平面の開集合とし，$\boldsymbol{u}(x,y)$ を U で定義された微分可能なベクトル場とする．$\boldsymbol{p}(t)$ を閉区間 $[a,b]$ で定義された U 内の微分可能な曲線とする．$[a,b]$ で $\boldsymbol{u}(\boldsymbol{p}(t)) = \boldsymbol{p}'(t)$ であるとき，$\boldsymbol{p}(t)$ は $\boldsymbol{u}(x,y)$ の**積分曲線** (integral curve) であるという．ベクトル場の積分曲線と，微分方程式の解曲線は，どちらもベクトル場との関係で定義される．積分曲線は接ベクトルがベクトル場と等しいという条件で定義されるのに対し，完全微分形の微分方程式 $u(x,y) + v(x,y)\frac{dy}{dx} = 0$ の解曲線は接ベクトルがベクトル場と直交するという条件で定義される．

線積分の記号 $\int_C u(x,y)dx + v(x,y)dy$ のうち，$u(x,y)dx + v(x,y)dy$ の部分をとりだして 1 つの対象と考え，微分形式とよぶ．

定義 7.4.2 U を平面の開集合とする．

1. $u(x,y), v(x,y)$ を U で定義された連続関数とする．記号 $\omega = u(x,y)dx + v(x,y)dy$ を U 上の連続な**微分形式** (differential form) とよぶ．微分形式 $u(x,y)dx + v(x,y)dy$ を，ベクトル場 $\boldsymbol{u}(x,y) = \begin{pmatrix} u(x,y) \\ v(x,y) \end{pmatrix}$ に対応する微分形式という．$u(x,y), v(x,y)$ が連続微分可能であるとき，ω は**連続微分可能**であるという．

2. $w(x,y)$ を U で定義された連続関数とする．記号 $\omega = w(x,y)dx \wedge dy$ を U 上の連続な**微分 2 形式**という．

3. $f(x,y)$ を U で定義された連続微分可能な関数とする．勾配ベクトル場 $\mathrm{grad}\, f$ に対応する U 上の連続な微分形式 $df = f_x(x,y)dx + f_y(x,y)dy$ を $f(x,y)$ の**微分** (differential) とよび，df で表わす．

4. $\omega = u(x,y)dx + v(x,y)dy$ を U 上の連続微分可能な微分形式とする．U 上の連続な微分 2 形式 $(-u_y(x,y) + v_x(x,y))dx \wedge dy$ を ω の**微分**とよび，$d\omega$ で表わす．

5. $d\omega = 0$ をみたす微分形式を**閉形式** (closed form) という．$\omega = df$ をみたす連続微分可能な関数 $f(x,y)$ が存在するとき，ω は**完全形式** (exact form) であるという． ∎

微分形式を略して形式ということもある．連続微分可能な微分形式 ω が完全形式なら命題 3.3.6 より閉形式である．逆にポアンカレの補題（命題 7.2.12）は閉形式が完全形式であるための十分条件を与える．

物理の例をいくつか紹介する．

例 7.4.3 $\boldsymbol{u}(x,y)$ を平面の開集合 U で定義された連続なベクトル場とし，閉区間 $[a,b]$ で定義された U 内の微分可能な曲線 $\boldsymbol{p}(t)$ が $\boldsymbol{u}(x,y)$ の積分曲線であるとする．$\boldsymbol{u}(x,y)$ が**流体**の**速度ベクトル場**であるとき，$\boldsymbol{p}(t)$ はこの流体の流れにのって動く質点の位置を時間の関数として表わしたものである． ∎

例 7.4.4 U を平面の開集合とし，$\boldsymbol{F}(x,y)$ を U で定義された連続なベクトル場とする．閉区間 $[a,b]$ で定義された U 内の連続微分可能な曲線 $\boldsymbol{q}(t)$ を C

で表わし, $m > 0$ を定数とする.

$F(x,y)$ が U での力の**場**, C が U 内を動く質点の軌道, m がその質量を表わすとし, $[a,b]$ でニュートンの**運動方程式** $m\bm{q}''(t) = \bm{F}(\bm{q}(t))$ がみたされるとする. このとき, 線積分 $\int_C \bm{F}(x,y) \cdot d\bm{x} = \int_a^b \bm{F}(\bm{q}(t)) \cdot \bm{q}'(t) dt$ は $\int_a^b m\bm{q}''(t) \cdot \bm{q}'(t) dt = \left[\frac{m|\bm{q}'(t)|^2}{2}\right]_a^b$ に等しい. これは, 質点が時刻 a から b まで運動する間に力の場 $\bm{F}(x,y)$ からうける**仕事** $\int_C \bm{F}(x,y) \cdot d\bm{x}$ が, **運動エネルギー** $\frac{m|\bm{q}'(t)|^2}{2}$ の変化と等しいことを表わしている. ∎

例 7.4.5 記号を例 3.4.3 のとおりとする. 温度と圧力の定義より, $dh = -P(v,s)dv + T(v,s)ds$ である. 系 S の準静的過程 C が閉区間 $[c,d]$ で定義された V 内の区分的に微分可能な曲線 $\bm{p}(t)$ で表わされるとし, $\bm{a} = \bm{p}(c), \bm{b} = \bm{p}(d)$ を C の始点, 終点とする. 線積分 $Q = \int_C T(v,s)ds$ を過程 C において系 S に外部から流れ込む**熱**とよび, $W = -\int_C P(v,s)dv$ を外部が系 S にする**仕事**とよぶ. 等式 $W + Q = \int_C dh = h(\bm{b}) - h(\bm{a})$ は**エネルギー保存則**を表わしている. 熱力学の本で熱の微小量を dQ と表わさないのは, 微分形式 $T(v,s)ds$ が完全形式ではないからである.

区分的に連続微分可能な曲線 C が連続微分可能な曲線 $C_1, \ldots, C_n$ を順につなげて得られるとする. 各過程 C_i において外部の温度を定数 $T_i > 0$ とし, 系 S に外部から流れ込む熱を $Q_i = \int_{C_i} T(v,s)ds = \int_{c_{i-1}}^{c_i} T(\bm{p}(t)) \frac{ds(\bm{p}(t))}{dt}$ とする. 熱は高温系から低温系に流れるという熱力学の定理より, $i = 1, \ldots, n$ に対し $[c_{i-1}, c_i]$ で $T_i - T(\bm{p}(t))$ と $\frac{ds(\bm{p}(t))}{dt}$ の符号は一致すると仮定する. このとき, 各 i に対し $[c_{i-1}, c_i]$ で $\left(1 - \frac{T(\bm{p}(t))}{T_i}\right) \frac{ds(\bm{p}(t))}{dt} \geqq 0$ であり,

$$\sum_{i=1}^n \frac{Q_i}{T_i} = \sum_{i=1}^n \int_{C_i} \frac{T(v,s)}{T_i} ds \leqq \sum_{i=1}^n \int_{C_i} ds = s(\bm{b}) - s(\bm{a}) \tag{7.21}$$

である. 外部のエントロピーの変化の総和が $-\sum_{i=1}^n \frac{Q_i}{T_i}$ ならば, (7.21) は**エントロピーの増大則**を表わしている. C が閉曲線なら, **クラウジウスの不等式** $\sum_{i=1}^n \frac{Q_i}{T_i} \leqq 0$ が得られる. ∎

3次元空間の開集合で定義されたベクトル場の線積分や面積分について基本的な用語や性質を紹介する．

定義 7.4.6 V を 3 次元空間の開集合とする．

1. $u(x,y,z), v(x,y,z), w(x,y,z)$ を V で定義された関数とする．V で定義されたベクトル値の関数 $\boldsymbol{v}(x,y,z) = \begin{pmatrix} u(x,y,z) \\ v(x,y,z) \\ w(x,y,z) \end{pmatrix}$ を，V で定義された**ベクトル場**という．$u(x,y,z), v(x,y,z), w(x,y,z)$ が V で連続なとき，$\boldsymbol{v}(x,y,z)$ は V で連続であるという．$u(x,y,z), v(x,y,z), w(x,y,z)$ が V で微分可能なとき，$\boldsymbol{v}(x,y,z)$ は**微分可能**であるという．

2. 微分可能な関数 $f(x,y,z)$ に対し，ベクトル場 $\begin{pmatrix} f_x(x,y,z) \\ f_y(x,y,z) \\ f_z(x,y,z) \end{pmatrix}$ を $f(x,y,z)$ の**勾配**とよび，$\mathrm{grad}\, f$ や $\overset{\text{ナブラ}}{\nabla} f$ で表わす．

ベクトル場 $\boldsymbol{v}(x,y,z)$ に対し，$\boldsymbol{v}(x,y,z) = \mathrm{grad}\, f$ をみたす微分可能な関数 $f(x,y,z)$ を $\boldsymbol{v}(x,y,z)$ の**ポテンシャル**という．

3. 微分可能なベクトル場 $\boldsymbol{v}(x,y,z) = \begin{pmatrix} u(x,y,z) \\ v(x,y,z) \\ w(x,y,z) \end{pmatrix}$ に対し，ベクトル場 $\begin{pmatrix} w_y(x,y,z) - v_z(x,y,z) \\ u_z(x,y,z) - w_x(x,y,z) \\ v_x(x,y,z) - u_y(x,y,z) \end{pmatrix}$ を $\boldsymbol{v}(x,y,z)$ の**回転** (rotation) とよび，$\mathrm{rot}\,\boldsymbol{v}$ や $\mathrm{curl}\,\boldsymbol{v}$ あるいは $\nabla \times \boldsymbol{v}$ で表わす．関数 $u_x(x,y,z) + v_y(x,y,z) + w_z(x,y,z)$ を $\boldsymbol{v}(x,y,z)$ の**発散** (divergence) とよび，$\mathrm{div}\,\boldsymbol{v}$ や $\nabla \cdot \boldsymbol{v}$ で表わす．

ベクトル場 $\boldsymbol{v}(x,y,z)$ に対し，$\boldsymbol{v}(x,y,z) = \mathrm{rot}\,\boldsymbol{u}$ をみたす微分可能なベクトル場 $\boldsymbol{u}(x,y,z)$ を $\boldsymbol{v}(x,y,z)$ の**ベクトルポテンシャル**という． ∎

∇ は偏微分の記号を成分とするベクトル $\begin{pmatrix} \frac{\partial}{\partial x} \\ \frac{\partial}{\partial y} \\ \frac{\partial}{\partial z} \end{pmatrix}$ を表わす．$f(x,y,z)$ を 2 回連続微分可能な関数とすると，

$$\mathrm{rot}\,\mathrm{grad}\, f = 0, \qquad \mathrm{div}\,\mathrm{grad}\, f = \Delta f \tag{7.22}$$

である．$r = \sqrt{x^2+y^2+z^2}$ とおくと，$\text{grad}\,\dfrac{1}{r} = -\dfrac{\boldsymbol{x}}{r^3}$ であり $\Delta\dfrac{1}{r} = 0$ である．$\dfrac{1}{r} = \dfrac{1}{\sqrt{x^2+y^2+z^2}}$ を**ニュートンポテンシャル**という．

$\boldsymbol{v}(x,y,z)$ を 2 回連続微分可能なベクトル場とすると，

$$\text{rot rot}\,\boldsymbol{v} = \text{grad div}\,\boldsymbol{v} - \Delta\boldsymbol{v}, \qquad \text{div rot}\,\boldsymbol{v} = 0 \tag{7.23}$$

がなりたつ．ラプラシアン Δ を内積のように $\nabla\cdot\nabla$ と書くこともある．

2 次元の場合と同様に，定義域 V が命題 7.2.12 の条件 (St) の U を V でおきかえたものをみたせば，$\text{rot}\,\boldsymbol{v} = 0$ をみたす連続微分可能なベクトル場 $\boldsymbol{v}(x,y,z)$ に対し，そのポテンシャルが存在することが示される．また定義域 V についての同じ条件のもとで，$\text{div}\,\boldsymbol{v} = 0$ をみたす連続微分可能なベクトル場に対し，そのベクトルポテンシャルが存在することが示される．これらも**ポアンカレの補題**という．ベクトルポテンシャルと区別するために，$\boldsymbol{v}(x,y,z) = \text{grad}\,f$ をみたす連続微分可能な関数 $f(x,y,z)$ を $\boldsymbol{v}(x,y,z)$ のスカラーポテンシャルということもある．

定義 7.4.7　$\boldsymbol{v}(x,y,z)$ を空間の開集合 V で定義された連続なベクトル場とする．

1. 閉区間 $[a,b]$ で定義された V 内の連続微分可能な曲線 $\boldsymbol{p}(t) = (p(t), q(t), r(t))$ を C で表わす．曲線 C の接ベクトルとの内積の定積分 $\displaystyle\int_a^b \boldsymbol{v}(\boldsymbol{p}(t))\cdot\boldsymbol{p}'(t)dt$ を，ベクトル場 $\boldsymbol{v}(x,y,z)$ の C にそった**線積分**といい，$\displaystyle\int_C \boldsymbol{v}(x,y,z)\cdot d\boldsymbol{x}$ で表わす．

2. 面積確定な有界閉集合 D で定義された V 内の連続微分可能な曲面 $\boldsymbol{p}(s,t) = (p(s,t), q(s,t), r(s,t))$ を S で表わす．曲面 S の法ベクトルとの内積の重積分 $\displaystyle\int_D \boldsymbol{v}(\boldsymbol{p}(s,t))\cdot(\boldsymbol{p}_s(s,t)\times\boldsymbol{p}_t(s,t))dsdt$ を，ベクトル場 $\boldsymbol{v}(x,y,z)$ の S にそった**面積分**といい，$\displaystyle\int_S \boldsymbol{v}(x,y,z)\cdot d\boldsymbol{S}$ で表わす． ∎

線積分を考えるベクトル場を**極性** (polar) **ベクトル場**といい，面積分を考えるベクトル場を**軸性** (axial) **ベクトル場**という．rot を考えるベクトル場が極性ベクトル場で，div を考えるベクトル場が軸性ベクトル場であるということもできる．3 次元でもベクトル場に微分形式が対応するが省略する．微分 1 形式に対応するベクトル場が極性ベクトル場であり，微分 2 形式に対応するべ

クトル場が軸性ベクトル場である．

グリーンの定理の 3 次元での類似に，ストークスの定理とガウスの定理がある．正確な定式化と証明はベクトル解析や多様体の教科書にゆずり，ここでは公式の形だけ紹介する．

$\boldsymbol{v}(x, y, z)$ を 3 次元空間の開集合 V で定義された連続微分可能なベクトル場とする．S を V 内の連続微分可能な曲面とし，C を S 内の連続微分可能な閉曲線とする．S 内の有界閉集合 D の縁が C で D が C の左側にあるならば，

$$\int_C \boldsymbol{v}(x,y,z) \cdot d\boldsymbol{x} = \int_D \operatorname{rot} \boldsymbol{v}(x,y,z) \cdot d\boldsymbol{S} \tag{7.24}$$

がなりたつ．これを**ストークスの定理**という．ストークスの定理はグリーンの定理（命題 7.2.10）から導いて証明する．ストークスの定理 (7.24) によれば，ベクトル場 $\boldsymbol{v}(x,y,z)$ の閉曲線 C にそった方向の成分の積分は C でかこまれた部分での rot $\boldsymbol{v}$ の面積分と等しい．これが rot $\boldsymbol{v}$ がベクトル場の回転とよばれる理由である．

D を V 内の有界閉集合とし，S を V 内の連続微分可能な閉曲面とする．D の縁が S で D が S の内側にあるならば，

$$\int_S \boldsymbol{v}(x,y,z) \cdot d\boldsymbol{S} = \int_D \operatorname{div} \boldsymbol{v}(x,y,z) dx dy dz \tag{7.25}$$

がなりたつ．これを**ガウスの定理**という．ガウスの定理は，証明もグリーンの定理の 3 次元での類似である．ガウスの定理によれば，ベクトル場 $\boldsymbol{v}(x,y,z)$ の閉曲面 S の法線方向の成分の積分は S でかこまれた部分での div $\boldsymbol{v}$ の積分と等しい．これが div $\boldsymbol{v}$ がベクトル場の発散とよばれる理由である．

流体力学と電磁気学での応用を紹介する．

例 7.4.8 V を 3 次元空間の開集合とし，(p, q) を開区間とする．$V \times (p, q) = \{(x, y, z, t) \in \mathbf{R}^4 \mid (x, y, z) \in U, p < t < q\}$ で定義された連続微分可能な関数 $\overset{\rho-}{\rho}(\boldsymbol{x}, t)$ が流体の時刻 t での密度分布を表わし，連続微分可能なベクトル場

$$\boldsymbol{v}(\boldsymbol{x}, t) = \begin{pmatrix} u(\boldsymbol{x}, t) \\ v(\boldsymbol{x}, t) \\ w(\boldsymbol{x}, t) \end{pmatrix}$$ が時刻 t での速度分布を表わすとする．

V 内の有界閉集合 D が，連続微分可能な閉曲面 S でかこまれているとする．質量の保存則より，時刻 t での D 内の流体の質量 $m(t) = \int_D \rho(\boldsymbol{x}, t) dx dy dz$

の導関数は，S から流れ出る流体の質量 $\int_S \rho(\boldsymbol{x},t)\boldsymbol{v}(\boldsymbol{x},t)\cdot d\boldsymbol{S}$ の -1 倍だから，ガウスの定理より

$$\frac{d}{dt}\int_D \rho(\boldsymbol{x},t)dxdydz + \int_S \rho(\boldsymbol{x},t)\boldsymbol{v}(\boldsymbol{x},t)\cdot d\boldsymbol{S} = \int_D (\rho_t(\boldsymbol{x},t)+\mathrm{div}\,(\rho\boldsymbol{v}))dxdydz = 0 \tag{7.26}$$

である．U に含まれるすべての閉球 D について (7.26) がなりたつことから，

$$\frac{\partial \rho}{\partial t} + \mathrm{div}\,(\rho\boldsymbol{v}) = 0 \tag{7.27}$$

が導かれる．これを**連続の方程式**という．

連続微分可能な関数 $p(\boldsymbol{x},t)$ が流体の圧力分布を表わすとし，圧力以外に流体に作用する力はなく流体の粘性もないとする．D と S を上のとおりとし $\boldsymbol{e}_1, \boldsymbol{e}_2, \boldsymbol{e}_3$ をそれぞれ x, y, z 軸方向の単位ベクトルとすると，時刻 t での D 内の流体の運動量 $P(t) = \int_D \rho(\boldsymbol{x},t)\boldsymbol{v}(\boldsymbol{x},t)dxdydz$ の導関数は，S に作用する圧力と S から流れ出る流体の運動量の差 $-\begin{pmatrix}\int_S p(\boldsymbol{x},t)\boldsymbol{e}_1\cdot d\boldsymbol{S}\\ \int_S p(\boldsymbol{x},t)\boldsymbol{e}_2\cdot d\boldsymbol{S}\\ \int_S p(\boldsymbol{x},t)\boldsymbol{e}_3\cdot d\boldsymbol{S}\end{pmatrix} - \begin{pmatrix}\int_S \rho(\boldsymbol{x},t)u(\boldsymbol{x},t)\boldsymbol{v}(\boldsymbol{x},t)\cdot d\boldsymbol{S}\\ \int_S \rho(\boldsymbol{x},t)v(\boldsymbol{x},t)\boldsymbol{v}(\boldsymbol{x},t)\cdot d\boldsymbol{S}\\ \int_S \rho(\boldsymbol{x},t)w(\boldsymbol{x},t)\boldsymbol{v}(\boldsymbol{x},t)\cdot d\boldsymbol{S}\end{pmatrix}$ だから，上と同様にガウスの定理より

$$(\rho\boldsymbol{v})_t + \begin{pmatrix}\mathrm{div}\,(\rho u\cdot \boldsymbol{v})\\ \mathrm{div}\,(\rho v\cdot \boldsymbol{v})\\ \mathrm{div}\,(\rho w\cdot \boldsymbol{v})\end{pmatrix} = -\mathrm{grad}\,p \tag{7.28}$$

が得られる．行列値関数 $\begin{pmatrix}u_x(\boldsymbol{x},t) & u_y(\boldsymbol{x},t) & u_z(\boldsymbol{x},t)\\ v_x(\boldsymbol{x},t) & v_y(\boldsymbol{x},t) & v_z(\boldsymbol{x},t)\\ w_x(\boldsymbol{x},t) & w_y(\boldsymbol{x},t) & w_z(\boldsymbol{x},t)\end{pmatrix}$ を $\boldsymbol{v}'(\boldsymbol{x},t)$ で表わすと，積の微分より (7.28) の左辺第 2 項は $\mathrm{div}\,(\rho\boldsymbol{v})\cdot\boldsymbol{v}+\rho\boldsymbol{v}'\boldsymbol{v}$ である．よって積の微分と連続の方程式より (7.28) の左辺は $\rho\cdot(\boldsymbol{v}_t + \boldsymbol{v}'\boldsymbol{v})$ であり，(7.28) は

$$\frac{\partial \boldsymbol{v}}{\partial t}(\boldsymbol{x},t) + \boldsymbol{v}'(\boldsymbol{x},t)\boldsymbol{v}(\boldsymbol{x},t) = -\frac{1}{\rho}\mathrm{grad}\,p \tag{7.29}$$

となる．これを完全流体の外力なしの**オイラーの運動方程式**という．∎

例 7.4.9 空間の開集合 V 上の**電場** E と**磁場** H が連続微分可能な極性ベク

トル場であり，**磁束密度** B と**電束密度** D が連続微分可能な軸性ベクトル場であるとする．$\mathrm{div}\, B = 0$ であり，磁束密度 B が時間によって変化しなければ $\mathrm{rot}\, E = 0$ である．$\mathrm{div}\, D$ は電荷密度 ρ であり，電束密度 D が時間によって変化しなければ，電荷密度 ρ も変化せず $\mathrm{rot}\, H$ は電流密度 j である．

時間によって変化する場合を扱うため，(u,v) を開区間とし，電場，磁束密度，電束密度，磁場をそれぞれ $V \times (u,v)$ で定義された 3 次元ベクトル場 E, B, D, H と考える．これらは，マクスウェルの**電磁場の方程式**

$$\mathrm{div}\, B = 0,\ \mathrm{rot}\, E = -\frac{\partial B}{\partial t},\ \mathrm{div}\, D = \rho,\ \mathrm{rot}\, H = j + \frac{\partial D}{\partial t} \tag{7.30}$$

をみたす．(7.30) の後半の 2 式と (7.23) から，電荷の保存則 $\dfrac{\partial \rho}{\partial t} + \mathrm{div}\, j = 0$ が得られる．

ε, μ を定数とし，$D = \varepsilon E, B = \mu H$ とする．(7.30) の 2 つめの式の両辺の rot をとると，(7.23) の 1 つめの式と (7.30) の 3 つめと 4 つめの式より，$\dfrac{1}{\varepsilon}\cdot \mathrm{grad}\, \rho - \Delta E = -\mu \Bigl(\dfrac{\partial j}{\partial t} + \varepsilon \dfrac{\partial^2 E}{\partial t^2}\Bigr)$ である．$c^2 = \dfrac{1}{\varepsilon\mu}$ とおき**ダランベールの作用素**を $\Box = \Delta - \dfrac{1}{c^2}\dfrac{\partial^2}{\partial t^2}$ で定めれば，$\Box E = \dfrac{1}{\varepsilon}\cdot \mathrm{grad}\, \rho + \mu \cdot \dfrac{\partial j}{\partial t}$ である．同様に，(7.30) の最後の式の両辺の rot をとると，$\Box B = -\mu \cdot \mathrm{rot}\, j$ である．この 2 式を**電磁波の方程式**という．∎

> **まとめ**
> ・平面の各点にベクトルを定めたものをベクトル場という．偏導関数が定めるベクトル場を勾配という．
> ・3 変数関数 3 つの組は 3 次元のベクトル場を定める．ベクトル場の微分として，回転や発散を定義した．3 次元のベクトル場の線積分や面積分が定義され，ストークスの定理やガウスの定理がなりたつ．

第 7 章の問題の略解

7.1.1 1. $\Bigl(\dfrac{1}{\sqrt{1+t^2}}\Bigr)' = \dfrac{1}{\sqrt{1+t^2}}\cdot\dfrac{-t}{1+t^2}$，$\Bigl(\dfrac{t}{\sqrt{1+t^2}}\Bigr)' = \dfrac{t}{\sqrt{1+t^2}}\cdot\Bigl(\dfrac{1}{t} - \dfrac{t}{1+t^2}\Bigr) = \dfrac{1}{\sqrt{1+t^2}}\cdot\dfrac{1}{1+t^2}$ だから，求める長さは $\displaystyle\int_0^p \sqrt{\Bigl(\dfrac{1}{\sqrt{1+t^2}}\Bigr)'^2 + \Bigl(\dfrac{t}{\sqrt{1+t^2}}\Bigr)'^2}\, dt = \displaystyle\int_0^p \sqrt{\dfrac{t^2+1}{(1+t^2)^3}}\, dt = \displaystyle\int_0^p \dfrac{1}{1+t^2}\, dt$．これは $\arctan p$ だから，$\arctan x = \displaystyle\int_0^x \dfrac{1}{1+t^2}\, dt$．

2. 例 7.1.3.1 より求める長さは $\int_0^q \sqrt{1+(\sqrt{1-x^2}')^2}dx = \int_0^q \sqrt{1+\left(\dfrac{-x}{\sqrt{1-x^2}}\right)^2}dx = \int_0^q \dfrac{1}{\sqrt{1-x^2}}dx$ である。これは $\arcsin q$ だから、$\arcsin x = \int_0^x \dfrac{1}{\sqrt{1-s^2}}ds$.

7.1.2 (1) $\int_0^{2\pi}\sqrt{(1-\cos t)^2 + \sin^2 t}\,dt = \int_0^{2\pi}\sqrt{2-2\cos t}\,dt = \int_0^{2\pi} 2\sin\dfrac{t}{2}dt = \left[-4\cos\dfrac{t}{2}\right]_0^{2\pi} = 8.$

(2) $\int_{-1}^1 \sqrt{1+\sinh^2 x}\,dx = \int_{-1}^1 \cosh x\,dx = [\sinh x]_{-1}^1 = e - e^{-1}.$

(3) $\int_0^{2\pi}\sqrt{(-3\cos^2 t \sin t)^2 + (3\sin^2 t\cos t)^2}\,dt = 3\int_0^{2\pi}|\cos t \sin t|dt$
$= 6\int_0^{\frac{\pi}{2}} 2\cos t \sin t\,dt = 6B(1,1) = 6.$

(4) $r(t) = 1 + \cos t$ とおけば、例 7.1.3.2 より $\int_0^{2\pi}\sqrt{(1+\cos t)^2 + (-\sin t)^2}\,dt =$
$\int_0^{2\pi}\sqrt{2(1+\cos t)}\,dt = \int_0^{2\pi}\sqrt{4\cos^2\dfrac{t}{2}}\,dt = \int_0^{2\pi} 2\left|\cos\dfrac{t}{2}\right|dt = 2\left[4\sin\dfrac{t}{2}\right]_0^{\pi} = 8.$

(5) 同様に $\int_0^a \sqrt{t^2+1}\,dt = \dfrac{1}{2}[t\sqrt{t^2+1} + \log(t+\sqrt{t^2+1})]_0^a = \dfrac{1}{2}(a\sqrt{a^2+1} + \log(a+\sqrt{a^2+1})).$

(6) これも同様に $\int_0^a \sqrt{e^{2t}+e^{2t}}\,dt = \sqrt{2}(e^a - 1).$

7.1.3 $f(x) = \sqrt{1-ax^2}$ とおくと、$ax + f(x)f'(x) = 0$ だから長さは
$\int_0^t \sqrt{1+(f'(x))^2}\,dx = \int_0^t \dfrac{\sqrt{(f(x))^2 + (ax)^2}}{f(x)}\,dx = \int_0^t \dfrac{1-kx^2}{\sqrt{(1-kx^2)(1-ax^2)}}\,dx.$

7.1.4 1. $\boldsymbol{p}'(s) = ki\boldsymbol{p}(s)$ だから、命題 2.1.9.2 より $\boldsymbol{p}\left(\dfrac{s}{k}\right) = (-\sin s, \cos s)$ であり、$\boldsymbol{p}(s) = (-\sin ks, \cos ks)$ である。したがって、$\boldsymbol{q}(t) = \left(\dfrac{1}{k}\cos kt, \dfrac{1}{k}\sin kt\right)$ である。これは、中心が原点で半径が $\dfrac{1}{k}$ の円である。

2. $\boldsymbol{q}(t) = (t - \sin t, 1 - \cos t)$ とする。$\boldsymbol{q}'(t) = (1 - \cos t, \sin t)$, $\boldsymbol{q}''(t) = (\sin t, \cos t)$ だから、$|\boldsymbol{q}'(t)| = \sqrt{(1-\cos t)^2 + \sin^2 t} = \sqrt{2(1-\cos t)}$, $\det\begin{pmatrix}\boldsymbol{q}'(t) & \boldsymbol{q}''(t)\end{pmatrix} = (1-\cos t)\cos t - \sin^2 t = -(1-\cos t)$ である。$1 - \cos t = 2\sin^2\dfrac{t}{2}$ だから、(7.2) より $k(l(t)) = -\dfrac{1}{4\sin\dfrac{t}{2}}$ である。

7.1.5 (1) 例 7.1.5.1 の曲面 $(\sin s \cdot \cos t, \sin s \cdot \sin t, \cos s)$ は、閉区間 $D = [0,\pi] \times [0,2\pi]$ の縁をのぞき D と単位球面 S^2 の点の 1 対 1 対応を定める。点 $(s,t) = (a,b)$ での法ベクトル $\begin{pmatrix}\cos a \cdot \cos b \\ \cos a \cdot \sin b \\ -\sin a\end{pmatrix} \times \begin{pmatrix}-\sin a \cdot \sin b \\ \sin a \cdot \cos b \\ 0\end{pmatrix}$ の長さは
$\sin a \sqrt{(\sin a \cdot \cos b)^2 + (\sin a \cdot \sin b)^2 + (\cos a \cdot (\cos^2 b + \sin^2 b))^2} = \sin a$ である。よって、S^2 の面積は $\int_{[0,\pi]\times[0,2\pi]} \sin s\,ds\,dt = 2\pi\int_0^\pi \sin s\,ds = 4\pi$ である。

(2) 両辺に 1 をたして平方完成すれば、$(\sqrt{x^2+y^2}-2)^2 + z^2 = 1$ である。よってこれは

2 次元トーラス T^2 であり，例 7.1.5.2 の曲面 $((\sin s + 2)\cdot \cos t, (\sin s+2)\cdot \sin t, \cos s)$ は，閉区間 $D=[0,2\pi]\times [0,2\pi]$ の縁をのぞき D と T^2 の点の 1 対 1 対応を定める．点 $(s,t)=(a,b)$ での，法ベクトル $\begin{pmatrix}\cos a \cdot \cos b\\ \cos a \cdot \sin b \\ -\sin a\end{pmatrix}\times \begin{pmatrix}-(\sin a+2)\cdot \sin b\\ (\sin a+2)\cdot \cos b\\ 0\end{pmatrix}$ の長さは $(\sin a+2)\sqrt{(\sin a\cdot \cos b)^2+(\sin a\cdot \sin b)^2+(\cos a(\cos^2 b+\sin^2 b))^2}=\sin a+2$ である．よって，T^2 の面積は $\int_{[0,2\pi]\times [0,2\pi]}(\sin s+2)dsdt=8\pi^2$ である．

(3) (1) と同じパラメータ表示を考える．$\sin^2 s\leqq \sin s\cdot \sin t,\ \cos s\geqq 0$ だから，(s,t) の範囲は $0\leqq s\leqq \frac{\pi}{2},\ s\leqq t\leqq \pi-s$ である．(1) と同様に，面積は $\int_0^{\frac{\pi}{2}}ds\int_s^{\pi-s}\sin s dt=\int_0^{\frac{\pi}{2}}(\pi-2s)\sin sds=\pi+[2s\cos s]_0^{\frac{\pi}{2}}-2\int_0^{\frac{\pi}{2}}\cos sds=\pi-2$．

7.1.6 問題 6.1.2 と同様に $z=p(t)=t-\sin t$ の逆関数と $x=q(t)=1-\cos t$ の合成関数を $f(z)$ とおくと，例 7.1.8.2 より求める面積は $2\pi\int_0^{2\pi}f(z)\sqrt{1+f'(z)^2}dz=2\pi\int_0^{2\pi}q(t)\sqrt{p'(t)^2+q'(t)^2}dt=2\pi\int_0^{2\pi}(1-\cos t)\sqrt{(1-\cos t)^2+\sin^2 t}dt=2\pi\int_0^{2\pi}(1-\cos t)\sqrt{2-2\cos t}dt$ である．$t=2s$ とおいて置換積分すれば $1-\cos 2s=2\sin^2 s$ だから，これは $4\pi\int_0^{\pi}2\sin^2 s\cdot 2\sin sds=16\pi B\left(\frac{1}{2},2\right)=\frac{64\pi}{3}$．

7.2.1 1. $a=\arctan t$ とおき，$(1,\tan\theta)\ (0\leqq \theta\leqq a)$ を C のパラメータ表示とすると，$(\tan\theta)'=\frac{1}{\cos^2\theta}$ だから，$\int_C \frac{-ydx+xdy}{x^2+y^2}=\int_0^a \frac{(\tan\theta)'}{1+\tan^2\theta}d\theta=\int_0^a d\theta=a=\arctan t$．

2. $b=\arcsin s$ とおき，$(\cos\theta,\sin\theta)\ (0\leqq \theta\leqq b)$ を C のパラメータ表示とすると，$\int_C \frac{-ydx+xdy}{x^2+y^2}=\int_0^b (-\sin\theta(\cos\theta)'+\cos\theta(\sin\theta)')d\theta=\int_0^b d\theta=b=\arcsin s$ である．

［別解］1. $\int_C \frac{-ydx+xdy}{x^2+y^2}=\int_0^t \frac{dy}{1+y^2}=\arctan t$．

2. $\int_C \frac{-ydx+xdy}{x^2+y^2}=\int_0^s \left(-y(\sqrt{1-y^2})'+\sqrt{1-y^2}\right)dy=\int_0^s \frac{1}{\sqrt{1-y^2}}dy=\arcsin s$．

7.2.2 1. $\theta'(t)=\frac{1}{|\boldsymbol{p}(t)|^2}\det\begin{pmatrix}\boldsymbol{p}(t) & \boldsymbol{p}'(t)\end{pmatrix}>0$ だから，$\theta(t)$ は $[a,b]$ で単調増加．

2. $\beta=\theta(b),\ c=\alpha-\frac{1}{2}(2\pi-(\beta-\alpha))$ とおけば，1. より $[a,b]$ で $c<\alpha\leqq \theta(t)\leqq \beta<c+2\pi$ である．よって $a\leqq u\leqq b$ に対し，例 7.2.4 の記号で C_u は V_c の曲線を定め，$[a,b]$ で $\boldsymbol{p}(t)=(r(t)\cos\theta(t),r(t)\sin\theta(t))$ である．

3. 2. より $F(s,t)=(sr(t)\cos\theta(t),sr(t)\sin\theta(t))$ だから，$F(s,t)$ は $E-N$ から $D-\{O\}$ への 1 対 1 対応を定める．

4. ヤコビアン $J(s,t)=\det F'(s,t)$ は $\det\begin{pmatrix}\boldsymbol{p}(t) & s\boldsymbol{p}'(t)\end{pmatrix}=s(-q(t)p'(t)+p(t)q'(t))$ である．よって，D の面積は $\int_E s(-q(t)p'(t)+p(t)q'(t))dsdt=\frac{1}{2}\int_a^b(-q(t)p'(t)+p(t)q'(t))dt=\frac{1}{2}\int_C -ydx+xdy$ である．

5. $p(t)=r(t)\cos t,\ q(t)=r(t)\sin t$ とすると，$p'(t)=r'(t)\cos t-r(t)\sin t,\ q(t)=r'(t)\sin t+r(t)\cos t$ であり $\det\begin{pmatrix}\boldsymbol{p}(t) & \boldsymbol{p}'(t)\end{pmatrix}=r(t)^2>0$ である．よって，面積は

$\frac{1}{2}\int_C -ydx+xdy = \frac{1}{2}\int_a^b r(t)^2 dt$ である.

6. パラメータ表示 $p(t)=\cos^3 t, q(t)=\sin^3 t$ ($0 \leq t \leq \frac{\pi}{2}$) と 4. より, 面積は $\frac{1}{2}\int_0^{\frac{\pi}{2}}(-\sin^3 t \cdot 3\cos^2 t(-\sin t) + \cos^3 t \cdot 3\sin^2 t\cos t)dt = \frac{3}{2}\int_0^{\frac{\pi}{2}}\cos^2 t \sin^2 t dt = \frac{3}{4}B\left(\frac{3}{2},\frac{3}{2}\right) = \frac{3}{4}\frac{1}{2}\frac{1}{2}\frac{\pi}{2} = \frac{3\pi}{32}$.

7. $p'(t)=\sinh t$, $q'(t) = \cosh t$ で $\cosh^2 t - \sinh^2 = 1$ だから, 面積は $\frac{1}{2}\int_C -ydx+xdy = \frac{1}{2}\int_0^b (-\sinh^2 t + \cosh^2 t)dt = \frac{b}{2}$ である.
$\cosh b = \sqrt{s^2+1}, e^b = s + \sqrt{s^2+1}$ から, 面積は $\frac{1}{2}\log(s+\sqrt{s^2+1})$ である.
直角 3 角形の面積 $\frac{1}{2}s\sqrt{s^2+1}$ をたして, s を a とおけば問題 6.1.1.2 の答.

8. $\int_{C_1} -ydx+xdy = \int_{C_2} -ydx+xdy = 0$ だから $\int_{C'} -ydx+xdy = \int_C -ydx+xdy$ である. $\int_D -\frac{\partial(-y)}{\partial y}+\frac{\partial x}{\partial x}dxdy = 2m(D)$ だから 4. よりしたがう.

7.2.3 (1)-1. $\int_{C_1} -\frac{xdx}{x^2+y^2}+\frac{ydy}{x^2+y^2} = \int_0^{\frac{\pi}{2}}(-\cos t(-\sin t)+\sin t\cos t)dt = \int_0^{\frac{\pi}{2}} 2\sin t\cos t dt = [\sin^2 t]_0^{\pi/2} = 1$, $\int_{C_2} -\frac{xdx}{x^2+y^2}+\frac{ydy}{x^2+y^2} = \int_0^1\left(\frac{1-t}{(1-t)^2+t^2}+\frac{t}{(1-t)^2+t^2}\right)dt = \int_0^1 \frac{2dt}{1+(2t-1)^2} = \int_{-1}^1\frac{dx}{1+x^2} = [\arctan x]_{-1}^1 = \frac{\pi}{2}$.

(1)-2. $-\frac{\partial}{\partial y}\frac{-x}{x^2+y^2}+\frac{\partial}{\partial x}\frac{y}{x^2+y^2} = -\frac{4xy}{(x^2+y^2)^2}$ であり, $\int_D \frac{-4xy}{(x^2+y^2)^2}dxdy = \int_0^1 dx\int_{1-x}^{\sqrt{1-x^2}}\frac{-4xy}{(x^2+y^2)^2}dy = \int_0^1\left[\frac{2x}{x^2+y^2}\right]_{1-x}^{\sqrt{1-x^2}}dx = \int_0^1 2x\left(1-\frac{1}{x^2+(1-x)^2}\right)dx = 1-\int_0^1 \frac{4xdx}{1+(2x-1)^2} = 1-\int_{-1}^1 \frac{1+t}{1+t^2}dt = 1-\left[\arctan t+\frac{1}{2}\log(1+t^2)\right]_{-1}^1 = 1-\frac{\pi}{2}$ である. (1)-1. よりこれは $\int_{C_1-C_2} u(x,y)dx+v(x,y)dy$ に等しい.

(2)-1. $\int_{C_1}(x^2-y^2)dx+2xydy = \int_0^{\frac{\pi}{2}}(\cos 2t\cdot\cos' t+\sin 2t\cdot\sin' t)dt = \int_0^{\frac{\pi}{2}}\sin(2t-t)dt = [-\cos t]_0^{\frac{\pi}{2}} = 1$ である. $\int_{C_2}(x^2-y^2)dx+2xydy = \int_0^1(-(1-2t)+2(1-t)t)dt = 0+2B(2,2) = \frac{1}{3}$ である.

(2)-2. $-\frac{\partial}{\partial y}(x^2-y^2)+\frac{\partial}{\partial x}(2xy) = 4y$ であり, $\int_0^1 dx\int_{1-x}^{\sqrt{1-x^2}}4ydy = \int_0^1 [2y^2]_{1-x}^{\sqrt{1-x^2}}dx = 2\int_0^1 (1-x^2)-(1-x)^2 dx = 2\left(1-\frac{2}{3}\right) = \frac{2}{3}$ である. これも (2)-1. より $\int_{C_1-C_2}(x^2-y^2)dx+2xydy = 1-\frac{1}{3}$ に等しい.

7.2.4 1. $\Delta u = u_{xx}+u_{yy} = v_{yx}-v_{xy} = 0$, $\Delta v = v_{xx}+v_{yy} = -u_{yx}+u_{xy} = 0$ である.

2. $(-u_y)_y = (u_x)_x$ だから, 命題 7.2.12 より $v_x = -u_y$, $v_y = u_x$ をみたす 2 回連続微分可能な関数 $v(x,y)$ が存在する.

3. (1) $v(x,y) = 2xy$ とおけば $(2xy)_x = -(x^2-y^2)_y = 2y$, $(2xy)_y = (x^2-y^2)_x = 2x$.
(2) $v(x,y) = e^x \sin y$ とおけば $(e^x \sin y)_x = -(e^x \cos y)_y = e^x \sin y$, $(e^x \sin y)_y = $

$(e^x \cos y)_x = e^x \cos y$.

(3) $v(x,y) = \arctan\dfrac{y}{x}$ とおけば, (3.44) より $\left(\arctan\dfrac{y}{x}\right)_x = -\left(\dfrac{1}{2}\log(x^2+y^2)\right)_y = -\dfrac{y}{x^2+y^2}$, $\left(\arctan\dfrac{y}{x}\right)_y = \left(\dfrac{1}{2}\log(x^2+y^2)\right)_x = \dfrac{x}{x^2+y^2}$.

7.2.5 1. 命題 3.3.6 より $u_y = f_{xy} = f_{yx} = v_x$ である. 命題 7.2.3 より $2\pi a = \displaystyle\int_C u(x,y)dx + v(x,y)dy = \int_C f_x(x,y)dx + f_y(x,y)dy = f(1,0) - f(1,0) = 0$ である.

2. 平面から x 軸の $x \leqq 0$ の部分をのぞいた開集合を V とする. ポアンカレの補題 (命題 7.2.12) と同様に, V で定義された連続微分可能な関数 $g(x,y)$ で $g_x(x,y) = u(x,y)$, $g_y(x,y) = v(x,y)$ をみたし $g(1,0) = 0$ であるものを定める. 同様に y 軸の $y \leqq 0$ の部分をのぞいた部分 W で定義された連続微分可能な関数 $h(x,y)$ で, $h_x(x,y) = u(x,y)$, $h_y(x,y) = v(x,y)$ をみたし $h(0,1) = 0$ であるものが定まる.

$x > 0$ または $y > 0$ ならば, グリーンの定理より $g(x,y) - h(x,y)$ は定数 $c = g(0,1)$ である. $x < 0, y < 0$ ならば, 系 7.2.14 と同様に $g(x,y) - h(x,y) = c - 2\pi a$ である. V で定義された関数 $-\pi < \theta(x,y) < \pi$ と W で定義された関数 $-\dfrac{\pi}{2} < \varphi(x,y) < \dfrac{3\pi}{2}$ を例 7.2.4 のように定め, V では $f(x,y) = g(x,y) - a\cdot\theta(x,y)$, W では $f(x,y) = h(x,y) + c - a\cdot\varphi(x,y)$ とおけばよい.

参考書

　この本で扱った微積分に直接つづく分野の教科書から1冊ずつ紹介する．第7章で扱った曲線と曲面や，ベクトル場や微分形式とその線積分と面積分を扱うベクトル解析は，次の本にていねいに書かれている．
　　・坪井俊『ベクトル解析と幾何学』（数学の考え方）朝倉書店（2002）
4.5節で紹介したのは，微分方程式の世界へのほんの入り口である．
　　・坂井秀隆『常微分方程式』（大学数学の入門10）東京大学出版会（2015）
7.2節末の問題でとりあげたコーシー–リーマンの方程式は，複素変数の複素数値関数を扱う複素解析への出発点である．
　　・神保道夫『複素関数入門』（現代数学の基礎）岩波書店（2003）
第6章で定義した面積や積分の理論は，ルベーグ積分論として拡張，整備されている．
　　・吉田伸生『[新装版] ルベーグ積分入門　使うための理論と演習』日本評論社（2021）
このほかフーリエ級数や関数解析など，微積分につづく内容はいろいろある．
　微積分と平行して学ぶ線形代数には，次の本が定番である．
　　・齋藤正彦『線型代数入門』（基礎数学1）東京大学出版会（1966）
　コンパクト性をはじめとする数学の抽象的な方向への展開は，集合と位相のことばで記述される．
　　・斎藤毅『集合と位相』（大学数学の入門8）東京大学出版会（2009）
　現代の幾何学の舞台である多様体は，曲線や曲面の高次元化である．
　　・坪井俊『幾何学I　多様体入門』（大学数学の入門4）東京大学出版会（2005）
　この本を書く上で，既存の微積分の本から実に多くのことを学ぶことができた．その中から2つだけあげておく．
　　・高木貞治『解析概論』岩波書店（1938）
　　・一松信『解析学序説　上・下』裳華房（1962, 1963）
微積分の考え方を理解するには，次の本も参考になる．
　　・森毅『現代の古典解析——微積分基礎課程』ちくま学芸文庫（2006）
次の本を読めば微積分をさらに深く極められる．
　　・杉浦光夫『解析入門I・II』（基礎数学2, 3）東京大学出版会（1980, 1985）

記号一覧

$\emptyset$　6
$\{x \in \mathbf{R} \mid P(x)\}$　6
∞　35, 43
∂D　284
$\Gamma(s)$　174, 264
Δ（分割）　54, 224, 235
Δ（ラプラス作用素）　103, 109
Δx　26
π　57
ω　296
∇f　298
$\nabla \times \boldsymbol{v}$　298
$\nabla \cdot \boldsymbol{v}$　298
$\Box$　302
$\sum_{n=1}^{\infty} \dfrac{a_n}{2^n}$　5
$\sum_{n=0}^{\infty} a_n$　175
$\int f(x)dx$　160
$\int_a^b f(x)dx$　161
$\int_D f(x,y)dxdy$　239
$\iint_D f(x,y)dxdy$　240
$\iiint_D f(x,y,z)dxdydz$　246
$\int_a^b dx \int_{k(x)}^{l(x)} f(x,y)dy$　242
$\int_c^d dy \int_{p(y)}^{q(y)} f(x,y)dx$　242
$\int_C u(x,y)dx + v(x,y)dy$　280
$\oint_C u(x,y)dx + v(x,y)dy$　284
$\int_C \boldsymbol{u}(x,y) \cdot d\boldsymbol{x}$　295
$\int_C \boldsymbol{v}(x,y,z) \cdot d\boldsymbol{x}$　299
$\int_S \boldsymbol{v}(x,y,z) \cdot d\boldsymbol{S}$　299

1　59
$(1+x)^a$　182, 213
A^{-1}　60
A^n　60
$|A|$　61
A^Δ　229
A_Δ　229
$A \times A$　150
$A - B$　144
$A \cap B$　6, 144, 229
$A \cup B$　229
a^r　67
a^x　68
$\lceil a \rceil$　3
$\lfloor a \rfloor$　3
$[a]$　3
(a,b)　5, 15
$[a,b]$　5
$[a,b)$　5
$(a,b]$　5
$[a,b] - A$　6
(a,b,c)　81
$(a,b) \times (c,d)$　79
$[a,b] \times [c,d]$　79
$[a,b] \times [c,d] \times [e,f]$　232
$(-\infty, \infty)$　5
$(-\infty, a)$　5
$(-\infty, a]$　5
(a, ∞)　5
$[a, \infty)$　5
$\binom{a}{n}$　213
$(a)_n$　214
$|\boldsymbol{a}|$　54
$\boldsymbol{a} \cdot \boldsymbol{b}$　54, 275
$\boldsymbol{a} \times \boldsymbol{b}$　275
$\arccos x$　66
$\arcsin x$　57, 161, 214, 265, 278, 290

arctan x 57, 131, 161, 166, 213, 278, 290
$B_r(\boldsymbol{a})$ 87
$B(s,t)$ 172, 264
$B \subset (-\infty, b]$ 147
C 85
$-C$ 281
$\boldsymbol{C}$ 128
$[c, \infty) \supset C$ 147
$\cos x$ 59, 188, 207
$\cosh x$ 74, 260, 290
$\cot x$ 167
curl $\boldsymbol{v}$ 298
$D_r(\boldsymbol{a})$ 144
$D_r(a, b)$ 79
$D_x^2 f(x,y)$ 103
$D_y D_x f(x,y)$ 103
$D_x f(x,y)$ 101
$D_x^k D_y^{n-k} f(x,y)$ 204
$d(A)$ 150, 237
$d(\Delta)$ 54, 235, 237
$\det A$ 60, 249, 276
div $\boldsymbol{v}$ 298
df 296
dx 28
$d\omega$ 296
$d(P, A)$ 79
$d(P, Q)$ 54
$d(\boldsymbol{x}, \boldsymbol{a})$ 144
$d(\boldsymbol{x}, A)$ 149
$\dfrac{df(x)}{dx}$ 28
$\dfrac{dy}{dx}$ 28
$\left.\dfrac{dy}{dx}\right|_{x=a}$ 28
$\dfrac{d^n}{dx^n} f(x)$ 200
$\dfrac{d^n f(x)}{dx^n}$ 200
$\dfrac{d^n y}{dx^n}$ 200
$\dfrac{\partial f}{\partial x}(a, b)$ 89
$\dfrac{\partial f}{\partial x}(a, b, c)$ 99
$\dfrac{\partial z}{\partial x}$ 101

$\dfrac{\partial^2 f}{\partial x^2}(x, y)$ 103
$\dfrac{\partial^2 f}{\partial x \partial y}(x, y)$ 103
$\dfrac{\partial^2 z}{\partial x^2}$ 103
$\dfrac{\partial^2 z}{\partial x \partial y}$ 103
$\dfrac{\partial^n f}{\partial^k x \partial^{n-k} y}(x, y)$ 204
e 71, 190, 202, 207
e^x 71, 182, 190, 207
$\exp x$ 71
$F(A)$ 153
$F : A \to \mathbf{R}^2$ 153
$F_A(x, y)$ 128
$F(P)$ 126
$F(U)$ 129
$F : U \to \mathbf{R}^2$ 126
$F'(a, b)$ 126
$F(x, y)$ 126, 153
$F'(x, y)$ 127
f 15
$f(\boldsymbol{a})$ 81, 145
$f'(a)$ 26
$f'_+(a)$ 27
$f'_-(a)$ 27
$f'(a, b)$ 91
$f(x)$ 14
$f(x)|_{x=c}$ 14
$f'(x)$ 28
$f'(x)|_{x=a}$ 28
$f''(x)$ 30
$f(x, y)$ 81
$f^+(x, y)$ 256
$f^-(x, y)$ 256
$f^{(2)}(x)$ 30
$f^{(n)}(x)$ 199
$f_{xx}(x, y)$ 103
$f_x(x, y)$ 101
$f_{xy}(x, y)$ 103
$f(x, y, z)$ 88
$G(\boldsymbol{s})$ 250
grad f 295, 298
$\boldsymbol{i}$ 60
inf A 262
$J(s, t)$ 251

$J(x,y)$　124, 127
$K_{i_1} \cap \cdots \cap K_{i_l}$　224
$K_1 \cup \cdots \cup K_l$　224
$l(C)$　271, 274
$l(C, \Delta)$　272
$l(PQ)$　57
$\lim_{d(\Delta) \to 0}$　236, 240, 272, 282
$\lim_{n \to \infty} a_n$　43
$\lim_{x \to a} f(x)$　24
$\lim_{x \downarrow a} f(x)$　25
$\lim_{x \to a+0} f(x)$　25
$\lim_{x \to a-0} f(x)$　25
$\lim_{x \uparrow a} f(x)$　25
$\lim_{\boldsymbol{x} \to \boldsymbol{a}} f(\boldsymbol{x})$　98
$\lim_{(x,y) \to (a,b)} f(x,y)$　90
$\ln x$　71
$\log(1+x)$　213
$\log a$　70
$\log_a x$　73
$\log x$　71, 161
$\log(x + \sqrt{x^2+1})$　77, 305
$m(A)$　225
$m(D)$　239
$m(S)$　276
$m([a,b] \times [c,d])$　224
$\max$　23
$\min$　23
$\mathbf{N}$　43
$\sqrt[n]{x}$　42
$O(x-a)$　27
$o(x-a)$　27
$o((x-a)^n)$　203
$o(|\boldsymbol{x} - \boldsymbol{a}|)$　93
$o(|\boldsymbol{x} - \boldsymbol{a}|^n)$　205
$o(\sqrt{(x-a)^2 + (y-b)^2})$　93
$P(x)$　5

$\boldsymbol{p}'(c)$　85
$\boldsymbol{p}(s,t)$　232, 274
$\boldsymbol{p}(t)$　85, 88, 274
$\mathbf{R}$　5
$\mathbf{R}^2$　15
$\mathbf{R}^3$　81
$\mathbf{R}^n$　88
$\mathbf{R} - A$　150
$R(x)$　64
rot $\boldsymbol{v}$　298
S^2　275
$S_C((u,v), \Delta, (t_i))$　282
$S_D(f, \Delta, (s_i, t_i))$　237
$S(f, \Delta, (t_i))$　235
$\sin x$　59, 188, 207
$\sinh x$　74, 260, 290
$\sup A$　262
T^2　275
${}^t A$　60
$\tan x$　65, 181
$U_r(\boldsymbol{a})$　87, 144
$U_r(a,b)$　79
$\boldsymbol{u}(x,y)$　295
$V \times (u,v)$　87
$v(A)$　232
$v(D)$　232
$\boldsymbol{v}(x,y,z)$　298
$\boldsymbol{x}$　54
x^a　72
$x \in A$　5
$x \notin A$　6
$x \in \mathbf{R}$　6
$\sqrt{x}$　42
y'　28
$y^{(n)}$　200
z_{xx}　103
z_{xy}　103

索引

英数字

0 ベクトル　98
1 階の微分方程式　179
1 次関数　26, 81
1 次写像　126, 250
1 次変換　128
1 対 1 対応　41
2 階の偏導関数　103
2 回微分可能　30
2 回連続微分可能　30, 103
2 項係数　62, 200, 205, 213
2 次導関数　30
2 進小数表示　5
2 分法　8, 20
3 つ組　81
3 角不等式　54
a 乗　72
C^0 級の関数　101, 200
C^1 級の関数　101, 200
C^2 級の関数　103
C^n 級の関数　200, 204
C^∞ 級の関数　200, 204
D 上の積分　239
n 階導関数　200
n 回微分可能　199
n 階偏導関数　204
n 回連続微分可能　200, 204
n 次元空間　88
n 次導関数　199
n 次偏導関数　204
n 乗　60
n 乗根　42
p 方向に微分可能　90
p 方向の微分係数　90
U 内の曲線　86
xy 平面　79

x 座標　79
x 乗　68
y について単調増加　113
y について解いて定まる関数　113, 116
y を定数とおいた関数　90

ア　行

アステロイド　278, 290
値　14, 81, 145
圧力　116, 297
アーベルの定理　216
アルキメデスの公理　2
アルキメデスの螺旋　278
鞍点　105
いたるところ微分可能　28, 94
いたるところ連続　18, 82
一様収束　215
一様連続　151, 152, 159, 185, 227, 236, 239
一般解　180
イプシロン・デルタ論法　16
陰関数定理　112, 119, 180
ウォリスの公式　173
運動エネルギー　297
運動量　189
エネルギー　116
　——保存則　189, 297
円　54
円周率　57
円柱座標　109
エントロピー　116
　——の増大則　297
オイラーの運動方程式　301
オイラーの定数　177
オイラーの方程式　189, 247
凹関数　36
横断的に交わる　123

折れ線近似　185
温度　116, 297

カ　行

（微分方程式の）解　179
開円板　79, 144
開球　87
解曲線　180, 182
開区間　5, 79
開集合　80, 87, 145, 150
外積　275
回転　128, 298
　　——行列　60, 107, 128
　　——体　234
カヴァリエリの原理　233
ガウス積分　174, 264
ガウスの定理　287, 300
ガウス平面　128
下界　262
各点収束　215
下限　262
合併　224, 228
カーディオイド　260, 278
カテナリー　278
加法定理　64
関数　14, 81
完全形式　296
完全微分形　180
ガンマ関数　174
基本不等式　34, 86, 97, 127
逆関数　41
　　——の微分　42
逆行列　60
逆三角関数　57
逆写像　128
　　——定理　126, 256
逆正弦関数　57
逆正接関数　57
逆余弦関数　66
球座標　108
級数　175
　　——の和　175
求積法　181
境界　284
狭義単調増加　31

強極小値　38, 105
強極大値　38
強極値　38
共通部分　6, 118, 144, 224, 228
行ベクトル　81
行列　59, 276
行列式　60, 249, 276
極限　24, 43, 90, 98
極座標　65, 102, 108, 131
　　——への変数変換公式　258
極小値　38, 105
局所的　35
極性ベクトル場　299
曲線　85, 88, 271
　　——座標　130
　　——の族　121
極大値　38
極値　38
曲面　232, 274
　　——の面積　276
曲率　273
　　——半径　274
距離　54, 144
切り上げ　3
切り下げ　3
空間　81
空集合　6, 144
区間縮小法　158
区分求積法　236
区分的に連続微分可能　283
クラウジウスの不等式　297
グラフ　16, 81
グリーンの定理　285
系　5
径数　86
元　5
原始関数　160
弧　54
広義積分　169, 261
合成関数　22, 83, 86
　　——の微分　29, 94
合成写像　127
交代級数　217
恒等写像　128
勾配　295, 298

項別積分　212
項別微分　211
公理　2
コーシーの判定法　156
コーシー－リーマンの方程式　291
コーシー列　155, 158, 159, 187, 239
固有多項式　106

サ　行

サイクロイド　234, 278
最小値　38, 39
最大値　38, 153
　　――の定理　145, 154, 162, 261
境い目　8
座標　15, 81
三角関数　59
軸性ベクトル場　299
仕事　297
指数　71
　　――関数　68, 71
自然数　2
自然対数　70
　　――の底　71
磁束密度　302
実数　2
　　――の完備性　156
　　――の連続性　6, 261, 265
始点　85
磁場　301
写像　126, 153, 250, 251
集合　5
重積分　240
収束　24, 43, 90, 175
　　――半径　209
従属変数　14
終点　6, 85
上界　262
上限　262
条件　5
　　――収束　176
　　――つき強極小値　118
　　――つき極小値　118
商の微分　30
常微分方程式　179
剰余項　201

初期条件　179
初期値問題　179
助変数　86
シンプソンの公式　168
錘　233
数直線　5
数列　43
スカラーポテンシャル　299
スターリングの公式　173
ストークスの定理　300
正規形　181
正弦関数　59
整数　2
　　――部分　3
正接関数　65
正部分　256
積　60, 61, 81
　　――の微分　28, 97
積分　239
　　――曲線　295
　　――定数　160
　　――の加法性　161, 243
　　――の正値性　161, 244
　　――の線形性　160, 244
接空間　99
接線　26, 85
絶対収束　171, 176, 261
切断　13
接平面　92, 274
接ベクトル　85
漸近展開　203, 206
線形従属　60
線形独立　60, 274
線積分　279, 299
全微分可能　93
像　126, 129, 153, 250
双曲正弦関数　74
双曲線　165
双曲余弦関数　74
速度ベクトル場　296
束縛変数　15, 161
存在　3
　　極限が――　24

タ 行

第 1 成分　79
第 1 積分　180
大域的　12
台形公式　163
代数学の基本定理　167, 291
対数関数　71
対数微分　30, 72
対数螺旋　278
体積　232, 243
　　——確定　232
楕円　165
　　——関数　279
　　——曲線　279
　　——積分　279
ただ 1 つ　8
縦線集合　79, 112, 151, 189, 226, 240,
　　250, 284
ダランベールの作用素　302
ダランベールの公式　210
単位円　54
単位円板　227
単位球　234, 258
単位球面　275
単位行列　59
単純閉曲線　283
単振動の方程式　190
単調弱増加　31
単調増加　31
単調非減少　31
置換積分　165, 248
逐次近似　43
逐次積分　242
　　——の公式　240
中間値の定理　19, 32, 41, 87, 162, 294
超幾何級数　214
超幾何微分方程式　214
頂点　233
調和関数　103, 109
直径　54, 150, 235, 237
直交　275
対　15
底　68
定義　16

定義域　13
定数関数　16
定数係数線形常微分方程式　214
定積分　161, 228, 236
底の変換行列　131
底面　233
テイラー級数　207
テイラー近似式　200
テイラー展開　207
テイラーの定理　201, 204
定理　2
停留作用の原理　247
点　5, 15, 81, 88
電磁波の方程式　302
電磁場の方程式　302
電束密度　302
転置　60
電場　301
導関数　28, 127
動径　65
峠点　105
同値　6
特異解　180
特殊解　180
独立変数　14
凸関数　36
トーラス　275

ナ 行

内積　54, 275
内部　79
長さ　57, 271, 274, 275
ならば　3
ニュートンの運動方程式　189, 297
ニュートン法　45
ニュートンポテンシャル　299
任意　8
熱　297
熱核　110, 111
熱方程式　110, 111

ハ 行

場　297
倍　60, 94
媒介変数　86

はさみうちの原理　4, 22, 25, 44, 84
発散　25, 43, 91, 169, 175, 298
波動方程式　110, 111
ハミルトニアン　189
ハミルトンの方程式　189
パラメータ　86
　――つき曲線　85
　――表示　85, 232, 275
半開区間　5
半径　54
被積分関数　160
微積分の基本定理　237, 281, 287, 288
左極限　25
左微分可能　27
左微分係数　27
左連続　18
微分　296
微分可能　99, 126, 295, 298
　$[a,b]$ で――　28
　U で――　93
　(u,v) で――　28
　$x = a$ で――　26
　$(x,y) = (a,b)$ で――　91
　――な曲線　85
微分形式　296
微分係数　26, 91, 126
微分 2 形式　296
微分方程式　179
評価　33
複素数　128
複素平面　128
符号　106
不定積分　160
負部分　256
部分積分　162, 247
部分分数分解　167
部分列　265
部分和　175
分割　54, 224, 235
　――に属する閉区間　224
閉円板　79, 144
閉球　87
閉曲線　283
平均値の定理　162, 202, 249
閉区間　5, 79, 224, 232

閉形式　296
閉集合　144, 150, 226
平方根　42
平面　15, 79
巾級数　207
　――展開　207
ベクトル積　275
ベクトル場　182, 295, 298
ベクトルポテンシャル　298
ベータ関数　172
ヘッシアン　108
ヘッセ行列　108
偏角　66
変数　14
変数分離形　181
変数変換公式　255
偏導関数　100
偏微分可能
　U で――　100
　$(x,y) = (a,b)$ で――　89
偏微分係数　89, 99
偏微分方程式　179
変分法　246
ポアンカレの補題　287, 299
包除公式　225
法ベクトル　118, 274
包絡線　121
補集合　6, 144, 150
補題　5
ポテンシャル　295, 298
ボルツァーノ・ワイエルシュトラスの定理　265

マ　行

マクローリンの定理　202
交わらない　144
交わる　144
右極限　25
右微分可能　27
右微分係数　27
右連続　18
未定係数法　167
向きづきられた曲線　281
無限回微分可能　200
無限回連続微分可能　204

無限区間　5
無限小　28
　　1位の——　27
　　1位より高次の——　27, 93
　　n 位より高次の——　203, 205
無限大　35, 43
命題　5
面積　224, 225, 239, 249, 258, 290
　　——確定　225
　　——の加法性　228
　　——の正値性　228
面積分　299

ヤ 行

ヤコビアン　127, 251
有界　225
　　上に——　262
　　下に——　262
　　——集合　144, 150
優関数　171, 261
優級数　175, 209
有限増分不等式　34
有理関数　166
有理数　4
　　——の稠密性　4
ユークリッドの互除法　13
余弦関数　59

ラ・ワ 行

ライプニッツの公式　29, 200
ラグランジアン　189

ラグランジュの剰余項　202
ラグランジュの未定係数法　119
ラプラス作用素　103
ラプラス方程式　103
ランダウの記号　27
リーマン和　235, 237, 282
流体　296
累次積分　242
ルジャンドル多項式　206
ルジャンドルの微分方程式　111, 206
ルジャンドル変換　122, 189
列ベクトル　54
レムニスケート　260
連結　86
連鎖律　29, 95, 99, 127
連続　295
　　A で——　145, 150
　　$[a,b]$ で——　18
　　$F(x,y)$ は——　153
　　U で——　82
　　(u,v) で——　18
　　$x = a$ で——　16
　　$(x,y) = (a,b)$ で——　82, 145
　　——関数　18, 88
　　——写像　126
連続の方程式　301
連続微分可能　30, 101, 127, 251, 296
　　——な曲面　232
ロピタルの定理　35
和　60, 94, 175
　　——の微分　28, 97

人名表

ユークリッド	Eukleides (紀元前 330?–275?)	13
アルキメデス	Archimedes (紀元前 287 ごろ–212)	2
カヴァリエリ	Cavalieri, Francesco Bonaventura (1598–1647)	233
ウォリス	Wallis, John (1616–1703)	172
ニュートン	Newton, Issac (1642–1727)	45
ライプニッツ	Leibniz, Gottfried Wilhelm (1646–1716)	29
ロピタル	de l'Hôpital, Guillaume François Antoine Marquis (1661–1704)	35
テイラー	Taylor, Brook (1685–1731)	201
スターリング	Stirling, James (1692–1770)	173
マクローリン	Maclaurin, Colin (1698–1746)	202
オイラー	Euler, Leonhard (1707–1783)	177
シンプソン	Simpson, Thomas (1710–1761)	168
ダランベール	d'Alembert, Jean-Baptiste le Rond (1717–1783)	210
ラグランジュ	Lagrange, Joseph-Louis (1736–1813)	119
ラプラス	Laplace, Pierre-Simon (1749–1827)	103
ルジャンドル	Legendre, Adrien-Marie (1752–1833)	111
ガウス	Gauss, Johann Carl Friedrich (1777–1855)	128
ボルツァーノ	Bolzano, Bernard (1781–1848)	265
コーシー	Cauchy, Augustin-Louis (1789–1857)	155
グリーン	Green, George (1793–1841)	285
アーベル	Abel, Niels Henrik (1802–1829)	216
ヤコビ	Jacobi, Carl Gustav Jacob (1804–1851)	127
ハミルトン	Hamilton, William Rowan (1805–1865)	189
ヘッセ	Hesse, Ludwig Otto (1811–1874)	108
ワイエルシュトラス	Weierstrass, Karl Theodor Wilhelm (1815–1897)	265
ストークス	Stokes, George Gabriel (1819–1903)	300
クラウジウス	Clausius, Rudolf Julius Emmanuel (1822–1888)	297
リーマン	Riemann, Georg Friedrich Bernhard (1826–1866)	235
デデキント	Dedekind, Julius Wilhelm Richard (1831–1916)	13
マクスウェル	Maxwell, James Clerk (1831–1879)	302
ジョルダン	Jordan, Marie Ennemond Camille (1838–1922)	225
カントル	Cantor, Georg Ferdinand Ludwig Philipp (1845–1918)	158
ポアンカレ	Poincaré, Henri (1854–1912)	287
ルベーグ	Lebesgue, Henri Leon (1875–1941)	225
ランダウ	Landau, Edmund (1877–1938)	27
ブルバキ	Bourbaki, Nicholas (1935–??)	34

おわりに

　この本を書き始めてまもない 2011 年 3 月に，東日本大震災がありました．東京電力福島第一原子力発電所の事故とそれがひきおこした災害には，大きな衝撃をうけました．時間の経過とともに深刻になる事態の展開と，何が信じられるのかわからないまま飛び交う情報のなかで，現代社会と科学の関わりにもっと目をむけてこなくてはいけなかったのだ，と気づかされました．

　科学の力はわたしたちへの脅威にもなりうること．ひとたびそうなれば想像もできないような広がりと深刻さでわたしたちの暮らしに影響を及ぼしつづけること．科学を学ぶ人には自らの力を社会のために役立てる責任が生じること．科学の確実性は権威にではなく検証に支えられていること．科学と科学者への信頼をとりもどすためには何が必要なのか．そして，あのような事故をくりかえさないためにわたしたちに何ができるのか，考えつづけていかなくてはいけないと思うのです．

　現代の科学すべての基礎にある微積分を学ぼうという読者の方にも，こうしたことについて考える機会をもっていただければと思います．この本の内容も，そのまま事実として受け容れるのではなく，批判的な目でひとつひとつ確認しながら読まれることを希望します．数学の証明とは，そのためにこそ書かれるものだからです．

2013 年 3 月 11 日
斎藤　毅

著者略歴

斎藤 毅（さいとう・たけし）
1961年　生まれ．
1987年　東京大学大学院理学系研究科博士課程中退．
現　在　東京大学大学院数理科学研究科教授．
　　　　理学博士．
主要著書　『線形代数の世界　抽象数学の入り口』
　　　　（大学数学の入門⑦，東京大学出版会，2007），
　　　　『集合と位相』（大学数学の入門⑧，東京大学出版会，2009），
　　　　『フェルマー予想』（岩波書店，2009），
　　　　『数学の現在 i, π, e』（編者，東京大学出版会，2016），
　　　　『数学原論』（東京大学出版会，2020），
　　　　『抽象数学の手ざわり——ピタゴラスの定理から圏論まで』
　　　　（岩波書店，2021）．

微積分

　　　　2013 年 9 月 18 日　初　版
　　　　2023 年 5 月 10 日　第 5 刷

　　　　　　[検印廃止]

著　者　斎藤　毅
発行所　一般財団法人 東京大学出版会
　　　　代表者 吉見俊哉
　　　　153-0041 東京都目黒区駒場 4-5-29
　　　　電話 03-6407-1069　　Fax 03-6407-1991
　　　　振替 00160-6-59964
印刷所　三美印刷株式会社
製本所　牧製本印刷株式会社

ⓒ2013 Takeshi Saito
ISBN 978-4-13-062918-8 Printed in Japan

JCOPY 〈出版者著作権管理機構 委託出版物〉
本書の無断複写は著作権法上での例外を除き禁じられています．複写される場合は，そのつど事前に，出版者著作権管理機構（電話 03-5244-5088，FAX 03-5244-5089，e-mail: info@jcopy.or.jp）の許諾を得てください．

大学数学の入門 1
代数学 I　群と環　　　　　　　桂 利行　　　　A5/1600 円

大学数学の入門 2
代数学 II　環上の加群　　　　　桂 利行　　　　A5/2400 円

大学数学の入門 3
代数学 III　体とガロア理論　　　桂 利行　　　　A5/2400 円

大学数学の入門 4
幾何学 I　多様体入門　　　　　　坪井 俊　　　　A5/2600 円

大学数学の入門 5
幾何学 II　ホモロジー入門　　　　坪井 俊　　　　A5/3500 円

大学数学の入門 6
幾何学 III　微分形式　　　　　　　坪井 俊　　　　A5/2600 円

大学数学の入門 7
線形代数の世界　抽象数学の入り口　斎藤 毅　　　　A5/2800 円

大学数学の入門 8
集合と位相　　　　　　　　　　　斎藤 毅　　　　A5/2800 円

大学数学の入門 9
数値解析入門　　　　　　　　　　齊藤 宣一　　　A5/3000 円

大学数学の入門 10
常微分方程式　　　　　　　　　　坂井 秀隆　　　A5/3400 円

基礎数学 2・3
解析入門 I・II　　　　　　　　　杉浦光夫　　A5/I 2800 円, II 3200 円

ここに表示された価格は本体価格です．御購入の
際には消費税が加算されますので御了承下さい．